型钢混凝土异形柱结构的性能、设计方法及其工程应用

薛建阳　陈宗平　赵鸿铁　著

中国建筑工业出版社

图书在版编目（CIP）数据

型钢混凝土异形柱结构的性能、设计方法及其工程应用/薛建阳，陈宗平，赵鸿铁著．—北京：中国建筑工业出版社，2011.9
ISBN 978-7-112-13477-9

Ⅰ.①型…　Ⅱ.①薛…②陈…③赵…　Ⅲ.①型钢-钢筋混凝土结构-异形柱-柱（结构）-研究　Ⅳ.①TU375.3

中国版本图书馆 CIP 数据核字（2011）第 185850 号

本书系统地研究和阐述了型钢混凝土异形柱及其节点的基本力学性能、抗震性能、设计计算理论和方法及构造要求。全书共分 10 章，主要包括绪论、型钢混凝土异形柱的抗震性能试验及分析、正截面承载力、斜截面承载力试验及分析、反复荷载下的粘结滑移性能测试及分析、型钢高强混凝土短肢剪力墙的抗震性能试验，以及型钢混凝土异形柱框架节点的抗震性能试验、数值模拟分析、承载力计算等。本书还从工程实用的角度出发，给出了型钢混凝土异形柱正截面及斜截面承载力计算、混凝土保护层厚度的确定及截面配钢形式及数量、型钢混凝土异形柱的轴压比限值、型钢混凝土异形柱框架节点的构造措施及设计方法等。

本书可供高等院校土木工程专业的教师和研究生参考，也可供相关科研人员、工程技术人员及高年级本科生参考。

*　*　*

责任编辑：张文胜　田启铭
责任设计：张　虹
责任校对：王誉欣　王雪竹

型钢混凝土异形柱结构的性能、设计方法及其工程应用
薛建阳　陈宗平　赵鸿铁　著
*
中国建筑工业出版社出版、发行（北京西郊百万庄）
各地新华书店、建筑书店经销
霸州市顺浩图文科技发展有限公司制版
北京云浩印刷有限责任公司印刷
*
开本：787×1092 毫米　1/16　印张：15½　字数：383 千字
2011 年 9 月第一版　　2011 年 9 月第一次印刷
定价：**42.00** 元
ISBN 978-7-112-13477-9
（21268）

前　言

异形柱结构以 T 形、L 形、Z 形、十字形等异形截面柱代替传统的矩形截面柱，柱肢与填充墙等厚，避免了框架柱在室内凸出，便于家具布置和室内装饰，房间的实际使用面积大，改善了建筑观瞻，为使用功能带来灵活性和方便性，因而深受业主和房地产开发商的青睐，是一种符合现代建筑发展方向和潮流的结构形式。国家为了保证异形柱结构健康、顺利地发展，颁发了多项指导性文件，异形柱结构的受力性能研究已被列为住房和城乡建设部"十一五"科技攻关重点项目之一。部分省市相关部门在试验研究的基础上，结合各地区的具体情况，编制了多部地方规程，行业标准《混凝土异形柱结构技术规程》(JGJ 149) 也于 2006 年正式颁布实施。由于异形柱结构具有以上突出优点，同时又得到国家有关部门的重视，20 世纪末期，天津、广东、上海、江苏、河北、山东等地已先后建成一批异形柱结构住宅，取得了可观的经济效益和社会效益。

应当指出，目前推广应用的异形柱，均是采用普通钢筋混凝土结构，随着工程应用的实践和科学研究的深入，钢筋混凝土（RC）异形柱结构的一些问题和局限性暴露了出来。其截面特性和材料性能带来了一些先天不足，制约其工程应用范围。工程实践表明，钢筋混凝土异形柱结构存在以下明显缺陷：

（1）承载能力不足。异形柱结构由于受到柱肢高肢厚比以及肢厚的限制，其截面积有限，同时受到混凝土强度以及截面配筋率的限制，RC 异形柱的承载能力十分有限。目前的异形柱结构设计规程规定的异形柱结构适用高度都不高，仅适用于抗震设防烈度较低地区的多层框架结构中。

（2）轴压比限值过低。与矩形柱相比，异形柱截面混凝土受压区应力分布很不均匀，受到更为严格的轴压比限制，从而导致在异形柱结构的实际工程设计中，经常遇到轴压比超限的现象，这已成为令设计师们深感棘手的问题。

（3）抗震性能不理想。与矩形柱相比，截面的不规则导致其力学特性的改变，异形柱的正截面、斜截面承载能力以及节点的受剪承载能力比矩形柱相对薄弱，延性也比矩形柱差，特别是梁柱节点区截面较小，这些都是异形柱结构体系抗震性能的薄弱环节。我国规定其适用范围只能在抗震设防烈度较低的地区。"5.12"汶川大地震造成了惨重的人员伤亡和财产的损失，从目前业内的认识来看，对高烈度区建筑的抗震性能提出更高的要求是大势所趋。

（4）在梁柱节点处，钢筋较密集。尤其是柱肢厚度和梁宽相同时，梁和柱的主要受力钢筋在同一平面内相交，钢筋位置不易错开，给布筋及浇筑混凝土造成很大困难。

显而易见，在震害对国民心理造成严重损害的背景下，要进一步推广异形柱结构的应用，研究如何提高异形柱的承载能力及抗震性能已经成为一个亟待解决的关键问题。研究承载力高、轴压比限值大、延性及抗震性能好的新型异形柱结构已经成为当务之急。

鉴于上述原因，有关学者提出在异形柱截面中主要配置型钢，形成型钢混凝土

（SRC）异形柱。SRC 异形柱具有承载能力高、刚度大、延性和变形性能好等优点，可以克服普通 RC 异形柱存在的先天缺陷，扩大异形柱结构的适用范围，从而能够应用于广大地震区。但目前对于型钢混凝土结构的设计规范、理论及其规定仅限于矩形截面，仅有的关于 SRC 异形柱结构的相关研究主要是针对异形柱在静力加载下的受力性能，其研究成果也基本停留于对单个构件静力强度的计算上，内容不够充实和完备，还没有形成一套关于型钢混凝土异形柱及其节点完整的设计计算理论。

自 2002 年开始，笔者及其所领导的课题组共进行了 21 根配实腹钢和空腹钢的型钢混凝土异形柱的低周反复加载试验，14 根型钢混凝土异形柱正截面轴心受压和偏心受压性能试验，8 根型钢混凝土异形柱斜截面受剪性能试验，6 个配 T 形钢桁架的型钢高强混凝土短肢剪力墙试件的低周反复加载试验，以及 17 个型钢混凝土异形柱框架节点试件（包括 4 个角节点、9 个边节点和 4 个中节点）的低周反复加载试验，对型钢混凝土异形柱截面的合理配钢形式及其数量、型钢混凝土异形柱混凝土保护层厚度的确定、型钢混凝土异形柱中型钢与混凝土的协同工作、静力作用下型钢混凝土异形柱正截面和斜截面承载力计算方法、型钢混凝土异形柱抗震设计理论、型钢混凝土异形柱框架节点的承载力计算及构造连接方法等进行了系统而深入的研究和探讨，以期对丰富 SRC 结构设计计算理论、促进 SRC 异形柱新型结构体系的推广和应用尽一点微薄之力。

本书由薛建阳、陈宗平、赵鸿铁、刘祖强执笔撰写。笔者的历届博士和硕士研究生，包括刘义、赵永宏、马付彪、冯国祥、胡秀杰、王博、武启明、百中山、王玮、徐再修，以及宋怀金、秦玲、胡飞鹏、梁荣耀、廖良平等都进行了大量的试验和理论分析工作。博士生高亮、柯晓军、张向冈、王妮对书稿进行了整理和校对。此外，特别感谢广西大学土木建筑工程学院的苏益声教授，他对本书的内容提出了很好的建议并提供了部分试验资料。还要感谢中国建筑西北设计研究院有限公司高级工程师周鹏、葛鸿鹏、曾凡生等的帮助。本书的研究还得到国家自然科学基金（50978217、50908057）、教育部高等学校博士学科点专项科研基金（20096120110005）、教育部留学回国人员科研基金（教外司留［2007］1108 号）、陕西省留学人员科技活动择优资助项目（陕外专发［2010］26 号）、陕西省教育厅科研计划专项基金（07JK301）、中建股份有限公司科技研发课题（CSCEC-2009-Z-31）、西安建筑科技大学重大科技项目创新基金（ZX0702）等科研课题的资助，在此一并表示衷心的感谢。

限于作者水平，书中还有些内容带有一定的探索性质，在此只起抛砖引玉的作用。不妥之处，敬请广大读者批评指正。

著者

2011 年 6 月于西安

目　录

第 1 章　绪论 …… 1
1.1　型钢混凝土异形柱结构体系 …… 1
1.2　型钢混凝土异形柱结构的研究现状及基本理论问题 …… 2
1.2.1　研究现状 …… 2
1.2.2　基本理论问题 …… 3
第 2 章　型钢混凝土异形柱的抗震性能 …… 6
2.1　型钢混凝土异形柱结构的受力特性 …… 6
2.1.1　两端铰接异形柱的力学特性 …… 6
2.1.2　一端固接一端铰接异形柱的力学特性 …… 8
2.1.3　两端刚接异形柱的力学特性 …… 8
2.1.4　低周反复荷载作用下刚接异形柱的受力特性 …… 10
2.2　试验概况 …… 11
2.2.1　试件的设计与制作 …… 11
2.2.2　加载方案及测试内容 …… 15
2.3　试验结果及分析 …… 17
2.3.1　试验过程及破坏形态 …… 17
2.3.2　滞回曲线 …… 20
2.3.3　强度衰减 …… 23
2.3.4　刚度退化 …… 24
2.3.5　骨架曲线 …… 31
2.3.6　延性分析 …… 34
2.3.7　耗能能力 …… 39
2.3.8　恢复力模型 …… 40
第 3 章　型钢混凝土异形柱结构的正截面承载力研究 …… 42
3.1　正截面承载力试验 …… 42
3.1.1　静力荷载作用下型钢混凝土异形柱正截面承载力试验 …… 42
3.1.2　低周反复荷载作用下型钢混凝土异形柱正截面承载力试验 …… 50
3.2　型钢混凝土异形柱正截面承载力理论分析 …… 53
3.2.1　型钢混凝土异形柱轴心受压极限承载力计算 …… 53
3.2.2　低周反复荷载作用下型钢混凝土异形柱弯曲开裂荷载的计算 …… 54
3.2.3　型钢混凝土异形柱正截面承载力分析的计算机编程技巧 …… 57
3.2.4　基于程序模拟的型钢混凝土异形柱正截面承载力影响因素分析 …… 64
3.2.5　型钢混凝土异形柱与钢筋混凝土异形柱的正截面承载力比较 …… 69
3.2.6　配型钢桁架混凝土异形柱与配型钢-粗钢筋混凝土异形柱的承载能力比较 …… 73

第4章 型钢混凝土异形柱结构的斜截面承载力研究 …… 75
4.1 型钢混凝土异形柱斜截面承载力试验研究 …… 75
4.1.1 第一批试件试验 …… 75
4.1.2 第二批试件试验 …… 84
4.1.3 第三批试件低周反复加载试验 …… 89
4.2 型钢混凝土异形柱的斜截面承载力计算理论 …… 89
4.2.1 型钢混凝土异形柱剪切开裂荷载的计算 …… 89
4.2.2 型钢混凝土异形柱单向受剪极限承载力计算 …… 94
4.2.3 型钢混凝土异形柱双向受剪极限承载力计算 …… 102
第5章 型钢混凝土异形柱的粘结滑移性能 …… 107
5.1 试验概况 …… 107
5.2 型钢混凝土异形柱的粘结性能 …… 107
5.2.1 粘结应力的量测 …… 107
5.2.2 粘结应力的计算 …… 107
5.2.3 型钢混凝土异形柱的粘结应力 …… 109
5.3 型钢混凝土异形柱的滑移特性 …… 113
5.3.1 滑移的量测手段 …… 113
5.3.2 荷载-滑移滞回曲线 …… 115
5.3.3 荷载-滑移骨架曲线 …… 115
5.3.4 不同柱高位置的粘结滑移分布规律 …… 116
5.4 反复荷载作用下型钢混凝土异形柱的粘结滑移本构关系 …… 116
5.4.1 柱根位置的粘结滑移本构关系 …… 116
5.4.2 无量纲的粘结滑移曲线 …… 120
5.4.3 考虑位置变化的粘结滑移曲线 …… 122
第6章 型钢高强混凝土短肢剪力墙抗震性能 …… 126
6.1 试验简介 …… 126
6.1.1 试件设计 …… 126
6.1.2 加载方式 …… 126
6.1.3 试件制作 …… 127
6.2 试验结果及分析 …… 129
6.2.1 破坏形态分析 …… 129
6.2.2 水平承载力 …… 130
6.2.3 滞回曲线 …… 133
6.2.4 骨架曲线 …… 134
6.2.5 位移延性 …… 135
6.2.6 刚度退化 …… 136
6.2.7 耗能能力 …… 137
6.2.8 不对称性分析 …… 137
第7章 型钢混凝土异形柱框架节点的抗震性能 …… 140
7.1 试件的设计与制作 …… 140
7.1.1 试件的设计 …… 140
7.1.2 试件的制作 …… 144

7.2　加载方案及测试内容 …… 146
7.2.1　加载方案 …… 146
7.2.2　测试内容 …… 147
7.3　试验结果及分析 …… 148
7.3.1　试验过程及破坏形态分析 …… 148
7.3.2　试件 P-Δ 滞回曲线 …… 154
7.3.3　骨架曲线 …… 156
7.3.4　承载能力及位移 …… 157
7.3.5　延性系数 …… 158
7.3.6　耗能分析 …… 161
7.3.7　节点变形分析 …… 162
7.3.8　节点的恢复力模型 …… 163
第8章　型钢混凝土异形柱框架节点的数值模拟 …… 168
8.1　材料的本构模型 …… 168
8.1.1　混凝土的本构模型 …… 168
8.1.2　钢材的本构模型 …… 172
8.2　单调荷载作用下荷载-变形关系的有限元计算 …… 172
8.2.1　单元类型的选取 …… 172
8.2.2　网格划分 …… 173
8.2.3　不同材料之间的相互作用 …… 173
8.2.4　边界条件的设置 …… 173
8.2.5　非线性方程的求解 …… 174
8.2.6　单调荷载作用下荷载-变形关系曲线计算与分析 …… 174
第9章　型钢混凝土异形柱框架节点承载力计算 …… 181
9.1　节点受力分析及节点核心区水平剪力的计算 …… 181
9.1.1　节点区受力分析 …… 181
9.1.2　节点核心区水平剪力的计算 …… 182
9.1.3　节点区扭矩的计算 …… 183
9.1.4　节点区各部分承担的水平剪力 …… 184
9.2　节点的受力机理 …… 187
9.2.1　钢筋混凝土框架节点受力机理 …… 187
9.2.2　型钢混凝土框架节点受力机理 …… 188
9.2.3　型钢混凝土异形柱框架节点的受力机理 …… 189
9.3　节点核心区抗裂承载力计算 …… 190
9.3.1　节点抗裂计算的意义 …… 190
9.3.2　剪扭构件抗裂承载力计算方法 …… 190
9.3.3　抗裂承载力的计算 …… 191
9.4　型钢混凝土异形柱框架节点极限承载力计算 …… 195
9.4.1　剪扭构件极限承载力计算方法 …… 195
9.4.2　实腹式配钢的型钢混凝土异形柱框架节点抗剪承载力计算 …… 197
9.4.3　空腹式配钢的型钢混凝土异形柱框架节点抗剪承载力计算 …… 200
9.4.4　型钢混凝土异形柱框架角节点剪扭承载力计算 …… 202

第10章 型钢混凝土异形柱结构的工程应用 …… 205
10.1 型钢混凝土异形柱的混凝土保护层厚度及截面配钢 …… 205
10.1.1 型钢混凝土异形柱的混凝土保护层厚度 …… 205
10.1.2 型钢混凝土异形柱的配钢分析 …… 209
10.2 型钢混凝土异形柱的轴压比限值 …… 214
10.2.1 型钢混凝土异形柱轴压比限值的确定方法 …… 215
10.2.2 满足变形控制要求的轴压比限值 …… 221
10.3 型钢混凝土异形柱框架节点构造措施及设计建议 …… 222
10.3.1 型钢混凝土异形柱-梁框架节点连接构造措施 …… 222
10.3.2 型钢混凝土异形柱框架节点内力协调构造措施 …… 226
10.3.3 型钢混凝土异形柱框架节点抗扭构造措施 …… 228
10.3.4 型钢混凝土异形柱框架节点设计方法 …… 229
参考文献 …… 230

肢细长的截面特点决定了梁柱节点的截面较小，在这样特定的条件下，采用什么样的构造和连接措施以保证节点受力合理、传力明确、构造简单、施工方便成为一个亟待解决的问题。这个问题解决得好与否，将直接影响型钢混凝土异形柱框架结构能否得到推广应用。

第 2 章　型钢混凝土异形柱的抗震性能

型钢混凝土异形柱作为一种新型结构，其抗震性能如何，还有待研究。本章通过对不同边界条件下型钢混凝土异形柱的力学特性进行分析，以及 21 个试件的低周反复加载试验揭示其抗震性能。

2.1　型钢混凝土异形柱结构的受力特性

型钢混凝土异形柱由于截面不规则，导致其具有不同于传统的矩形、圆形柱的一些特有性质，为此，本节从力学角度进行诠释。为方便研究，假定异形柱为匀质弹性材料。

2.1.1　两端铰接异形柱的力学特性

在实际工程中，两端铰接的异形柱并不多见，但在试验研究中，由于受试验条件的限制，两端铰接的异形柱试验却是最常见的，因为它最简单。比如偏心压弯试验、简支梁式试验、连续梁式试验。铰接的最大特点是只能传递竖向力和水平力，不能传递弯矩。

1. 铰接 L 形柱（包括不等肢 L 形柱）

L 形柱通常作为角柱，如图 2.1 所示，o 为截面形心，ox、oy 为与工程轴平行的坐标轴（形心轴），假定 M_x、M_y 分别为绕 x 轴和绕 y 轴的弯矩。在外荷载作用下，柱中部的变形将会在 xz 平面和 yz 平面内产生，假定与其变形相对应的截面曲率为 φ_y 和 φ_x。同时假定 L 形柱腹板与翼缘交接处混凝土受压时曲率为正。参照有限单元法分析的思想，把截面划分成若干个微元体，取截面上任一点（x，y）处的微元 dA 为研究对象，在外荷载作用下产生的应力为 σ_z，由力学得：

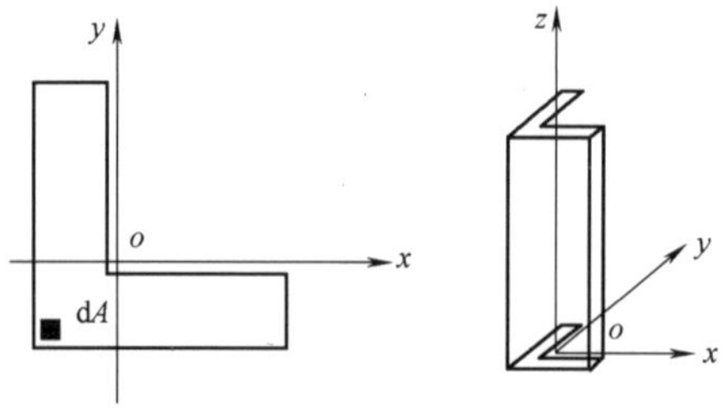

图 2.1　L 形柱截面示意

$$\sigma_z=\varphi_x \cdot y \cdot E+\varphi_y \cdot x \cdot E \tag{2-1}$$

对截面积分得：

$$N=\int \sigma_z \cdot dA \tag{2-2}$$

$$M_x=\int \sigma_z \cdot y \cdot dA \tag{2-3}$$

$$M_y=\int \sigma_z \cdot x \cdot dA \tag{2-4}$$

将式（2-1）代入式（2-2）~式（2-4），并令 $I_x=\int y^2 \cdot dA$、$I_y=\int x^2 \cdot dA$、$I_{xy}=\int xy \cdot dA$，得：

$$M_x=\varphi_x \cdot E \cdot I_x+\varphi_y \cdot E \cdot I_{xy} \tag{2-5}$$

$$M_y=\varphi_x \cdot E \cdot I_{xy}+\varphi_y \cdot E \cdot I_y \tag{2-6}$$

联解式（2-5）和式（2-6），得：

$$\varphi_x=\frac{M_x \cdot I_y-M_y \cdot I_{xy}}{E(I_x \cdot I_y-I_{xy}^2)} \tag{2-7}$$

$$\varphi_y=\frac{M_y \cdot I_x-M_x \cdot I_{xy}}{E(I_x \cdot I_y-I_{xy}^2)} \tag{2-8}$$

当仅有绕 x 轴弯矩作用时，$M_x \neq 0$、$M_y=0$，代入式（2-7）和式（2-8）得：

$$\varphi_x=\frac{M_x \cdot I_y}{E(I_x \cdot I_y-I_{xy}^2)} \tag{2-9}$$

$$\varphi_y=-\frac{M_x \cdot I_{xy}}{E(I_x \cdot I_y-I_{xy}^2)} \tag{2-10}$$

同理，当仅有绕 y 轴弯矩作用时，$M_x=0$、$M_y \neq 0$，代入式（2-7）和式（2-8）得：

$$\varphi_x=-\frac{M_y \cdot I_{xy}}{E(I_x \cdot I_y-I_{xy}^2)} \tag{2-11}$$

$$\varphi_y=\frac{M_y \cdot I_x}{E(I_x \cdot I_y-I_{xy}^2)} \tag{2-12}$$

由以上公式可见，影响异形柱弯曲变形的因素中，不仅仅是弯矩，截面特性也是一个重要因素，显然异形柱的 I_x、I_y 不会为零，对于 L 形柱（包括不等肢 L 形柱），由于截面不对称，$I_{xy} \neq 0$，因此，必定会发生双偏压破坏现象，即使只有绕单轴弯矩作用时，也会产生双向弯曲。

2. 铰接 T 形柱

在实际工程中，根据建筑布置需要，T 形柱有对称 T 形柱和不对称 T 形柱两种，不对称 T 形柱与 L 形柱一样，截面两个工程轴均不是对称轴，$I_{xy} \neq 0$，因此，不对称 T 形柱也必定产生双偏压破坏，即使只有绕单轴弯矩作用时，也会产生双向弯曲。

但对于对称 T 形柱则有一个工程轴为对称轴，属于单轴对称截面，此时有 $I_{xy}=0$，代入式（2-9）～式（2-12），得到 $\varphi_y=0$ 或 $\varphi_x=0$，也就是说此时不会发生双偏压现象。但由于混凝土是非线弹性材料，当对称 T 形柱承受绕对称轴的弯矩时，由于翼缘受拉区混凝土开裂退出工作，此时从力学意义上讲其已经变成了不对称 T 形柱，如图 2.2（*a*）所示，因此，即使是对称 T 形柱在只有绕单轴弯矩作用时，也会产生双向弯曲的现象，这也被大量试验所证实。

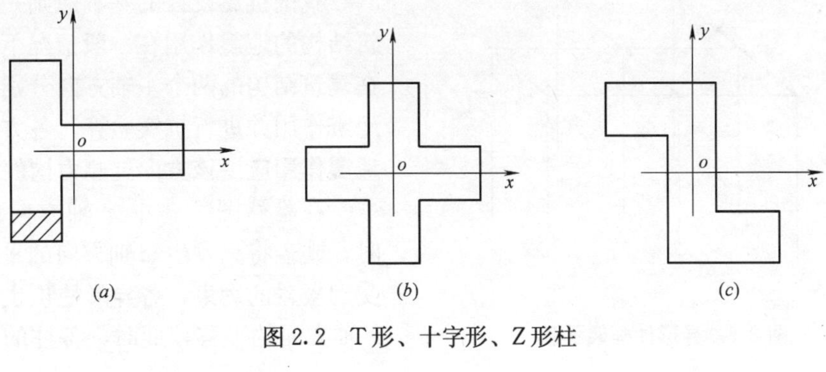

图 2.2 T 形、十字形、Z 形柱

3. 铰接十字形柱

十字形柱作为框架的中柱，如图 2.2（*b*）所示，在实际工程中应用得较多，由于十字形柱关于两个工程轴对称，$I_{xy}=0$，不会出现双偏压破坏现象，其力学性能与传统的矩形柱相似。

4. 铰接 Z 形柱

Z 形柱在异形柱结构中常作为轴线转换柱，如图 2.2（*c*）所示，在某些情况下（比如楼梯间、电梯间转角处）也会经常出现。显然 Z 形截面是反对称截面，$I_{xy}\neq 0$，因此，必定会像 L 形柱一样，产生双偏压破坏现象。

2.1.2　一端固接一端铰接异形柱的力学特性

一端固接一端铰接的异形柱在工程实际中以及试验研究中均会出现。比如排架以及按强柱弱梁设计的异形柱框架在梁屈服后的受力特性均是这种情况。试验研究中的悬臂柱式试验，其力学模型就是一端固接一端铰接。

一端固接一端铰接的异形柱尽管固接端能够约束变形和承受弯矩，但由于有一端铰接，其整体受力与两端铰接异形柱一样，对于 L 形、T 形、Z 形柱均会出现双偏压破坏特性。

一端固接一端铰接的悬臂柱抗震性能试验，在反复荷载作用下，截面两侧交替受压，以 T 形柱为例，假定正向加载时，腹板受压，负向加载时，翼缘受压。由于翼缘受压时，受压区的混凝土和钢材均比腹板受压时多得多，其滞回曲线包围的面积大，骨架曲线的下降段也更为平缓。这种抗震性能不对称现象主要是由于截面抗压面积的不对称所导致。这也就解释了悬臂柱试验中，L 形、T 形柱的滞回曲线不对称，而 Z 形、十形柱滞回曲线对称的现象。

2.1.3　两端刚接异形柱的力学特性

现浇框架结构中异形柱与楼盖形成整体，柱端由于受到楼盖的约束而不能转动，为刚性节点。刚性连接的框架，整体结构形成一个空间受力体系共同抵抗外荷载。在进行结构受力分析时，为简化计算，常采用以下假定：楼盖结构在其自身平面内的刚度无穷大，而在平面外的刚度很小，可忽略不计，楼盖结构在水平面内没有相对变形而仅发生刚体位移。因此，在某一楼盖标高处各榀框架的侧向水平位移都可由楼盖作刚体运动的条件确定。

根据抗震概念设计的要求，建筑及其抗侧力结构的平面布置宜规则、对称，并具有良好的整体性，如图 2.3 所示。

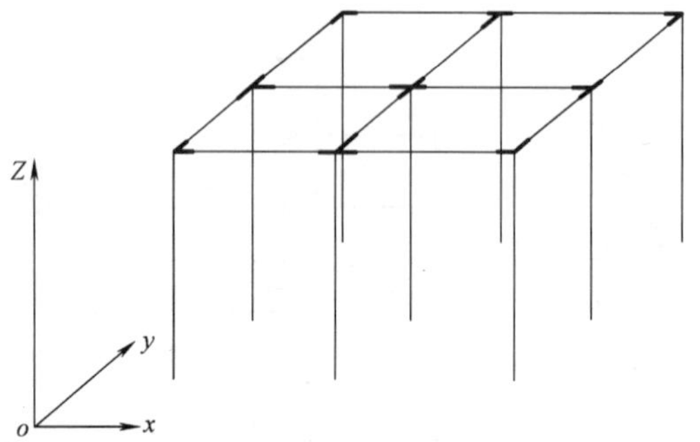

图 2.3　异形柱框架示意

我国抗震设计的基本原则是：各类建筑结构的地震作用在一般情况下，应允许在建筑结构的两个主轴方向分别计算水平地震作用并进行抗震验算，各方向的水平地震作用应由该方向抗侧力构件承担。

在验算图 2.3 中 x 轴方向地震作用时，楼盖将只发生 x 轴方向的平移，由于受到楼盖的约束，各异形柱顶也只能发生 x 轴方向的平移，此时，各柱的变形将具有以下特性："当楼盖只发生沿 x 轴方向的刚体平移时，相应的各框架柱将只发生绕 y 轴方向的弯曲变形"，具有该特性是由于假定楼盖平面内的刚度为无穷大，因此楼盖给了各柱端强有力的约束所决定的。

下面利用数学分析方法"反证法"来证明。

首先建立命题：假定异形柱在楼盖产生 x 轴方向的刚体平移时，同时产生绕 x、y 轴方向的弯曲变形。

根据命题同时发生双向弯曲的假定有：$\varphi_x \neq 0$，$\varphi_y \neq 0$

由高等材料力学曲率与位移的关系，在小变形条件下有：

$$\varphi_x = \frac{d^2 v(z)}{dz^2} \tag{2-13}$$

$$\varphi_y = \frac{d^2 u(z)}{dz^2} \tag{2-14}$$

式中　$u(z)$、$v(z)$——表示框架柱在 x、y 方向的水平位移。

求解微分方程得：

$$u(z) = \frac{1}{2}\varphi_y z^2 + c_1 z + c_2 \tag{2-15}$$

$$v(z) = \frac{1}{2}\varphi_x z^2 + c_3 z + c_4 \tag{2-16}$$

由支承处的位移边界条件：$u(z)|_{z=0}=0$，$v(z)|_{z=0}=0$，代入式（2-15)、式（2-16）得：$c_2=0$，$c_4=0$

$$u(z) = \frac{1}{2}\varphi_y z^2 + c_1 z \tag{2-17}$$

$$v(z) = \frac{1}{2}\varphi_x z^2 + c_3 z \tag{2-18}$$

由支承处的转角边界条件：$u'(z)|_{z=0}=0$，$v'(z)|_{z=0}=0$，代入式（2-17)、式(2-18）得：$c_1=0$，$c_3=0$，因此有：

$$u(z) = \frac{1}{2}\varphi_y z^2 \tag{2-19}$$

$$v(z) = \frac{1}{2}\varphi_x z^2 \tag{2-20}$$

由于 $\varphi_x \neq 0$，$\varphi_y \neq 0$，必定有 $u(z)|_{z\neq 0} \neq 0$、$v(z)|_{z\neq 0} \neq 0$，显然与命题的条件"异形柱结构的楼盖只沿 x 轴方向产生刚体平移"相矛盾，可见命题不成立。因此，楼盖发生 x 轴方向的刚体平移时，柱当且仅当发生绕 y 轴方向的弯曲变形，即 $\varphi_x=0$，$\varphi_y \neq 0$。代入式（2-1）得：

$$\sigma_z = \varphi_y \cdot x \cdot E \tag{2-21}$$

令 $\sigma_z=0$，可得在 x 轴方向地震作用时，异形柱的截面中性轴方程表达式为：

$$0 = \varphi_y \cdot x \cdot E \tag{2-22}$$

由于 $\varphi_y \neq 0$，因此必定有：$x=0$。

可见轴向地震作用时，异形柱的截面中性轴为截面形心轴，垂直于荷载作用方向。这个结论与普通框架中的矩形柱一样，截面中性轴与荷载方向相垂直，截面只是发生单偏压破坏。

2.1.4　低周反复荷载作用下刚接异形柱的受力特性

在框架结构分析中，通常只取一榀框架分析，典型的弯矩图如图 2.4 所示，为简化分析，假定反弯点在柱中部。

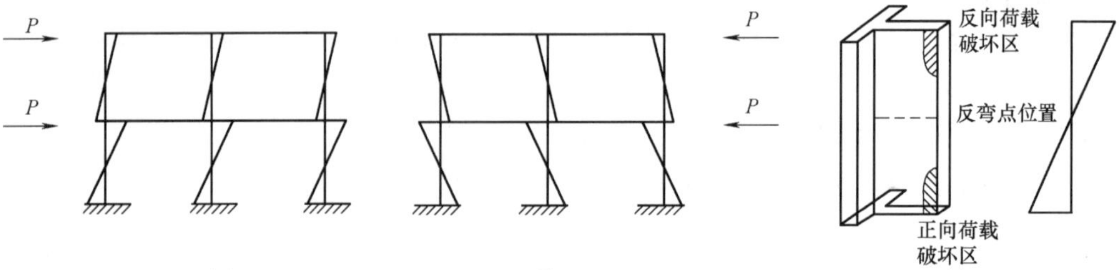

图 2.4　异形柱框架弯矩示意图

已有单个试件的“悬臂柱式”低周反复加载试验研究结果表明：对于 L 形、T 形柱，正负两方向水平受力时表现出不同的强度、刚度、延性等抗震性能，反映在滞回曲线上表现为两方向水平受力时曲线的形状不对称，出现一个方向明显比另一个方向更饱满的情况。这种现象与试验的边界条件和试件的破坏形态有关。若假定翼缘受拉、腹板受压时为正向，翼缘受压、腹板受拉时为负向，正向破坏表现为腹板混凝土压碎、翼缘开裂；负向的破坏形态为翼缘混凝土压碎、腹板开裂。由于负向破坏时，受压混凝土面积大，延性好；正向破坏时，受压混凝土少，混凝土压碎退出工作后，承载力急剧降低，延性差，是构件受力的薄弱方向。

但由整体试验如平面框架的低周反复加载试验却表现为对称的滞回曲线。有学者曾把这种现象解释为：对于规则的异形柱框架结构，当采用层模型进行分析时，考虑 T 形柱及 L 形柱在结构中均是成对布置的，正负两向的效应迭加后，滞回曲线图形仍具有较好的对称性。也就是构件的不对称，可以通过成对平均达到对称。

但其本质是否如此，还有待深入研究。首先对各种试验装置进行分析，“悬臂柱式”低周反复加载试验，尽管具有加载装置简单、容易操作等优点，但也存在与真实结构的受力状态和边界条件不同的缺点。“悬臂柱式”加载试验只需取框架柱反弯点以下部分进行研究，然后利用对称性得到整个框架柱的力学性能，若对于矩形、圆形柱这些具有对称截面的柱应该说是可行的，但对于 L 形、T 形柱等截面不对称的柱，是否可行，还有待分析。

框架结构在反复地震作用下，弯矩图如图 2.4 所示，由图可见，无论是正向还是负向荷载作用时，其弯矩图对于反弯点反对称，对于沿腹板方向加载的 T 形、L 形柱而言，正负向荷载作用时，腹板均有一段处于受压状态，由于截面的不对称性导致腹板受压翼缘受拉是 T 形、L 形柱的最危险工况，假定正向荷载使 T 形、L 形柱反弯点以下部分的腹板受压，则负向荷载将会使 T 形、L 形柱反弯点以上部分的腹板受压。在低周反复荷载作用下，随着荷载的增大，T 形、L 形柱的破坏形态应是腹板上下段交替受压破坏，同一根柱腹板上下部分的混凝土、配筋完全相同，承载能力也相同，则柱的破坏形态应该是柱上下端腹板混凝土压碎、翼缘外侧受拉开裂，因此，滞回曲线形状应该是对称的。这种对称应该是以悬臂柱式低周反复加载试验滞回曲线不饱满部分对称，而不是前述学者认为的正负迭加后的对称。

2.2 试验概况

2.2.1 试件的设计与制作

共制作了21个异形柱（T形、L形、十字形）试件进行试验，分两批进行，第一批17个，第二批4个，试件的具体设计参数及配钢情况分别如表2.1和2.2所示，加载角示意图如图2.5所示，截面尺寸及配钢形式如图2.6所示。

第一批试件中T形钢均采用相应规格的扁钢以双面焊缝手工焊接而成，焊接质量符合三级焊逢要求，部分试件的型钢骨架如图2.7及图2.8（*a*）所示。考虑到缩尺后试件的柱肢厚度较小，为保证混凝土的浇注质量，试件采用立式分段浇注，首先浇注下端头，然后浇注试验段，最后浇注上端头，混凝土的材料性能详见表2.3。

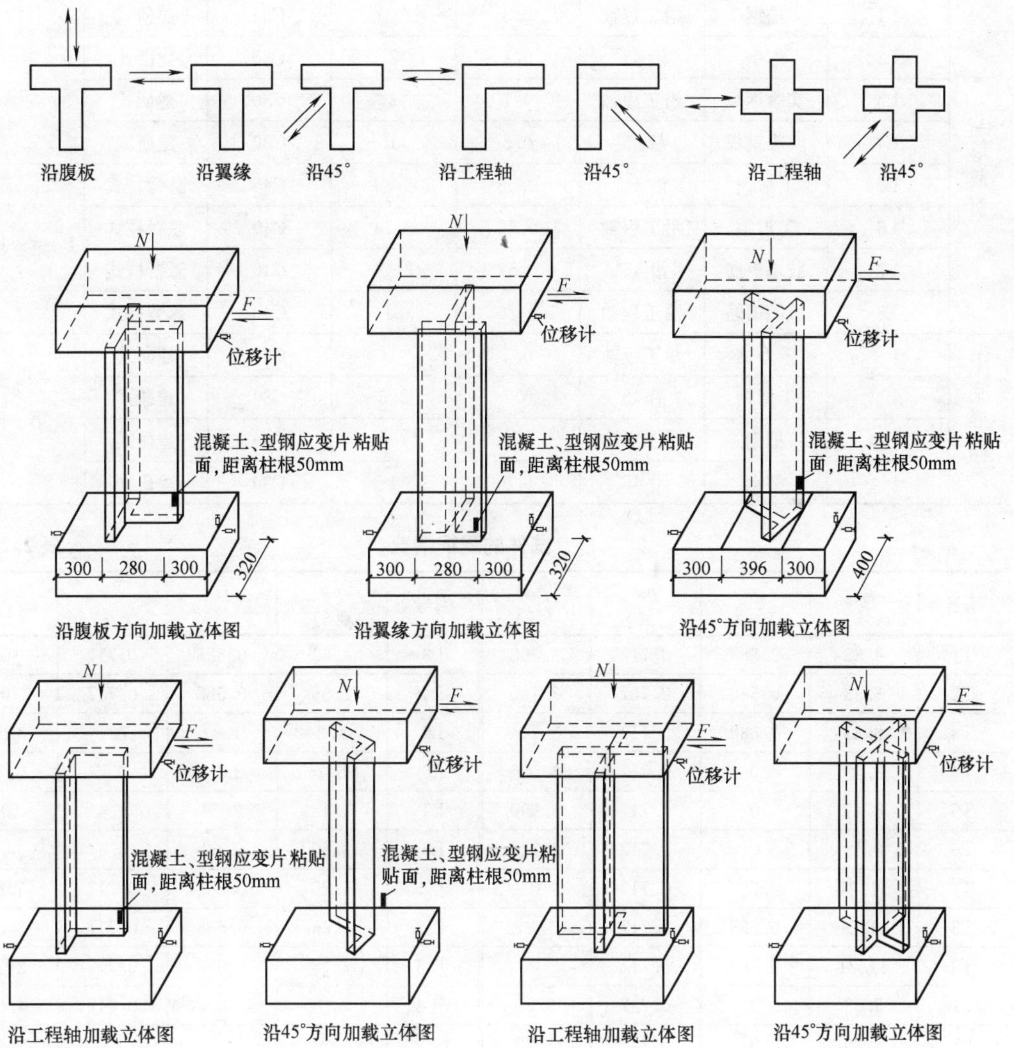

图2.5 异形柱荷载加载角示意

试件设计参数汇总　　表 2.1

试件类型	试件编号	配钢形式	加载角	轴压比 $n=N/f_cA$	剪垮比 $\lambda=L/2h$	混凝土强度等级	加载装置	备注
T形截面	T1	T形钢	沿翼缘	0.3	1	C30	建研式	第一批
	T2	T形钢	沿腹板	0.5	2	C30	建研式	
	T3	T形钢	沿 45°	0.7	2.5	C30	建研式	
	T4	槽钢	沿翼缘	0.5	2.5	C30	建研式	
	T5	槽钢	沿 45°	0.7	1	C30	建研式	
	T6	槽钢	沿腹板	0.3	2	C30	建研式	
	T7	实腹钢板	沿翼缘	0.7	2	C30	建研式	
	T8	实腹钢板	沿 45°	0.3	2.5	C30	建研式	
	T9	实腹钢板	沿腹板	0.5	1	C30	建研式	
L形截面	L1	槽钢	沿工程轴	0.3	1	C30	建研式	
	L2	槽钢	沿 45°	0.7	2	C30	建研式	
	L3	实腹钢板	沿工程轴	0.7	2	C30	建研式	
	L4	实腹钢板	沿 45°	0.3	1	C30	建研式	
	L5	T形钢	沿 45°	0.52	2.44	C40	悬臂柱式	第二批
	L6	T形钢	沿工程轴	0.76	3.14	C40	悬臂柱式	
	L7	肢端钢筋	沿 45°	0.52	2.44	C40	悬臂柱式	
	L8	肢端钢筋	沿工程轴	0.76	3.14	C40	悬臂柱式	
十字形截面	十1	T形钢	沿工程轴	0.5	1	C30	建研式	第一批
	十2	T形钢	沿 45°	0.7	2.5	C30	建研式	
	十3	槽钢	沿工程轴	0.7	2.5	C30	建研式	
	十4	槽钢	沿 45°	0.5	1	C30	建研式	

试件的配钢情况　　表 2.2

编号	ρ_{ss} (%)	ρ_s (%)	ρ_{sv} (%)	ρ_{sw} (%)	编号	ρ_{ss} (%)	ρ_s (%)	ρ_{sv} (%)	ρ_{sw} (%)
T1	8.33	0.588	0.717	3.868	L3	7.55	0.588	0.717	0
T2	8.33	0.588	0.707	3.765	L4	7.55	0.588	0.717	0
T3	8.33	0.588	0.717	3.744	L5	4.2	1.01	0.7	0.2
T4	8.49	0	0.717	3.665	L6	5.7	1.35	0.7	0.16
T5	8.49	0	0.717	3.990	L7	1.42	2.76	1.4	0
T6	8.49	0	0.717	3.720	L8	1.89	3.69	1.4	0
T7	11.21	0.588	0.717	0	十1	6.25	0.588	0.717	1.62
T8	11.21	0.588	0.717	0	十2	6.25	0.588	0.717	3.07
T9	11.21	0.588	0.717	0	十3	7.18	0	0.717	3.75
L1	5.39	0	0.717	3.99	十4	7.18	0	0.717	4.09
L2	5.39	0	0.717	3.72					

注：ρ_{ss}为纵向型钢配钢率、ρ_s为纵筋配筋率、ρ_{sv}为体积配箍率、ρ_{sw}为腹杆配钢率，腹杆配钢率包括水平腹杆和斜腹杆的体积配钢率。

第二批试件中T形钢由工字钢I10沿强轴对半平分而得，在翼缘外侧加焊扁钢增大截面配钢率，试件L5和L6中T形钢采用角钢焊接成桁架式钢骨架，箍筋间距是肢端配钢筋试件L7和L8的两倍，部分试件的型钢骨架如图2.8（*b*）所示。试件采用商品混凝土浇筑，预留混凝土试块的强度实测值 $f_{cu}=52.8\text{N/mm}^2$。

试件中型钢、钢筋和铁丝的材料性能详见表2.4。

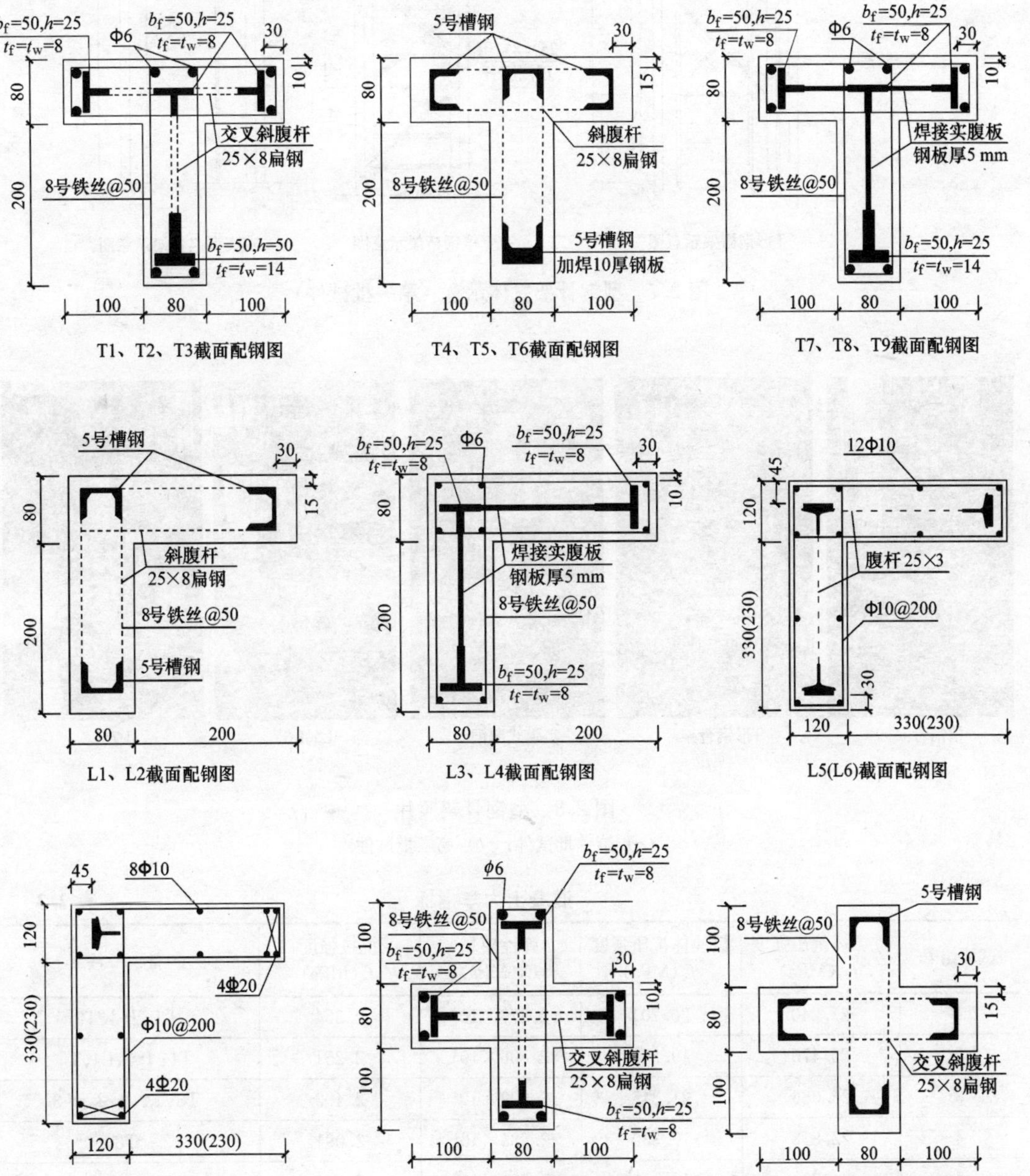

图2.6 试件的截面尺寸及配钢形式

（注：配槽钢桁架的试件T4、T5、T6、L1、L2、十3、十4与其他配钢形式的试件一样，均配有箍筋，为8号铁丝@50，由于截面图中箍筋的位置与槽钢之间的腹杆位置重叠，不方便表示）

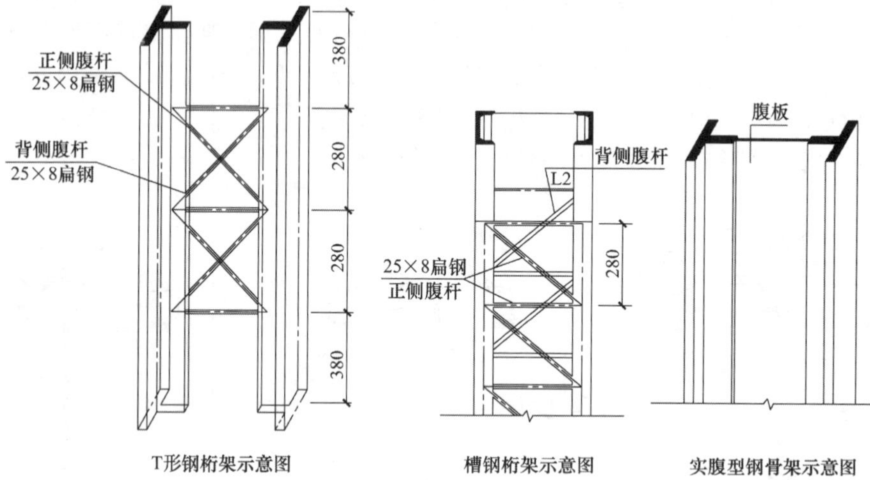

图 2.7　型钢骨架立体示意（第一批试件）

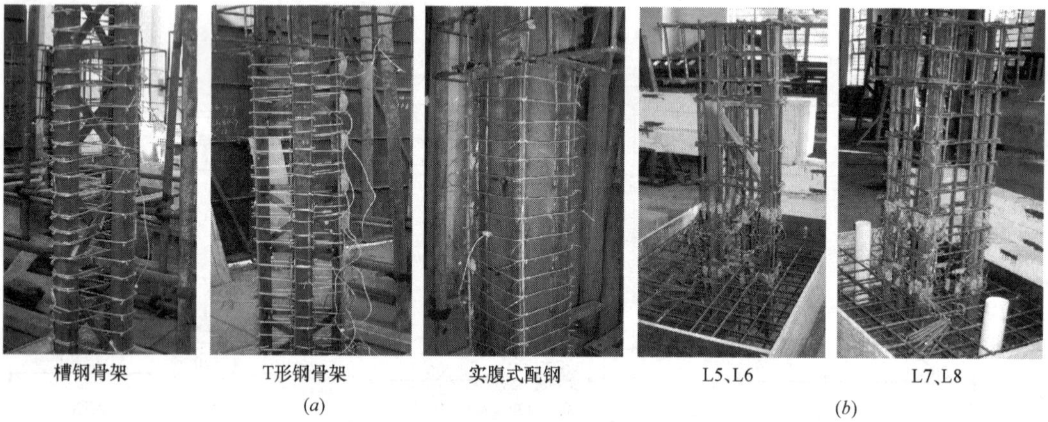

图 2.8　型钢骨架照片

(a) 第一批试件；(b) 第二批试件

混凝土力学指标　　**表 2.3**

试块组号	立方体抗压强度 f_{cu}(MPa)	棱柱体抗压强度 f_c(MPa)	弹性模量 E_c(MPa)	抗拉强度 f_t(MPa)	备　注
1	27.240	20.701	2.877×10^4	2.354	L1、十 4、T9
2	25.475	19.361	2.806×10^4	2.251	T1、十 1、L4、T5
3	28.086	21.345	2.909×10^4	2.402	T3、T4、十 2、十 3
4	22.813	17.330	2.685×10^4	2.091	T8
5	24.880	18.908	2.781×10^4	2.216	L3、T7
6	27.026	20.539	2.869×10^4	2.342	L2、T2、T6
7	27.043	20.551	2.869×10^4	2.342	第一批试件的端头
8	52.860	40.174	3.50×10^4	3.662	L5、L6、L7、L8

钢材力学性能指标 表 2.4

钢材类型	型钢	屈服强度 f_y(MPa)	极限强度 f_u(MPa)	弹性模量 E(MPa)	屈服应变 $\mu\varepsilon$
型钢	5 号槽钢腹板	542.5	667.5	1.952×10^5	2779
	5 号槽钢翼缘	440.0	640.0	2.13×10^5	2065
	25×8 扁钢	385.0	566.7	2.379×10^5	1617
	50×8 扁钢	290.0	435.0	2.162×10^5	1341
	50×10 扁钢	387.5	600.0	1.848×10^5	2096
	50×14 扁钢	277.5	457.5	2.33×10^5	1190
	I10 翼缘	274.1	400.8	1.98×10^5	1384
	I10 腹板	305.9	423.1	1.98×10^5	1545
	60×10 扁钢	319.9	460.9	2.00×10^5	1615
	50×3 角钢	272.2	316.0	1.96×10^5	1388
钢板	−5mm	352.5	470.0	2.046×10^5	1723
钢筋	Φ6	360.0	545.0	2.465×10^5	1460
	Φ10	332.5	491.7	2.03×10^5	1638
	Φ20	377.2	584.3	2.02×10^5	1868
铁丝	8 号铁丝	246.7	338.3	1.45×10^5	1701

2.2.2 加载方案及测试内容

低周反复荷载试验的加载装置常见的有简支梁式、连续梁式、悬臂柱式和“建研式”，图 2.9 给出了不同加载装置的力学模型。由图可见，在“建研式”加载装置上柱的受力模型能最好地模拟框架结构楼层之间的框架柱的真实受力情况。特别是“建研式”加载装置能保持上下端面平行，这更符合框架柱的实际变形情况。尽管连续梁式加载装置中部的力学模型与“建研式”相同，但不能保证受剪端面平行，并且对于同样剪跨比试件的长度是“建研式”的 2 倍，材料用量多，但与“建研式”相比其优点是设备要求相对简单。悬臂柱式加载装置的力学模型是“建研式”的一半，通常只需取框架柱反弯点以下的部分即可，因此对于同样剪跨比的试件，与“建研式”加载方法相比，节省材料，试验过程相对简单且容易操作，但不能保证受剪端面平行。简支梁式加载的力学模型与悬臂柱式相当，但材料损耗是悬臂柱式的两倍。

第一批试件采用“建研式”加载装置，如图 2.10（a）所示；第二批试件采用“悬臂柱式”加载装置，如图 2.10（b）所示。加载按照《建筑抗震试验方法规程》（JGJ 101—96）采用荷载和位移混合控制的制度。首先在柱顶施加竖向荷载至设计值，并保证恒定不变，然后施加水平荷载，试件屈服前由荷载控制进行分级加载，每级荷载为 20kN，试件屈服后按位移控制的方式进行加载，位移增量为屈服位移的倍数，每级位移反复三次，直至荷载下降到最大荷载的 70％或无法继续加载时结束试验。

为了达到研究目的，试验中主要测试的内容有：柱顶水平荷载与位移之间的滞回曲线，柱顶竖向荷载值，型钢、钢筋、箍筋（钢丝）及混凝土的应变值，裂缝的出现及发展过程等。

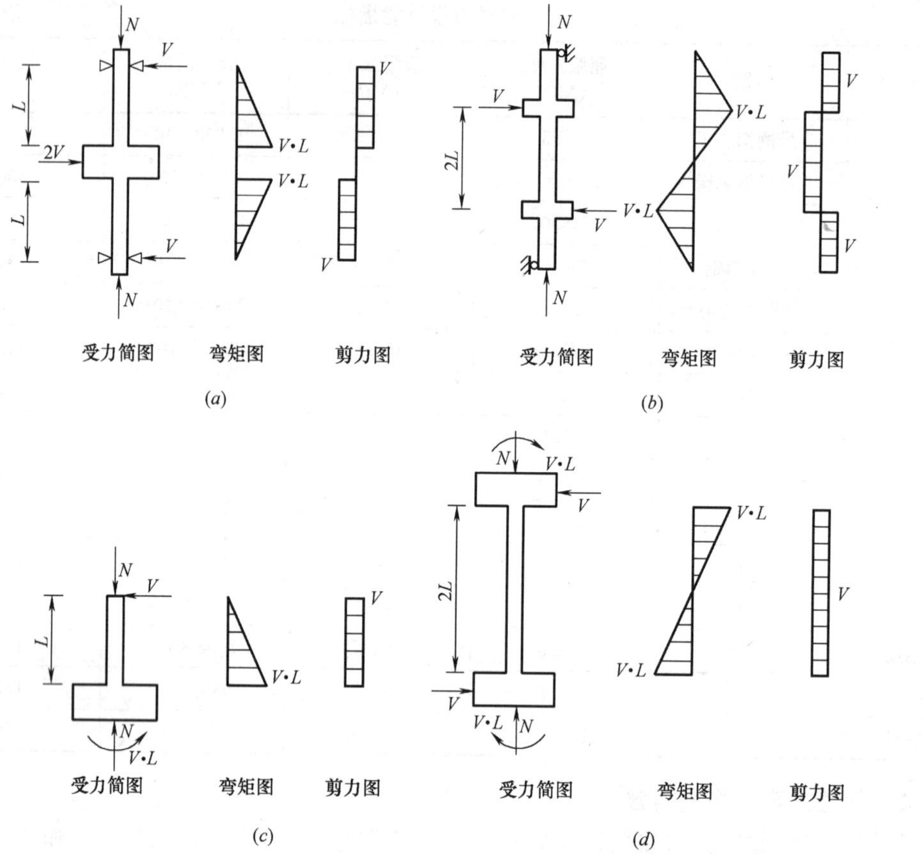

图 2.9　各种加载装置的力学模型

(a) 简支梁式构件受力图；(b) 连续梁式构件受力图 (c) 悬臂柱式构件受力图；(d)"建研式"构件受力图

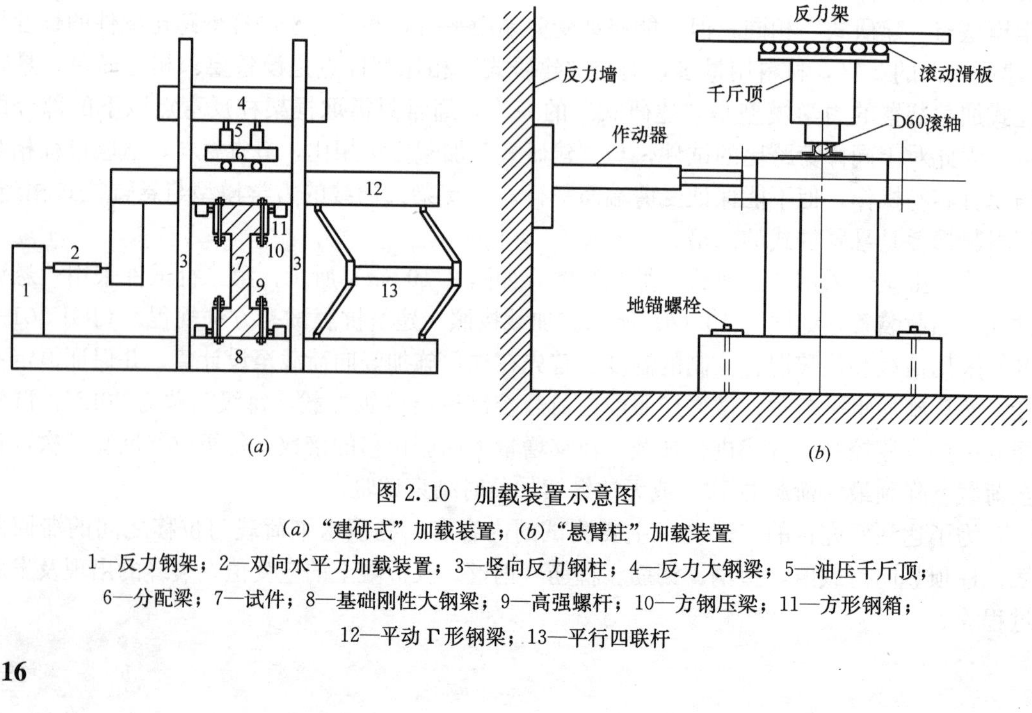

图 2.10　加载装置示意图

(a)"建研式"加载装置；(b)"悬臂柱"加载装置

1—反力钢架；2—双向水平力加载装置；3—竖向反力钢柱；4—反力大钢梁；5—油压千斤顶；6—分配梁；7—试件；8—基础刚性大钢梁；9—高强螺杆；10—方钢压梁；11—方形钢箱；12—平动 Γ 形钢梁；13—平行四联杆

2.3 试验结果及分析

2.3.1 试验过程及破坏形态

1. 第一批试件

第一批型钢混凝土异形柱在低周反复荷载作用下的破坏形态大体可分为四种：剪切斜压破坏、剪切粘结破坏、剪弯型破坏和弯曲破坏，以剪切斜压破坏和弯曲破坏为主。

(1) 剪切斜压破坏（T1、T2、T5、T9、十 1、十 4）

剪跨比较小的试件，容易发生剪切斜压破坏，$\lambda=1$ 的大部分试件发生了该形态的破坏。其破坏过程大致为：首先出现腹部斜裂缝，在荷载反复作用下，出现了许多交叉斜裂缝，把试件表面划分成若干菱形块，随着荷载的增大，试件的上下端也出现弯曲水平裂缝，但远远不如斜裂缝明显，荷载增加到一定的程度，原有的斜裂缝中形成几条明显的交叉主斜裂缝，随着荷载的继续增大，被交叉主斜裂缝分割的菱形混凝土块被压碎脱落，首先是箍筋外部混凝土脱落，但由于腹杆的存在，试件还有较高的承载能力，随着试验的继续进行，被箍筋包围的核心混凝土也被压碎，斜腹杆被压屈外凸，此后，水平荷载迅速下降，试件破坏。部分试件的破坏形态如图 2.11 所示。

平行加载向翼缘(背面)　平行加载向翼缘(正面)　垂直加载向腹板　　平行加载向　垂直加载向

(*a*)　　　　　　　　　　　　　　　　　　(*b*)

图 2.11　剪切斜压破坏试件的破坏形态图

(*a*) T1；(*b*) 十 1

(2) 弯曲破坏（T3、T4、T7、T8、L2、L3、十 2、十 3）

剪跨比较大（$\lambda=2.5$）或剪跨比不大（$\lambda=2$）但配置实腹型钢的型钢混凝土异形柱容易发生此类破坏。其破坏过程大致为：首先在试件的上下端部出现水平裂缝，随着荷载的增大，也会出现一些斜裂缝，斜裂缝远不如水平裂缝明显，随着荷载的继续增加，上下端部弯曲水平裂缝变宽并有部分混凝土被压碎，此后，混凝土被压碎区域越来越大，纵向型钢和钢筋逐渐外露，当荷载达到一定值时，纵向钢筋压曲外凸，几乎全截面周边混凝土都被压碎剥落，并且在柱高方向混凝土被压碎区的高度约与柱截面肢高相当，此后，水平荷载下降，试件破坏。部分试件的破坏形态如图 2.12 所示。尽管试件破坏时纵筋压曲，但纵向型钢均没有发生局部屈曲，并且被压碎的混凝土主要是型钢及箍筋外围的保护层混凝土，被型钢及箍筋包围的混凝土基本保持完好，可见型钢的存在对内部混凝土起到了约束作用。

平行加载向　　垂直加载向　　平行加载向　　垂直加载向　　平行加载向　　垂直加载向

(a)　　(b)　　(c)

图 2.12　弯曲破坏试件的破坏形态图

(a) T3；(b) L2；(c) 十 3

(3) 剪切粘结破坏（T6、L1）

剪跨比较小（λ=2）且型钢外围混凝土没有纵筋约束的试件容易发生剪切粘结破坏。破坏首先在腹部形成交叉斜裂缝，然后向两端延伸，到达型钢翼缘表面附近时马上变陡，形成一系列纵向粘结裂缝，把型钢保护层混凝土劈裂，试件破坏，破坏形态如图 2.13 所示。

平行加载向　　垂直加载向　　垂直加载向（背面）　　垂直加载向（正面）

(a)　　(b)

图 2.13　剪切粘结破坏试件的破坏形态图

(a) T6；(b) L1

(4) 剪弯型破坏（L4）

剪跨比较小（λ=1）但实腹式配钢的试件容易发生此类破坏。首先出现斜裂缝，然后在上下端出现弯曲水平裂缝及竖向裂缝，弯曲裂缝的发展明显比剪切裂缝迅速，最后上下端部混凝土被压碎，试件破坏，破坏形态如图 2.14 所示。

2. 第二批试件

第二批型钢混凝土异形柱在低周反复荷载作用下的破坏形态均为弯曲破坏。

试件 L5 正向加载至 180kN 时，柱根角部出现第一批水平裂缝，并且角部受拉型钢屈服，但此时肢端混凝土尚未开裂，型钢也尚未屈服。在位移控制阶段，$2\Delta_y$时，肢端混凝

平行加载向　　垂直加载向（背面）　　垂直加载向（正面）

图 2.14　剪弯型破坏试件的破坏形态图（L4）

土水平开裂；$3\Delta_y$时，正向荷载开始下降而负向荷载继续上升；$4\Delta_y$时，负向荷载下降，试件破坏。破坏形态表现为角部混凝土压碎脱落，纵向型钢屈服，但充当钢骨桁架腹杆的角钢尚未屈服。破坏形态如图 2.15（*a*）所示。

试件 L6 正向加载至 180kN 时，柱根腹板端部出现第一批水平裂缝（对沿工程轴加载的 L 形柱，平行加载方向的柱肢称为腹板，垂直加载方向的柱肢称为翼缘）；同时在负向荷载加至 180kN 时，柱根腹板端部也出现竖向裂缝，荷载达到 210kN 时，在腹板两侧的中下部出现斜向裂缝，纵向型钢屈服。在位移控制阶段，$2\Delta_y$ 时，腹板端部混凝土开始剥落，承载力开始下降；$4\Delta_y$ 时，腹板端部纵向型钢屈服外鼓，试件破坏。破坏形态表现为全部柱根截面混凝土被压碎，腹板端部混凝土破坏最为严重，腹板端部纵向型钢屈服外鼓，翼缘纵向型钢没有发生屈曲。破坏形态如图 2.15（*b*）所示。

试件 L7 正向加载至 180kN 时，柱根角部及肢端出现第一批水平裂缝，荷载增大至 220kN 时，角部型钢屈服，试件出现斜裂缝。在位移控制阶段，$2\Delta_y$ 时，正向荷载达到峰值；$4\Delta_y$ 时，正向荷载下降到 90％峰值荷载，而负向荷载尚未下降，试验结束。破坏形态表现为角部及肢端混凝土被压碎脱落，角部纵向型钢和肢端纵筋屈服，箍筋尚未屈服。破坏形态如图 2.15（*c*）所示。

试件 L8 正向加载至 180kN 时，柱根腹板端部出现水平裂缝和腹板中部出现斜裂缝，

(*a*)　　(*b*)　　(*c*)　　(*d*)

图 2.15　第二批试件的破坏形态图

（*a*）L5；（*b*）L6；（*c*）L7；（*d*）L8

加载达到 205kN 时，腹板端部纵向钢筋屈服。在位移控制阶段，$2\Delta_y$ 时，正向荷载达到峰值，承载力开始下降但较缓慢；$4\Delta_y$ 时，正向荷载下降到 90%峰值荷载以下，而负向荷载仍在增长，试验结束。破坏形态表现为腹板端部混凝土压碎脱落严重，腹板端部纵向钢筋应变达到受拉极限应变。破坏形态如图 2.15（*d*）所示。

2.3.2　滞回曲线

滞回曲线是试件在往复荷载作用下，力和位移之间的关系曲线，亦称为“P-Δ”曲线。它是结构抗震性能的综合体现，也是进行结构弹塑性动力反应分析的主要依据。图 2.16 和图 2.17 分别给出了两批试件的荷载-位移滞回曲线。

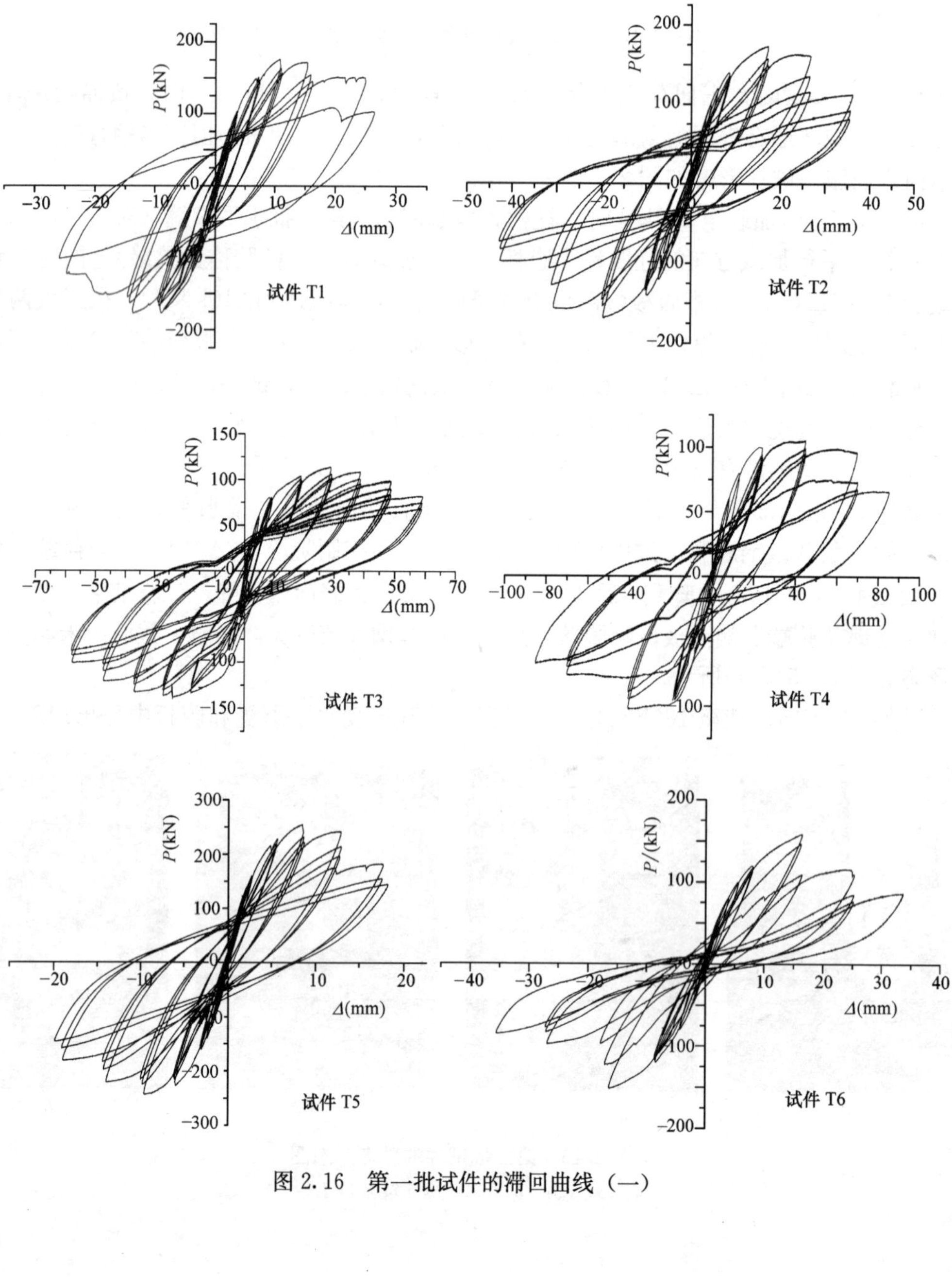

图 2.16　第一批试件的滞回曲线（一）

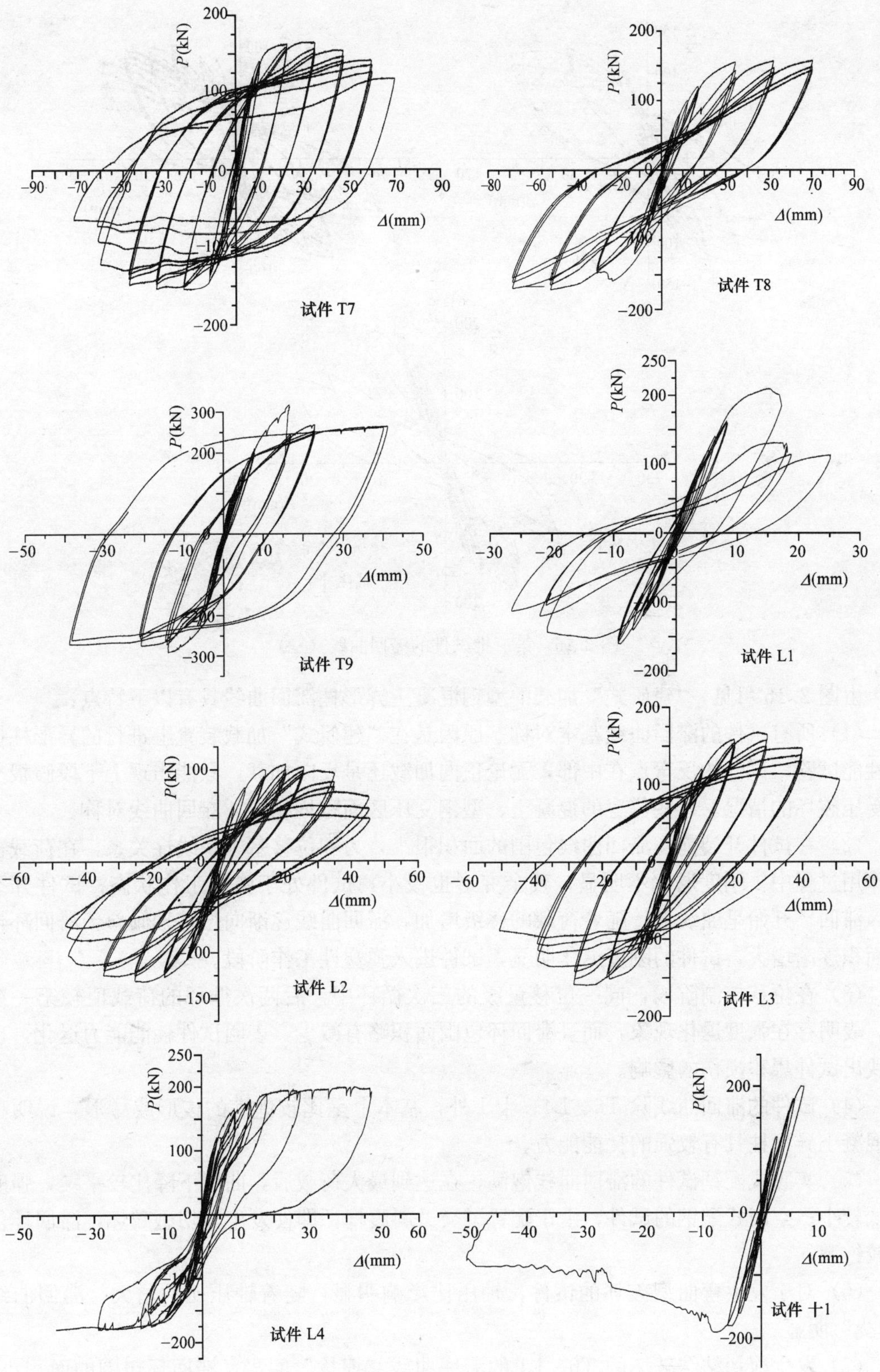

图 2.16 第一批试件的滞回曲线（二）

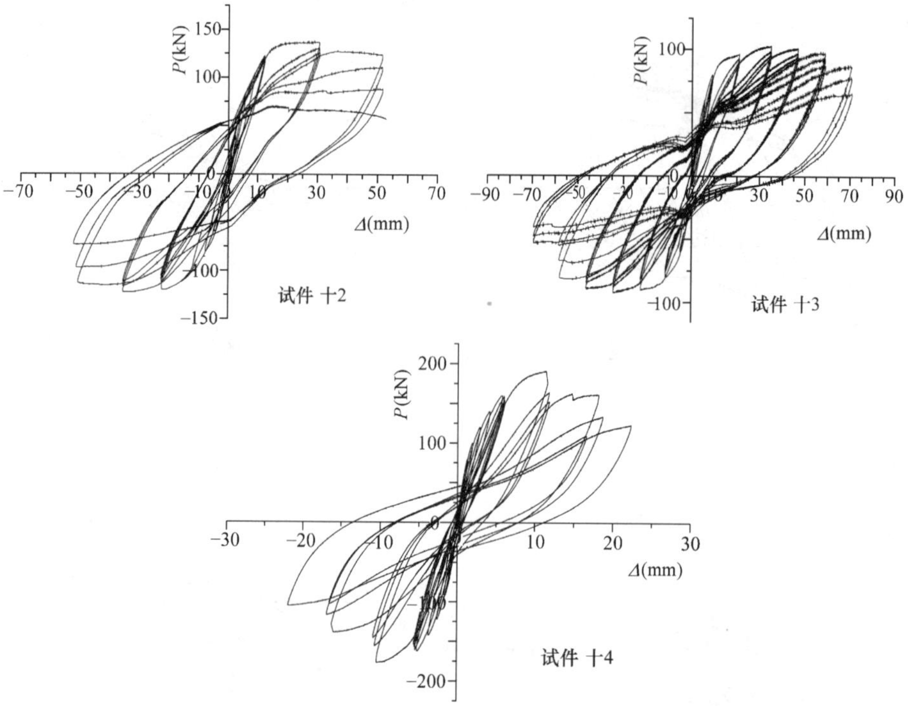

图 2.16　第一批试件的滞回曲线（三）

由图 2.16 可见，“建研式”加载的型钢混凝土异形柱滞回曲线具有以下特点：

（1）所有试件的滞回曲线基本对称。原因是在“建研式”加载装置上进行的异形柱抗震性能试验，试件的反弯点在中部，无论正向加载还是反向加载，只能出现上下段腹板交替受压破坏的情况。这些位置的混凝土、型钢受压区面积均相同，滞回曲线对称。

（2）在试件开裂前，滞回曲线包围的面积很小，力和位移基本呈线性关系，在荷载往复作用过程中，刚度退化不明显，残余变形也极小，试件处于弹性工作状态；试件开裂后，滞回环开始呈曲线形，随着荷载的逐级增加，滞回曲线逐渐向位移轴倾斜，滞回环包围面积逐渐增大，试件的刚度退化明显，试件进入弹塑性工作阶段。

（3）在位移控制阶段，同一位移量级的三次循环中，后两次循环的荷载值较第一次低，表明存在强度退化现象，而且滞回环包围面积略有减少，表明试件耗能能力退化，也反映出试件累积损伤的影响。

（4）试件的滞回曲线除 T6、L4、十 1 外，基本上呈比较饱满的梭形或弓形，说明型钢混凝土异形柱具有较强的耗能能力。

（5）实腹式配钢试件的滞回曲线饱满，在达到最大荷载后，曲线下降比较平缓，强度降低较小；空腹式配钢的试件，由于配置了交叉斜腹杆，即使发生剪切型破坏，滞回环仍比较饱满。

（6）对于发生弯曲型破坏的试件，轴压比影响明显，随着轴压比的增大，滞回曲线“捏拢”明显。

（7）发生剪切粘结破坏的 T6、L1 的滞回曲线“捏拢”明显，滞回环包围的面积小，抗震性能差。因此，为了提高型钢混凝土异形柱的抗震性能，采取一定的措施防止发生剪切粘结破坏十分必要。

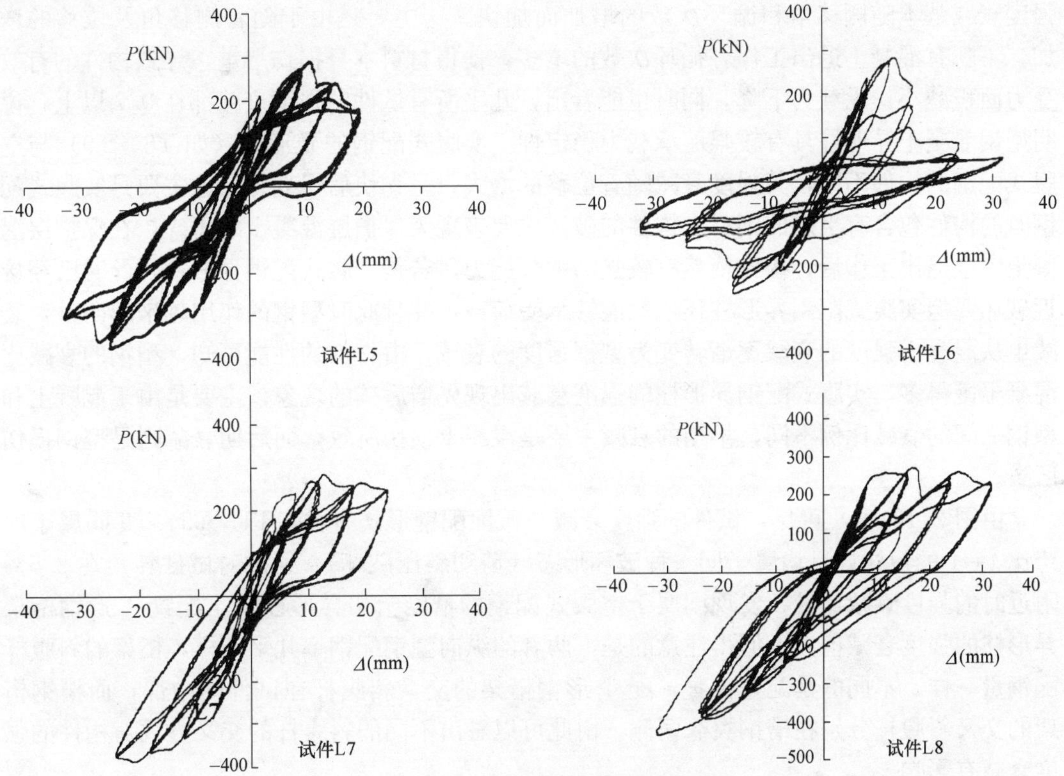

图 2.17 第二批试件的滞回曲线

由图 2.17 可见，“悬臂柱式”加载的型钢混凝土异形柱滞回曲线具有以下特点：

(1) 试件的滞回曲线在正反两个方向不对称。

(2) 试件 L5、L6 与试件 L7、L8 截面的用钢量相等，但不同的钢材连接方式，试件的滞回曲线明显不同，端部配置型钢，并且各型钢通过腹杆焊接形成空间桁架的试件 L5、L6 的滞回曲线，明显要比端部采用面积相等的分散粗钢筋且钢筋之间没有任何连接的试件 L7、L8 的滞回曲线饱满。可见，在型钢混凝土异形柱中，采用粗钢筋的办法无法保证良好的抗震性能。

(3) 试件 L5 和 L7 的轴压比较试件 L6 和 L8 小，实测的滞回曲线相对饱满，可见，随着轴压比的增大，试件的滞回曲线包围面积减小。

2.3.3 强度衰减

由试件的滞回曲线发现，型钢混凝土异形柱在某一级位移下，构件的承载力随着荷载循环次数的增加而减小，这种现象通常称为强度衰减。构件的强度衰减对其受力性能有很大的影响，强度衰减越快，表明构件损伤越严重，继续承受荷载的能力下降越快。体现在地震中就是当结构遭受一定的地震之后，由于其强度衰减快，在随后不大的地震或大震之后的余震中可能遭受的破坏越严重，可见强度衰减是考验构件抗震性能好坏的重要指标。

由于往复循环加载而产生的强度衰减，一般用某一控制位移下第 i 次循环的最大荷载与第 1 次循环时的最大荷载之比 F_i/F_1 来表示。第一批试件的强度衰减与试件侧移角之间的关系如图 2.18 所示。

由图 2.18 可见，对于空腹式配钢的试件（如 T1、T3、T4、T5、T6、十 2、十 3），强度衰减基本随侧移角和循环次数的增加而加快。这主要是由于随着侧移角及位移的增加，不断有混凝土退出工作，循环次数的增多，使得材料本身损伤严重，导致构件的有效受力面积减小，承载力下降。同时也能看出，几乎所有试件的强度衰减都在 0.7 以上，说明型钢混凝土异形柱具有较强的承载力稳定性。实腹式配钢的异形柱（如 T8、T9）与空腹式配钢的构件不同，其强度衰减随着位移的增大，呈先快后慢变化。这主要是实腹式配钢时的构件包含有更多的钢材，构件的破坏主要表现为保护层混凝土的压碎，在保护层混凝土完全退出工作后，构件依然有较强的承载能力。若是空腹式配钢异形柱，此时已经接近破坏，但实腹式配钢异形柱还依然能够承受荷载，并且此时型钢的作用越来越明显，衰减也从混凝土强度的衰减逐渐转变为型钢强度的衰减，由材料的性能可知，型钢的衰减比混凝土慢得多，实腹式配钢异形柱的强度衰减出现先增后减的现象，主要是由于混凝土和型钢之间的衰减比例不同，早期的衰减主要是混凝土损伤所致，而后期衰减则是型钢损伤所致。

由图 2.18（*a*）可见，试件的强度衰减与截面配钢形式有关，T1、T5、T9 同属于剪跨比 $\lambda=1$ 的短柱，且均属于同一种破坏形态（剪切斜压破坏）。通过对试件转角在 2.5% 附近时的强度衰减比较，发现同属于空腹式配钢的槽钢桁架异形柱要比配置 T 形钢桁架异形柱的强度衰减值大。值得注意的是，两者的纵向型钢配钢率几乎一样，桁架的斜腹杆配钢量一样，不同的是配置位置，配 T 形钢桁架的交叉斜腹杆在试件的中部，而槽钢桁架的交叉斜腹杆分别在槽钢翼缘两侧，由此可以看出不同的斜腹杆的交叉方式对构件的强度衰减有影响。

由图 2.18（*b*）可见，随着剪跨比的增大，构件后期的强度衰减有减慢的趋势。这主要是由于随着剪跨比的增大，构件的破坏形态发生了改变，剪跨比较小时，主要发生剪切斜压破坏，剪跨比较大时，主要发生弯曲型破坏，弯曲破坏属于延性破坏，其破坏过程长于脆性性质的剪切斜压破坏，因而其强度衰减相对比较缓慢。

由图 2.18（*c*）可见，轴压比对构件的强度衰减影响很大。当轴压比为 0.3 时，随着位移的增大，强度衰减先增加后减小（主要是实腹式配钢）构件，强度衰减表现得较为稳定，并且衰减值也较小；当轴压比为 0.5 时，构件的后期衰减大幅增大；当轴压比为 0.7 时，构件每一位移级别下第一级的强度衰减明显增大，但第二级的衰减较为平稳，主要是高轴压比时，混凝土的脆性性质更为明显，第三循环时，由于部分损伤的混凝土退出工作，此后的承载力主要由钢材承担，因此，第二级强度衰减增加的幅度不大。

由图 2.18（*d*）可见，构件的荷载角对强度衰减有影响，不同的荷载角作用下，表现出不同的强度衰减特性。对于十字形柱而言，沿工程轴加载，构件的强度衰减较为稳定，沿 45°加载的构件后期的强度衰减很大，变化幅度也较大，表明沿 45°加载时构件的破坏更为迅速。

2.3.4 刚度退化

1. 刚度退化规律

试件在反复荷载作用下，刚度可以采用割线刚度表示。割线刚度按式（2-23）计算，其含义是试件第 i 次的割线刚度等于第 i 次循环的正负最大荷载的绝对值之和与相应变形绝对值之和的比值。

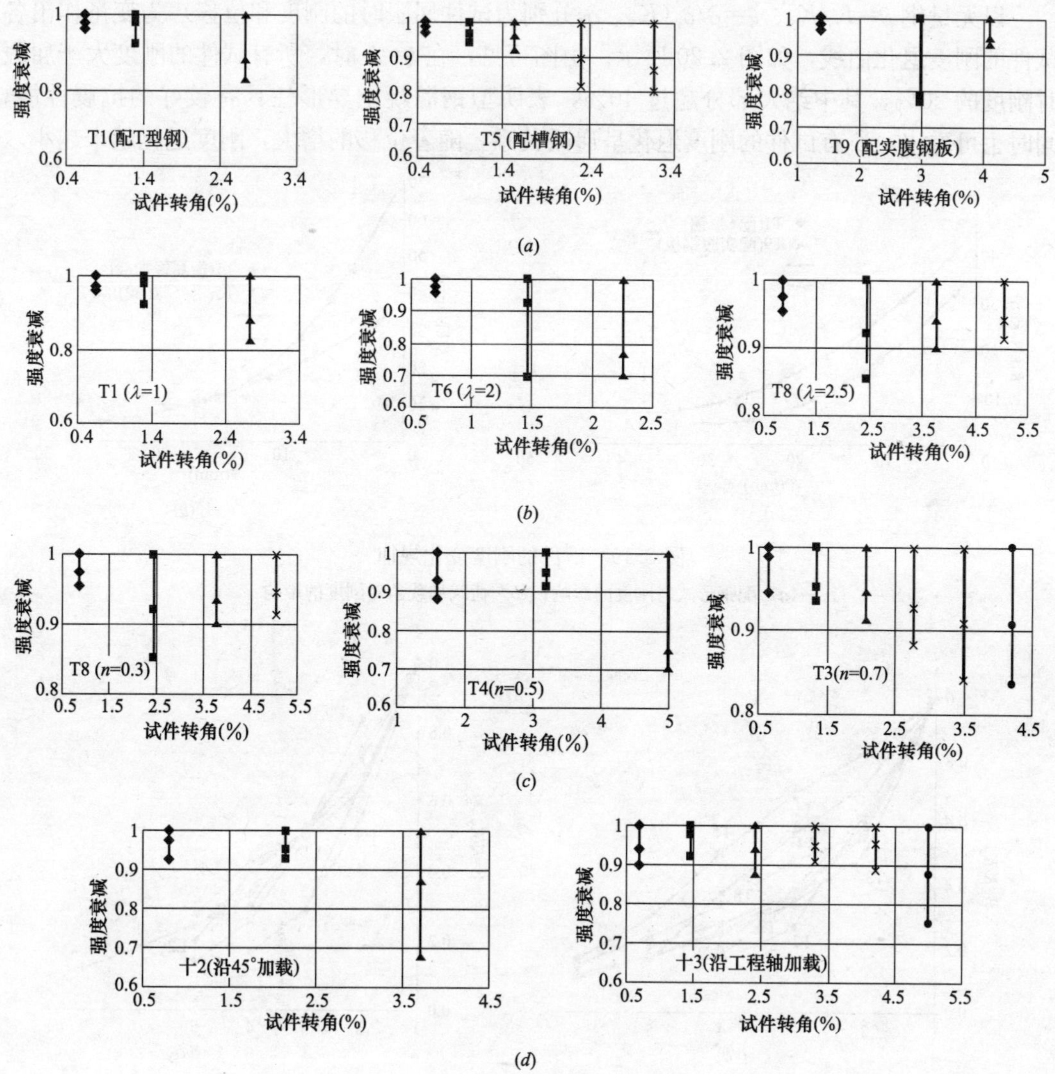

图 2.18 强度衰减与侧移角的关系

（a）配钢形式的影响；（b）剪跨比的影响；（c）轴压比的影响；（d）加载方向的影响

$$K=\frac{|+P_i|+|-P_i|}{|+\delta_i|+|-\delta_i|} \tag{2-23}$$

图 2.19 给出了试件的配钢形式和荷载加载方向对刚度的影响。由图 2.19（a）可见，实腹式配钢的型钢混凝土异形柱在各级位移下的等效刚度比空腹式配钢的柱高，这主要是由于实腹式配钢试件的截面配钢率较大的缘故，但是两种配钢形式的型钢混凝土异形柱刚度退化的规律基本一致。

试件的刚度与荷载角有关，对于 T 形、L 形、十字形短柱来说，沿 45°加载时双面抗剪，而沿工程轴加载时是单面抗剪。因此，沿 45°加载的异形柱要比沿工程轴加载时刚度大，如图 2.19（b）所示，但沿 45°加载的刚度退化严重，并且最后两种加载方向试件的刚度退化基本趋于一致，这主要是 45°加载的试件 T5 的最终破坏形态是只有一个侧面抗剪的那部分翼缘压碎，与沿工程轴加载的单面抗剪破坏形态一致。

以无量纲 $\beta=K/K_y$、$\xi=\delta/\delta_y$（K_y、δ_y分别为试件屈服时的刚度和位移）为变量作出各试件的刚度退化曲线，如图 2.20 所示。由图可见，在 $\xi=3$ 时，所有试件的刚度大于屈服时刚度的 20%，其中绝大部分超过 40%，表明型钢混凝土异形柱具有较好的抗震性能。同时也可看出，所有试件的刚度退化呈递减关系，随着位移的增大，刚度退化越来越小。

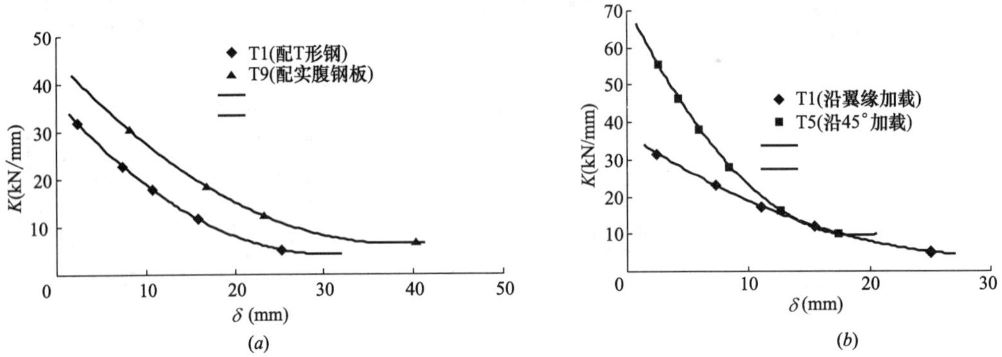

图 2.19　试件的刚度变化规律

（a）配钢形式对刚度的影响；（b）荷载加载角对刚度的影响

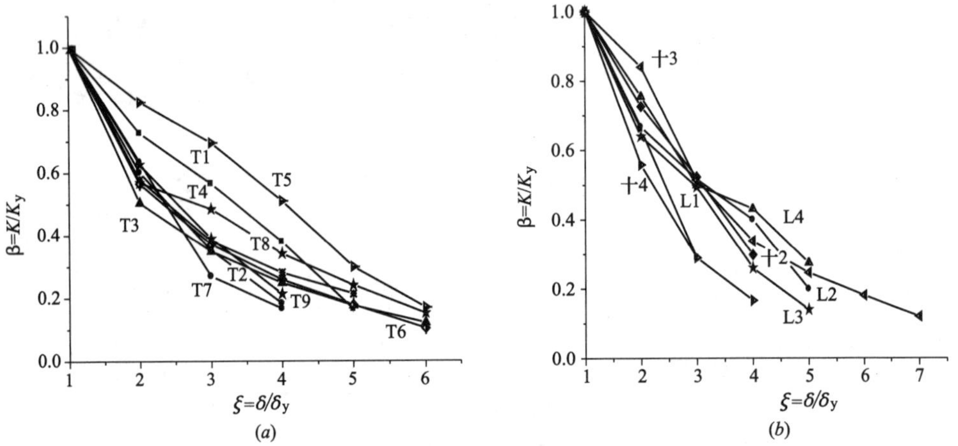

图 2.20　型钢混凝土异形柱的刚度退化曲线

（a）T 形柱相对刚度退化曲线；（b）L 形、十字形柱相对刚度退化曲线

2. 初始弹性刚度的计算

在外荷载作用下，型钢混凝土异形柱的变形可分为弯曲变形、剪切变形和轴向变形。通常情况下轴向变形相对较小，可忽略不计。同时，在结构力学中也提到，当构件的剪跨比较大时，与弯曲变形相比，剪切变形也很小，为方便计算，在计算弹性刚度时通常把剪切变形忽略不计。异形柱截面具有柱肢长而薄的特点，并且多用于住宅建筑中，在实际工程中由于受到层高和轴压比限值等因素的制约，剪跨比一般较小，此时的弹性刚度计算能否把剪切变形忽略，在国内外的文献尚未发现该方面的研究成果，对此，有必要进行深入分析。

对于长度为 l 的型钢混凝土异形柱，根据“建研式”加载装置的力学模型，试件的反弯点在跨中，因此剪切变形计算公式为：

$$\delta_s = \frac{kPl}{GA} \tag{2-24}$$

式中 GA——构件的抗剪刚度；

P——横向剪力；

l——柱高；

k——剪应力沿截面分布不均匀而引起的修正系数。

其中：

$$k = \frac{A}{I^2}\int_A \frac{S^2}{b^2}\mathrm{d}A \tag{2-25}$$

式中 A——截面面积；

I——截面惯性矩；

b——所求剪应力处截面的宽度；

S——该处以上（或以下）截面面积对中性轴 z 的静矩，如图 2.21 所示。

弯曲变形计算公式为：

$$\delta_b = \frac{Pl^3}{12EI} \tag{2-26}$$

式中 EI——构件的抗弯刚度；

其余符号意义同前。

将式（2-24）和式（2-26）相比得：

$$\frac{\delta_s}{\delta_b} = \frac{12k(EI)}{(GA)l^2} \tag{2-27}$$

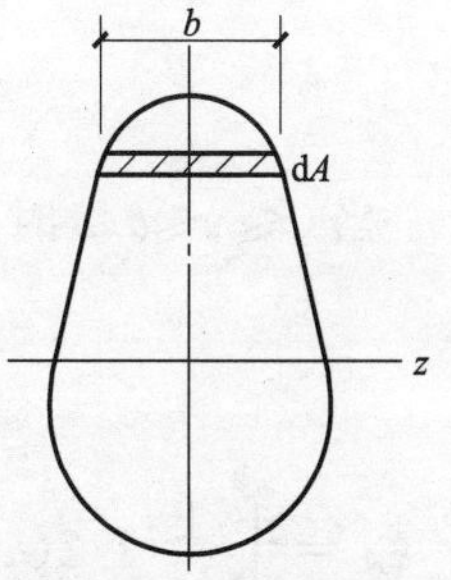

图 2.21 任意截面形状求解不均匀系数 k 图示

为方便计算，令

$$\frac{EI}{GA} = \beta\frac{E_c I_c}{G_c A_c} \tag{2-28}$$

对各种配钢形式的型钢混凝土异形柱，当截面配钢率在 3%～15%范围时，β 的取值在 1.03～1.1 之间，根据计算结果，并参照日本的规范，对于一般型钢混凝土结构内部型钢截面的刚度比钢筋混凝土构件截面的刚度小，因此，可近似认为：

$$\frac{EI}{GA} \approx \frac{E_c I_c}{G_c A_c} \tag{2-29}$$

注意到，$E_c/G_c = 2(1+\mu)$，μ 为泊松比，对于混凝土材料通常取 0.2。因此，可以由式（2-25）、式（2-27）、式（2-29）联合推导得：

$$\frac{\delta_s}{\delta_b} = \frac{28.8\xi}{I \cdot l^2} \tag{2-30}$$

式中 $\xi = \int_A \frac{S^2}{b^2}\mathrm{d}A$；

其余符号意义同前。

异形柱由于截面不规整，剪应力沿截面分布不均匀而引起的修正系数 k 以及截面惯性矩 I 均与截面形式有关。同时由于地震作用的随机性，任意方向均有可能，分别以正向和斜向荷载加以讨论，对于正向荷载作用下，以对称十字形型钢混凝土异形柱为例，进行计算分析，计算示意图如图 2.22 所示。

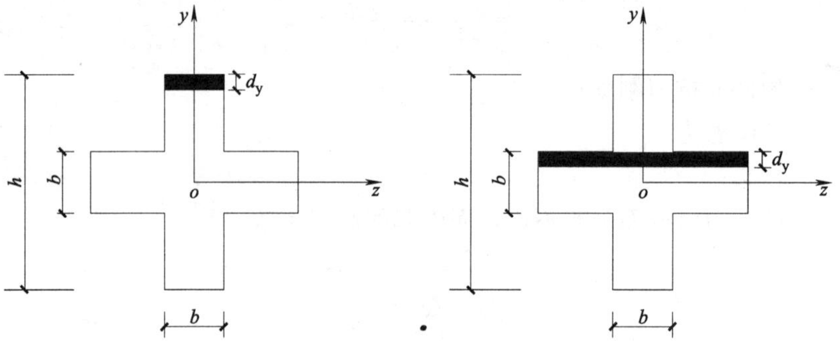

图 2.22　正向加载十字形型钢混凝土异形柱的计算简图

当 $b/2 \leqslant y \leqslant h/2$ 时，

$$I_{z1} = \int_{b/2}^{h/2} y^2 b \mathrm{d}y \tag{2-31}$$

$$\xi_{01} = \int_{b/2}^{h/2} \frac{1}{b^2}\{(h/2-y)b[y+1/2(h/2-y)]\}^2 b\mathrm{d}y \tag{2-32}$$

当 $0 \leqslant y \leqslant b/2$ 时，有：

$$I_{z2} = \int_{0}^{b/2} y^2 h \mathrm{d}y \tag{2-33}$$

$$\xi_{02} = \int_{0}^{b/2} \frac{1}{h^2}\{1/2(h-b)b[h/2+1/4(h-b)]+h(b/2-y)[y+1/2(b/2-y)]\}^2 h\mathrm{d}y \tag{2-34}$$

$$I_z = 2(I_{z1}+I_{z2}) \tag{2-35}$$

$$\xi = 2(\xi_{01}+\xi_{02}) \tag{2-36}$$

$$l = 2\lambda h_0 \tag{2-37}$$

式中　λ——剪跨比；

h_0——截面有效高度。

把式 (2-35)～式 (2-37) 代入式 (2-30)，可计算出剪切变形和弯曲变形二者的比值。

对于斜向荷载作用下，以 45°加载的等肢 L 形柱为例，如图 2.23 所示，沿 z 轴方向平行于 y 轴，把 z_0 以上部分等分成 N_1 个条带，每个条带的宽度为 δ_1；以下部分等分成 N_2 个条带，每个条带的宽度为 δ_2。

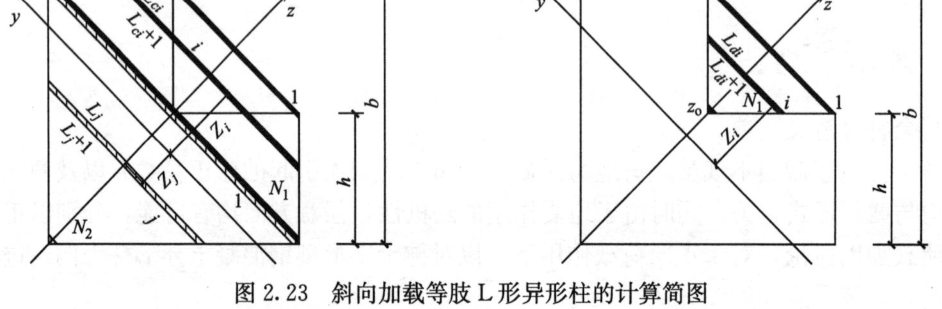

图 2.23　斜向加载等肢 L 形异形柱的计算简图

当 $z>z_0$ 时，有：

$$s_{ci}=1/2\times(L_{ci}+L_{ci+1})\times\delta_1\times Z_i\,;s_{di}=1/2\times(L_{di}+L_{di+1})\times\delta_1\times Z_i\,;s_i=s_{ci}-s_{di}\,;$$

$$S=\sum_{i=1}^{i}s_i\,;b_{ci}=1/2\times(L_{ci}+L_{ci+1})\,;b_{di}=1/2\times(L_{di}+L_{di+1})\,;b_i=b_{ci}-b_{di}\,;$$

$$\mathrm{d}A_{ci}=1/2\times(L_{ci}+L_{ci+1})\times\delta_1\,;\mathrm{d}A_{di}=1/2\times(L_{di}+L_{di+1})\times\delta_1\,;\mathrm{d}A_i=\mathrm{d}A_{ci}-\mathrm{d}A_{di}\,;$$

$$\xi_i=S^2/b_i^2\times\mathrm{d}A_i\,;I_i=Z_i^2\times\mathrm{d}A_i$$

当 $z<z_0$ 时，有：

$$s_j=1/2\times(L_j+L_{j+1})\times\delta_2\times Z_j\,;$$

$$b_j=1/2\times(L_j+L_{j+1})\,;$$

$$\mathrm{d}A_j=1/2\times(L_j+L_{j+1})\times\delta_2\,;$$

$$S=\sum_{i=1}^{N1}s_i+\sum_{j=1}^{j}s_j\,;I_j=Z_j^2\times\mathrm{d}A_j\,;\xi_j=S^2/b_j^2\times\mathrm{d}A_j$$

$$I=\sum_{i=1}^{N_1}I_i+\sum_{j=1}^{N_2}I_j \tag{2-38}$$

$$\xi=\sum_{i=1}^{N_1}\xi_i+\sum_{j=1}^{N_2}\xi_j \tag{2-39}$$

$$l=2\lambda h_0 \tag{2-40}$$

式中 s_i——第 i 条带的静矩；

Z_i——第 i 条带的 z 坐标；

b_i——第 i 条带的截面宽度；

$\mathrm{d}A_i$——第 i 条带的截面面积。

把式（2-38）～式（2-40）代入式（2-30），可计算出剪切变形和弯曲变形二者的比值，沿 45°方向加载的其他截面计算方法同 L 形截面。

在本节的研究中，所有的异形柱截面均为等肢，肢厚取实际工程中常用的 200mm 和 240mm 两种；肢高肢厚比分别取 2.0、2.5、3.0、3.5、4.0 五种情况；剪跨比 λ 分别取 1.0、1.5、2.0、2.5，利用上述公式对各种异形柱进行计算分析，结果如表 2.5～表 2.7 所示。理论分析结果表明，沿工程轴加载的十字形柱与沿翼缘方向加载的 T 形柱结果完全相同；沿工程轴加载的 L 形柱与沿腹板方向加载的 T 形柱计算结果相同。

十字形柱和沿翼缘方向加载 T 形柱的剪弯变形比 **表 2.5**

柱肢高肢厚比 h/b	肢厚 h(mm)	截面惯性矩 $I_z(\mathrm{m}^4\times10^{-2})$	不均匀系数 k	剪弯变形比 δ_s/δ_b			
				$\lambda=1.0$	$\lambda=1.5$	$\lambda=2.0$	$\lambda=2.5$
2.0	200	0.1200	1.0917	0.491	0.218	0.123	0.079
2.5	200	0.2283	1.1154	0.458	0.204	0.114	0.073
3.0	200	0.3867	1.1772	0.455	0.202	0.115	0.073
3.5	200	0.605	1.2527	0.464	0.206	0.116	0.074
4.0	200	0.8933	1.3297	0.477	0.212	0.119	0.076
2.0	240	0.2488	1.0917	0.491	0.218	0.123	0.078
2.5	240	0.4735	1.1154	0.458	0.204	0.115	0.073
3.0	240	0.8018	1.1772	0.455	0.202	0.114	0.073
3.5	240	1.2545	1.2527	0.464	0.206	0.116	0.074
4.0	240	1.8524	1.3297	0.477	0.212	0.119	0.076

L 形柱和沿腹板方向加载 T 形柱的剪弯变形比　　表 2.6

柱肢高肢厚比 h/b	肢厚 h(mm)	截面惯性矩 $I_z(m^4\times10^{-2})$	不均匀系数 k	剪弯变形比 δ_s/δ_b			
				$\lambda=1.0$	$\lambda=1.5$	$\lambda=2.0$	$\lambda=2.5$
2.0	200	0.1467	1.2793	0.704	0.313	0.176	0.113
2.5	200	0.3127	1.4463	0.814	0.362	0.204	0.130
3.0	200	0.5787	1.5908	0.921	0.409	0.230	0.147
3.5	200	0.9696	1.7036	1.011	0.449	0.253	0.162
4.0	200	1.5105	1.7902	1.086	0.483	0.272	0.174
2.0	240	0.3041	1.2793	0.704	0.313	0.176	0.113
2.5	240	0.6484	1.4463	0.814	0.362	0.204	0.130
3.0	240	1.1999	1.5908	0.921	0.409	0.230	0.147
3.5	240	2.0105	1.7036	1.011	0.449	0.253	0.162
4.0	240	3.1321	1.7902	1.086	0.483	0.272	0174

沿 45°方向加载 L 形柱的剪弯变形比　　表 2.7

柱肢高肢厚比 h/b	肢厚 h(mm)	截面惯性矩 $I_z(m^4\times10^{-2})$	不均匀系数 k	剪弯变形比 δ_s/δ_b			
				$\lambda=1.0$	$\lambda=1.5$	$\lambda=2.0$	$\lambda=2.5$
2.0	200	0.0933	1.0766	0.377	0.167	0.094	0.060
2.5	200	0.1721	1.0723	0.332	0.148	0.083	0.053
3.0	200	0.2907	1.0722	0.312	0.138	0.078	0.050
3.5	200	0.4592	1.0795	0.303	0.135	0.076	0.049
4.0	200	0.6876	1.0903	0.301	0.134	0.075	0.048
2.0	240	0.1935	1.0766	0.377	0.167	0.094	0.060
2.5	240	0.3568	1.0723	0.332	0.148	0.083	0.053
3.0	240	0.6027	1.0722	0.312	0.138	0.078	0.050
3.5	240	0.9521	1.0795	0.303	0.135	0.076	0.049
4.0	240	1.4258	1.0903	0.301	0.134	0.075	0.048

由表 2.5 和表 2.6 可见，异形柱的肢高肢厚比对截面的剪应力不均匀修正系数 k 影响较大，随着柱的肢高肢厚比增大，剪应力不均匀修正系数 k 越来越大；同一截面不同加载方向时的剪应力不均匀修正系数 k 不同，对于 T 形柱沿翼缘方向加载时的 k 值比沿腹板方向加载时的 k 值小。出现这种情况主要是由于翼缘的位置不同以及翼缘对剪应力分布的影响所致，异形柱中翼缘的存在使得截面的最大剪应力减小（和相同情况下的矩形截面相比），相应地其截面抗剪承载能力提高，当 T 形柱沿翼缘方向加载时，凸出的腹板位于与加载方向平行截面的中部，对截面剪应力分布的影响更为明显，当 T 形柱沿腹板方向加载时，凸出的翼缘位于与加载方向平行截面的端部，对截面剪应力分布的影响不如位于中部时明显。因此，可以认为沿翼缘方向加载时截面的剪应力分布比较均匀，所以 k 值比较小。而沿腹板方向加载时，翼缘起到的作用较小，所以 k 值比较大。比较表 2.6 和表 2.7 发现，同样截面在斜向加载时的 k 值较小。

图 2.24 给出了十字形柱和沿翼缘方向加载 T 形柱剪弯变形比的变化情况。由图可

见，随构件剪跨比的增大，异形柱的剪切变形和弯曲变形的比值反而减小，并且呈现非线性的变化趋势。当剪跨比等于1时，两者的比值接近0.5，剪切变形约占总变形的1/3；当剪跨比为1.5时，两者的比值比0.2略大，剪切变形约占总变形的1/6；当剪跨比达到2.0或以上时，两者的比值在0.1左右，剪切变形略小于总变形的1/10。同时由图2.24也可看出，在相同剪跨比的构件中，剪弯变形比随肢高肢厚比有先减小后增大的趋势，但随着剪跨比的增大，这种趋势变得不明显。

图2.25给出了L形柱和沿腹板方向加载T形柱剪弯变形比的变化情况。由图可见，剪弯变形比随剪跨比的增大而减小，同样呈现非线性的变化趋势。当剪跨比等于1时，剪弯变形比大于0.7，并且随着肢高肢厚比的增大而递增，当肢高肢厚比超过3.0时，两者的比值大于1.0，即此时剪切变形占到总变形的50%以上；当剪跨比等于1.5时，剪弯变形比约为0.4，此时的剪切变形占总变形的2/7；当剪跨比达到2.0或以上时，两者的比值在0.2左右，剪切变形略小于总变形的1/6。与图2.24不同的是，剪弯变形比具有随肢高肢厚比的增大而增大的趋势，并且当剪跨比较小时，这种趋势明显。

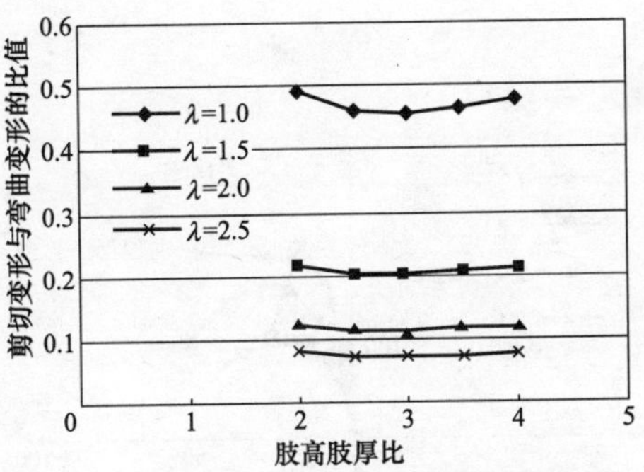

图2.24 沿翼缘加载T形柱剪弯变形比变化

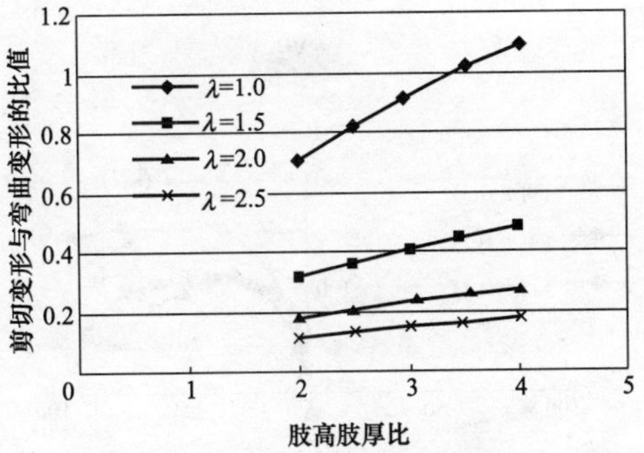

图2.25 沿腹板加载T形柱剪弯变形比变化

由以上分析可知，对于剪跨比较小的型钢混凝土异形短柱，剪切变形所占的比例较大，所以在进行弹性刚度计算时必须考虑剪切变形的影响，因此有：

$$K=\frac{1}{\frac{kl}{GA}+\frac{l^3}{12EI}} \tag{2-41}$$

式中 K——构件的弹性刚度；

GA——构件的抗剪刚度；

EI——构件的抗弯刚度；

l——柱高；

k——剪应力沿截面分布不均匀而引起的修正系数。

2.3.5 骨架曲线

骨架曲线是指荷载-变形滞回曲线中每一级荷载第一次循环的峰点所连成的外包络曲线。第一批试件的骨架曲线如图2.26所示。表2.8～表2.10分别列出了各试件骨架曲线特征点的试验值。表中的屈服位移值是根据“通用屈服弯矩法”确定的。极限位移参照我国行业标准《建筑抗震试验方法规程》（JGJ 101—96）的取值办法，取荷载下降到$0.85P_u$时的位移值。

由图2.26可见，对于实腹式配钢的型钢混凝土异形柱骨架线的下降段明显比空腹式配钢的型钢混凝土异形柱长，并且平缓，剪跨比较小时，表现更为突出，主要是实腹式配钢试件的截面相对配置了更多的腹部钢材，在试件达到峰值荷载，部分混凝土被压碎退出工作后，承载力逐渐向腹板钢材转移，产生内力重分布，从而没有导致荷载急剧下降；对于小剪跨比的试件，主要是发生剪切斜压破坏，腹部混凝土的压碎是控制试件破坏的准则

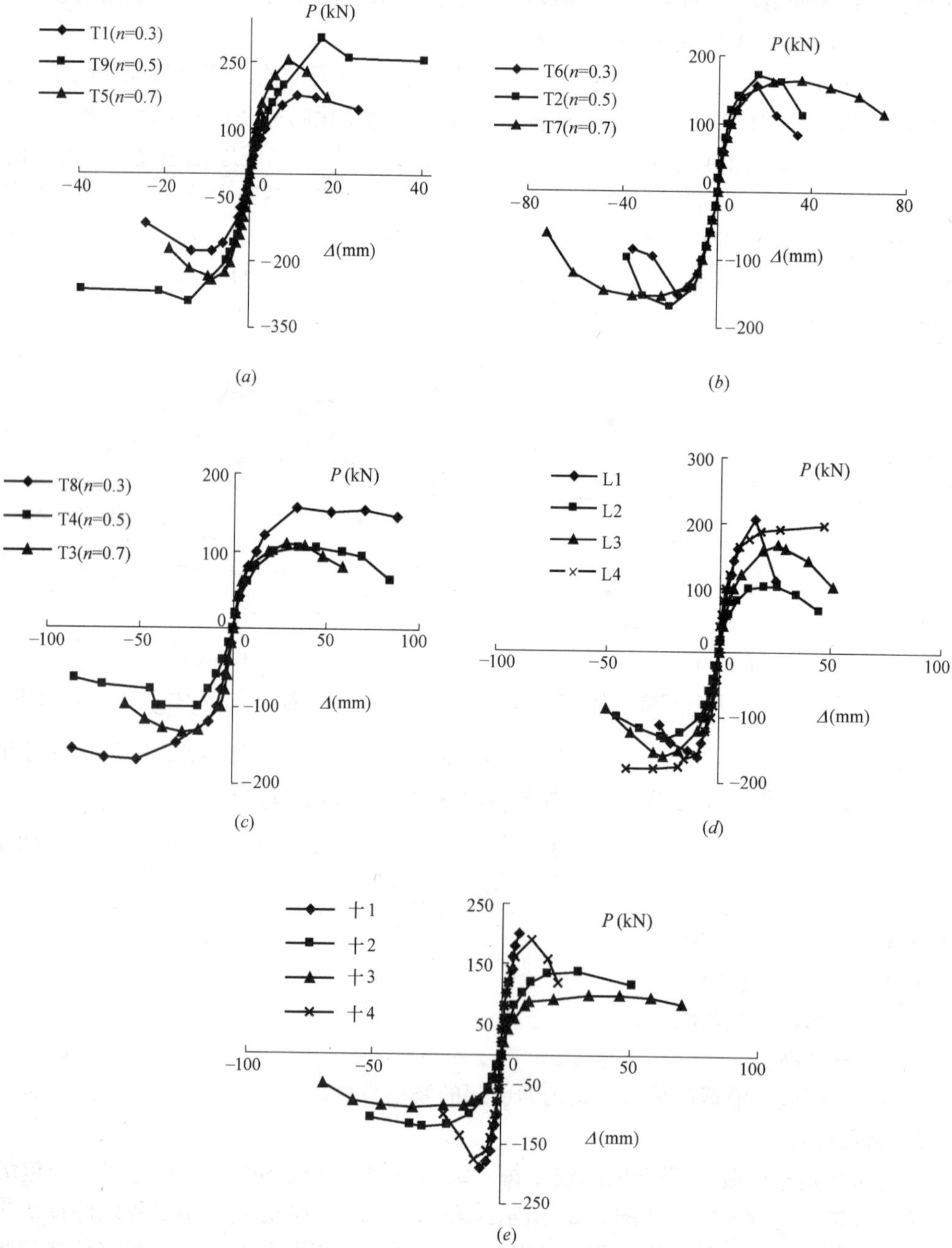

图 2.26　第一批试件的骨架曲线

(*a*) T形柱骨架线（$\lambda=1$）；(*b*) T形柱骨架线（$\lambda=2$）；(*c*) T形柱骨架线（$\lambda=2.5$）；(*d*) L形柱骨架线；(*e*) 十形柱骨架线

点，而实腹钢板正好承担此部分混凝土释放的内力，具有明显改善剪切斜压破坏延性的效果，因此具有更稳定的承载能力。

由图2.26（a）可见，截面的配钢形式对构件抗震性能的影响最为突出，超过轴压比对延性的影响，轴压比$n=0.5$的T9（实腹式配钢）的极限承载力就大于轴压比$n=0.7$的T5（空腹式配钢）的极限承载力。对于剪跨比$\lambda=1$的短柱，主要是发生剪切斜压破坏，试件破坏时把腹部混凝土压碎，由于实腹式配钢时构件的截面中有连续的型钢腹板存在，这不仅提高了极限承载力，同时也提供了良好的延性。对比同属于空腹式配钢的试件T1、T5可以看出，随着轴压比的增大，截面的极限承载能力增大，极限位移减小，骨架曲线的上升段和下降段均较陡，这表明随着轴压比的增大，构件在达到最大荷载后，承载力衰减加快，变形能力越来越小，延性越来越差。

由图2.26（e）可见，剪跨比对构件的承载能力和延性有明显影响，剪跨比小的试件承载力高，但延性差，骨架线的上升段和下降段均比剪跨比大的试件的骨架线陡峭。对于同属空腹式配钢的试件十2和十3，试件的轴压比和剪跨比均相同，截面的配钢率也相差不大，沿45°加载时构件的极限承载力大，但延性较差。

T形型钢混凝土异形柱骨架曲线主要特征点的试验值　　　表2.8

试件编号		T1	T2	T3	T4	T5	T6	T7	T8	T9
P_{cr}(kN)	正	50	40	40	30	120	40	80	50	40
	负	50	50	40	30	100	50	70	30	50
Δ_{cr}(mm)	正	1.19	1.31	2.80	2.80	1.65	1.45	4.21	4.35	0.62
	负	0.99	2.03	1.79	2.94	1.39	2.09	3.23	1.52	0.71
P_y(kN)	正	138.9	135.7	84.15	83.84	193.6	122.3	134.7	122.2	213.4
	负	147.1	137.7	104.9	87.1	188.2	122.7	127.5	129.2	224.3
Δ_y(mm)	正	5.89	7.84	10.2	14.6	4.28	8.42	9.81	18.12	8.84
	负	5.26	9.30	7.95	14.18	4.04	8.99	9.54	14.67	7.58
P_u(kN)	正	175.8	172.9	110.8	104.9	254.3	133.5	164.3	155.0	305.3
	负	177.1	168.4	114.7	102.1	241.6	128.4	154.2	170.3	290.4
Δ_u(mm)	正	10.75	17.05	28.84	44.47	8.47	16.41	35.02	34.49	16.56
	负	13.54	19.34	26.88	36.94	8.85	16.37	23.14	51.10	14.09
Δ_m(mm)	正	25.00	29.34	48.66	71.56	13.98	20.92	60.06	127.6	40.21
	负	19.53	31.97	49.3	42.72	15.27	20.49	55.21	106.7	38.97

L形型钢混凝土异形柱骨架曲线主要特征点的试验值　　　表2.9

试件编号		L1	L2	L3	L4	L5	L6	L7	L8
P_{cr}(kN)	正	40	50	70	50	180	180	180	180
	负	40	70	60	60	180	180	180	180
Δ_{cr}(mm)	正	1.17	3.46	3.69	1.15	3.16	5.76	4.22	6.74
	负	1.13	4.71	3.18	1.37	7.14	5.96	5.18	4.59
P_y(kN)	正	166.8	82.2	126.7	148.2	210	210	220	205
	负	137.3	106.2	124.2	119.3	210	210	220	205

续表

试件编号		L1	L2	L3	L4	L5	L6	L7	L8
Δ_y(mm)	正	9.18	8.62	11.31	7.40	4.79	7.91	6.16	7.32
	负	6.68	10.36	10.25	5.44	8.21	7.91	6.64	6.35
P_u(kN)	正	207.7	102.0	167.1	195.5	272.6	262.3	268.9	254.7
	负	151.5	131.8	159.4	179.1	371.5	268.9	374.7	430.4
Δ_u(mm)	正	15.59	20.39	26.51	46.55	9.97	16.02	12.02	15.93
	负	13.35	23.21	24.66	40.72	24.13	12.02	24.04	31.95
Δ_m(mm)	正	18.64	36.85	39.81	—	15.05	—	24.04	32.14
	负	21.63	38.42	35.51	—	32.14	—	24.04	31.95

十字形型钢混凝土异形柱骨架曲线主要特征点的试验值　　表 2.10

试件编号		十 1	十 2	十 3	十 4
P_{cr}(kN)	正	70	80	40	90
	负	80	60	40	80
Δ_{cr}(mm)	正	1.07	5.56	3.12	1.54
	负	1.11	4.40	2.45	1.18
P_y(kN)	正	134.8	112.3	82.8	145.2
	负	160	94.86	67.9	138.9
Δ_y(mm)	正	3.90	10.49	9.87	4.46
	负	3.64	10.55	7.10	3.51
P_u(kN)	正	200.0	135.3	99.5	189.8
	负	190.2	130.3	90.4	176.2
Δ_u(mm)	正	6.89	30.51	46.63	11.43
	负	7.66	30.26	34.23	10.41
Δ_m(mm)	正	—	51.11	68.92	17.35
	负	—	50.44	58.68	14.28

注：P_{cr}为开裂荷载；Δ_{cr}为开裂位移；P_y为屈服荷载；Δ_y为屈服位移；P_u为极限荷载；Δ_u为极限荷载对应位移；Δ_m为最大位移。

2.3.6　延性分析

延性系数是反映构件非弹性变形能力的重要参数，也是衡量抗震性能好坏的指标之一。延性系数包括位移延性系数、曲率延性系数以及转角延性系数。本节采用位移延性系数、转角延性系数对构件的延性进行分析。

1. 位移延性系数

位移延性系数 μ 是指构件破坏时（$0.85P_u$）所对应的最大位移 Δ_m 与构件屈服时所对应的屈服位移 Δ_y 的比值，即 $\mu=\Delta_m/\Delta_y$。根据试验实测各试件的滞回曲线，计算各试件的位移延性系数见表 2.11～表 2.13。

由表可见，型钢混凝土异形柱尽管截面不规则，但由于截面配置了型钢，仍具有较好的延性，即使是剪跨比较小发生剪切斜压破坏的“短柱”，大部分试件的位移延性系数仍大于3，对于剪跨比较大发生弯曲型破坏的“长柱”，大部分试件的位移延性系数大于5，实腹式配钢的异形柱的位移延性系数普遍较大，十字形柱和沿翼缘加载的T形柱延性较好，L形柱和沿腹板加载的T形柱延性相对较差。

T形型钢混凝土异形柱的位移延性系数　表2.11

试件编号		T1	T2	T3	T4	T5	T6	T7	T8	T9
配钢形式		T形钢	T形钢	T形钢	槽钢	槽钢	槽钢	实腹	实腹	实腹
轴压比		0.3	0.5	0.7	0.5	0.7	0.3	0.7	0.3	0.5
剪跨比		1	2	2.5	2.5	1	2	2	2.5	1
加载方向		沿翼缘	沿腹板	沿45°	沿翼缘	沿45°	沿腹板	沿翼缘	沿45°	沿腹板
位移延性系数μ	正向	4.24	3.74	4.77	4.90	3.27	2.48	6.12	7.04	4.55
	负向	3.71	3.44	6.20	3.01	4.04	2.28	5.78	7.27	5.14
	平均	3.97	3.59	5.48	3.96	3.52	2.38	5.95	7.15	4.85

L形型钢混凝土异形柱的位移延性系数　表2.12

试件编号		L1	L2	L3	L4	L5	L6	L7	L8
配钢形式		槽钢	槽钢	实腹	实腹	T形钢	T形钢	肢端钢筋	肢端钢筋
轴压比		0.3	0.7	0.7	0.3	0.52	0.76	0.52	0.76
剪跨比		1	2	2	1	2.44	3.14	2.44	3.14
加载方向		沿工程轴	沿45°	沿工程轴	沿45°	沿45°	沿工程轴	沿45°	沿工程轴
位移延性系数μ	正向	2.03	4.28	3.52	6.29	3.14	2.02	3.90	4.39
	负向	3.23	3.71	3.47	7.48	3.90	1.52	3.62	4.93
	平均	2.63	3.99	3.49	6.88	3.52	1.77	3.76	4.66

十字形型钢混凝土异形柱的位移延性系数　表2.13

试件编号		十1	十2	十3	十4
配钢形式		T形钢	T形钢	槽钢	槽钢
轴压比		0.5	0.7	0.7	0.5
剪跨比		1	2.5	2.5	1
加载方向		沿工程轴	沿45°	沿工程轴	沿45°
位移延性系数μ	正向	1.76	4.87	6.98	3.89
	负向	2.09	4.78	8.27	4.07
	平均	1.93	4.83	7.62	3.98

(1) 位移延性与破坏形态的关系

图2.27给出了本次试验各种破坏形态与位移延性系数的关系，由图可见，发生弯曲型破坏的试件的延性最好，剪切斜压破坏次之，发生剪切粘结破坏的试件的延性最差。从破坏机理上来说，型钢混凝土异形柱发生弯曲型破坏，对破坏起控制作用的是纵向型钢，试件破坏时纵向型钢达到屈服强度；发生剪切斜压破坏时，对破坏起控制作用的是实腹钢板或交叉腹杆。试验实测表明，试件破坏时实腹钢板或交叉腹杆能发生屈服，在试件达到

峰值荷载后，受压混凝土被压碎退出工作，此时截面的内力主要由型钢承担，而钢材是很好的延性材料，因此承载力衰减缓慢，表现出良好的延性。对于剪切粘结破坏主要表现为型钢翼缘外侧混凝土被劈裂剥落，导致承载力急剧下降至峰值荷载的70%以下。剪切粘结破坏的荷载下降段主要是混凝土劈裂破坏的过程，而混凝土是脆性材料，劈裂剥落的过程迅速，因此延性最差。

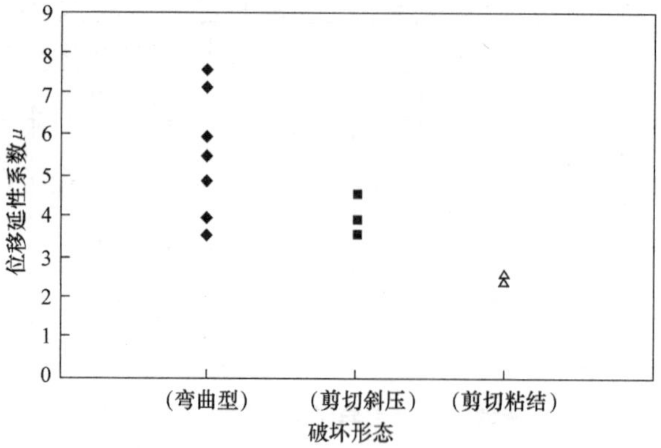

图2.27　试件的破坏形态与位移延性的关系

(2) 影响延性的主要因素分析

影响型钢混凝土异形柱延性系数的因素很多，其中主要有截面的配钢形式（或配钢率）、荷载加载方向、轴压比、剪跨比、混凝土强度等级、截面配箍率等。本节主要从试验结果入手，分析配钢形式、荷载加载方向、轴压比、剪跨比的影响。

1) 配钢形式

试验试件包含了实腹式配钢、配T形钢桁架和配槽钢桁架三种配钢方式。由图2.28可见，实腹式配钢的异形柱延性最好，空腹式配钢中配T形钢桁架次之，配槽钢桁架最差。这与以往大量的试验结果一致，即实腹式配钢柱比空腹式配钢柱的延性好。对于空腹式配钢的两种不同形式中，配T形钢桁架试件比配槽钢桁架试件的延性好，这主要与构件的配钢位置和配钢方式有关，对于发生弯曲型破坏的“长柱”，构件的延性主要由受弯钢材提供，虽然配T形钢桁架的纵向型钢配钢率比配槽钢桁架的柱略小，但试件多配了纵向钢筋，并且均位于型钢外侧，距离截面的中性轴更远，更有利于抵抗弯矩，可见纵向钢筋对提高弯曲型破坏构件的延性有一定的作用。对于发生剪切型破坏的“短柱”，构件的延性主要由腹部受剪钢材提供，配T形钢桁架的试件与配槽钢桁架的试件相比，腹杆配钢率相差不大，并且均配置有交叉斜腹杆和水平腹杆，但配T形钢桁架试件的交叉斜腹杆同在一个T形钢腹板平面内交叉，而配槽钢桁架的斜腹杆则分别在槽钢翼缘的两个侧面焊接，不在一个平面内交叉，由于交叉位置不同，导致在反复荷载作用下，试件的损伤程度不一样，配槽钢桁架的交叉方式使混凝土的损伤更为严重，这也能在试验现象中观察到。此外，由于配置槽钢桁架的试件，箍筋直接固定在槽钢骨架上，外面没有纵向钢筋，容易发生延性最差的剪切粘结破坏。

2) 加载方向

由于地震作用方向是随机的，有必要研究型钢混凝土异形柱不同方向的抗震性能。由图2.29可见，对于T形柱，沿45°加载时延性最好，沿翼缘加载时次之，沿腹板加载时

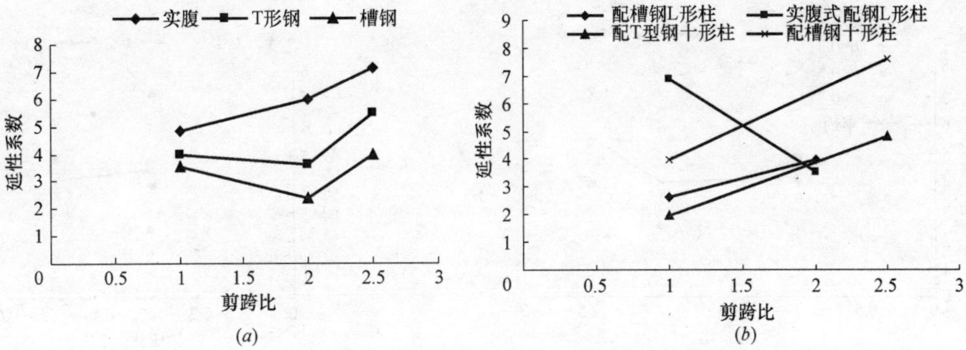

图 2.28　配钢形式对型钢混凝土异形柱延性系数的影响

(a) T 形型钢混凝土异形柱；(b) L 形、十字形型钢混凝土异形柱

最差。这主要是由于沿 45°加载时，试件的一侧双面受压（受剪），而沿翼缘方向加载时，腹板位于试件的中部（也就是截面中性轴附近），对于截面的抗剪或抗弯均起到很好的强度储备作用，而对于沿腹板方向加载的 T 形柱，破坏均在腹板，无论是受压或受剪，混凝土的面积均最小。对于 L 形柱，由表 2.12 可见，沿 45°加载比沿工程轴加载的延性好，这也主要是沿 45°加载时，试件双面受压（受剪），抗力面积大。对于十字形柱，则是沿 45°加载时比沿工程轴加载时的延性略差，但相差不大，出现这种现象主要是由于沿 45°加载时，纵向型钢距离截面中性轴的力臂略小，以及在两垂直柱肢相交处产生剪应力集中所致。

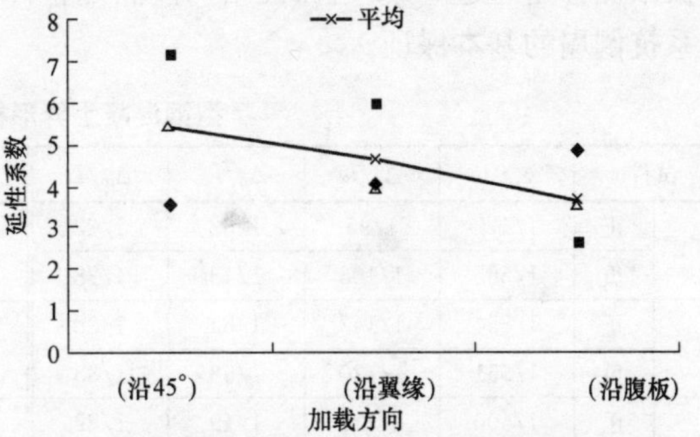

图 2.29　不同加载方向对 T 形柱延性的影响

3）剪跨比

剪跨比对试件的破坏形态有重要影响，前面的破坏形态分析表明，剪跨比 $\lambda=2.5$ 的试件全部发生弯曲型破坏，而剪跨比较小的试件，则是发生剪切型破坏。研究表明，弯曲型破坏的延性最好，剪切斜压破坏次之，剪切粘结破坏最差。剪跨比 $\lambda=1$ 时，容易发生剪切斜压破坏，而剪跨比 $\lambda=2$ 时，容易发生剪切斜压破坏并且伴随有剪切粘结破坏，剪跨比 $\lambda=2.5$ 时，通常发生弯曲型破坏。从图 2.30 可看出，当剪跨比小于 2 时，随着剪跨比的增大，延性系数略为变小；当剪跨比大于 2 时，随着剪跨比的增大，延性系数增大。这主要是剪跨比等于 2 时，剪切斜压破坏与剪切粘结破坏并存，延性较差。但从总体上看，型钢混凝土异形柱随着剪跨比的增大，延性系数增大。

4）轴压比

以往的大量研究表明，轴压比是影响型钢混凝土（或钢筋混凝土）柱位移延性的主要因素之一，轴压比不仅影响框架柱的变形能力和破坏形态，也影响其承载能力，随着轴压比的增大、构件的延性变差。由图 2.31 可见，轴压比对型钢混凝土异形柱的延性有影响，但相对于配钢形式、加载方向和剪跨比而言，轴压比的影响不大。

2. 侧移角

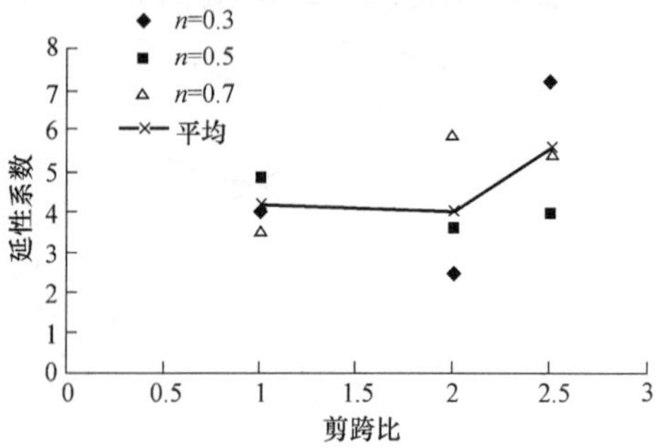

图 2.30　剪跨比对 T 形柱延性系数的影响

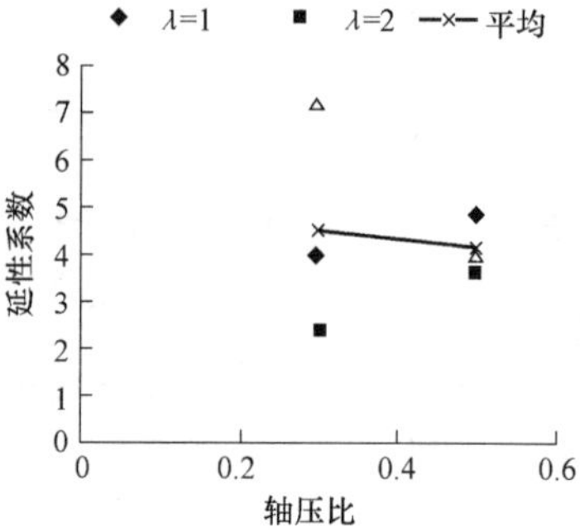

图 2.31　轴压比对延性系数的影响

按现行抗震规范，在大震（罕遇烈度）作用下，结构的非弹性变形要小于容许极限变形，以防止结构倒塌。表 2.14 给出了各试件实测的侧移角。由表可见，型钢混凝土异形柱的极限侧移角基本都超过了 1/50。特别是实腹式配钢异形柱的极限侧移角均大于 1/30。而规范对结构规定的层间侧移角容许值是 1/50。尽管结构与柱的侧移角不能等同，但柱的极限侧移角超过 1/50 是保证结构能满足容许值的必要条件，即柱的变形能力好是结构体系抗倒塌的基本保证。

型钢混凝土异形柱的侧移角　　**表 2.14**

试件		Δ_{cr}/L	Δ_y/L	Δ_u/L	Δ_m/L
T1	正	1/470	1/95	1/52	1/22
	负	1/565	1/106	1/43	1/28
T2	正	1/854	1/142	1/65	1/38
	负	1/551	1/120	1/58	1/35
T3	正	1/500	1/137	1/49	1/29
	负	1/782	1/176	1/52	1/28
T4	正	1/500	1/96	1/32	1/20
	负	1/476	1/99	1/38	1/32
T5	正	1/339	1/130	1/66	1/40
	负	1/402	1/138	1/63	1/36
T6	正	1/772	1/133	1/68	1/53
	负	1/535	1/124	1/68	1/54
T7	正	1/266	1/114	1/32	1/19
	负	1/346	1/117	1/48	1/20
T8	正	1/321	1/78	1/41	1/16
	负	1/921	1/95	1/28	1/16
T9	正	1/903	1/63	1/34	1/14
	负	1/788	1/73	1/40	1/14
L1	正	1/478	1/61	1/36	1/30
	负	1/495	1/83	1/42	1/26
L2	正	1/323	1/130	1/55	1/30
	负	1/237	1/108	1/48	1/29

试件		Δ_{cr}/L	Δ_y/L	Δ_u/L	Δ_m/L
L3	正	1/303	1/99	1/42	1/28
	负	1/352	1/109	1/45	1/31
L4	正	1/486	1/76	1/12	1/12
	负	1/408	1/102	1/13	1/13
L5	正	1/348	1/229	1/110	1/73
	负	1/154	1/133	1/45	1/34
L6	正	1/190	1/139	1/68	—
	负	1/184	1/139	1/91	—
L7	正	1/260	1/178	1/91	1/45
	负	1/212	1/165	1/45	1/45
L8	正	1/163	1/150	1/69	1/34
	负	1/239	1/173	1/34	1/34
十 1	正	1/523	1/143	1/81	1/81
	负	1/504	1/153	1/73	1/73
十 2	正	1/251	1/133	1/46	1/27
	负	1/318	1/132	1/46	1/27
十 3	正	1/448	1/142	1/30	1/20
	负	1/571	1/197	1/41	1/24
十 4	正	1/363	1/126	1/49	1/32
	负	1/474	1/159	1/53	1/39

2.3.7 耗能能力

构件的能量耗散能力指构件在反复荷载作用下吸收能量的大小，它以构件荷载-变形滞回曲线所包围的面积来衡量，也是衡量构件抗震性能的一个重要特性。试件的耗能特性通常用等效黏滞阻尼系数 h_e 表示。

$$h_e = \frac{S_{(ABC+CDA)}}{2\pi \cdot S_{(OBE+ODF)}} \tag{2-42}$$

式中 $S_{(ABC+CDA)}$——滞回环面积；

$S_{(OBE+ODF)}$——滞回环上下顶点相对应的三角形面积，如图 2.32 所示。

表 2.15 给出了各试件在各级位移下第一循环时的等效黏滞阻尼系数。由表可见，型钢混凝土异形柱破坏时的 h_e 值比较大，特别是实腹式配钢异形柱的 h_e 值达到 0.4 以上，空腹式配钢异形柱的 h_e 值也大部分大于 0.2，而对于普通钢筋混凝土矩形柱，即使是发生弯曲破坏时 h_e 值大致在 0.1～0.2 之间。以往大量的研究表明，钢筋混凝土异形柱与钢筋混凝土矩形柱相比，抗震性能更差，换句话说钢筋混凝土异形柱的 h_e 值比 0.1～0.2 还小，可见型钢混凝土异形柱的抗震耗能性能与钢筋混凝土异形柱相比有了明显提高。

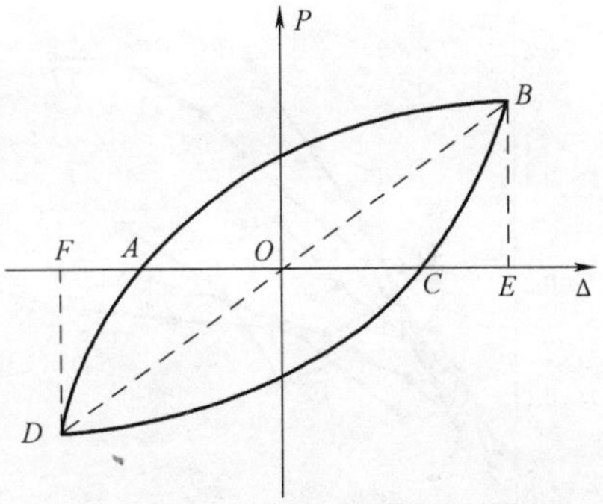

图 2.32 荷载-变形滞回曲线

型钢混凝土异形柱的 h_e 值 **表 2.15**

试件编号	Δ_y	$2\Delta_y$	$3\Delta_y$	$4\Delta_y$	$5\Delta_y$	$6\Delta_y$
T1	0.028	0.096	0.121	0.161	0.289	—
T2	0.085	0.153	0.196	0.257	—	—
T3	0.060	0.180	0.150	0.180	0.210	—
T4	0.110	0.191	0.251	0.205	—	—
T5	0.051	0.083	0.116	0.161	0.214	—
T6	0.068	0.114	0.137	0.113	—	—
T7	0.096	0.225	0.289	0.353	0.402	0.400
T8	0.078	0.159	0.167	0.179	0.212	—
T9	0.056	0.172	0.248	0.399	—	—
L1	0.071	0.212	0.179	—	—	—
L2	0.098	0.099	0.127	0.178	0.258	—
L3	0.079	0.157	0.211	0.305	0.410	—
L4	0.083	0.088	0.123	0.089	0.134	—
L5	0.16	0.27	0.29	0.45	—	—
L7	0.17	0.23	0.28	0.30	—	—
L8	0.06	0.33	0.32	0.30	—	—
十1	0.067	0.083	—	—	—	—
十2	0.087	0.179	0.243	—	—	—
十3	0.093	0.142	0.158	0.182	0.217	0.221
十4	0.073	0.141	0.179	0.203	—	—

图 2.33 所示为各试件 h_e 值随位移的变化情况，由图可见，实腹式配钢的试件 T7、T8、L3 的 h_e 值明显比其他配钢形式的大，这主要是实腹配钢试件的滞回环更为饱满，表明提高截面配钢率是提高构件耗能能力的有效手段。轴压比越大，其耗能效果越差，T1 与 T5 同属于空腹式配钢，剪跨比也一样，从图中可以看出 T5 的 h_e 值比 T1 的小。

某些试件的等效黏滞阻尼系数随着位移的增大而变小，出现这种现象主要是试件的损伤更为严重，但这并不表明试件的耗能能力减弱，由前面的滞回曲线图可以明显看出，等效黏滞阻尼系数的变小，主要是由于滞回环变得更为捏拢，但滞回环的实际面积还是随着位移的增大而增大。

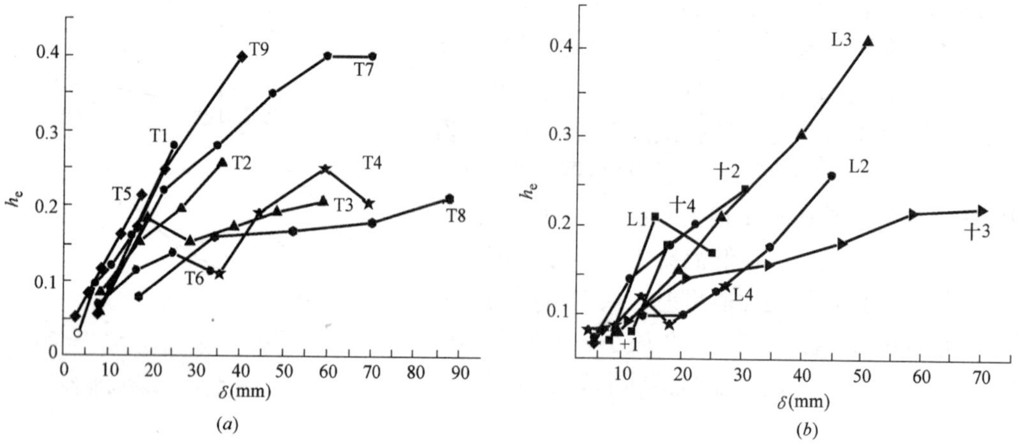

图 2.33　型钢混凝土异形柱等效黏滞阻尼系数变化情况图

(a) T 形柱；(b) L 形、十字形柱

2.3.8　恢复力模型

结构或构件在受到外部作用而产生变形时企图恢复原有状态的抗力称为结构或构件的恢复力，恢复力与变形之间的关系曲线称为恢复力特性曲线。通过合理假设并经过一定简化即可形成结构或构件的恢复力模型，其建立是在低周反复加载试验的基础上，根据获得的滞回曲线的骨架曲线并分析规律，确定模型的各特征点，它是 1/4 滞回环内各特征点的连线；滞回环指明了模型在正负向加、卸载过程中的行走路线及刚度硬、退化性质，然后按一定条件（如强度、耗能能力的等效）加以简化。它反映了结构或构件在反复受力过程中的承载力、刚度、变形、延性及耗能能力等特征，是进行结构弹塑性时程反应分析的基础。

1. 恢复力模型的建立方法

建立混凝土构件恢复力模型的方法主要有以下三种：

(1) 理论计算法

该方法是基于混凝土和钢筋材料的本构关系的截面有限元法，即将截面离散化为若干个纤维单元，整个截面符合平截面假定，且每个纤维单元处于单轴应力状态，根据相应纤维材料的本构关系计算整个截面的力与变形的非线性关系。

(2) 系统识别法

系统识别又称结构识别，它借用近代控制理论，研究如何根据已知的系统输入和输出来确定系统的模型或参数。针对恢复力模型建立，是通过外部输入以及结构或构件的反应，进而确定结构的恢复力特性。

(3) 试验拟合法

试验拟合法是根据试验散点图，利用一定的数学模型，定量地确定出骨架曲线和不同控制变形下的滞回规则，然后将骨架曲线和按一定滞回规则形成的标准滞回环结合起来组成恢复力模型曲线

2. 两类恢复力模型

本节采用试验拟合法来建立型钢混凝土异形框架柱的恢复力模型，可以概括为两种类型的模型：双线型模型、退化三线型模型。

(1) 双线型模型

由 T7、T9 的滞回曲线可以看出，由于配置的是实腹式型钢，其滞回规律类似于纯钢构件，因此简化为双线型模型，如图 2.34 所示。

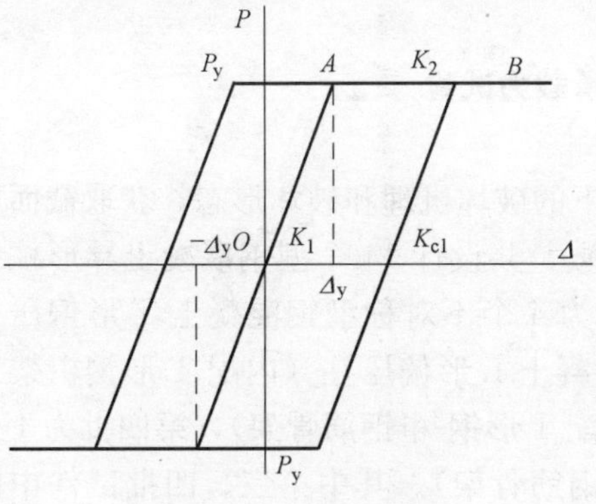

图 2.34　双线型模型

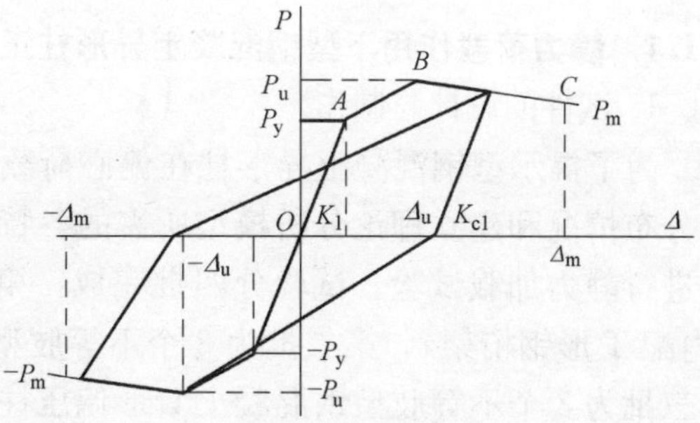

图 2.35　退化三线型模型

1) OA 阶段：$K_1 = P_y/\Delta_y$；

2) AB 阶段：$K_2 = 0$；

3) 屈服后卸载刚度：$K_{c1} = K_1$；

4) 再加载刚度和反向加载刚度：从滞回曲线中可以看出，卸载至零载后再反向加载时则指向骨架曲线的反向延长线，并沿着反向延长线进行。

(2) 退化三线型模型

T1、T2 等几个试件的滞回曲线及骨架曲线可以作如下简化：1) 屈服荷载点和弹性荷载点重合，骨架曲线考虑屈服、最大荷载和之后刚度退化的三折线；2) 屈服点之后卸荷刚度随位移的变化而变化；3) 卸载至零载后再反向加载时则指向反向变位的最大点(若反向未屈服则指向反向屈服点)。构件的 P-Δ 骨架曲线由 $O \rightarrow A \rightarrow B \rightarrow C$ 的三线型模型表示，所得到恢复力模型如图 2.35 所示。其中 A 点为屈服点，B 点为极限荷载点，C 点为破坏荷载点，各阶段的刚度为：

1) OA 阶段：$K_1 = P_y/\Delta_y$；

2) AB 阶段：$K_2 = (P_u - P_y)/(\Delta_u - \Delta_y)$；

3) BC 阶段：$K_3 = (P_u - P_m)/(\Delta_u - \Delta_m) = 0.15P_u/(\Delta_u - \Delta_m)$；

4) 屈服后卸荷刚度：$K_{c1} = (\Delta_i - \Delta_y)^{-0.56}$，其中 Δ_i 为第 i 循环的卸载位移；

5) 再加载刚度和反向加载刚度：从滞回曲线中看，卸载至零载后再反向加载时则指向反向变位的最大点，若反向未屈服，则指向反向屈服点。

第3章　型钢混凝土异形柱结构的正截面承载力研究

本章通过14个试件在静力荷载作用下的轴心和偏心受压试验以及8个试件在低周反复荷载作用下的试验，对型钢混凝土异形柱的正截面承载力进行研究。

3.1　正截面承载力试验

3.1.1　静力荷载作用下型钢混凝土异形柱正截面承载力试验

1. 试件的设计与制作

为了揭示型钢混凝土异形柱在偏心荷载作用下的破坏机理和破坏形态，获取截面应变分布情况和建立理论分析模型所需的各特征参数，共设计14个型钢混凝土异形柱试件进行静力加载试验。试验分四批完成，第一批为4个不对称型钢混凝土T形偏压柱（内配T形钢桁架），第二批为3个不等肢型钢混凝土L形偏压柱（内配T形钢桁架），第三批为3个不等肢型钢混凝土L形偏压柱（内配T形钢-粗钢筋骨架），第四批为4个不对称型钢混凝土十形偏压柱（内配T形钢-粗钢筋骨架）。其中第三、四批试件中配置粗钢筋代替型钢，用以比较两种不同配钢形式在异形柱中所起作用的差异。具体参数如表3.1所示。

试件设计参数表　　**表3.1**

试件编号		配筋率 ρ_s(%)	配钢率 ρ_{ss}(%)	配箍率 ρ_{sv}(%)	相对偏心距 (e/h)(mm)	荷载角 e_y/e_x
第一批	ZT1	0.98	5.597	0.883	0.210	0.00
	ZT2	0.96	4.478	0.848	0.346	0.00
	ZT3	0.80	3.730	0.824	0.638	2.37
	ZT4	0.98	5.597	0.883	0.000	0.00
第二批	ZL1	0.72	5.01	0.787	0.128	0.43
	ZL2	0.65	4.52	0.766	0.631	0.79
	ZL3	0.91	3.22	0.780	0.199	0.25
第三批	ZL4	3.87	1.28	0.787	0.128	0.43
	ZL5	3.49	1.16	0.766	0.631	0.79
	ZL6	2.60	1.24	0.780	0.199	0.25
第四批	Z十1	4.12	0.76	0.619	0.356	0.48
	Z十2	4.33	0.66	0.597	0.275	0.27
	Z十3	3.91	0.60	0.581	0.462	0.16
	Z十4	1.42	0	0.619	0.356	0.48

注：试件编号中，第一个字母表示正截面静力试验，第二个字母表示异形柱截面形状；型钢配钢率 ρ_{ss}为纵向型钢和缀件型钢总的配钢率；配筋率 ρ_s为纵向钢筋的配筋率。

部分试件的三视图如图 3.1 所示，部分试件的型钢骨架立体示意如图 3.2 所示，部分试件的型钢骨架制作如图 3.3 所示，所有试件的截面尺寸及配钢形式如图 3.4 所示，各试件的荷载作用点位置如图 3.5 所示。

本次试验中，试件的型钢配置方式主要为空腹式配钢，试件 ZT1～ZT4 及 ZL1～ZL3 截面中配置 T 形钢桁架，桁架的各纵肢由 T 形钢组成，并且采用小角钢作为水平和斜向缀条将各肢 T 形钢焊接成整体。试件 ZL4～ZL6 及 Z 十 1～Z 十 4 为配置 T 形钢和粗钢筋混合而成的型钢钢筋骨架，截面中的单肢 T 形钢没有缀件连接，仅仅是局部通过焊接短钢筋进行固定。所有试件使用的 T 形钢均由工字钢从腹板中部切割而得。依标准试验方法进行钢材的材性试验，试验结果如表 3.2 所示。

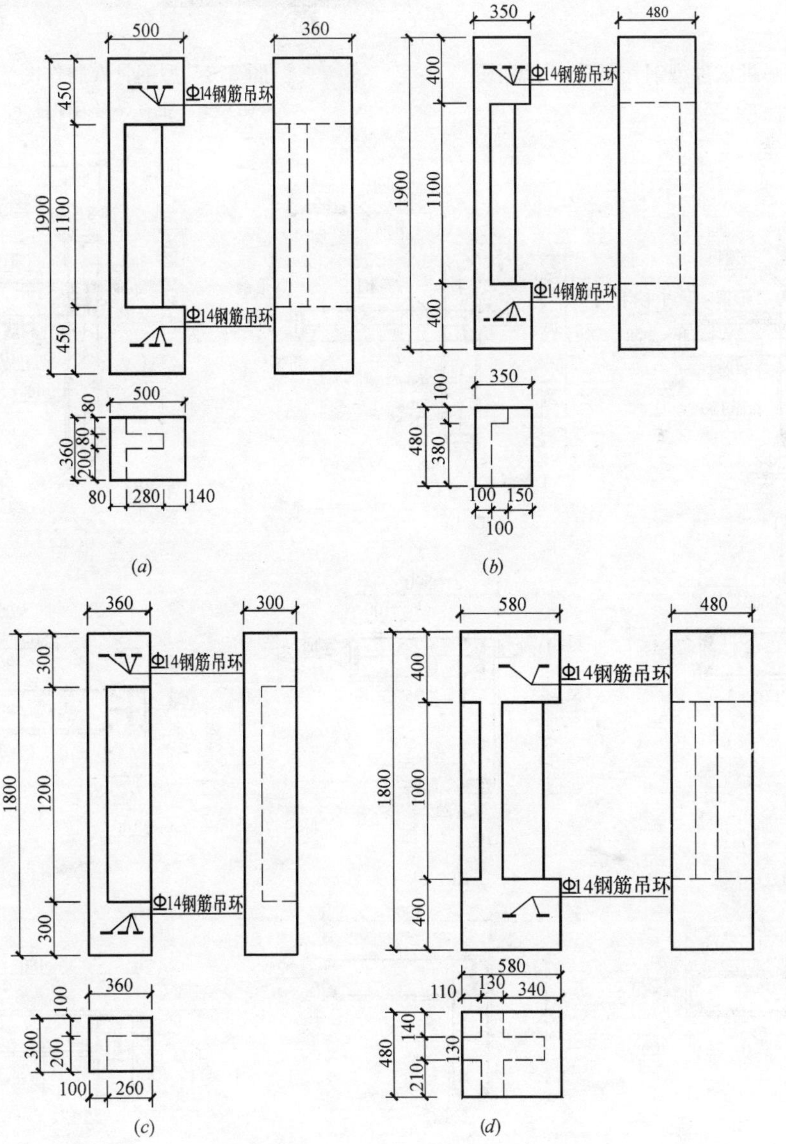

图 3.1 试件的三视图

(*a*) 第一批（ZT1、ZT4）；(*b*) 第二批（ZL3）；(*c*) 第三批（ZL4）；(*d*) 第四批（Z 十 2）

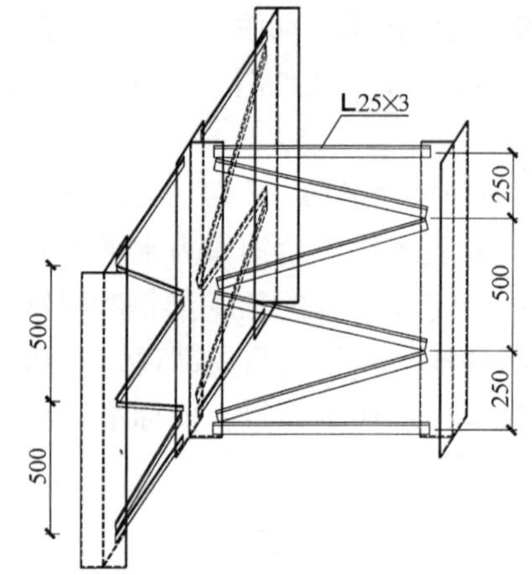

图 3.2　第一批试件型钢骨架立体示意图

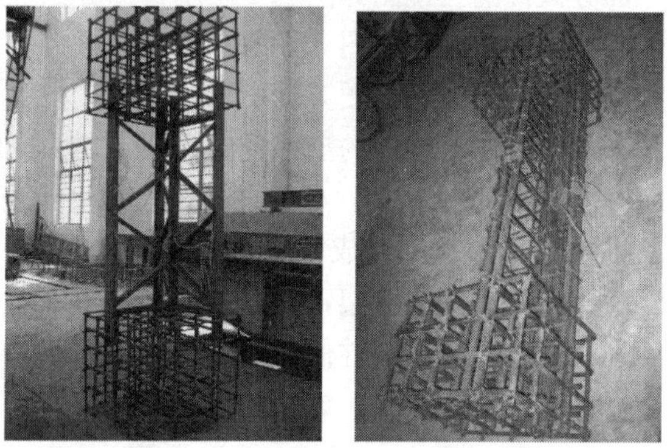

图 3.3　型钢骨架制作图

（a）第一批；（b）第四批

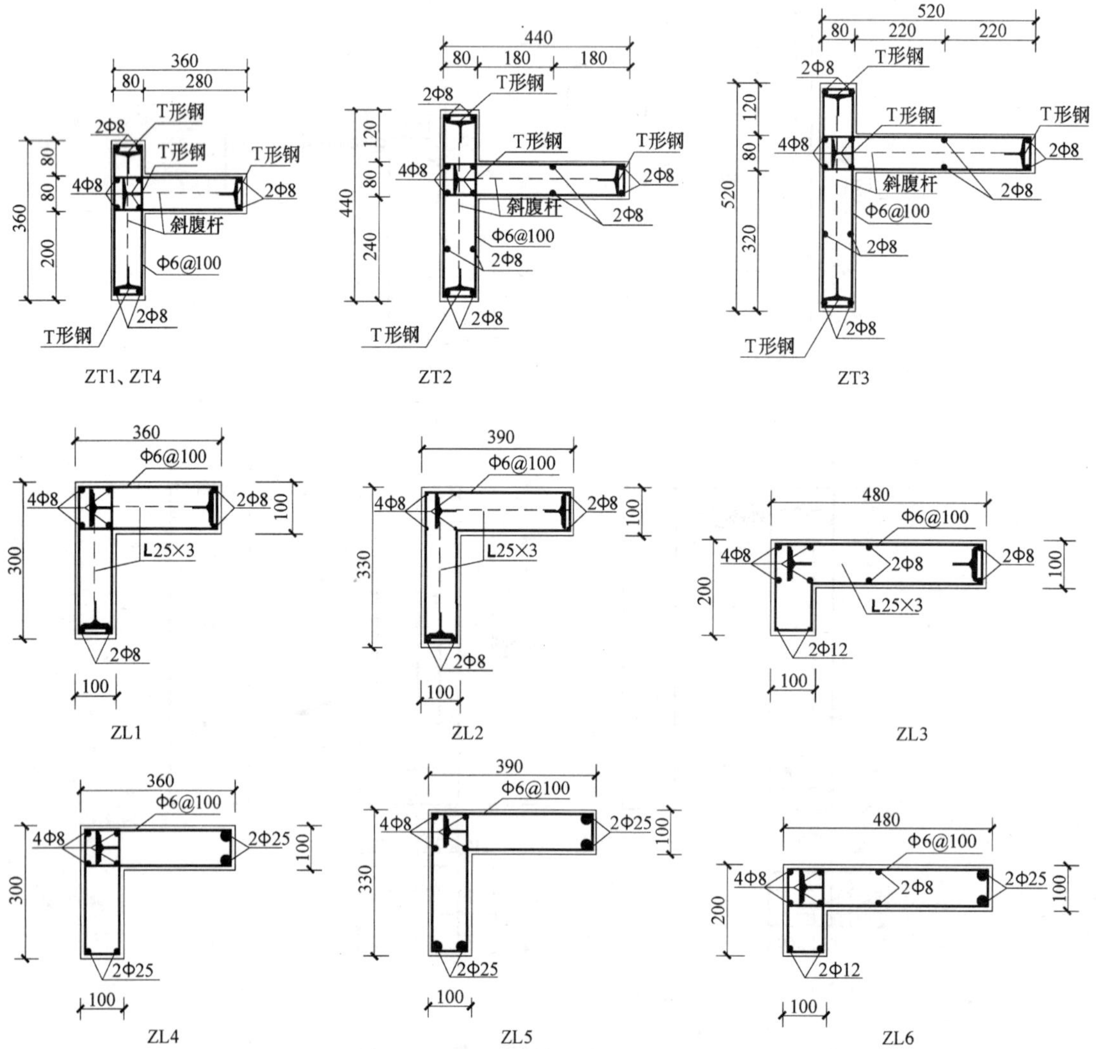

图 3.4　截面尺寸及配钢形式布置图（一）

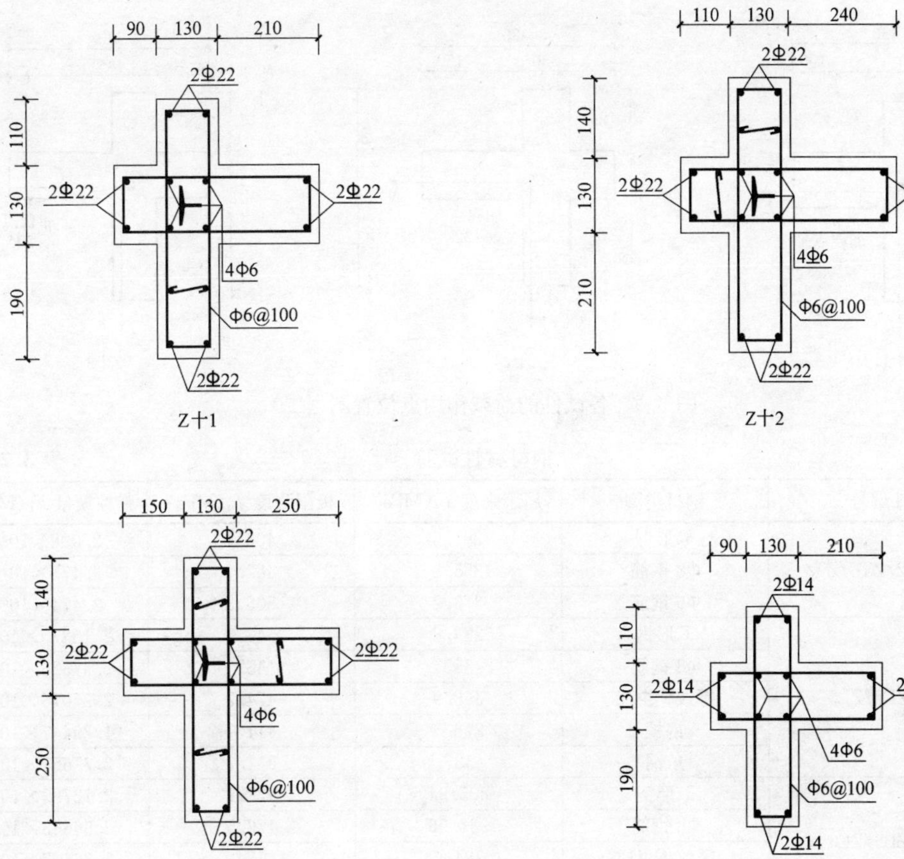

图 3.4　截面尺寸及配钢形式布置图（二）

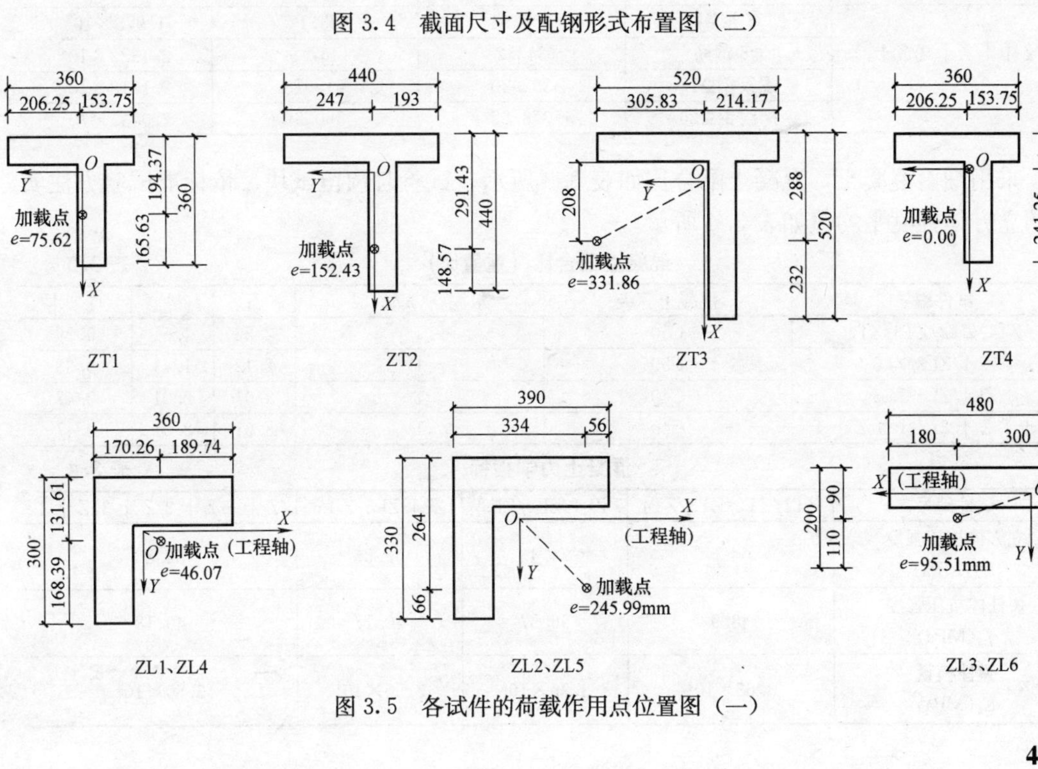

图 3.5　各试件的荷载作用点位置图（一）

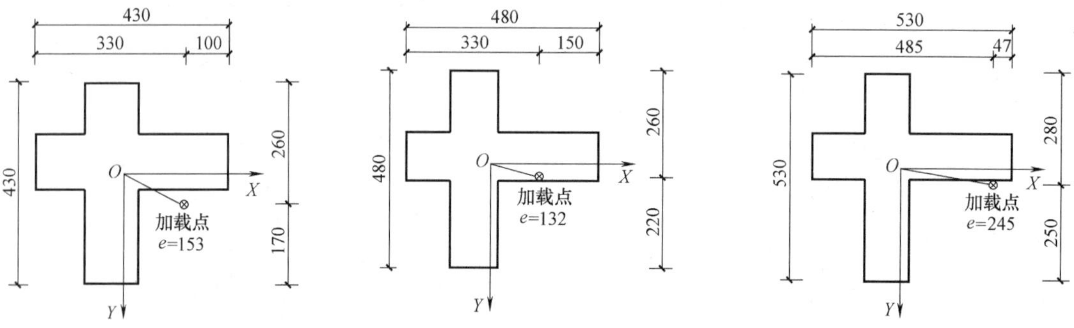

Z十1、Z十4　　Z十2　　Z十3

图 3.5　各试件的荷载作用点位置图（二）

钢材材性试验　　**表 3.2**

试件编号	钢材类型	屈服强度 f_y(MPa)	极限强度 f_u(MPa)	弹性模量 E_s(MPa)
ZT1/ZT2/ZT3/ZT4	T 形钢	291.5	403.1	2.098×10^5
	Φ8 钢筋	355.8	482.7	2.473×10^5
	Φ6 钢筋	373.2	505.8	2.474×10^5
ZL1/ZL2/ZL3	T 形钢	383.8	543.7	2.15375×10^5
	Φ8 钢筋	355	482	2.37325×10^5
	螺纹钢Φ12	368.9	474.2	2.27015×10^5
	钢板	276.5	411.7	1.29447×10^5
	角钢	487	641.2	2.77651×10^5
ZL4/ZL5/ZL6	T 形钢	305.94	423.1	2.12789×10^5
	Φ8 钢筋	383.96	476.5	2.56665×10^5
	螺纹钢Φ12	384.6	554	2.36667×10^5
	螺纹钢Φ25	370.0	560.5	2.17647×10^5
Z十1/Z十2/Z十3/Z十4	T 形钢	305.94	423.125	1.975×10^5
	Φ6 钢筋	343.2	467.9	2.4322×10^5
	螺纹钢Φ12	392.30	615.18	2.1718×10^5
	螺纹钢Φ25	378.82	560.99	2.0431×10^5

采用细石混凝土，混凝土配合比如表 3.3 所示。试验时预留试块，依标准试验方法实测的立方体强度平均值如表 3.4 所示。

混凝土配合比（重量比）　　**表 3.3**

试件编号	混凝土等级	水泥(PO.42.5)	石	砂	自来水
ZT1/ZT2/ZT3/ZT4	C50	1	2.26	1.51	0.39
ZL1/ZL2/ZL3	C50	1	2.12	1.41	0.38
ZL4/ZL5/ZL6	C40	1	3.01	2.01	0.47
Z十1/Z十2/Z十3/Z十4	C40	1	3.01	2.01	0.47

混凝土力学指标　　**表 3.4**

试件编号	ZT1/ZT2/ZT3/ZT4	ZL1/ZL2/ZL3	ZL4/ZL5/Z L6	Z十1/Z十2/Z十3/Z十4
立方体抗压强度 f_{cu}(MPa)	64.5	74.43	52.86	52.86
棱柱体抗压强度 f_c(MPa)	48.9	56.57	40.17	40.18
弹性模量 E_c(MPa)	3.65×10^4	3.75×10^4	3.50×10^4	3.50×10^4

为达到研究目的，每个试件的两端头截面进行加大，并配置由一定数量的纵向及横向钢筋组成的钢筋笼，保证试验过程中破坏发生在试验段。两端头的高度需满足型钢及钢筋的锚固长度要求，所有试件试验段的纵向型钢、钢筋均伸入端头，并且纵向型钢与钢筋笼焊接。型钢、钢筋安装完成后，在试件的两端头预埋 10mm 厚钢板，浇筑混凝土时需确保钢板外露，并与试件轴线垂直。

2. 试验的加载装置及加载制度

试验采用立式加载，为了能满足双向偏心受力试件的边界条件，在试件的上下端头安装特制球铰，保证试验过程中试验机对试件只传递轴力而不传递弯矩和剪力，加载装置如图 3.6 所示。

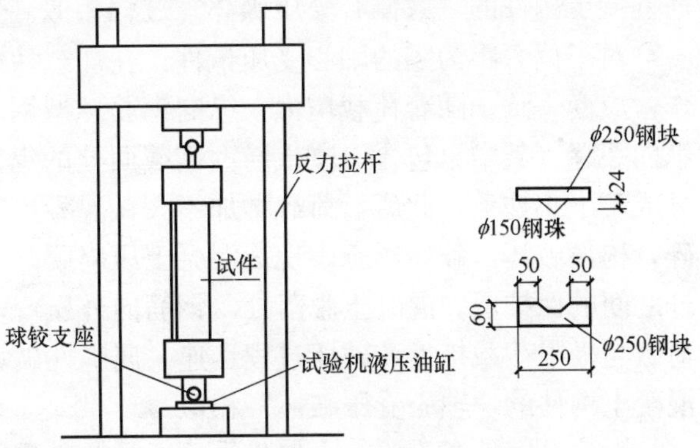

图 3.6　试验加载装置

试验采用 5000kN 液压试验机连续单调慢速加载，每级荷载稳定 5～8min，进行变形观测、数据采集。试验开始前，首先预加载 1～2 次，预载值不超过预估极限荷载的 5%，此后按预估极限荷载的 10%加载，在接近试件的开裂荷载和极限荷载时，加载步长放慢至预估极限荷载的 5%，直至构件破坏。

3. 试件受力全过程及破坏形态

从开始加载到破坏，14 个试件在竖向荷载作用下的破坏过程大致相同，都经历了三个阶段，即弹性阶段、带裂缝阶段和破坏阶段。当荷载较小时，混凝土、型钢、钢筋的应力与应变成线性关系；随着荷载的增大，混凝土开裂，试件的应力与应变不再呈线性关系；进入此阶段的快慢程度与偏心距有关，相对偏心距较大的试件（ZT3/ZL2/ZL3/ZL5/ZL6/Z 十 3），进入此阶段较快，P_{cr}约为 P_u 的 30%，而相对偏心距较小的试件（ZT1/ZT2/ZL1/ZL4/Z 十 1/Z 十 2/Z 十 4），进入此阶段较晚，P_{cr}约为 P_u 的 70%，对于偏心距为零的轴心受压试件 ZT4，则在接近破坏阶段时才出现裂缝，P_{cr}约为 P_u 的 90%。此后，随着荷载的继续增大，混凝土、型钢、钢筋的应变继续增大，一旦混凝土达到极限压应变，局部混凝土被压碎、剥落，露出的部分纵向钢筋被压曲，但纵向型钢没有发生局部屈曲，荷载无法继续增大，并逐渐下降。试验实测数据表明，达到峰值荷载时，试件的纵向型钢、钢筋均能达到屈服。

偏心距不同，试件的破坏过程呈现出不同的特征，具体表现如下：

相对偏心距较小的试件，破坏首先表现为距离加载点较近一侧的钢筋、型钢受压屈服，随着荷载的增大，受压侧混凝土出现纵向裂缝；荷载继续增加，受压区边缘处的压应变达到混凝土极限压应变值，混凝土被压碎，型钢外围混凝土脱落，纵筋压曲外凸，没有发现型钢屈曲。试件的开裂荷载与极限破坏荷载相近，破坏没有明显预兆，时间短，属脆性破坏。在接近受压区混凝土压碎时，远离加载点一侧的混凝土受拉开裂，部分钢筋、型钢受拉，但不屈服，从破坏过程及破坏形态看与普通钢筋混凝土构件的“小偏心受压破坏”过程相似。

相对偏心距较大的试件，破坏首先是远离加载点一侧的混凝土受拉开裂，接着该侧的钢筋、型钢受拉屈服，随着荷载增大，横向裂缝数量增多、宽度增大并向两端延伸，截面中性轴向加载一侧移动，受压区混凝土面积不断减小；荷载继续增大，加载点近侧的型钢、钢筋受压屈服，受压区混凝土压应变达到极限压应变值，试件破坏。横向裂缝出现较早，构件破坏时，横向裂缝明显，加载点远侧的钢筋、型钢受拉屈服，近侧的部分钢筋、型钢受压屈服，破坏形态最终表现为混凝土被压碎、剥落。破坏过程及破坏形态与普通钢筋混凝土构件的“大偏心受压破坏”过程相似。

对于偏心距为零的轴心受压试件，在加载初期，型钢、钢筋与混凝土能较好地协同工作，应变一致。随着荷载增大，纵向钢筋、型钢受压屈服；随着荷载的进一步增大，产生纵向裂缝（其中也包含混凝土与型钢截面处的纵向粘结裂缝），裂缝发展很快，把混凝土分成若干小柱条，此后，荷载增加不大，混凝土的压应变达到极限压应变值，混凝土被压碎，构件破坏。破坏形态表现为混凝土压碎脱落，压碎部位主要发生在型钢的保护层及腹杆之间的保护层。混凝土脱落处，钢筋向外压弯，但没有发现型钢局部屈曲。构件的开裂荷载与极限荷载接近，破坏过程迅速，属脆性破坏。整个破坏过程与破坏形态与普通钢筋混凝土构件的“轴心受压破坏”相似。

无论是大偏心受压、小偏心受压还是轴心受压，试件的最终破坏形态均表现为混凝土被压碎脱落，但不同的受力情况，压碎的部位不一样。对于偏心受压试件，混凝土压碎脱落主要集中在距离加载点较近一侧纵向型钢翼缘外侧，型钢翼缘外露，但翼缘内侧的混凝土基本保持完好，可见，型钢的存在对翼缘内侧的混凝土起到一定的约束作用。柱截面中部即各肢纵向型钢之间的部位也有部分混凝土压碎脱落，箍筋外露。对于轴心受压试件，多个部位混凝土被压碎，柱肢中部的破坏更为严重。因此，对于型钢混凝土异形柱，为了避免出现混凝土过早脱落，导致承载力降低的现象，配置适量的纵向钢筋和横向箍筋是完全必要的。部分试件的破坏形态如图 3.7 所示。

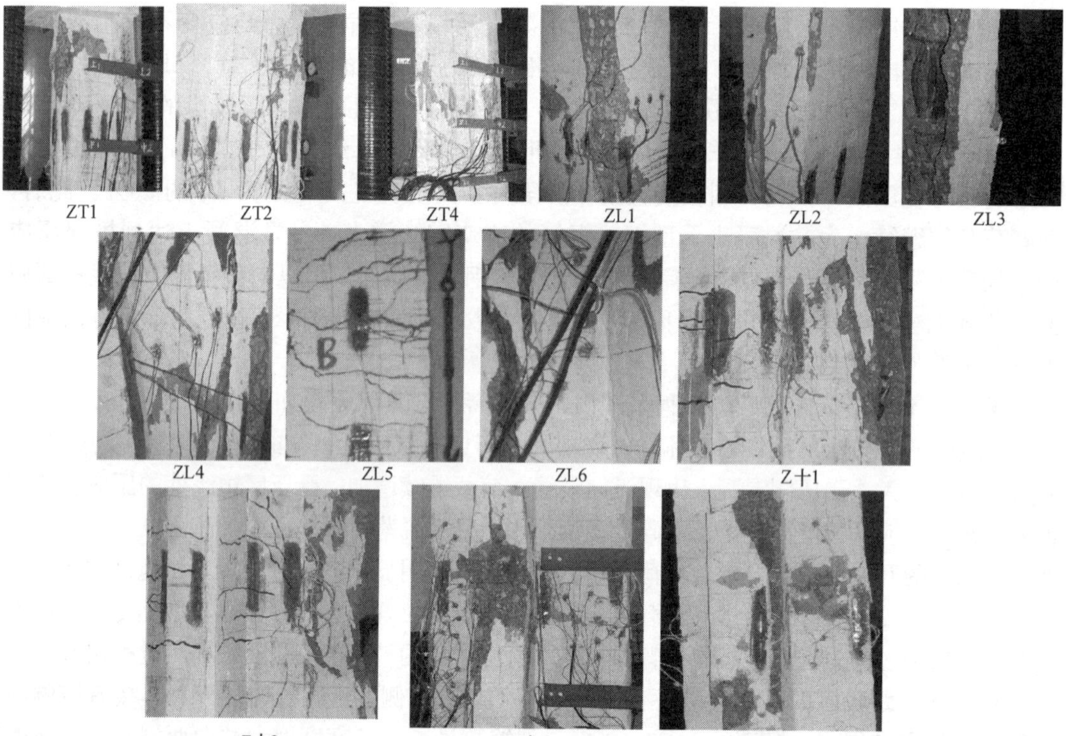

图 3.7　部分试件的最终破坏形态

4. 截面应变测试结果及分析

通过在各试件中部粘贴长标距混凝土胶基电阻应变片，揭示受力过程中型钢混凝土异形柱的截面应变分布情况。图 3.8 所示为部分试件（偏心受压试件）加载时的平均应变在横截面上的分布。由图可见，从加载开始至构件破坏，平均应变沿截面高度的分布基本符合平截面假定。

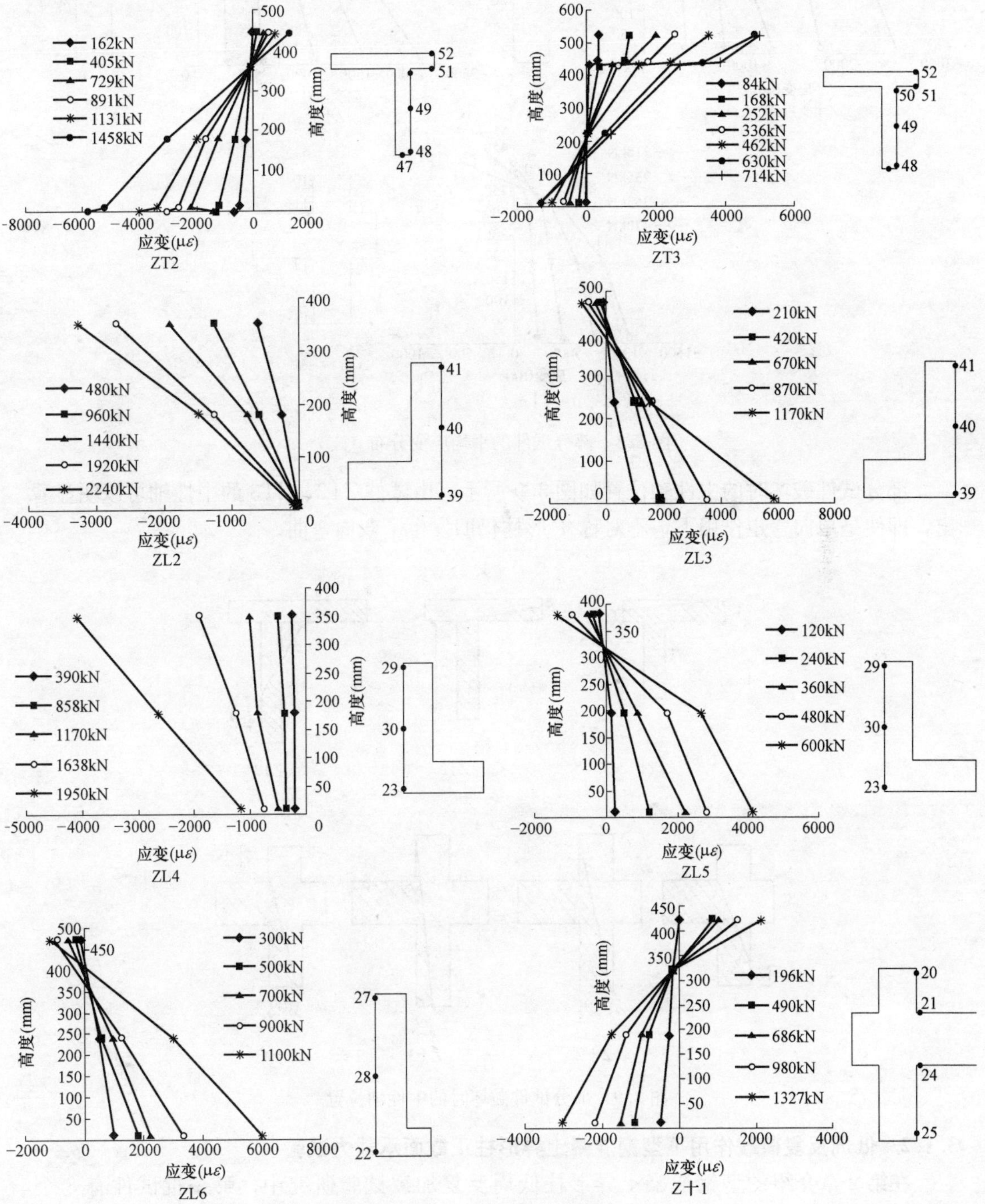

图 3.8　部分试件的平均应变分布（一）

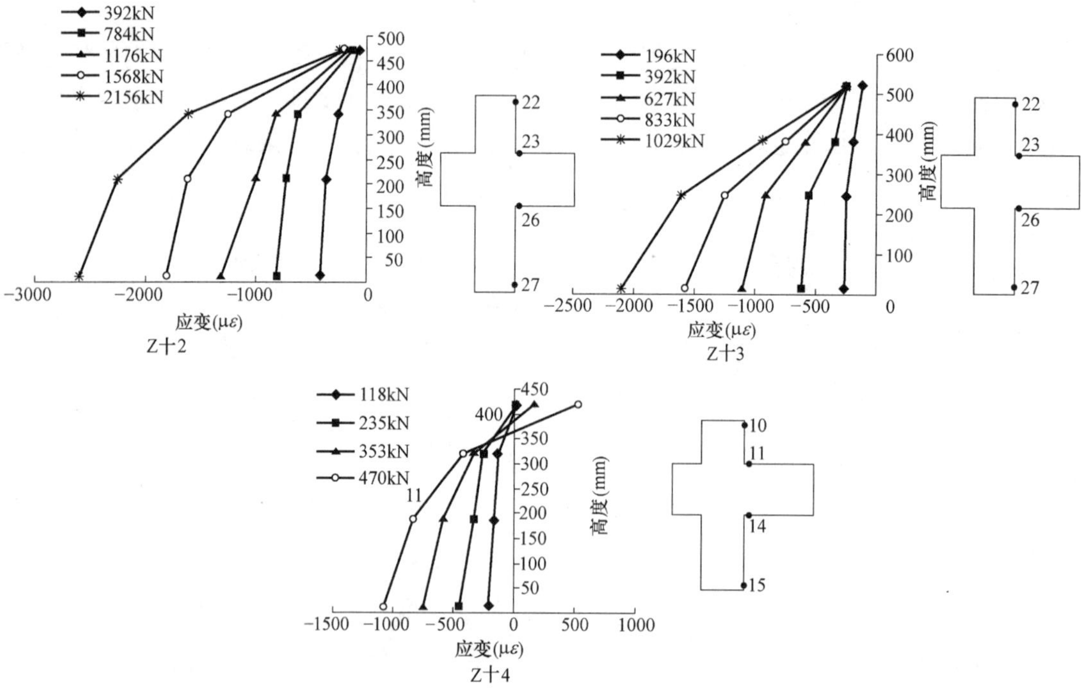

图 3.8　部分试件的平均应变分布（二）

部分试件破坏时的中性轴位置如图 3.9 所示。由试件 ZT2、ZT3 的中性轴可以明显看出，即使是单向弯矩作用下，不对称 T 形柱仍旧发生了双向弯曲。

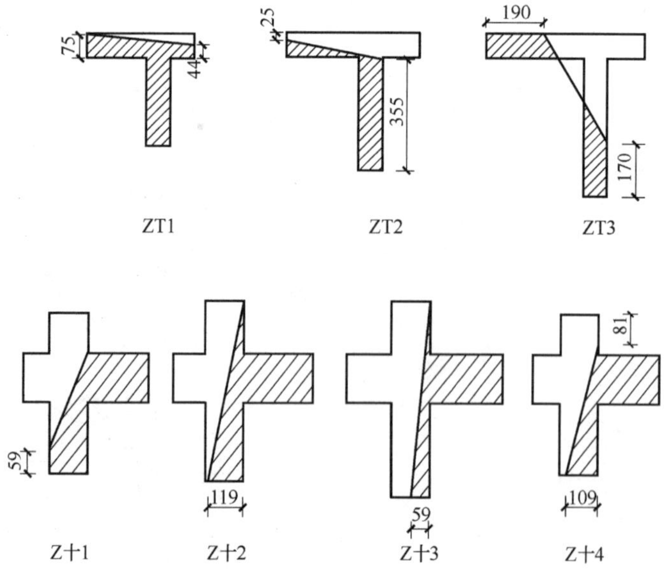

图 3.9　部分试件破坏时的中性轴位置

3.1.2　低周反复荷载作用下型钢混凝土异形柱正截面承载力试验

在第 2 章介绍的型钢混凝土异形柱低周反复加载试验研究中，第一批试件有 8 个（T3、T4、T7、T8、L2、L3、十 2、十 3）发生的是正截面承载力控制的“弯曲破坏”。

试验概况及试件的破坏过程和破坏形态见第 2 章。

1. 开裂荷载与极限强度

试验实测各试件的开裂荷载与正截面极限强度如表 3.5 所示。由表可知，不同轴压力作用下，试件出现水平裂缝和竖直裂缝的时间不同，轴压力越大，水平裂缝和竖直裂缝出现的时间就越晚，并且水平开裂荷载与竖直开裂荷载就越为接近。

由于采用了“建研式”加载装置，试件的极限弯矩 M 与水平剪力 V 和剪跨比 λ 的大小有关，同时由于试件变形后，恒定的竖向荷载 N 产生了附加弯矩，弯矩按式（3-1）计算。

$$M=V\cdot\lambda h+N\cdot\frac{\Delta}{2} \tag{3-1}$$

式中 h——试件的截面高度；

Δ——与极限水平荷载对应的水平位移，可由试验测定给出。

试件的承载力汇总表 **表 3.5**

试件编号	n	λ	f_u (kN)	$f_{cr,H}$ (kN)	$f_{cr,H}/f_u$	$f_{cr,V}$ (kN)	$f_{cr,V}/f_u$	$(f_{cr,H}/f_{cr,V})$ (%)	Δ_u(mm)	M_u (kN·m)
T3	0.7	2.5	110.8	40	0.36	60	0.54	66.6	26.88	85.27
T4	0.5	2.5	102.1	30	0.29	80	0.78	37.5	36.94	79.04
T7	0.7	2	154.2	80	0.52	140	0.90	57.1	23.14	92.23
T8	0.3	2.5	155.0	30	0.19	120	0.77	25.0	34.49	111.94
L2	0.7	2	102.0	50	0.49	100	0.98	50.0	20.39	62.75
L3	0.7	2	159.4	100	0.62	120	0.75	83.3	24.66	95.53
十2	0.7	2.5	130.3	60	0.46	100	0.77	60.0	30.26	99.89
十3	0.7	2.5	90.43	40	0.44	60	0.66	66.6	34.33	73.13

注：n 为轴压比，λ 为剪跨比，f_u 为试件的极限破坏荷载，$f_{cr,H}$为水平开裂荷载，$f_{cr,V}$为竖直开裂荷载，Δ_u 为极限荷载对应的位移，M_u 为极限弯矩。

2. 截面应变测试结果及分析

通过在试件的根部粘贴长标距电阻应变片，检验“建研式”加载的型钢混凝土异形柱的截面应变分布情况，应变片布置如图 3.10 所示，实测的应变分布如图 3.11 所示。

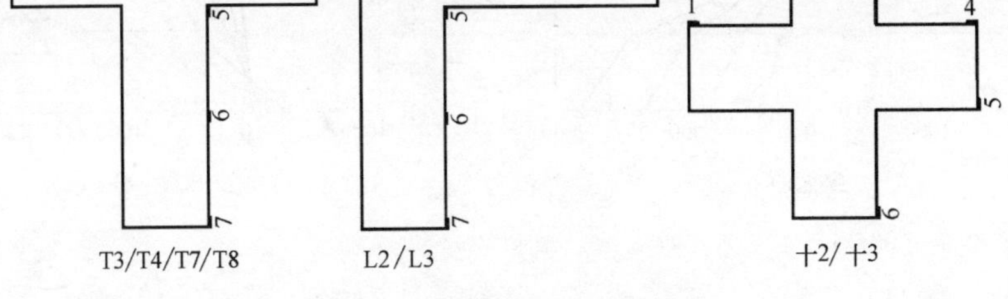

图 3.10 混凝土应变片布置

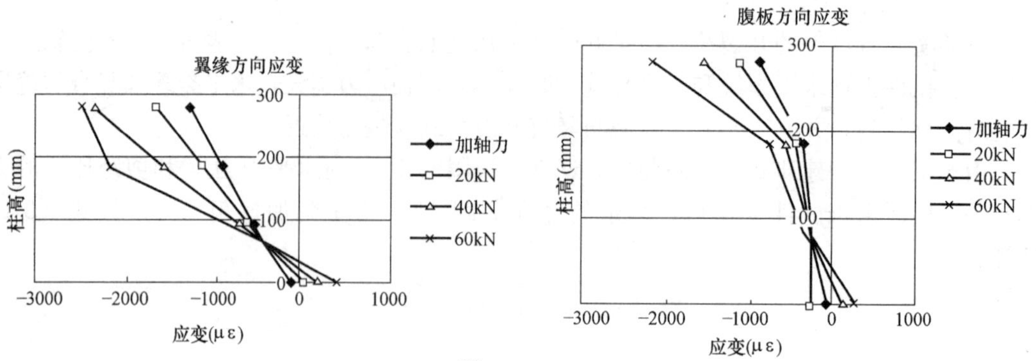

T3

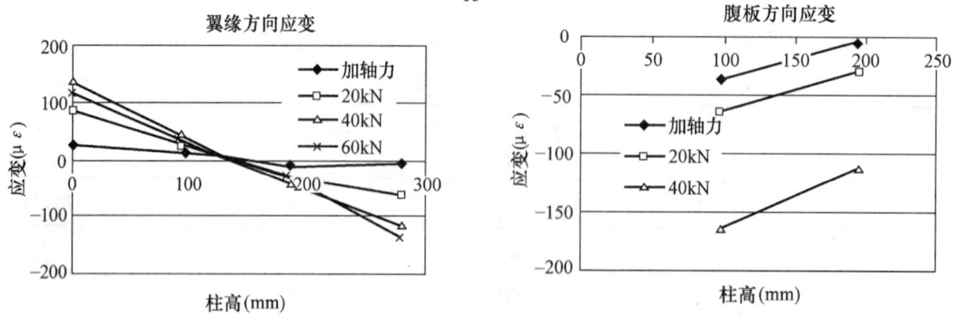

T4

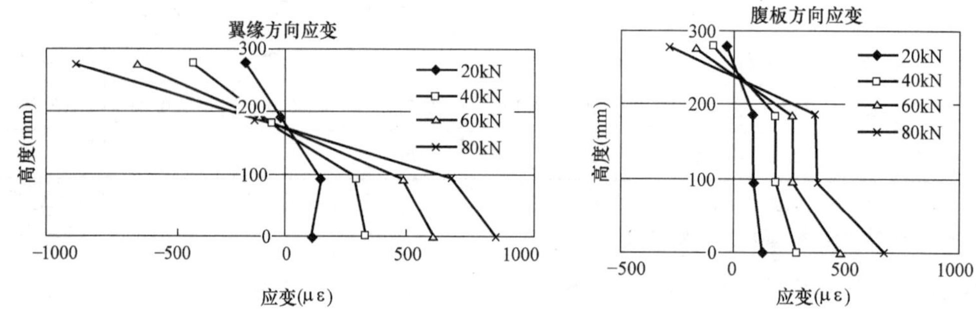

T7

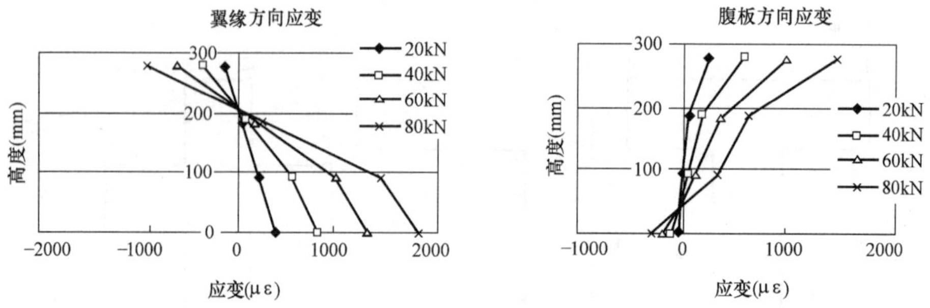

T8

图 3.11　试件的截面应变分布（一）

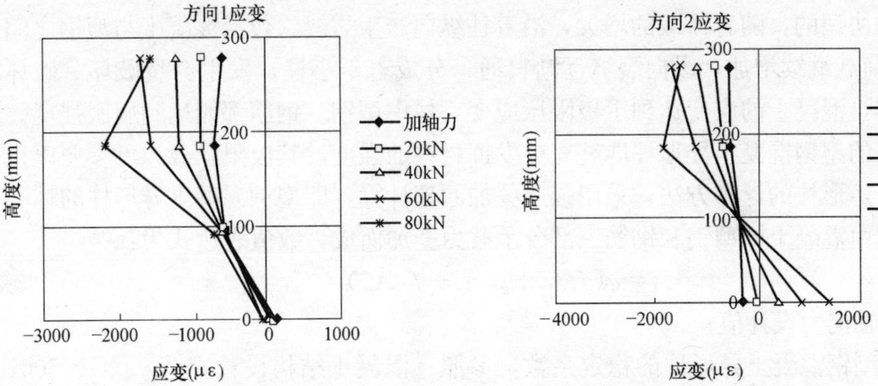

L2

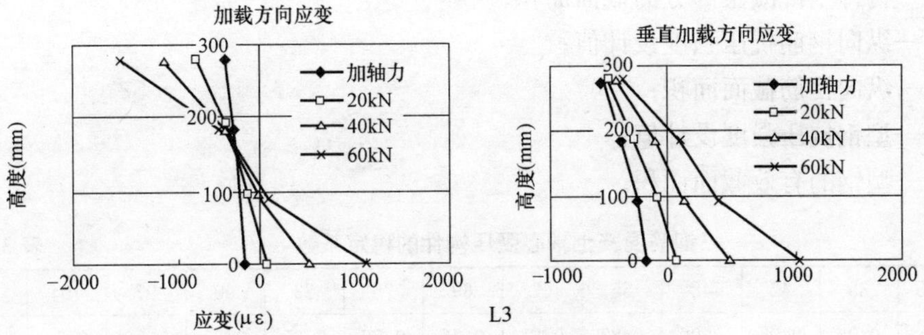

L3

图 3.11　试件的截面应变分布（二）

由图 3.11 可知，在横向荷载作用下，截面应变基本上符合平截面假定。但各试件在施加恒定的轴向压力后，截面上并不是出现均匀的压应变，而是出现了双向偏压现象，这主要是由于受加载装置的Γ形大梁宽度的限制，试件设计时无法做到试件的上下端头形心与试验段异形柱形心重合，导致初始偏心。另外值得注意的是，即使除去竖向荷载的初始应变后，型钢混凝土异形柱在横向荷载作用下还是发生了双向偏压现象。如试件 T7，荷载作用于翼缘方向，假如是发生单偏压，则中性轴应垂直于荷载方向，腹板上的应变增量应该一致，但图中的腹板应变增量并非一致，可以看出是发生了双偏压现象。如沿 45°加载的 L 形、T 形、十字形柱，通过截面应变分布求出的中性轴与荷载方向均不垂直。

3.2　型钢混凝土异形柱正截面承载力理论分析

3.2.1　型钢混凝土异形柱轴心受压极限承载力计算

对于材料力学中单一匀质材料组成的构件，当轴向压力作用线与构件的轴心线相重合时，即为轴心受压构件。在型钢混凝土构件中由于混凝土的非匀质性、型钢位置的偏移、轴向力作用位置的差异等原因，很难找到理想的轴心受压构件，构件往往处于偏心受压状态，但当这种偏差较小时，可忽略其影响，近似认为构件处于轴心受压状态。前述的轴压试验结果表明，配置 T 形钢桁架的型钢混凝土异形柱的轴心受压破坏过程与钢筋混凝土柱的轴心受压破坏过程极为相似，当轴向力较小时，型钢、钢筋与混凝土都能较好地共同工作，变形是协调的，随着荷载的增大，沿着柱纵向产生裂缝（包括混凝土与型钢之间的粘结裂缝），荷载继续增加，纵向裂缝逐渐贯通，分成若干小柱，发生劈裂破坏。破坏时混凝土被压碎，混凝土的应变达到了极限压应变，柱中型钢、钢筋都能达到屈服强度。因此，轴心受压的型钢混凝土异形柱能够充分发挥材料的强度，其极限承载力可参照以往普通型钢混凝土矩形柱的计算方法，采用强度叠加原理计算，即型钢混凝土异形柱的轴心受压极限承载力由混凝土、型钢和钢筋三部分承载力叠加而成，数值表达式为：

$$N=\varphi(f_cA_c+f_yA_s+f_{ss}A_{ss}) \tag{3-2}$$

式中　N——轴向力设计值；

φ——型钢混凝土异形柱的稳定系数，参照《混凝土结构设计规范》（GB 50010）中钢筋混凝土柱的有关规定采用，见表 3.6；

f_c——混凝土轴心抗压强度设计值；

A_c——构件中混凝土部分的截面面积；

f_y——纵向钢筋抗压强度设计值；

A_s——纵向钢筋截面面积；

f_{ss}——型钢抗压强度设计值；

A_{ss}——型钢的有效截面面积。

钢筋混凝土轴心受压构件的稳定系数　　**表 3.6**

l_0/i	≤28	35	42	48	55	62	69	76	83	90	97	104	111
φ	1.0	0.98	0.95	0.92	0.87	0.81	0.75	0.70	0.65	0.60	0.56	0.52	0.48

在表 3.6 中，l_0为构件的计算长度，i 为截面最小回转半径。

$$i=\sqrt{\frac{I_0}{A_0}} \tag{3-3}$$

其中

$$I_0=I+(\alpha_{ss}-1)I_{ss}+(\alpha_s-1)I_s \tag{3-4}$$

$$A_0=A+(\alpha_{ss}-1)A_{ss}+(\alpha_s-1)A_s \tag{3-5}$$

式中　I_0、A_0——分别为型钢混凝土折算截面惯性矩与换算截面面积；

I、I_{ss}、I_s——分别为截面、型钢和钢筋的惯性矩；

α_{ss}、α_s——分别为型钢弹性模量和钢筋弹性模量与混凝土弹性模量的比值。

$$\alpha_{ss}=\frac{E_{ss}}{E_c},\ \alpha_s=\frac{E_s}{E_c} \tag{3-6}$$

运用式（3-2）计算轴压试件 ZT4 的承载力为 3193.35kN，试验实测试件 ZT4 的极限承载力为 3150kN，$\frac{N_{计算值}}{N_{试验值}}=1.01$，试验值与计算值极为接近，两者仅相差 1%。由此可见，运用简单的强度叠加原理计算轴心受压型钢混凝土异形柱的承载力是可行的。

3.2.2　低周反复荷载作用下型钢混凝土异形柱弯曲开裂荷载的计算

1. 弯曲开裂荷载计算

框架结构中，异形柱受到压、弯、剪等荷载作用，其受力模型可采用图 3.12 所示的形式。

图 3.12 中由力的平衡条件得：

$$M=V\cdot\frac{L}{2} \tag{3-7}$$

框架柱中最大弯矩截面的拉应力为：

$$\sigma_0=\frac{M}{W_s}-\frac{N_c}{A_c} \tag{3-8}$$

当截面最大拉应力达到混凝土的抗拉极限强度 f_t时，混凝土开裂，柱中出现水平弯曲裂缝，即

$$\sigma_0=\frac{M}{W_s}-\frac{N_c}{A_c}=f_t \tag{3-9}$$

综合式（3-7）、式（3-8）和式（3-9）可得：

$$V_{cr.m}=\frac{2W_s}{L}\left(f_t+\frac{N_c}{A_c}\right) \tag{3-10}$$

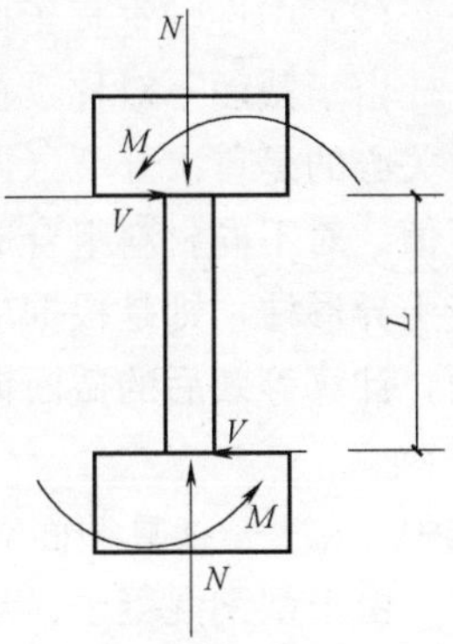

图 3.12 型钢混凝土异形柱受力模型

式中 W_s——折算后型钢混凝土异形柱截面的塑性抵抗矩；

N_c——型钢混凝土异形柱中混凝土部分承受的轴向压力；

A_c——混凝土部分的净截面面积。

混凝土受拉开裂时，由于微裂缝发展等因素的影响形成非弹性变形，此时受拉区混凝土应力不服从线性分布规律。因此，计算开裂荷载时须考虑受拉混凝土的塑性变形，$W_s=\gamma_s W$，W 为折算后型钢混凝土异形柱的截面抵抗矩，γ_s为受拉混凝土的塑性系数。相关研究结果表明，对于 T 形、工形等非矩形截面，因中性轴位置和拉压区截面的形状不同而有不等的 γ_s值，一般在 1.25～2.0 之间，本节偏保守地取 $\gamma_s=1.25$。

在计算开裂荷载时，构件基本处于弹性阶段，型钢、纵向钢筋和混凝土之间的变形保持一致，因此有：

$$\frac{N_c}{\sigma_c A_c}=\frac{N}{\sigma_c A_c+\sigma_{ss}A_{ss}+\sigma_s A_s} \tag{3-11}$$

$$\frac{N_c}{A_c}=\frac{N}{A_c+\frac{\sigma_{ss}}{\sigma_c}A_{ss}+\frac{\sigma_s}{\sigma_c}A_s} \tag{3-12}$$

由于材料均处于弹性阶段且变形一致，因此有：$\frac{\sigma_{ss}}{\sigma_c}=\frac{E_{ss}\varepsilon}{E_c\varepsilon}=\frac{E_{ss}}{E_c}=\alpha_{ss}$，同理得$\frac{\sigma_s}{\sigma_c}=\alpha_s$，整理可得：

$$V_{cr.m}=\frac{2W_s}{L}\left(f_t+\frac{N}{A_c+\alpha_{ss}A_{ss}+\alpha_s A_s}\right) \tag{3-13}$$

式中 α_{ss}、α_s——分别为型钢、钢筋与混凝土的弹性模量之比。

2. 关于抗弯抵抗矩 W 的计算

型钢混凝土异形柱的截面不对称、不规则，导致截面的抗弯抵抗矩 W 的计算相当复杂，特别是异形柱又具有双偏压特性，中性轴的位置随外荷载的变化而变化。另外，把两种不同材料按弹性模量之比换算成同一种材料后，截面变得更不规则，截面形心位置的确定都是一个难题，要精确计算型钢混凝土异形柱的抗弯抵抗矩 W_s变得更加困难。注意到在计算弯曲开裂时，构件基本处于弹性阶段，可做以下假定：

（1）中性轴通过截面形心；

(2) 中性轴垂直于荷载作用方向。

由于截面不对称，在同一荷载作用下，在中性轴两侧的 W 不同，进行开裂荷载计算时关心的是首次开裂（即最小的开裂荷载）。因此，取截面中最小的抗弯抵抗矩 W 作为计算值。对不同材料组合成的构件，通常可采用换算截面法计算截面的惯性矩，对于型钢混凝土异形柱，则是根据应变相同且总内力不变的原则将型钢、钢筋截面等效为混凝土截面，计算等效后的截面惯性矩：

$$I_0 = I_c + \alpha_{ss} I_{ss} + \alpha_s I_s \tag{3-14}$$

式中　I_0——换算截面对通过形心位置的中性轴的截面惯性矩。

由于型钢混凝土异形柱的不规则性，要计算 I_0 还是比较困难的。直观地看，对于 T 形柱只有当荷载作用于翼缘或腹板方向时，对于 L 形、十字形柱只有当荷载作用于工程轴方向时，才能采用解析式计算。地震作用是随机的，任意方向均有可能产生，对于其他方向 I_0 的计算，还得考虑通过计算机编程进行，将截面划分成若干网格单元，然后对中性轴积分。该法的优点是计算精确，但编写程序比较麻烦。

对于型钢混凝土异形柱任意方向作用下的 I_0，通过截面分解也可以利用解析式计算。将异形柱以中性轴为界分解成若干个三角形，并且每个三角形的一条边必须通过中性轴，以图 3.13 为例来说明，首先将 L 形柱分解为上下两个部分，下部分对中性轴的惯性矩为 $\triangle ABL$ 与 $\triangle FGH$ 对中性轴惯性矩之差，同理，左上部分为 $\triangle HIK$ 与 $\triangle JKL$ 对中性轴惯性矩之差，右上部分为 $\triangle CEF$ 与 $\triangle BCD$ 对中性轴惯性矩之差。

有了这样的分解，I_0 的计算变得简单了许多，只需计算每个三角形的惯性矩即可。在计算三角形对其底边的惯性矩时（图 3.14），将截面分成薄的微元，微元的面积为：

$$\mathrm{d}A = \frac{b(h-y)\mathrm{d}y}{h} \tag{3-15}$$

由惯性矩的定义得：

$$I_x = \int y^2 \mathrm{d}A = \int_0^h \frac{b(h-y)}{h} y^2 \mathrm{d}y = \frac{bh^3}{12} \tag{3-16}$$

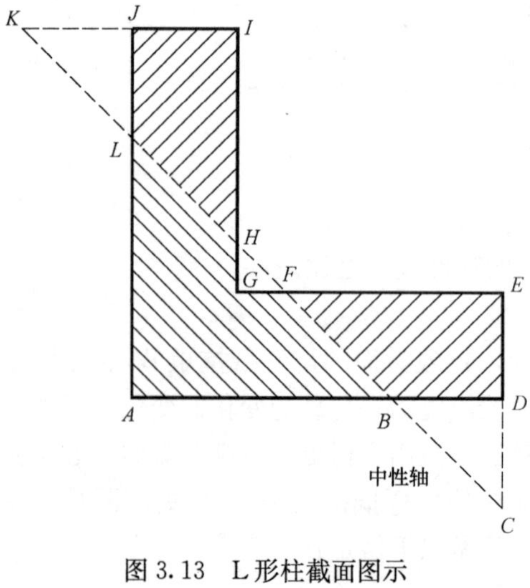

图 3.13　L 形柱截面图示

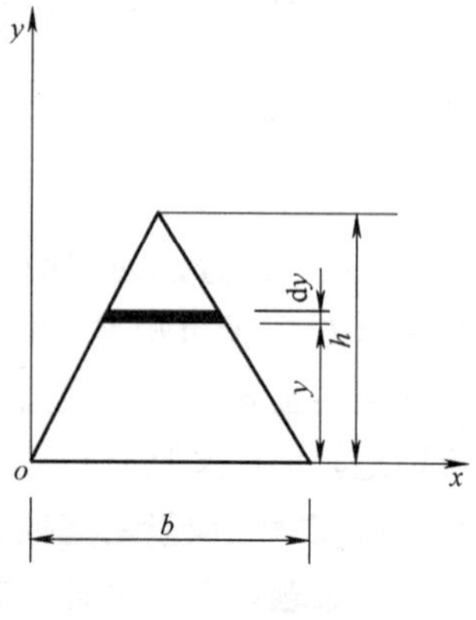

图 3.14　三角形惯性矩计算示意

有了这些推导之后，就可以利用解析式计算型钢混凝土异形柱的截面惯性矩。首先将整个截面看成是混凝土构成的，采用分解截面法计算对中性轴的惯性矩，然后对各型钢、钢筋的惯性矩采取近似计算的办法，按式（3-17）计算。

$$I=y^2\mathrm{d}A \tag{3-17}$$

式中 y——各型钢、钢筋形心位置到中性轴的距离；

$\mathrm{d}A$——各肢型钢、钢筋的截面积。

将计算得到的各型钢、钢筋的 I 值分别乘以（$\alpha_{ss}-1$）及（α_s-1），然后叠加，再与混凝土部分的惯性矩相加，即为整个截面的惯性矩。采用这种分解方法的关键是各三角形顶点及各型钢、钢筋的形心到中性轴距离的确定，利用现有的一些计算机绘图软件如AUTO CAD，能方便地解决这个问题。

在计算出截面的抗弯惯性矩后，再除以截面各点到中性轴最远距离，即可得到截面最小的抗弯抵抗矩。

3. 试验值与计算值的比较

利用分解截面计算惯性矩的方法，对本次试验中剪跨比为 $\lambda=2.5$ 的 5 个试件进行开裂荷载计算，并与试验实测值比较，如表 3.7 所示。由表可知，试验值与计算值之比的平均值 $\mu=1.079$，均方差 $\sigma=0.11$，变异系数 $c_v=0.101$。这说明计算值与试验值比较符合，利用式（3-13）计算型钢混凝土异形柱的弯曲开裂荷载是可行的。

型钢混凝土异形柱弯曲开裂荷载的试验值与计算值的比较 **表 3.7**

试件编号	加载方向	实测值(kN)	计算值(kN)	实测值/计算值	开裂形式
T2	沿 45°	40	42.3	0.94	水平裂缝
T3	沿翼缘	30	27.9	1.07	水平裂缝
T8	沿 45°	30	24.1	1.24	水平裂缝
十 2	沿 45°	60	54.4	1.10	水平裂缝
十 3	沿工程轴	40	38.8	1.03	水平裂缝

3.2.3 型钢混凝土异形柱正截面承载力分析的计算机编程技巧

由于型钢混凝土异形柱截面不规则，配钢及配筋也很难做到规则，特别是在某些情况下会产生截面中性轴与弯曲作用方向不垂直的双偏压现象，手算十分困难，有时甚至是不可行的。随着计算机的普及，采用计算机计算型钢混凝土异形柱的承载力，使问题变得简单。数值积分法编写计算机程序实现对型钢混凝土异形柱承载力的计算，其大致思路是将截面划分为若干混凝土单元、钢筋单元和型钢单元，由于单元划分得足够细小，可近似认为单元内的应变及应力均匀分布，合力点作用在单元形心位置，根据变形协调条件及材料的本构关系确定各单元的应力，进行数值积分，通过反复试算直至满足力的平衡条件，从而确定截面的承载力。

1. 程序的基本假定

（1）截面应变符合平截面假定。理论上，平截面假定只适用于连续匀质的弹性材料，对于由型钢、钢筋和混凝土组成的型钢混凝土异形柱，其材料显然是非匀质的。同时，混凝土不可避免地存在裂缝，因此，材料也是非连续的。就柱破坏截面的局部而言，尤其是钢材屈服后，平截面假定已经不成立（严格地说）。但是在实际工程中，柱的破坏区段有一定的长度，根据本章试验以及以往进行的大量型钢混凝土构件试验，采用长标距电阻应变片量测的截面应变分布还是基本符合平截面假定的，因此，采用这个假定进行正截面承载力计算应该是可行的。

（2）型钢不发生局部屈曲，型钢混凝土异形柱中，由于型钢受到混凝土的约束，因此在外围混凝土剥落以前，一般不发生型钢的局部屈曲，这已被本章试验所验证，因此在计算中不考虑局部屈曲的影响。

（3）型钢、钢筋的应力-应变曲线采用斜直线加平直线的理想弹塑性模型，给出表达式为：

$$\varepsilon_s < \varepsilon_y \text{时}, \quad \sigma_s = E_s \varepsilon_s \tag{3-18}$$

$$\varepsilon_s \geqslant \varepsilon_y \text{时}, \quad \sigma_s = f_y \tag{3-19}$$

式中　E_s——钢材的弹性模量；

ε_y——钢材的屈服应变；

f_y——钢材的屈服应力。

（4）混凝土的应力-应变曲线采用我国现行混凝土结构设计规范建议的模型，数学表达式为：

$$\text{当 } \varepsilon_c < \varepsilon_0 \text{时}, \quad \sigma_c = f_c\left[\frac{2\varepsilon}{\varepsilon_0} - \left(\frac{\varepsilon}{\varepsilon_0}\right)^n\right] \tag{3-20}$$

$$\text{当 } \varepsilon_0 \leqslant \varepsilon \leqslant \varepsilon_{cu} \text{时}, \quad \sigma_c = f_c \tag{3-21}$$

$$n = 2 - \frac{1}{60}(f_{cum,k} - 50) \tag{3-22}$$

$$\varepsilon_0 = 0.002 + 0.5(f_{cu,k} - 50) \times 10^{-5} \tag{3-23}$$

$$\varepsilon_{cu} = 0.0033 - (f_{cu,k} - 50) \times 10^{-5} \tag{3-24}$$

式中　σ_c——混凝土压应变为 ε_c 时的混凝土压应力；

f_c——混凝土轴心抗压强度；

ε_0——混凝土压应力刚达到 f_c 时的混凝土压应变，当计算值小于 0.002 时，取为 0.002；

ε_{cu}——正截面的混凝土极限压应变，当处于非均匀受压时，按式（3-24）计算，若计算值大于 0.0033，取为 0.0033，当处于轴心受压时取为 ε_0；

$f_{cu,k}$——混凝土立方体抗压强度标准值；

n——系数，当计算值大于 2.0 时，取 $n=2.0$。

（5）不考虑受拉区混凝土的作用。

（6）不考虑混凝土收缩、徐变的影响。

（7）忽略剪切变形的影响。对于以正截面承载力控制的构件，剪跨比通常较大，截面的变形主要以弯曲变形为主，这已被本章理论研究所证实，因此可以不计剪切变形。

2. 坐标系的建立

为了能保证程序的通用性，本程序采用两套坐标系，如图 3.15 所示，即针对异形柱截面的整体坐标系 *XOY* 和针对型钢的局部坐标系 *VOW*（每个型钢均有一个局部坐标系）。并且规定整个异形柱截面均落在整体坐标系的第一象限内；对局部坐标系而言，与此坐标系对应的型钢必须落在第一象限内。有了这两套坐标系就可以确定整个型钢混凝土异形柱的截面信息。通过控制 B0～B5 的数据变化就能实现各种截面异形柱的计算，具有很强的通用性，比如，当 $B_5=B_1/2$ 时，截面成为 T 形；当 $B_2=B_0/2$、$B_5=B_1/2$ 或 $B_4=B_1/2$、$B_2=B_0/2$ 时，截面成为 L 形。

3. 单元划分

型钢混凝土异形柱的正截面承载力计算程序与以往普通钢筋混凝土异形柱的计算程序相比，其最大的特点是截面中存在较多的型钢，如何划分型钢单元将是一个十分关键的问题。以往的钢筋混凝土程序把每一根钢筋看成一个单元，由于钢筋的面积不大，这种处理方法是可行的，但对于型钢，由于截面面积比钢筋大很多，如果简单地按钢筋混凝土程序的处理方法，近似地看成一个型钢单元，计算结果将相差很大。本节程序把型钢划分成若干足够小的网格单元（1mm 以内），同时考虑到型钢所占面积较大，在承载力计算时，只考虑混凝土的净截面面积。截面划分示意如图 3.16 所示。

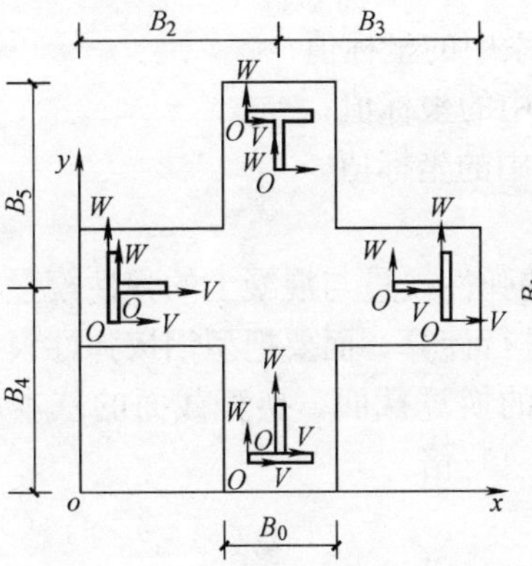

图 3.15　坐标系表示图

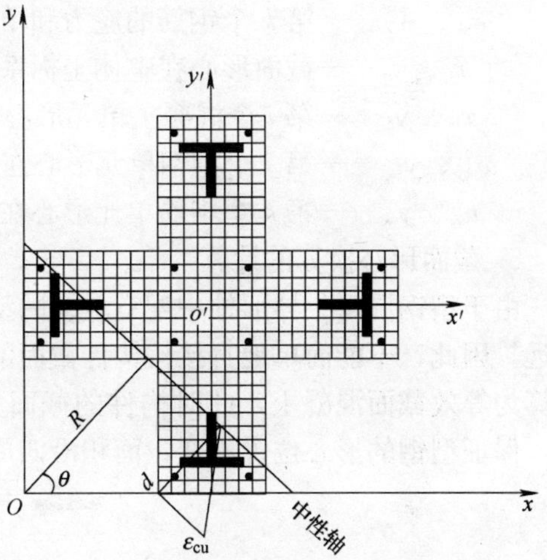

图 3.16　截面单元划分示意图

4. 单元应变的确定及内力计算

截面中性轴可表达为：

$$\frac{x}{R}\cos\theta+\frac{y}{R}\sin\theta=1 \tag{3-25}$$

式中　R——整体坐标系下原点到中性轴的距离；

θ——中性轴内法线与 x 轴正向的夹角。

本程序规定应变 ε 的取值以受压为正，则截面上任意一点的应变为：

$$\varepsilon=\frac{(R-x\cos\theta-y\sin\theta)}{d}\varepsilon_{cu} \tag{3-26}$$

式中　d——截面受压区混凝土单元形心到中性轴的最大距离；

ε_{cu}——受压区混凝土的极限压应变，根据试验结果并参照现行规范取 $\varepsilon_{cu}=0.0033$。

根据式（3-26）可以求得任意点的应变值，代入材料的本构关系可以求出型钢、钢筋和混凝土的应力，型钢混凝土异形柱的正截面承载力按式（3-27）、式（3-28）和式（3-29）计算：

$$N\leqslant\sum_{i=1}^{n_c}A_{ci}\sigma_{ci}+\sum_{j=1}^{n_{ss}}A_{ssj}\sigma_{ssj}+\sum_{k=1}^{n_s}A_{sk}\sigma_{sk} \tag{3-27}$$

$$M_x \leqslant \sum_{i=1}^{n_c} A_{ci}\sigma_{ci}(y_{ci}-y_0)+\sum_{j=1}^{n_{ss}} A_{ssj}\sigma_{ssj}(y_{ssj}-y_0)+\sum_{k=1}^{n_s} A_{sk}\sigma_{sk}(y_{sk}-y_0) \quad (3\text{-}28)$$

$$M_y \leqslant \sum_{i=1}^{n_c} A_{ci}\sigma_{ci}(x_{ci}-x_0)+\sum_{j=1}^{n_{ss}} A_{ssj}\sigma_{ssj}(x_{ssj}-x_0)+\sum_{k=1}^{n_s} A_{sk}\sigma_{sk}(x_{sk}-x_0) \quad (3\text{-}29)$$

式中　M_x、M_y——分别为绕截面形心轴 x' 轴、y' 轴的弯矩；

N——作用在截面形心处的轴向力；

n_c——截面等分的混凝土单元数；

n_{ss}——等分型钢的单元数；

n_s——纵向钢筋的根数；

σ_{ci}、A_{ci}——第 i 个混凝土单元的应力和单元面积；

σ_{ssj}、A_{ssj}——第 j 个型钢单元的应力和单元面积；

σ_{sk}、A_{sk}——第 k 个钢筋的应力和单元面积；

x_0、y_0——截面形心在整体坐标系中的坐标值；

x_{ci}、y_{ci}——第 i 个混凝土单元形心在整体坐标系中的坐标值；

x_{ssj}、y_{ssj}——第 j 个型钢单元形心在整体坐标系中的坐标值；

x_{sk}、y_{sk}——第 k 个钢筋单元形心在整体坐标系中的坐标值。

5. 截面形心换算的计算

由于型钢混凝土异形柱中配有较多的型钢，钢材的弹性模量与混凝土的弹性模量相差甚远。因此，不能简单地直接按构件截面的几何形心进行计算，而要把型钢按弹性模量比换算为等效截面混凝土，此时构件的截面为同一材料的换算截面，换算截面的基本原则是：保证型钢的形心位置不变，面积沿四周扩大（$\alpha_{ss}-1$）倍。

$$A_{ss换}=(\alpha_{ss}-1)A_s \quad (3\text{-}30)$$

$$\alpha_{ss}=\frac{E_{ss}}{E_c} \quad (3\text{-}31)$$

式中　E_{ss}——型钢的弹性模量；

E_c——混凝土的弹性模量；

A_{ss}——型钢的截面积。

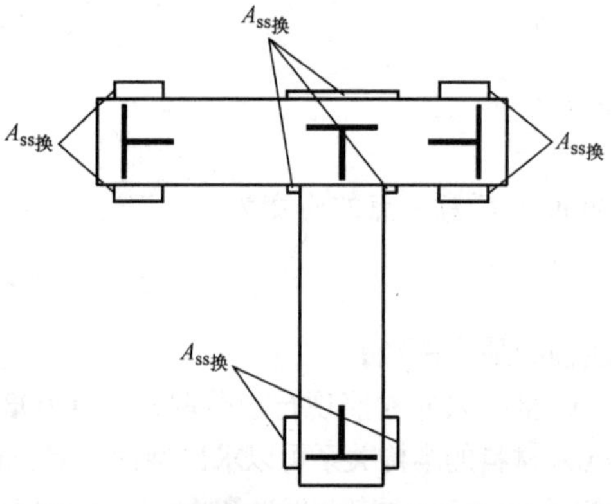

图 3.17　型钢混凝土异形柱的换算截面

具体换算如图 3.17 所示。

6. 程序计算简介

程序名称“型钢混凝土异形柱正截面承载力计算-双偏压”（SRCZJM-SPY）：功能是计算双偏压特性的型钢混凝土异形柱的 N-M 相关曲线。加载方向（荷载角）α 为常数，并规定中性轴以内为受压区，为了获得 N-M 全过程曲线，可先取较大的 R 值，同时假定一个 θ 值（通常假定 $\theta=\alpha$），调整 θ 值，使 $\alpha_1=\arctan(M_x/M_y)$ 与初值 α 的误差足够小，输出计算结果，即可得到 N-M 相关曲线上的一个点，通过改变 R 值，重复上述计算，即可得到 N-M 全过程曲线。具体流程图如图 3.18 所示。

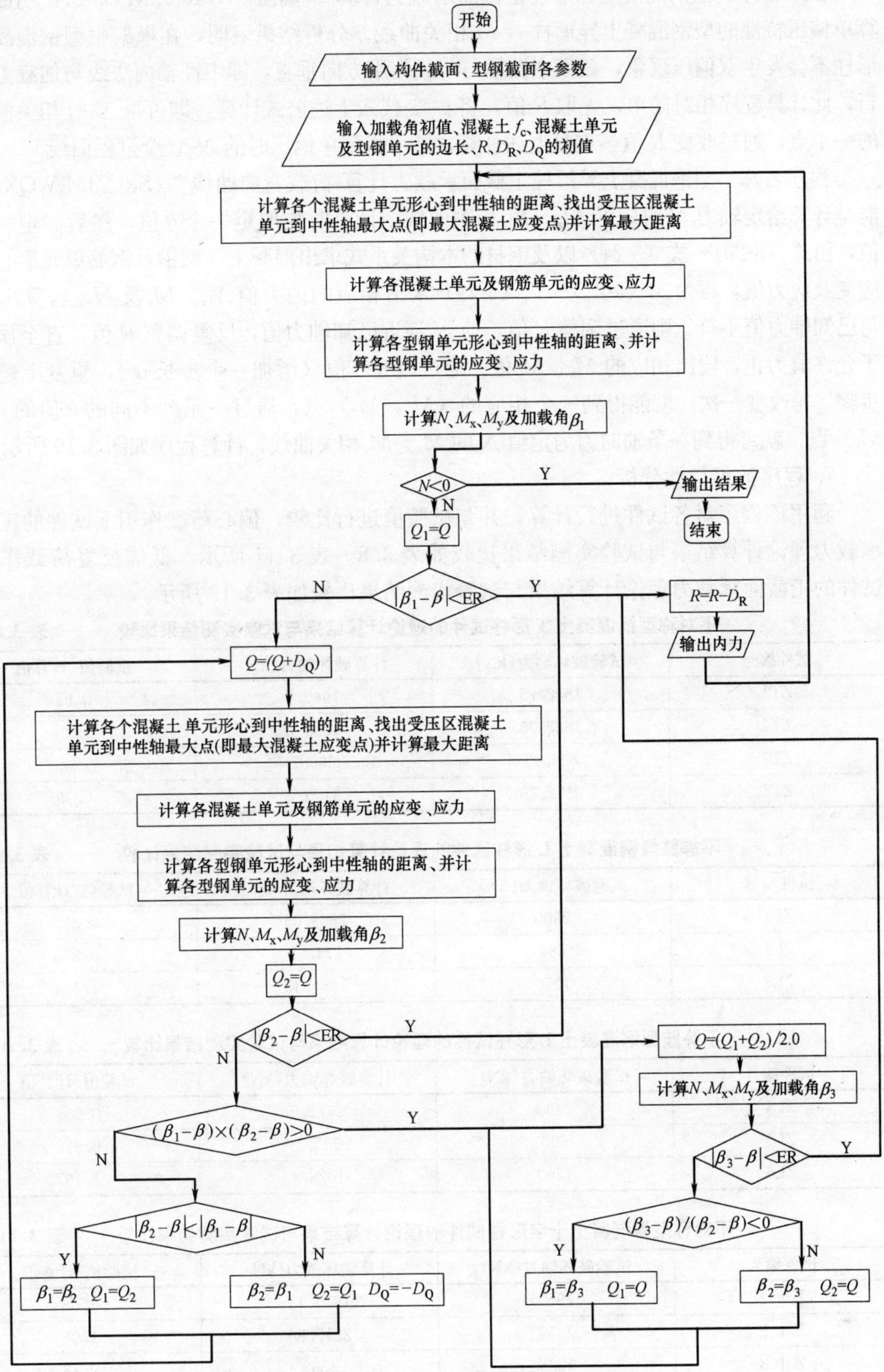

图 3.18 N-M 相关曲线程序框图

程序名称“型钢混凝土异形柱正截面承载力计算-单偏压”（SRCZJM-DPY）：功能是计算单偏压特性的型钢混凝土异形柱 N-M 相关曲线。分析结果表明，在框架中型钢混凝土异形柱不会发生双偏压现象，截面中性轴与荷载作用方向垂直，即中性轴内法线与加载方向平行，此计算程序相对简单，先取 R 值，将 $\theta=\alpha$ 代入上述公式计算，即可得 N-M 相关曲线上的一个点，通过改变 R 值，重复上述计算，即可得到单偏压时的 N-M 全过程曲线。

程序名称“型钢混凝土异形柱正截面承载力计算-荷载弯曲曲线”（SRCZJM-WQX）：功能是计算给定轴力 N 对应的 M_x-M_y 相关曲线。计算时先取定一个 θ 值，然后假定一个 R 值，由式（3-20）～式（3-24）以及钢材的本构关系式求出混凝土、型钢及钢筋单元形心处的应变及应力值，再由式（3-27）～式（3-29）求出相应的内力值 M_x、M_y 及 N。若算出的 N 与已知轴力值不符，则通过调整 R 值，使 N 逼近已知轴力值，反复调整 R 值，直至误差小于允许值为止，输出相应的 M_x、M_y 值。通过改变 θ 值（增加一个步长 $d\theta$），重复上述迭代步骤，每改变一次，就能得到一个相应的（M_x，M_y）点，通过一系列不同的 θ 值的（M_x，M_y）点，就可得到一条轴向力为定值 N 的 M_x-M_y 相关曲线。计算程序如图 3.19 所示。

7. 程序的可行性分析

利用该程序对各试件进行计算，并与试验值进行比较，偏心荷载作用下试件的正截面承载力理论计算结果与试验实测结果比较如表 3.8～表 3.11 所示。低周反复荷载作用下试件的正截面承载力理论计算结果与试验实测结果比较如表 3.12 所示。

不对称型钢混凝土 T 形柱试件的理论计算结果与试验实测结果比较　　表 3.8

试件编号	试验破坏轴力(kN)	计算破坏轴力(kN)	试验值/计算值
ZT1	1842.75	1940.0	0.95
ZT2	1622.75	1808.0	0.9
ZT3	633.97	609.7	1.03
ZT4	3152.75	3190.0	0.99

不等肢型钢混凝土 L 形柱试件的理论计算结果与试验实测结果比较　　表 3.9

试件编号	试验破坏轴力(kN)	计算破坏轴力(kN)	试验值/计算值
ZL1	2500	2809.05	0.899
ZL2	680	774.08	0.878
ZL3	1270	1081.45	1.174

不等肢型钢混凝土 L 形柱试件的理论计算结果与试验实测结果比较　　表 3.10

试件编号	试验破坏轴力(kN)	计算破坏轴力(kN)	试验值/计算值
ZL4	2430	2672.5	0.909
ZL5	660	712.4	0.926
ZL6	1200	1028.4	1.167

不对称型钢混凝土十字形柱试件的理论计算结果与试验实测结果比较　　表 3.11

试件编号	试验破坏轴力(kN)	计算破坏轴力(kN)	试验值/计算值
Z十1	1960	1815.19	1.08
Z十2	2352	2215.96	1.06
Z十3	1225	1568	0.78
Z十4	1411.2	1283.55	1.09

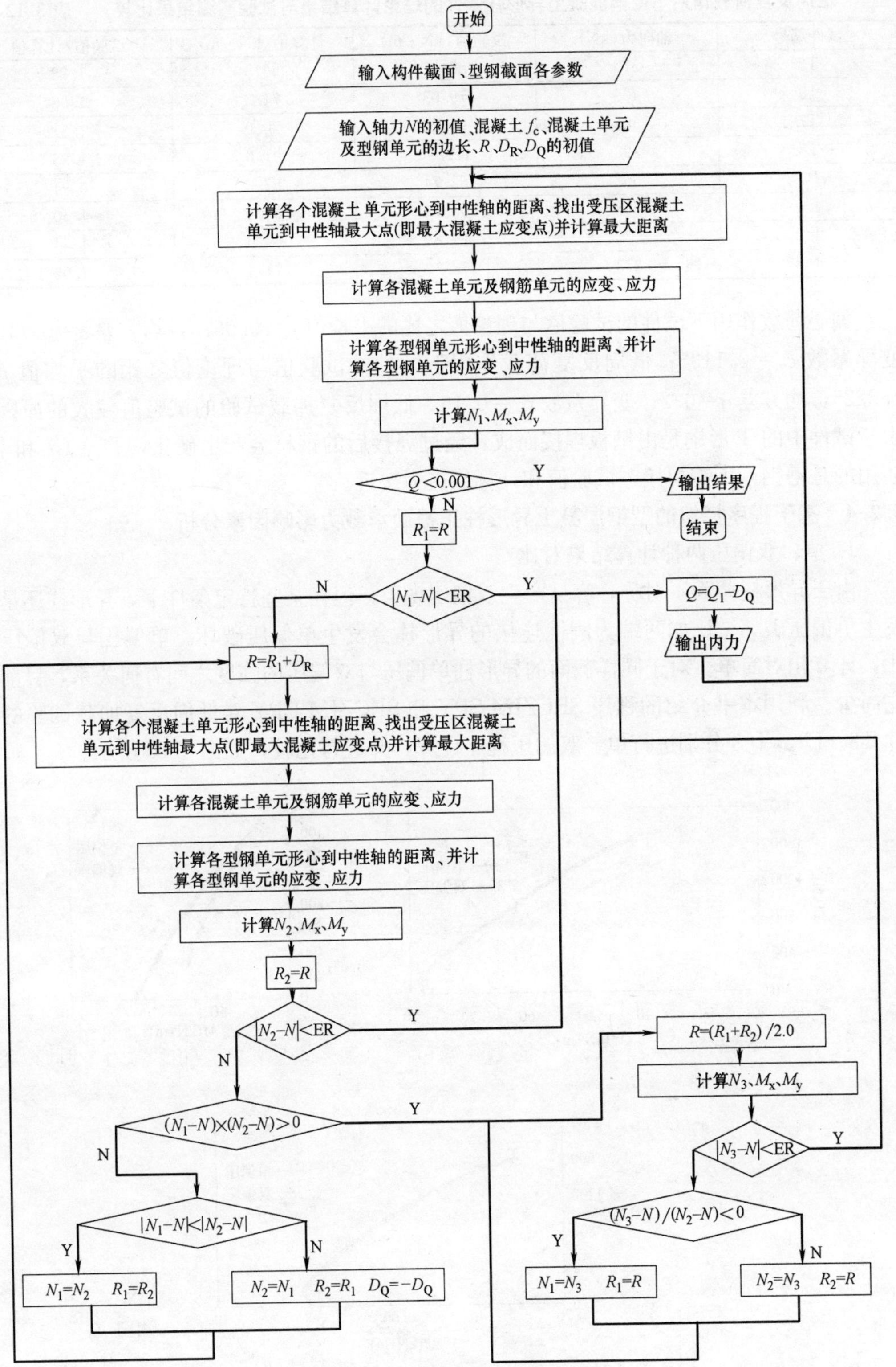

图 3.19 M_x-M_y相关曲线程序框图

低周反复荷载作用下型钢混凝土异形柱试件的理论计算结果与试验实测结果比较　　表 3.12

试件编号	轴向力(kN)	试验值(kN·m)	计算值(kN·m)	试验值/计算值
T2	573	85.27	66.5	1.28
T3	409	79.03	74.3	1.06
T7	508	92.23	70.0	1.31
T8	199	111.94	91.0	1.23
L2	552	62.74	67.0	0.94
L3	508	95.53	63.4	1.50
十2	573	99.89	69.0	1.44
十3	373	73.12	71.4	1.02

偏心荷载作用下试件的试验值与理论值之比的平均值 $\mu=0.9675$，均方差 $\sigma=0.1121$，变异系数 $c_v=0.1135$；低周反复荷载作用下试件的试验值与理论值之比的平均值 $\mu=1.2225$，均方差 $\sigma=0.2$，变异系数 $c_v=0.16$。低周反复加载试验的试验值偏大的原因是由于试件中的 T 形钢是由钢板焊接而成，经过焊接后的钢材会产生硬化，T6、L7 和十 6 使用的是槽钢，不需焊接，试验值和计算值更为接近。

3.2.4　基于程序模拟的型钢混凝土异形柱正截面承载力影响因素分析

1. 单、双偏压两种计算结果对比

由于异形柱截面不对称，容易产生双偏压现象，但在某些特定条件下，异形柱还是会发生单偏压破坏。比如两端为刚性连接的异形柱会发生单偏压破坏。单偏压与双偏压相比，计算相对简单。对于同样截面的异形柱单偏压与双偏压的强度之间有何关系，目前研究尚少。利用本书介绍的程序 SRCZJM-SPY 和 SRCZJM-DPY 对低周反复加载试验的试件 T3、L3、十 3 分别进行单、双偏压程序计算，并进行比较，如图 3.20 所示。

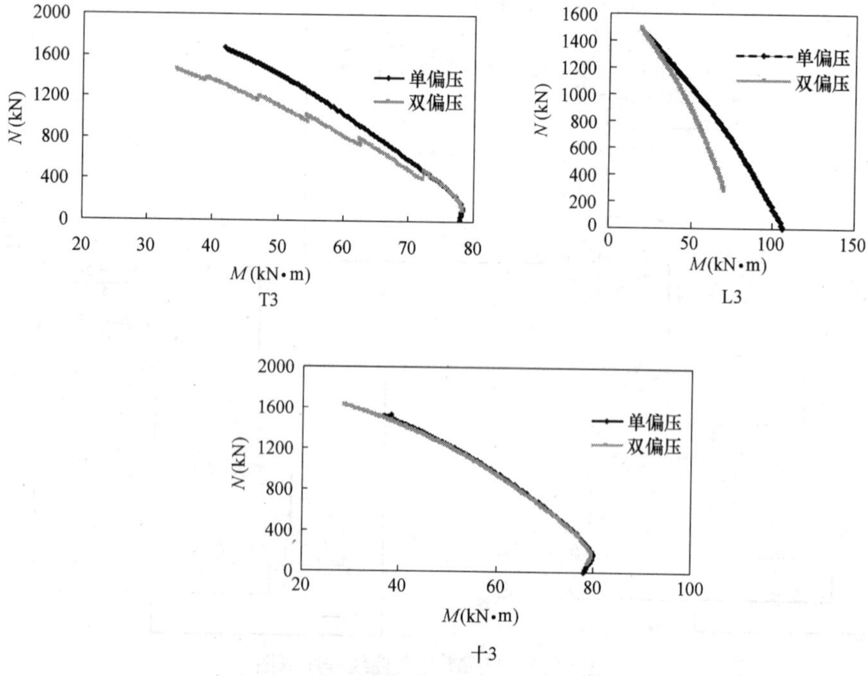

图 3.20　部分试件单、双偏压计算结果比较

由图 3.20 可见，T 形、L 形柱按单偏压计算的结果大于双偏压计算值，并且差值比较大；十字形柱由于截面对称，并且配钢也对称，按单、双偏压的计算结果几乎一致。由此可见，对于型钢混凝土异形柱的极限承载力计算，十字形柱可以按单偏压计算，但 T 形、L 形柱按单偏压计算极限承载力偏于不安全。

2. 荷载角对型钢混凝土异形柱正截面承载力的影响

为研究型钢混凝土异形柱的承载力变化规律，对图 3.21 所示的三种截面进行电算分析。由于 T 形、L 形柱截面不对称，导致截面配置型钢、钢筋也很难做到对称，这样就存在着不同的荷载角作用下构件的承载能力存在差异的问题，而按我国抗震规范进行设计，通常只需验算两个工程轴方向的承载力，这对于型钢混凝土异形柱是否合适或者说是否安全尚不清楚。本节主要通过程序对型钢混凝土异形柱在各种荷载角作用下的承载能力进行分析。

由于地震作用的随机性，任意方向的地震均有可能出现，相应的任意荷载角作用下的型钢混凝土异形柱都需要进行承载力计算，找出最不利荷载角情况作为结构设计的控制准则。根据异形柱的截面特点，并参照以往钢筋混凝土异形柱的研究成果，主要选取几种最有代表性的荷载角进行分析，如图 3.22 所示，计算结果如图 3.23 所示。

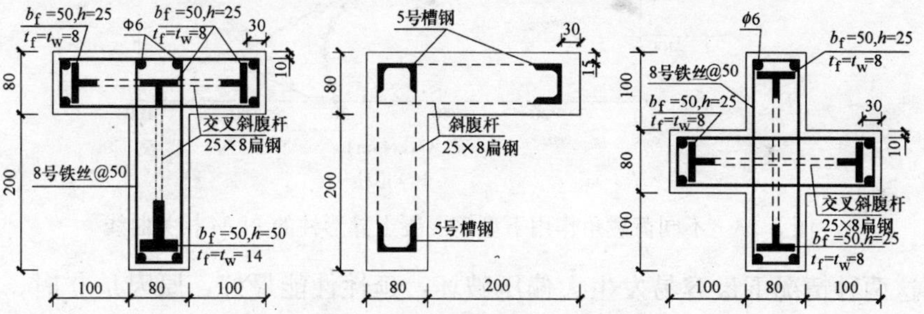

图 3.21　电算分析采用的三种截面

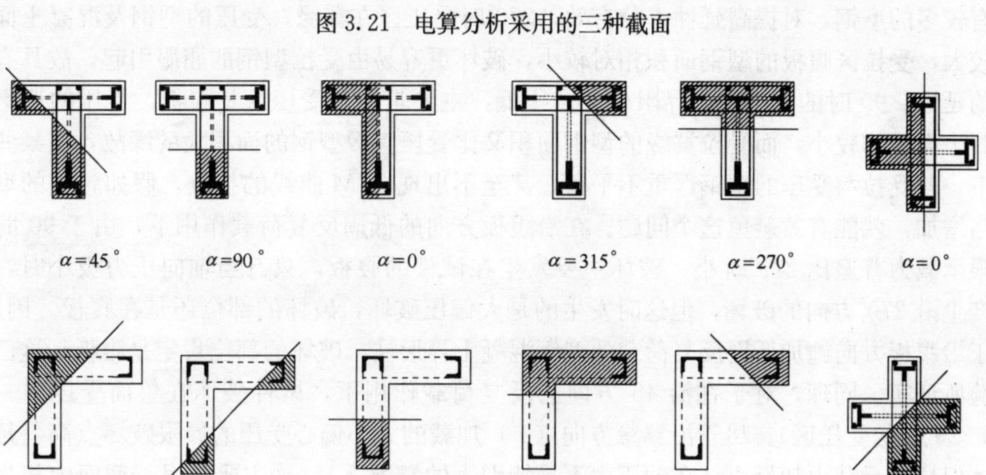

图 3.22　荷载角示意图

从图 3.23 可以看出：

(1) 对于 T 形柱的大小偏心界限破坏点（即 *N-M* 曲线的拐点），0°时最高，270°时次

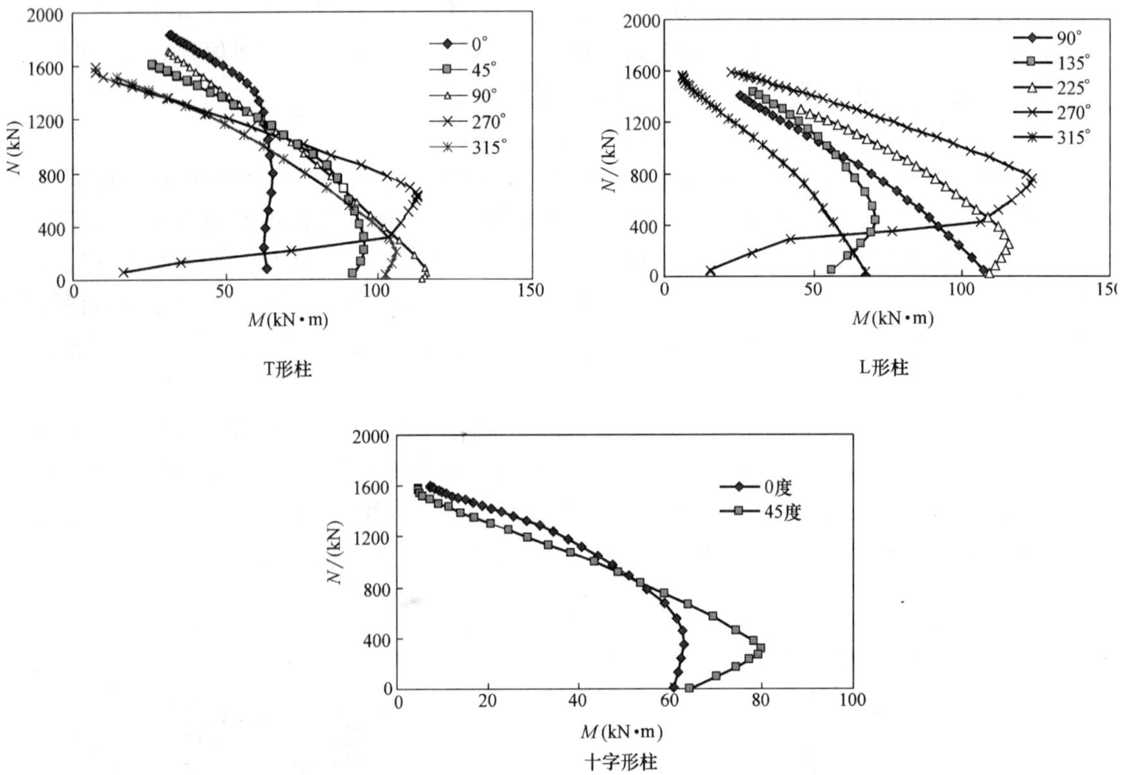

图 3.23　不同荷载角作用下型钢混凝土异形柱的 N-M 相关曲线

之，表明这两种情况下最容易发生大偏压破坏，延性性能最好，原因是 0°时，中性轴附近有较多的型钢，对提高延性十分有效，270°时受压区在翼缘，受压的型钢及混凝土面积均较大，受拉区腹板的型钢面积相对较小，破坏更容易由受拉型钢的屈服引起，故具有较好的延性。90°时的大小偏心界限破坏点很低，主要是由于受压区是腹板，受压的型钢及混凝土面积均较小，而受拉翼缘的型钢面积又比受压腹板型钢的面积大的缘故，在某些情况下，若受拉与受压的型钢严重不平衡，甚至不出现 N-M 曲线的拐点，假如腹板的型钢适当增加，就能有效避免这个问题。在沿腹板方向的低周反复荷载作用下，由于 90°时的极限承载力普遍比 270°时小，破坏主要发生在试件的腹板，只有当轴向压力极小时，才会产生沿 270°方向的破坏，但这时发生的是大偏压破坏，破坏的部位还是在腹板。因此，对于沿腹板方向施加低周反复荷载的型钢混凝土异形柱，破坏的部位肯定是腹板，这已被试验所证实。同理，对于在沿 45°方向的反复荷载作用下，试件破坏在单面受压的一侧（即 225°时的受压区）。尽管沿翼缘方向（0°）加载的大小偏心受压的界限破坏点高、延性好，但抗弯承载力却最小（在轴压力不是特别大的情况下），这主要是由于截面中相当一部分型钢在中性轴附近，应力小，力臂也小的缘故。

(2) 对于 L 形柱，在沿 270°加载时，受压区的型钢、混凝土面积均较大，大小偏心界限破坏点的位置最高，延性最好。沿 90°及 315°加载时，由于受压区的型钢及混凝土面积小，而受拉型钢又较多，N-M 相关曲线几乎没有出现拐点，即拉压型钢严重不平衡时，不会发生大偏压破坏，这种情况的延性最差，但与普通钢筋混凝土结构相比，由于截面中配有较多的型钢，即使发生小偏压破坏，受压型钢仍具有一定的延性，使得型钢混凝土异形柱也具有相当的延性。沿 315°加载时不但延性差，而且抗弯承载力也最低，是试件破坏的危险方向。

（3）对于十字形柱，沿 45°加载时的承载力在大小偏心受压的界限破坏点以下，大于沿 0°加载时的抗弯承载力；在界限点以上略小于沿 0°加载的抗弯承载力，但相差不大，表明十字形柱承载力受荷载角的影响明显小于 T 形、L 形柱，这跟十字形柱有良好的对称性有关。

（4）由于地震作用的往复性，加上异形柱的不对称性，在地震作用下，构件往往只是在一个薄弱荷载角破坏：对于 T 形柱，0°、90°、315°是破坏的危险方向；对于 L 形柱，90°、315°是破坏的危险方向；对于十字形柱，0°（即沿工程轴方向）是破坏的危险方向。

3. 配钢形式对型钢混凝土异形柱正截面承载力的影响

不同配钢形式对正截面承载能力有何影响，哪种配钢形式的型钢混凝土异形柱承载能力最优，本节以 T 形、十字形柱为例来研究这个问题。按配钢形式分为配 T 形钢桁架、配槽钢桁架和配实腹钢板三种，对 T 形柱以沿对正截面承载力最为不利的 90°方向加载进行分析，对十字形柱以沿工程轴方向加载进行分析。截面示意如图 3.24 所示。采用计算机程序对不同配钢形式的型钢混凝土异形柱进行正截面承载力计算，并进行比较，如图 3.25 所示。

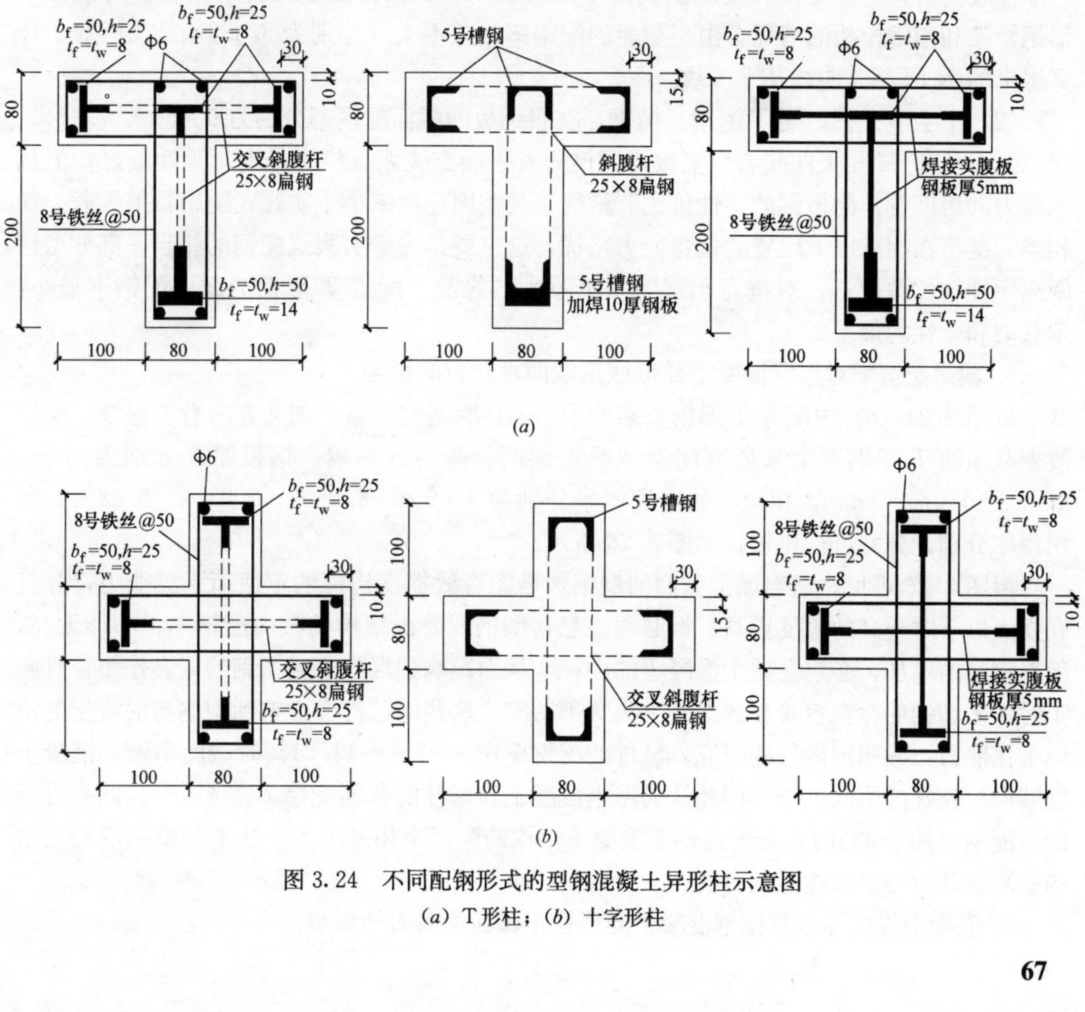

图 3.24 不同配钢形式的型钢混凝土异形柱示意图

（a）T形柱；（b）十字形柱

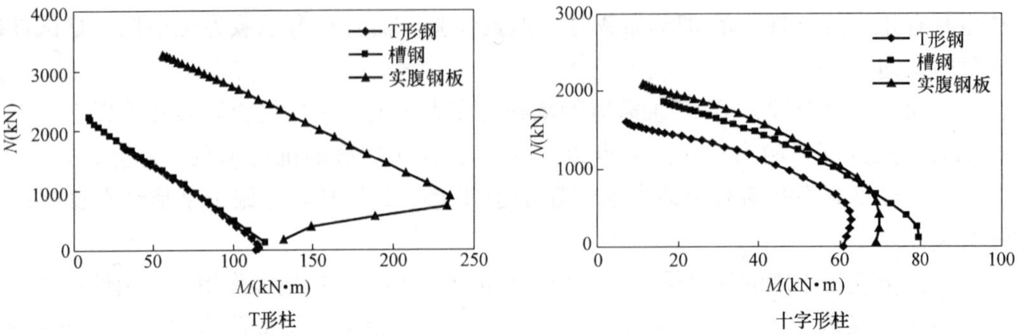

图 3.25　不同配钢形式的 T 形、十字形柱的 *N-M* 相关曲线

由图 3.25 可以看出：

(1) T 形柱中，实腹式配钢比空腹式配钢（配 T 形钢桁架和配槽钢桁架）的承载能力有明显提高，大小偏心受压破坏点的位置明显变高，构件的延性更好，这主要是由于实腹式配钢异形柱的截面含钢量更大的缘故，同时由于实腹腹板的存在在一定程度上改善了 T 形柱腹板与翼缘中受拉和受压型钢的不对称程度，从而提高了构件的延性。对配置 T 形钢桁架和槽钢桁架的情况，由于截面的配钢率相差不大（分别为 8.33%、8.49%），计算得出的 *N-M* 相关曲线几乎一致。

(2) 十字形柱中，配 T 形钢、槽钢、实腹钢板的截面配钢率分别为 6.25%、7.18%、10.2%。从 *N-M* 相关曲线看，实腹式配钢的大小偏心破坏点位置最高，延性最好；但从承载力的角度看，配槽钢的“性价比”最优，其截面配钢率小于实腹式配钢，但承载力却相当，甚至在拐点以下位置的抗弯能力略优，这主要是由于实腹式配钢的相当一部分型钢距离中性轴位置较近，对抗弯承载力贡献不大的缘故。配置 T 形钢的截面配钢率最小，承载力和延性均最差。

4. 截面配钢率对型钢混凝土异形柱正截面承载力的影响

以图 3.24 (*b*) 中配置 T 形钢桁架的十字形柱为研究对象，加载方向沿工程轴，通过改变截面的 T 形钢厚度来研究配钢率对正截面承载力的影响。钢板厚度分别为 6mm、8mm、10mm、12mm，相应的截面配钢率分别为 4.69%、6.25%、7.81%、9.38%，利用程序分别计算并进行比较，如图 3.26 所示。

由图 3.26 可见，适当增加截面的型钢含量能有效提高构件的正截面承载能力，并且在拐点以下时提高的程度更高。但必须注意，型钢混凝土结构的截面配钢率也不能太高，随着钢材的增加，必定会减少混凝土的面积，从而影响到混凝土对型钢的握裹作用，且施工时太多型钢的存在容易导致混凝土浇筑不密实，这些问题都会影响到型钢与混凝土的协同工作能力，参照国内外的研究，试件的配钢率在 3.75%～11.21%时截面型钢和混凝土能够保持较好的协同工作，因此认为型钢混凝土异形柱的截面配钢率在 4%～12%是可行的。配钢量低于 4%时，与普通钢筋混凝土结构的配钢率相差不大，达不到型钢混凝土结构提高承载力与抗震性能的目的。

5. 混凝土强度等级对型钢混凝土异形柱正截面承载力的影响

同样以图 3.24（*b*）中配置 T 形钢的十字形柱为研究对象，加载方向沿工程轴，通过改变混凝土强度等级来研究混凝土对正截面承载力的影响。混凝土分别为 C30、C40、C50、C60，利用程序分别计算并进行比较，如图 3.27 所示。

由图 3.27 可见，提高混凝土强度等级能有效提高型钢混凝土异形柱的正截面承载能力，并且提高的程度在拐点以上时更高。因此，在实际工程中，可以考虑采用高强度混凝土，一方面能直接提高承载力；另一方面，高强度混凝土对内部型钢的握裹能力更强，这对提高型钢与混凝土之间的粘结力，使两者保持协同工作十分有利。但随着强度等级的提高，混凝土会越来越脆，抗震性能变差，至于型钢高强混凝土异形柱的抗震性能如何，还有待深入研究。

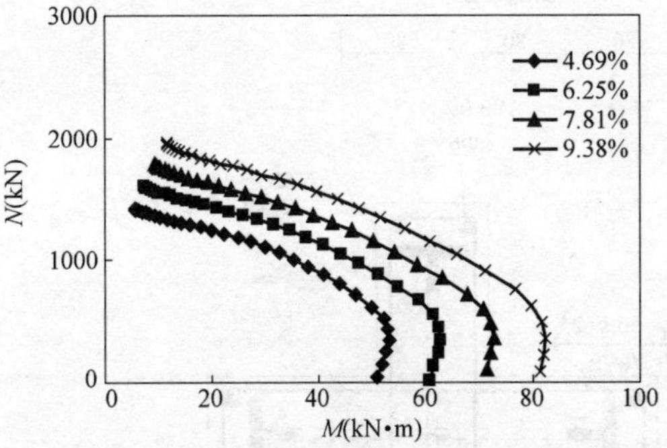

图 3.26 配钢率对 *N*-*M* 相关曲线的影响

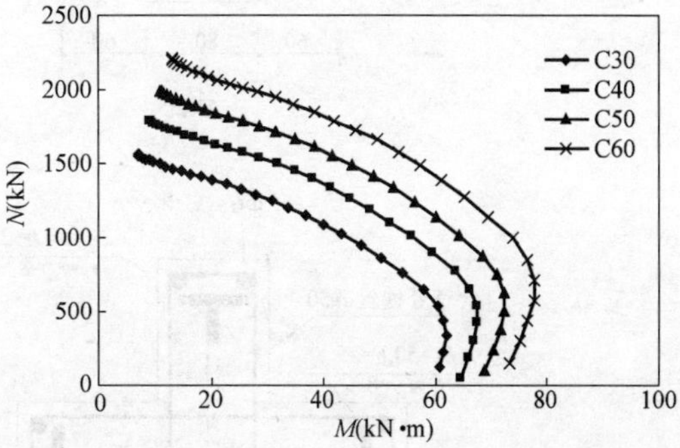

图 3.27 混凝土强度等级对 *N*-*M* 相关曲线的影响

6. 肢高肢厚比对型钢混凝土异形柱正截面承载力的影响

我国现有的钢筋混凝土异形柱规程中，异形柱的肢高肢厚比 λ 不能大于 4，工程中常见的有 $\lambda=2.5$、3.0、3.5、4.0 四种，为了研究不同肢高肢厚比时型钢混凝土异形柱的正截面承载力，本节以图 3.28 中所示的异形柱截面为分析对象，图中型钢、钢筋的大小一样（即截面的含钢量相同，但随着肢高肢厚比变化导致截面面积的变化，截面配钢率也跟着发生变化），保护层厚度相同，混凝土强度等级也一致，加载方向均为沿工程轴加载。利用程序进行计算，并将结果进行比较，如图 3.29 所示。

由图 3.29 可见，对于同样配钢的型钢混凝土异形柱在柱肢厚度受到约束的情况下，适当提高肢高肢厚比能有效提高正截面承载能力。因此，实际工程设计时，在建筑布置允许的情况下，尽可能地采用较大肢高肢厚比的型钢混凝土异形柱，当然最好要满足 $\lambda\leqslant4$ 的条件；在现有的规程中，当 λ 在 5～8 之间时，通常称为短肢剪力墙，对于钢筋混凝土结构而言，此时构件的受力形态更偏向于墙，至于型钢混凝土结构，由于在各柱肢端之间有连续的实腹钢板或交叉腹杆的存在，能改变构件的破坏形态，使以剪切变形为主的构件转变为弯曲型破坏。因此，对于 λ 在 5～8 之间的型钢混凝土异形柱的正截面承载力计算能否采用本章所述程序还有待深入研究。

3.2.5 型钢混凝土异形柱与钢筋混凝土异形柱的正截面承载力比较

1. 程序计算正截面承载力比较

利用本章所述程序 SRCZJM-SPY 和 SRCZJM-WQX 分别对具有相同截面、混凝土强度、配筋、荷载加载点的型钢混凝土异形柱与钢筋混凝土异形柱进行计算。截面形式如图 3.30 所示，截面的 *N*-*M* 相关曲线、M_x-M_y 相关曲线分别如图 3.31 和图 3.32 所示。

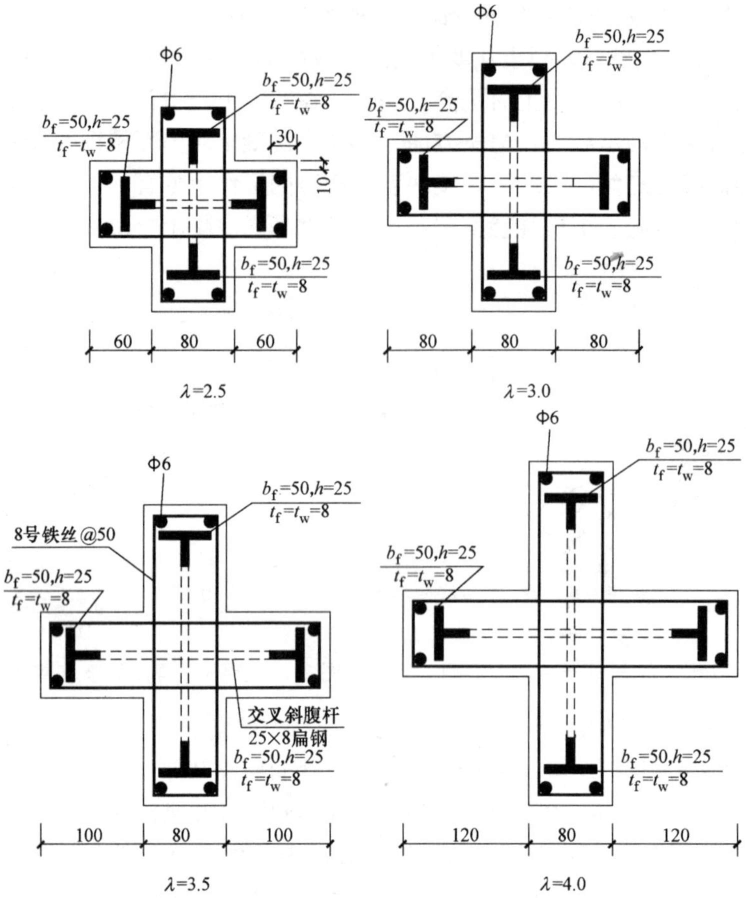

图 3.28 具有不同肢高肢厚比的十字形型钢混凝土柱示意图

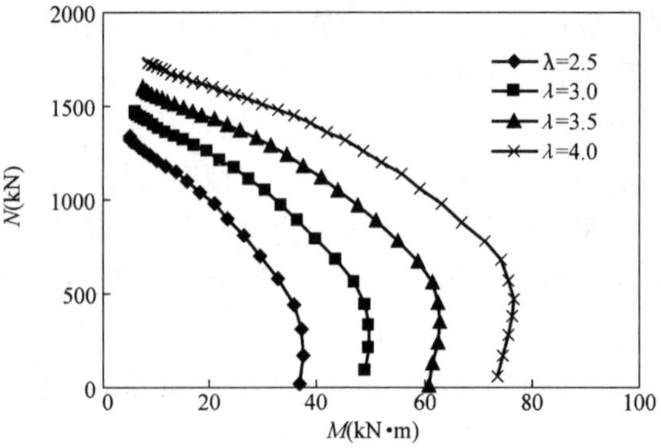

图 3.29 不同肢高肢厚比十字形柱的 N-M 相关曲线

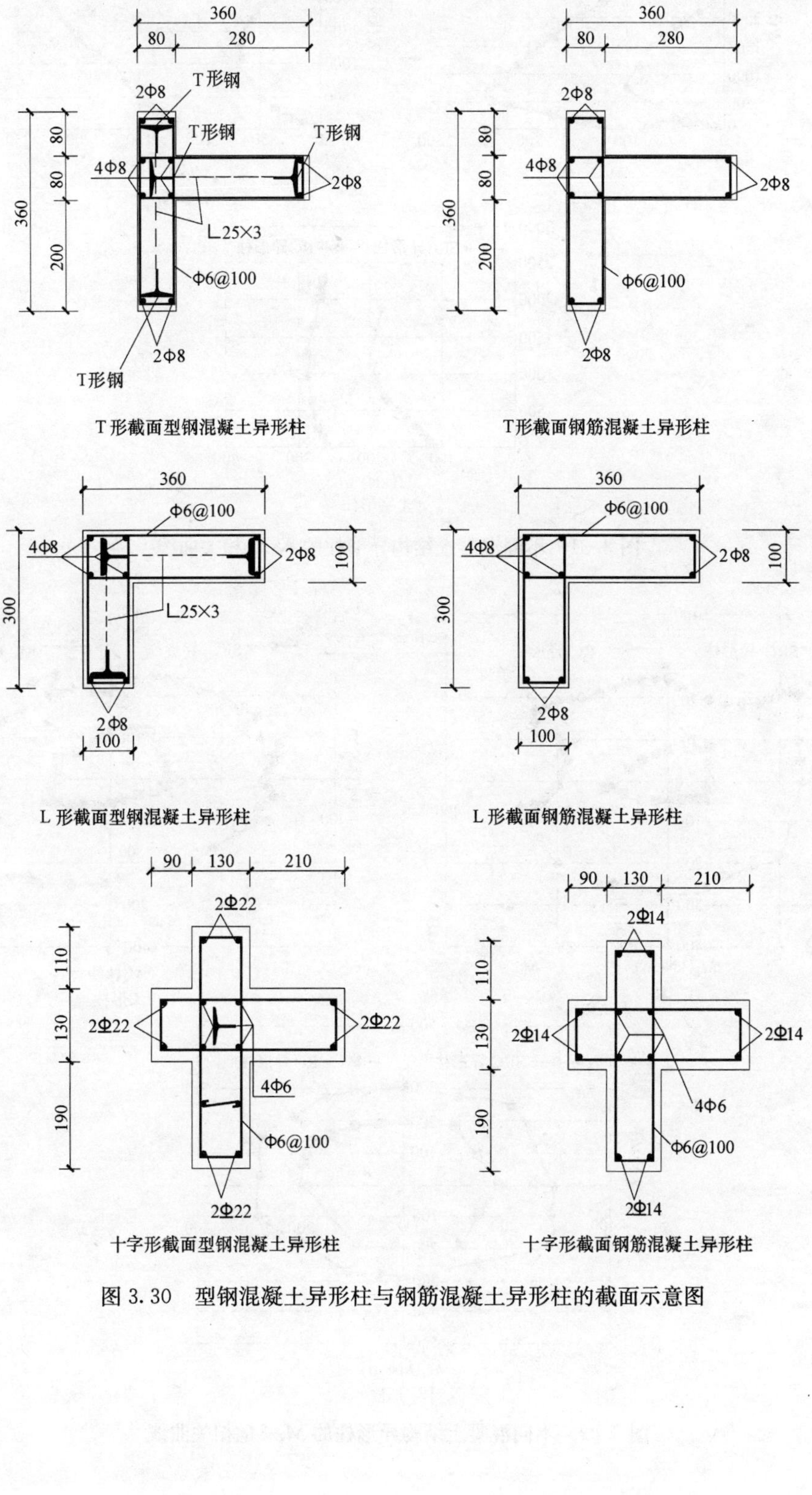

图 3.30　型钢混凝土异形柱与钢筋混凝土异形柱的截面示意图

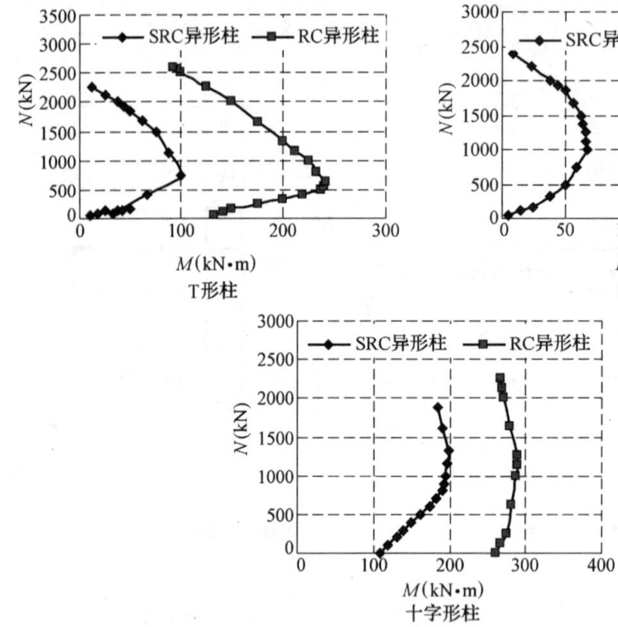

图 3.31　不同混凝土结构异形柱的 N-M 相关曲线

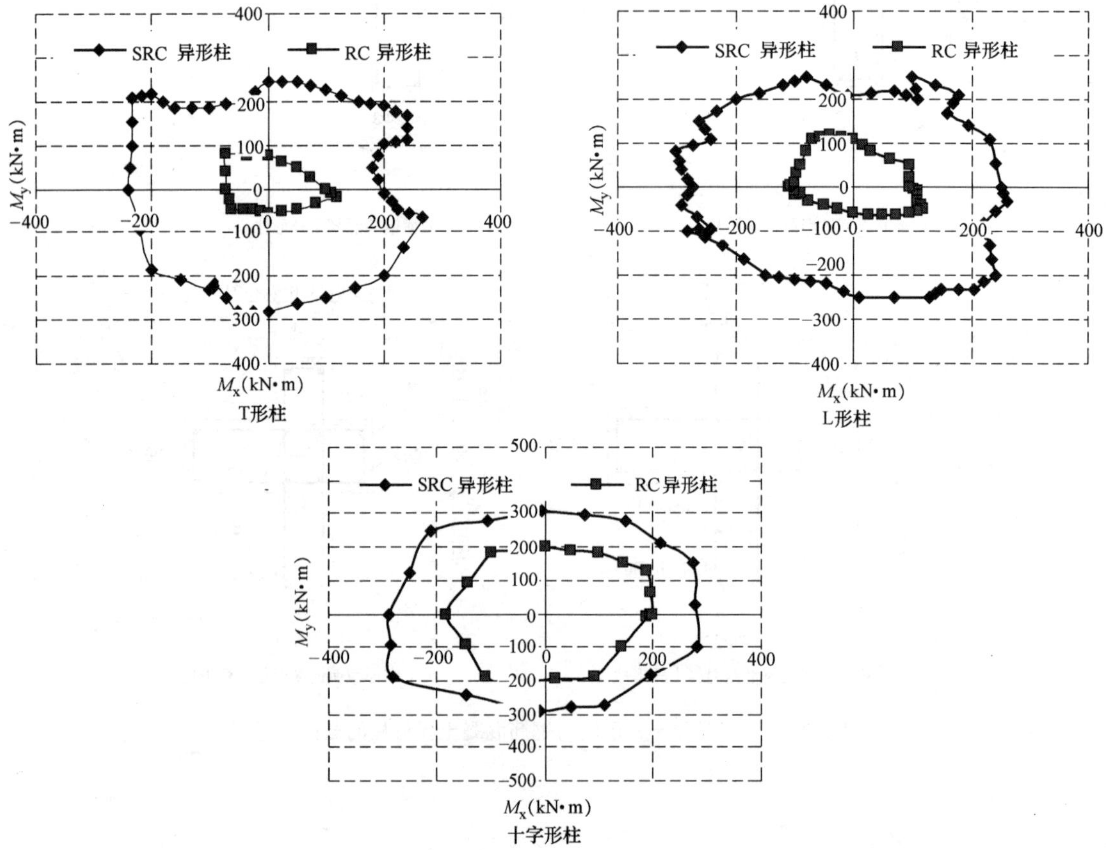

图 3.32　不同混凝土结构异形柱的 M_x-M_y 相关曲线

由图 3.31 和图 3.32 可见，型钢配钢率分别为 5.597%、5.01%和 4.86%的型钢混凝土异形柱与同样截面的钢筋混凝土异形柱相比，$N-M$ 及 M_x-M_y 相关曲线明显外移，包围的面积更大，截面的极限承载力明显提高，在同样轴压力作用下型钢混凝土异形柱能承受更大的偏心弯矩，这更有利于结构体系承受横向力（如风荷载、地震荷载）产生的弯矩，对提高结构的抗震性能更为有利。

2. 试验实测正截面承载力比较

为了比较型钢混凝土异形柱与钢筋混凝土异形柱在正截面承载能力上的差异，以下将试件 ZT1、ZT2、ZL1、ZL2、ZL3 与截面尺寸、混凝土强度等级、配筋形式和配筋率、荷载加载点位置均相同的钢筋混凝土异形柱的强度进行比较，具体见表 3.13。

试件 Z 十 1 的截面尺寸、混凝土强度等级、配筋形式和配筋率、荷载加载点位置与试件 Z 十 4 完全相同，仅是多配置了 T 形钢和粗钢筋。对其进行极限承载力计算，两者的试验结果比较如表 3.13 所示。

型钢混凝土异形柱与钢筋混凝土异形柱极限承载力比较　　表 3.13

试件编号	钢筋混凝土异形柱 N_{RC}(kN)	型钢混凝土异形柱 N_{SRC}(kN)	型钢配钢率 ρ_{ss}(%)	相对偏心距 $r_0=e/h$	$\frac{N_{SRC}-N_{RC}}{N_{RC}}\times100\%$
ZT1	1355.00①	1842.75	5.597	0.210	36%
ZT2	975.00①	1622.75	4.478	0.346	66%
ZL1	1804.90②	2809.05	5.010	0.128	61.1%
ZL2	435.70②	774.08	4.520	0.631	77.6%
ZL3	779.03②	1081.45	3.220	0.199	38.8%
Z 十 1	1411.2	1960	4.860	0.356	38.89%

① 为陶洪辉 2000 年完成的试验实测结果；

② 为周建中 2000 年完成的试验实测结果。

由表 3.13 可见，型钢混凝土异形柱与截面、混凝土强度等级、配筋形式和配筋率相同的钢筋混凝土异形柱相比，在增加配置型钢的配钢率不大的情况下，承载力提高明显。在配钢率不大于 6%时，极限承载力就可提高 36%以上。同时也发现，承载力提高的程度与试件加载点的相对偏心距有关，相对偏心距较大，承载力提高的程度更明显，主要是因为相对偏心距越大，构件越趋向于发生“受拉破坏”，钢材和混凝土的材性特点不同，钢材的抗拉抗压强度都很高，而混凝土的抗压能力较强而抗拉能力很弱，钢材与混凝土这两种不同材料的抗拉强度差值比抗压强度差值更大，因此，构件发生受拉破坏时型钢的作用更为明显。

3.2.6 配型钢桁架混凝土异形柱与配型钢-粗钢筋混凝土异形柱的承载能力比较

1. 程序计算正截面承载力比较

利用计算机程序分别对配型钢桁架的混凝土异形柱和配型钢-粗钢筋的混凝土异形柱正截面承载力进行计算，两种不同配钢形式异形柱的截面尺寸、截面荷载加载点位置相同，配钢（筋）率相差不大。型钢-粗钢筋的组合形式与型钢桁架相比，由于不需要焊接缀件，施工相对简单。以图 3.33 所示的两试件为例，进行计算比较，结果如表 3.14 所示。

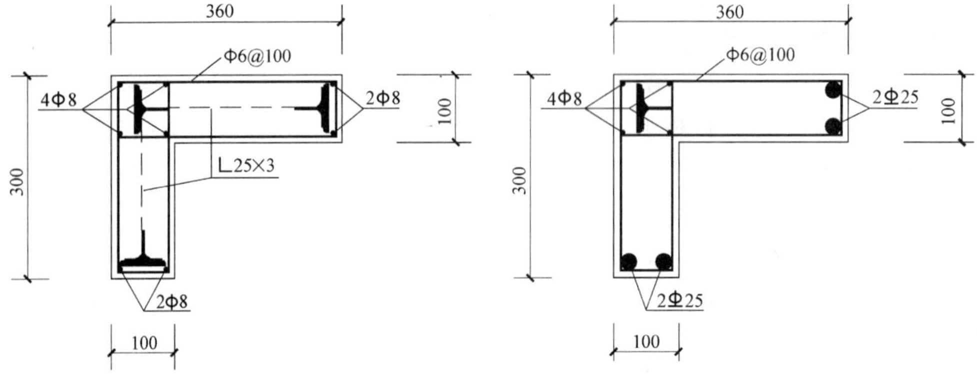

图 3.33　两种不同配钢形式的型钢混凝土试件截面形式

两种不同配钢形式的型钢混凝土异形柱正截面承载力理论比较　　表 3.14

型钢-粗钢筋混凝土异形柱极限承载力 N_{RC}(kN)		配钢率 ρ_{ss}(%)	型钢桁架混凝土异形柱极限承载力 N_{SRC}(kN)		配钢率 ρ_{ss}(%)	$\frac{N_{SRC}-N_{RC}}{N_{SRC}}\times100\%$
ZL4	2672.5	4.79	ZL1	2809.05	5.01	4.86%
ZL5	712.4	4.32	ZL2	774.08	4.52	7.97%
ZL6	1028.8	2.93	ZL3	1081.45	3.22	4.87%

由表 3.14 可知，配置 T 形钢桁架的型钢混凝土不等肢 L 形截面异形柱承载力与配置 T 形钢-粗钢筋的型钢混凝土不等肢 L 形截面异形柱承载力相比没有显著提高。因此，单从提高异形柱的正截面承载能力角度看，为方便施工，配置型钢-粗钢筋的形式是可行的。

2. 试验实测正截面承载力比较

将试件 ZL1～ZL3 实测结果与 ZL4～ZL6 实测结果进行比较，如表 3.15 所示，其中 ZL1～ZL3 为配型钢桁架的型钢混凝土异形柱，ZL4～ZL6 为配型钢-粗钢筋的型钢混凝土异形柱，两者截面尺寸、截面荷载加载点位置相同，配钢（筋）率相差不大。

两种不同配钢形式的型钢混凝土异形柱正截面极限承载力试验结果比较　　表 3.15

型钢-粗钢筋混凝土异形柱极限承载力 N_{RC}(kN)		配钢率 ρ_{ss}(%)	型钢桁架混凝土异形柱极限承载力 N_{SRC}(kN)		配钢率 ρ_{ss}(%)	$\frac{N_{SRC}-N_{RC}}{N_{SRC}}\times100\%$
ZL4	2430	4.79	ZL1	2500	5.01	2.8%
ZL5	660	4.32	ZL2	680	4.52	2.9%
ZL6	1200	2.93	ZL3	1270	3.22	5.5%

由表 3.15 可见，两种不同配钢形式的型钢混凝土异形柱若配钢（筋）率相同、混凝土等级相同，则两种不同配钢形式的型钢混凝土异形柱正截面承载力相差不大。

但必须指出，配置型钢-粗钢筋的型钢混凝土异形柱，尽管也能提高其正截面极限承载力，但由于各肢型钢与粗钢筋之间没有缀件，两者之间没有连接成一体，其抗震性能会比配型钢桁架的型钢混凝土异形柱差。

第 4 章　型钢混凝土异形柱结构的斜截面承载力研究

本章通过 8 个试件的单调静力加载试验和 9 个试件的低周反复加载试验，对型钢混凝土异形柱的受剪机理和斜截面承载力进行研究。

4.1　型钢混凝土异形柱斜截面承载力试验研究

4.1.1　第一批试件试验

1. 试件的设计与制作

共完成 4 个 T 形截面型钢混凝土异形柱的单调静力加载试验，采用正 T 形沿腹板加载，主要考虑轴压比、剪跨比、配箍形式 3 个变化参数，混凝土强度设计等级为 C35。各试件的设计参数如表 4.1 所示。

第一批试件的设计参数及实测承载力　　表 4.1

试件编号	n	λ	型钢配置形式				试件高度 (mm)	开裂荷载 (kN)	极限荷载 (kN)
			T 形钢	纵筋	箍筋	角钢			
XT1	0.12	1.6	半 I14	Φ12	Φ6@200	L25×3	2300	165	240
XT2	0.23	2.18	半 I14	Φ12	Φ6@200	L25×3	2300	150	285
XT3	0.23	1.6	半 I14	Φ12	Φ6@200	L25×3	2300	190	420
XT4	0.23	1.6	半 I14	Φ12	Φ8@100	—	2300	240	370

注：试件编号中，第一个字母表示斜截面静力试验，第二个字母表示异形柱截面形状；n 为轴压比，$n=\dfrac{N}{f_cA}$；λ 为剪跨比。

试验中采用 T 形钢和等边角钢焊接成桁架式型钢骨架，如图 4.1 所示，其中 T 形钢由工字钢沿腹板中部切割而得。根据标准试验方法实测型钢、钢筋的力学性能指标如表 4.2 所示。

型钢、钢筋材料性能表　　表 4.2

钢材种类	规格	屈服强度 f_y(MPa)	极限强度 f_u(MPa)	弹性模量 E_s(10^5MPa)	屈服应变 ($\mu\varepsilon$)
工字钢翼缘	I14	299.64	394.59	1.84	1633
工字钢腹板	I14	268.40	369.80	1.69	1590
角钢	25×3	272.20	316.00	1.96	1388
热轧带肋钢筋	Φ12	382.00	595.00	2.07	1845
热轧光圆钢筋	Φ8	355.00	482.00	2.37	1498
热轧光圆钢筋	Φ6	343.00	468.00	2.43	1412

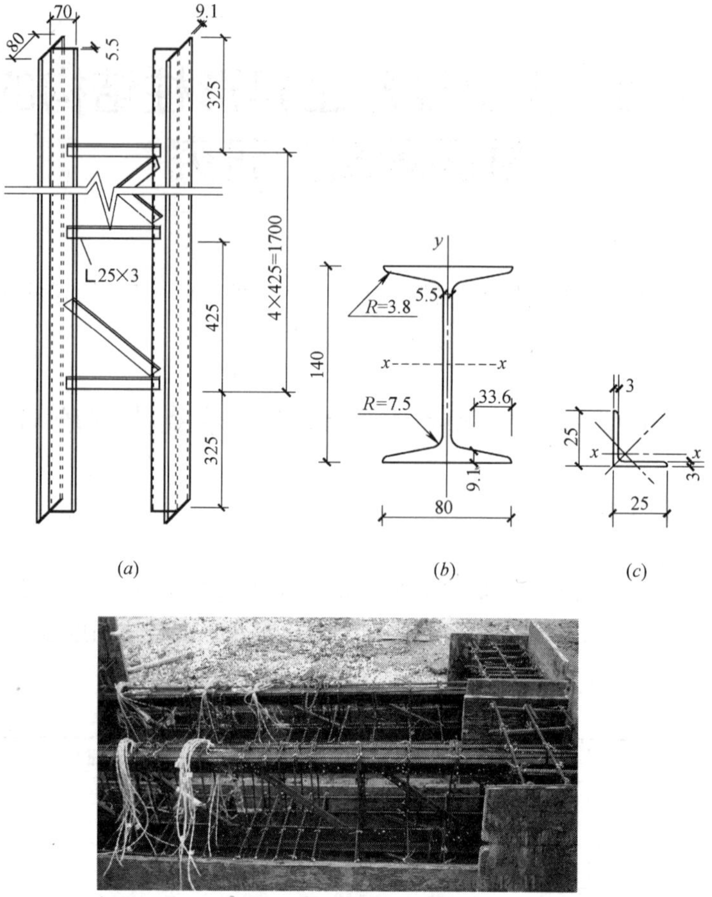

图 4.1　T 形钢桁架形式

(*a*) T 形钢桁架骨架图；(*b*) 工字钢截面尺寸；(*c*) 角钢截面尺寸；(*d*) T 形钢桁架骨架照片

混凝土材料采用 P. O42.5 普通硅酸盐水泥，粒径为 5～31.5mm 的碎石粗骨料，中砂，城市自来水；设计配合比为水泥：砂：碎石：水＝1：2.01：3.01：0.47。浇筑混凝土时，预留一组混凝土立方体试块，并与试件同条件养护，在试件加载的同时测定其力学性能。实测混凝土力学指标如表 4.3 所示，表中的轴心抗压强度和弹性模量均由实测的立方体抗压强度换算求出，换算采用的公式为 $f_c=0.76f_{cu}$ 和 $E_c=10^5/(2.2+34.7/f_{cu})$。试件的外观尺寸、加载点位置如图 4.2 所示，截面配钢如图 4.3 所示。

实测混凝土立方体标准试块力学强度　　　　**表 4.3**

立方体抗压强度 f_{cu}(MPa)	轴心抗压强度 f_c(MPa)	弹性模量 E_c(MPa)
38.76	29.5	3.23×10^4

2. 试件测试及加载方案

试验过程中，需要量测的内容主要有型钢、斜腹杆和钢筋的应变，混凝土的应变和表面裂缝宽度以及试件的挠度。各部分应变片的布置如图 4.4～图 4.6 所示。

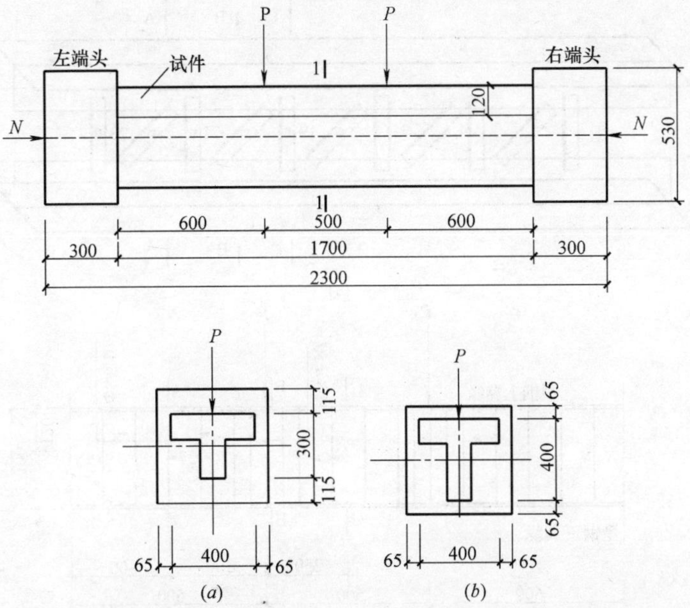

图 4.2 第一批试件尺寸规格及加载位置（1—1 剖面图）

(a) XT2；(b) XT1、XT3 和 XT4

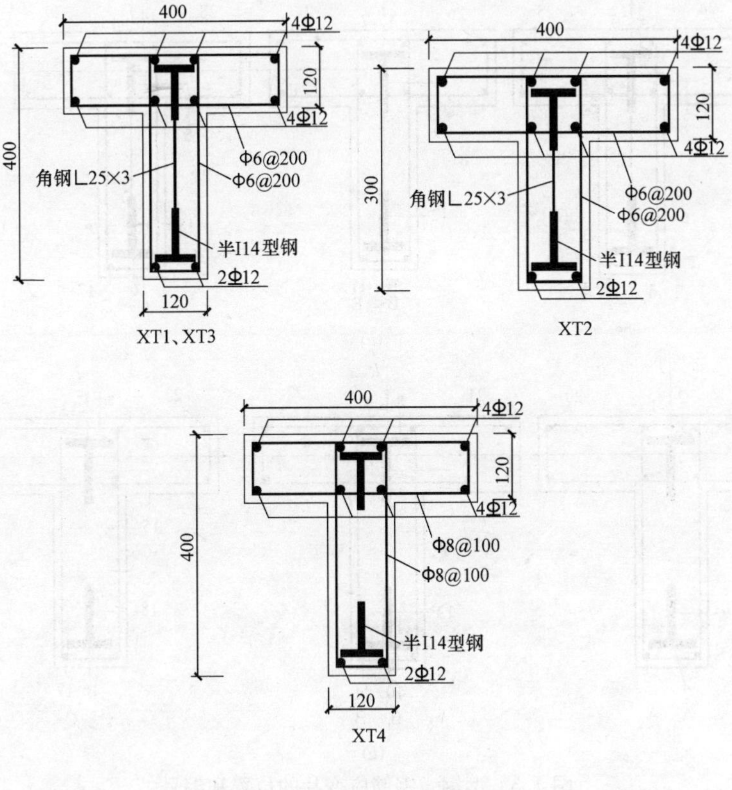

图 4.3 第一批试件截面配钢图

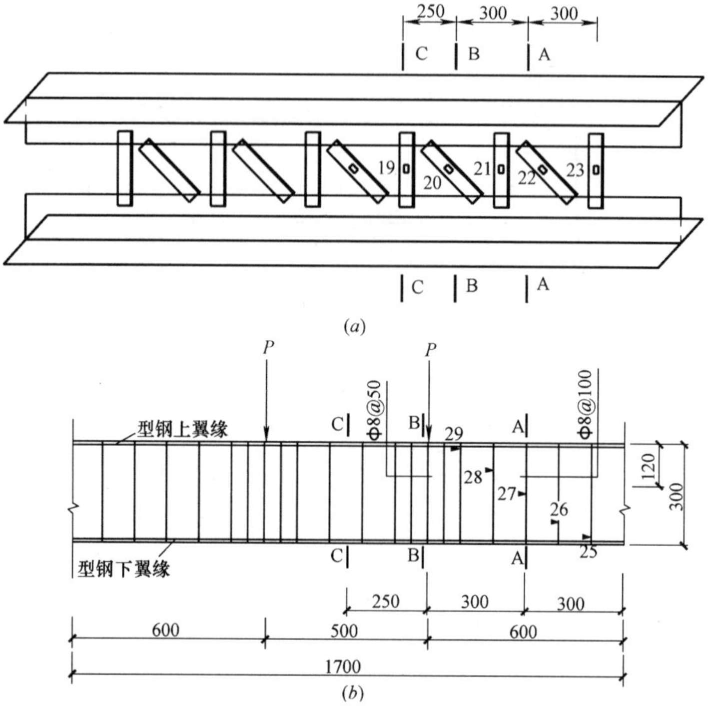

图 4.4　角钢（箍筋）应变片的位置和编号

（*a*）XT1、XT2 和 XT3 中角钢应变片的位置和编号；（*b*）XT4 中箍筋应变片的位置和编号

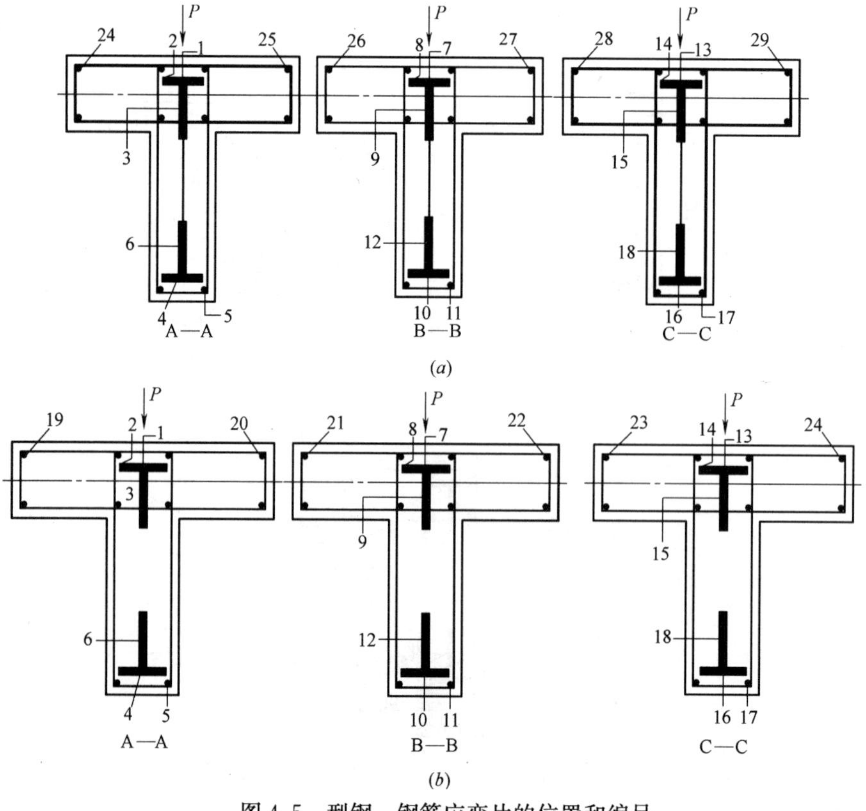

图 4.5　型钢、钢筋应变片的位置和编号

（*a*）XT1、XT2 和 XT3；（*b*）XT4

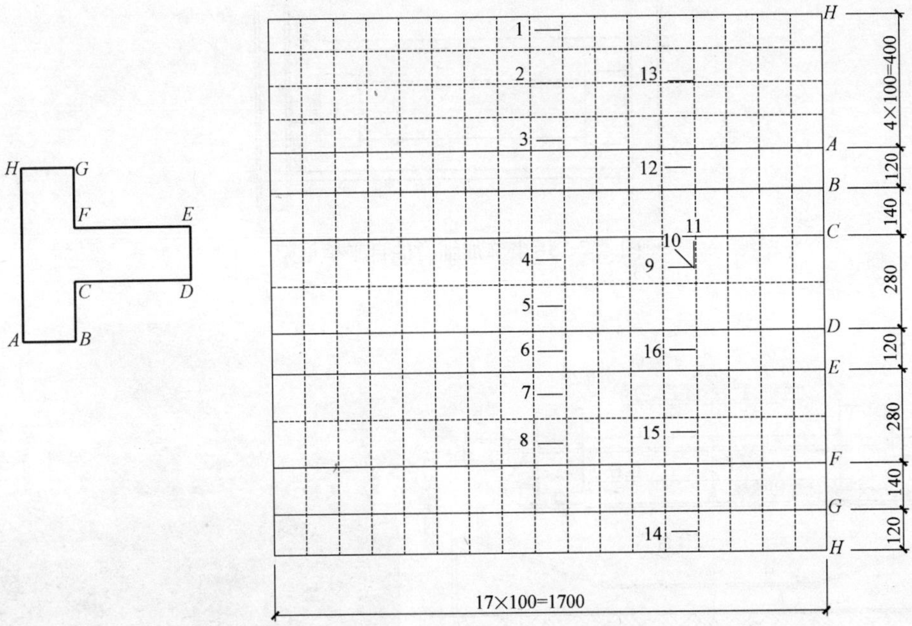

(a)

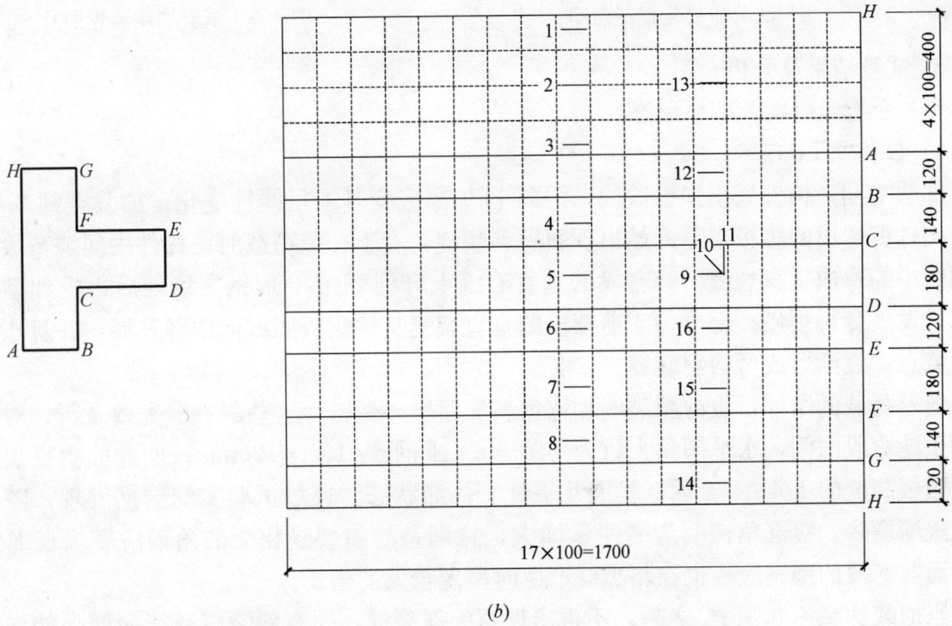

(b)

图 4.6　混凝土应变片、应变花的位置

(a) XT1、XT3 和 XT4；(b) XT2

本试验采用自平衡框架作为施加轴力的反力装置，如图 4.7 所示。试件几何对中后，用量程为 1500kN 的油压千斤顶沿柱轴向进行加载，采用电动油泵分级施加，随后保持该轴力不变，横向加载至试件破坏。试验装置如图 4.8 和图 4.9 所示。

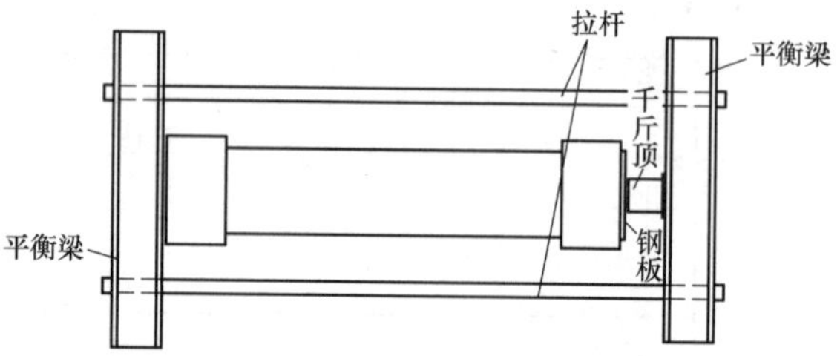

图 4.7　用来施加轴力的自平衡框架

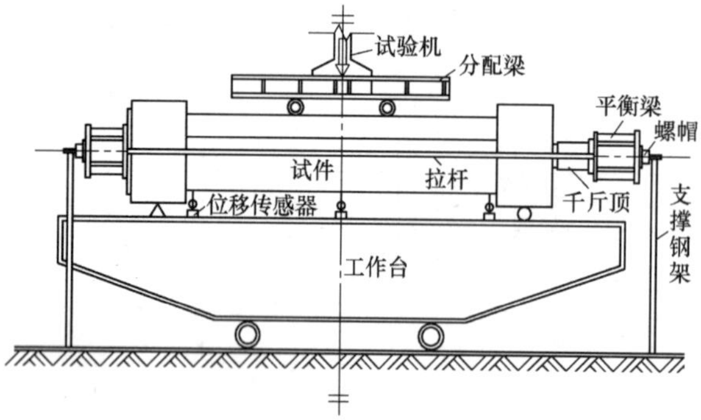

图 4.8　试验加载装置示意图

图 4.9　试验加载装置照片

3. 试验结果及分析

(1) 受力全过程及破坏形态

1) 试件 XT1 (λ=1.6，n=0.12)

加载初期，构件处于弹性阶段，混凝土荷载-应变基本呈线性变化；加载至约 0.65P_u 时，构件剪弯段的腹板部分开始出现腹剪斜裂缝，在下一级荷载时，构件中间纯弯段开始出现细小的弯曲垂直裂缝。纯弯段的垂直裂缝上升到下弦 T 形钢翼缘处后，受到型钢的抑制，发展变得缓慢。部分位于剪弯段的垂直裂缝从柱腹板底部向中部发展，并且指向集中加载点，逐渐形成弯剪斜裂缝。

随着荷载的增加，腹剪斜裂缝和弯剪斜裂缝增多变密，这些斜裂缝大致平行，对称地分布于纯弯段两侧，水平倾角大致为 40°～45°，间距约 100～120mm；而弯曲垂直裂缝上升到腹板高度的 1/4～1/2 后，发展几乎处于停滞状态。通过试验实测数据发现，随着裂缝的逐渐增多，腹部角钢的应变明显增大，特别是与斜裂缝相交的角钢应变增长尤为明显；而剪弯段的型钢应变也在斜裂缝产生时呈现较大的增长。

当加载达到约 0.85P_u 之后，不再出现新的斜裂缝，原有斜裂缝继续向两端伸展。斜裂缝向上延伸到 T 形截面翼缘与腹板交接线处后停止，向下朝支座方向或腹板底部延伸。此时，斜向角钢腹杆已达到屈服应变，竖角钢腹杆应变也接近屈服应变值。

破坏特征：腹剪斜裂缝最先产生，与弯曲斜裂缝形成主要裂缝网，斜裂缝开展到翼缘腹板交接处终止，裂缝产生时角钢腹杆和剪弯段的型钢应变剧增，在加载后期，与斜裂缝相交处角钢大部分屈服。试件的最终破坏形态如图 4.10 (a) 所示。

2) 试件 XT2 (λ=2.18，n=0.23)

试件 XT2 的受力破坏过程大致可以分为四个阶段：开裂前弹性阶段（$P<0.5P_u$）、开裂后弹塑性阶段（$0.5P_u<P<0.75P_u$）、型钢和角钢腹杆屈服阶段（$0.75P_u<P<0.8P_u$）以及破坏阶段（$0.8P_u<P\leqslant P_u$）。其受力过程如下：

当荷载较小时，构件处于弹性阶段，混凝土荷载-应变呈线性变化；当加载达到 $0.5P_u$ 时，剪弯段在腹板处出现腹剪斜裂缝，随荷载的增加，斜裂缝逐渐增多、延伸，形成数条平行的细小裂缝。斜裂缝沿支座、加载点连线方向发展，与柱纵向轴线约成 30°倾角。

随着荷载的继续增加，腹剪斜裂缝开展逐渐趋于稳定，支座、加载点连线两侧的斜裂缝数目不再增加，但裂缝宽度继续增大，各平行裂缝的间距约为 50mm。混凝土荷载-应变曲线依然保持较好的线性。

当荷载增加到 $0.75P_u$ 时，部分角钢应变达到屈服应变值，此时截面刚度相对降低较多，混凝土荷载-应变曲线表现出明显的非线性；加荷至 $0.8P_u$时，斜向角钢腹杆基本完全屈服，T 形柱截面下侧受拉 T 形型钢翼缘应变也达到屈服应变值。

荷载达到极限荷载 P_u 时，支座、加载点连线上的斜裂缝宽度达到 0.45mm，形成主裂缝。主斜裂缝向上朝加载点方向发展时，在交接处受到翼缘的抑制；而往下朝支座端部方向，裂缝宽度不断增大，试件靠柱帽一侧的腹板上混凝土因开裂过大而剥落，试件破坏。

破坏特征：腹剪斜裂缝向上朝加载点方向延伸至翼缘底部，向下延伸至腹板底部，裂缝下端宽度增大，靠近柱帽一侧腹板上的混凝土因开裂过大而剥落，与裂缝相交处角钢腹杆屈服，试件破坏时，大部分受拉型钢屈服，而受压型钢极限压应变也接近钢材屈服应变。试件的最终破坏形态如图 4.10（*b*）所示。

3）试件 XT3（$\lambda=1.6$，$n=0.23$）

试件 XT3 的受力破坏过程大致经历了四个阶段：初裂阶段（$P<0.45P_u$）、裂后弹塑性阶段（$0.45P_u<P<0.65P_u$）、型钢屈服阶段（$0.65P_u<P<0.85P_u$）和破坏阶段（$0.85P_u<P\leqslant P_u$）。

构件在开裂前的弹性阶段，混凝土荷载-应变关系呈线性变化；当荷载达到 $0.45P_u$ 时，构件的剪弯段斜裂缝和纯弯段竖向裂缝同时产生，弯曲竖向裂缝和腹剪裂缝均随着荷载的增加而发展，裂缝条数逐渐增多，纯弯段与剪弯段交界处的垂直裂缝从腹板底部向中部发展，到达一定高度后弯向加载点方向，形成弯剪斜裂缝。

在构件开裂后到型钢屈服之前，混凝土测点的荷载-应变曲线基本保持直线形式，与开裂前相比仅是斜率发生变化，混凝土应变增长加快。

当荷载达到 $0.65P_u$ 时，斜向角钢和部分下弦受拉型钢翼缘达到屈服应变。混凝土裂缝发展逐渐趋于稳定，裂缝长度继续延伸，但裂缝的形状和数量基本不再变化；斜裂缝和垂直裂缝沿整个构件长度分布较均匀，裂缝宽度较小，平行的斜裂缝平均间距为 100mm，水平倾角约为 45°；纯弯段的垂直裂缝也呈等间距分布，裂缝上升至翼缘底部，与腹板部分等高。

随着荷载的继续增加，剪弯区腹板上形成若干条较宽的主斜裂缝，一端向加载点方向延伸，倾斜角渐小，到达腹板翼缘交接线处后接近水平方向，呈停滞发展状态；另一端向下往支座角方向延伸，倾斜角渐增。

荷载达到极限荷载 P_u 时，靠近加载点的剪弯区一侧截面顶部混凝土被压碎，并且在翼缘部分迅速产生一道较宽的破坏斜裂缝，从加载点斜向下延伸至接近翼缘中下排钢筋高度后沿水平方向向支座发展，形成撕裂裂缝；而腹板部分的临界斜裂缝上下两端附近均出现混凝土表皮剥落现象。

破坏特征：腹剪斜裂缝向上朝加载点方向延伸至翼缘底部，向下往支座角方向延伸至腹板底部，在加载后期，纯弯段内弯曲裂缝的延伸停滞，角钢与大部分型钢翼缘屈服，试件破坏时，临界斜裂缝上下两端附近的混凝土表皮剥落，截面顶部剪压区混凝土压溃，配筋较少的翼缘部分形成明显破坏斜裂缝。试件的最终破坏形态如图 4.10（*c*）所示。

4）试件 XT4（$\lambda=1.6$，$n=0.23$）

试件 XT4 的受力过程大致可以分为三个阶段：初裂阶段（$P<0.65P_u$）、箍筋和型钢屈服阶段（$0.65P_u<P<0.9P_u$）以及破坏阶段（$0.9P_u<P\leqslant P_u$）。

试件 T4 的配箍率比其他构件大，由箍筋和型钢构成的钢骨架在很大程度上约束了混凝土裂缝的开展，故构件开裂荷载较大（$P_{cr}=0.65P_u$）。首先产生的裂缝为剪弯段腹板上的腹剪斜裂缝，弯曲垂直裂缝在斜裂缝开展后的下一级荷载产生，但受到下弦型钢的抑制，弯曲垂直裂缝发展较缓慢。

随着荷载的增加，腹剪斜裂缝不断开展延伸，逐渐形成若干条有一定宽度的主斜裂缝，一端指向集中加载点，另一端向腹板底部支座角方向延伸，并且在主斜裂缝两侧依次出现多条长度相近的斜裂缝，这些斜裂缝大致平行，对称地分布于纯弯段两侧，平均间距约 140mm，水平倾角大致为 43°。裂缝开展到截面翼缘底部后，受到较宽截面翼缘的抑制，几乎停滞发展，在截面腹板和翼缘交接处出现一系列短且细微的水平撕裂裂缝。

当荷载达到 $0.9P_u$ 时，受拉型钢翼缘和箍筋先后达到屈服，此时截面刚度明显降低；继续加载到破坏荷载的过程中，主斜裂缝下端的宽度增加较多，靠近支座一侧的混凝土发生表皮剥落现象；加载点板底部混凝土被压裂，并从压裂点处产生宽度较大的斜裂缝，一直向翼缘底部延伸，倾斜角度渐小，到达翼缘下排钢筋高度后，裂缝便沿着水平方向向支座发展，形成粘结裂缝。

破坏特征：混凝土裂缝产生较晚，腹剪斜裂缝向上延伸至翼缘底部，向下延伸至支座角处，裂缝下端附近产生混凝土表皮剥落现象，破坏时，型钢、箍筋基本屈服，剪压区混凝土被压裂，在翼缘上形成斜向破坏裂缝。试件的最终破坏形态如图 4.10（*d*）所示。

总体来看，本次试验的试件均发生的是剪切斜压破坏。试验实测各试件的开裂荷载和极限承载力如表 4.1 所示。

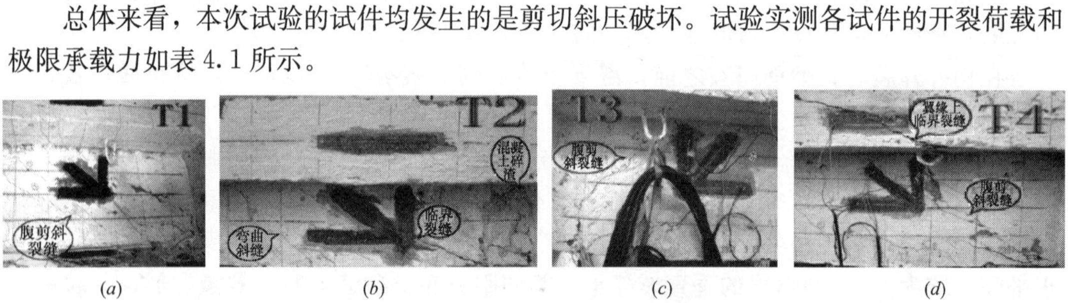

(*a*)　(*b*)　(*c*)　(*d*)

图 4.10　第一批试件最终的破坏形态

(*a*) XT1；(*b*) XT2；(*c*) XT3；(*d*) XT4

（2）截面应变测试结果及分析

通过在试件表面粘贴应变片，可以获取加载过程中截面应变的分布情况，如图4.11～

图 4.14 所示。从加载开始至构件开裂，型钢混凝土 T 形截面柱横截面平均应变分布基本上符合平截面假定，并且具有以下规律：

1）试件出现混凝土表面裂缝之前，横截面应变曲线沿整个截面高度为直线形式；混凝土开裂之后，在试件剪弯段，由于斜腹裂缝集中分布在 T 形截面腹板中部，所以对应的应变值较大，斜裂缝出现后腹板部分截面应力分布跟矩形截面构件受剪情形相似。

2）无论在剪弯段还是纯弯段，构件横截面平均应变都受到了翼缘的影响，在剪弯段尤为明显。由于翼缘部分面积较大，分散了混凝土中的应力，所以翼缘部分截面平均应变大大减小。去除轴力对混凝土压应变的影响，可以发现横截面应变中性轴位于腹板和翼缘交接处（如试件 XT2、XT3），说明翼缘对斜裂缝的向上发展有很强的抑制作用，这跟试验结果一致，一般腹板斜裂缝发展到与翼缘交接处后，沿水平向发展形成细微撕裂裂缝，或停滞发展，很少有裂缝延伸到翼缘中。

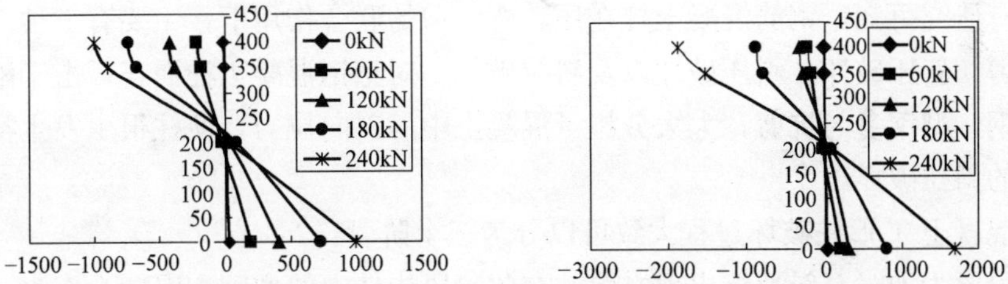

(*a*) (*b*)

图 4.11 XT1 截面应变分布

(*a*) 剪弯段 A—A 横截面；(*b*) 纯弯段 C—C 横截面

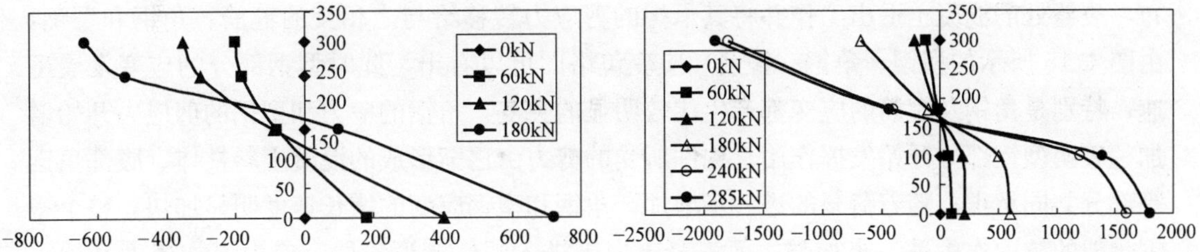

(*a*) (*b*)

图 4.12 XT2 截面应变分布

(*a*) 剪弯段 A—A 横截面；(*b*) 纯弯段 C—C 横截面

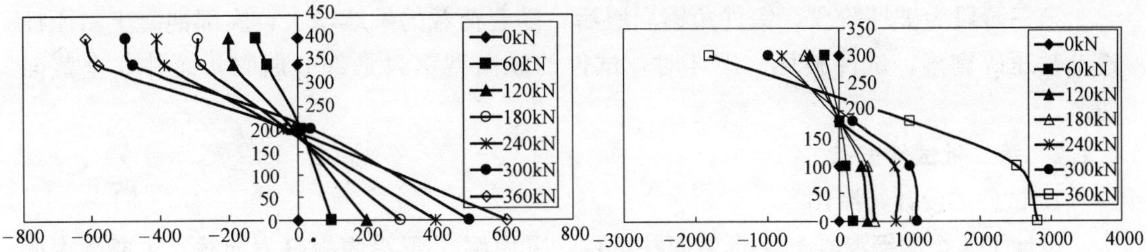

(*a*) (*b*)

图 4.13 XT3 截面应变分布

(*a*) 剪弯段 A—A 横截面；(*b*) 纯弯段 C—C 横截面

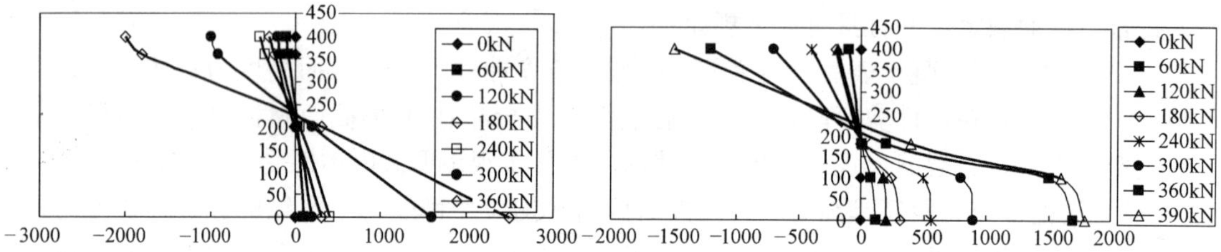

(*a*)　　　　　　　　　　(*b*)

图 4.14　XT4 截面应变分布

(*a*) 剪弯段 A—A 横截面；(*b*) 纯弯段 C—C 横截面

（3）斜截面抗剪破坏机理分析

由已有研究可知，钢筋混凝土柱在压、弯、剪的联合作用下，主要有三种不同的破坏形态，即剪切斜压破坏、斜压破坏以及斜拉破坏。对型钢混凝土柱而言，由于配置了较多的腹部型钢，型钢参与抗剪，大大分担了混凝土中的斜向拉力，使柱很少发生类似于钢筋混凝土柱的斜拉破坏。

型钢混凝土 T 形柱破坏过程大致可以分为三个阶段：

第一阶段为加载至斜裂缝出现之前。在此阶段构件中的型钢和混凝土作为一个整体共同承担荷载，其受力性能可按均质弹性体来分析。由于此阶段的剪力较小，构件的剪切变形也小，因而箍筋、角钢和型钢的剪应变都很小，剪力主要由混凝土承担。

第二阶段为斜裂缝出现至构件开始屈服。斜裂缝出现以后，截面上的剪应力发生重分布，裂缝处的混凝土退出工作并将其承担的剪应力转移给与之相交的箍筋、角钢和型钢，由图 4.15 所示的型钢、角钢（箍筋）应变包络图可以看出，此时型钢部分的应变发展迅速，特别是角钢及箍筋的应变都产生比较明显的突变，角钢的应力和型钢的剪应力开始增加，表明型钢部分开始发挥作用，构件所受的剪力由逐渐形成的混凝土斜柱体、腹部角钢等部分共同承担；随着荷载的进一步增加，角钢和型钢应变的增长速度明显加快，整个型钢骨架的抗剪作用进一步加强，而混凝土由于进入塑性变形阶段，应力增加速度开始减缓，新增加的荷载主要由角钢和型钢承担；同时，由图 4.15 还可以看出，与型钢应变的增长相比，缀件角钢应变增长速度更快，继续增加荷载，角钢在弯矩和剪力的共同作用下发生屈服。

第三阶段为破坏阶段，缀件角钢屈服后，随着荷载的继续增大，腹部混凝土斜压杆逐渐被压碎剥落，试件破坏。破坏时，试件的纵向型钢只是部分屈服，而并非全截面屈服。

4.1.2　第二批试件试验

1. 试件的设计与制作

设计了 4 个型钢混凝土 T 形截面柱试件，采用倒 T 形沿腹板静力加载，主要考虑截面尺寸、剪跨比、配钢形式、配箍率 4 个变化参数。第二批试件的设计参数如表 4.4 所示。试件的截面配钢及骨架图如图 4.16 和图 4.17 所示。

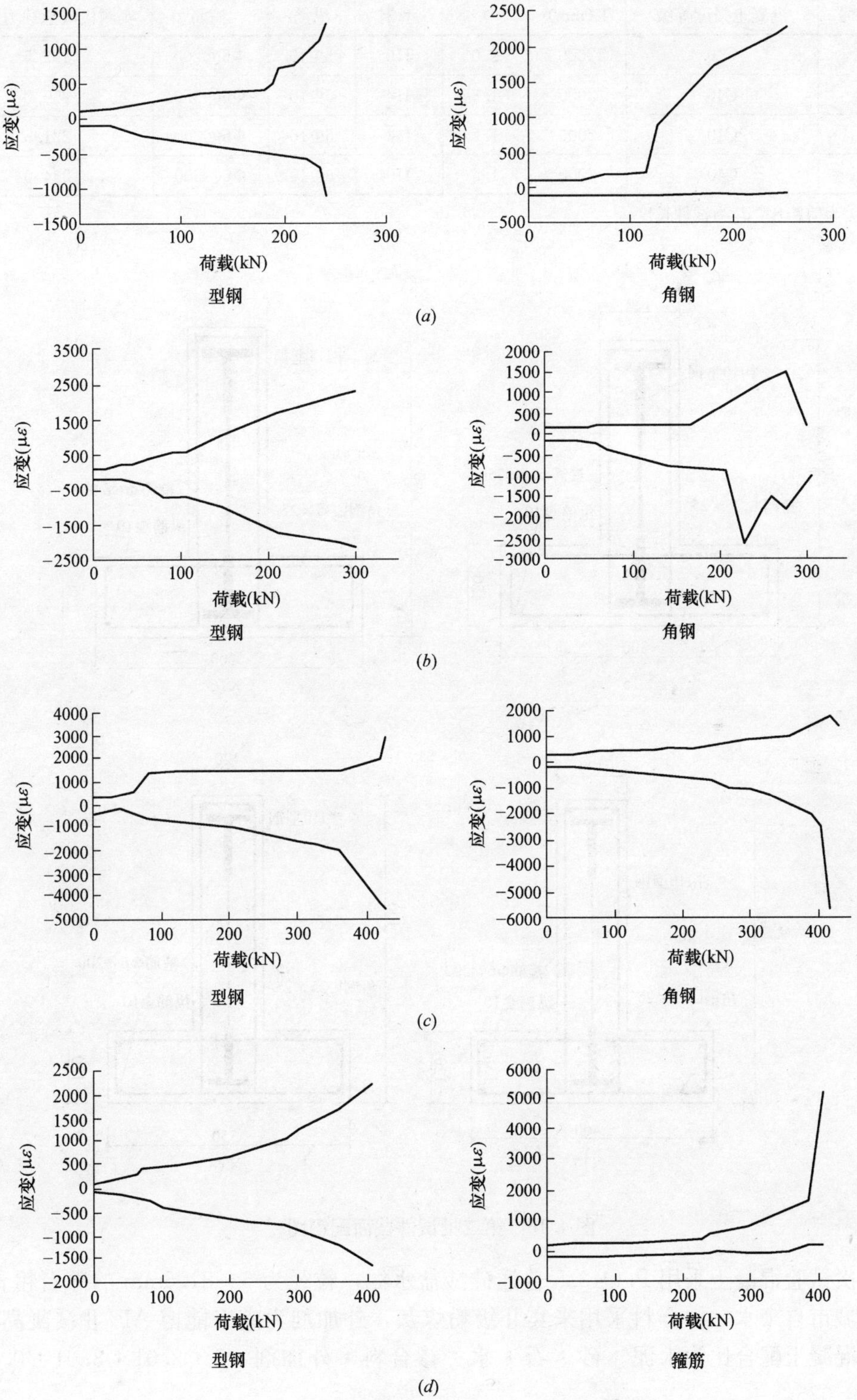

图 4.15 型钢、角钢（箍筋）应变包络图

(*a*) XT1；(*b*) XT2；(*c*) XT3；(*d*) XT4

第二批试件的设计参数及实测极限承载力　　表 4.4

试件编号	混凝土强度等级	L(mm)	λ	型钢	纵筋	箍筋	实测极限承载力(kN)
XT5	C40	2000	2.0	I10	6Φ10	Φ6@200	192.5
XT6	C40	2000	1.8	I14	6Φ10	Φ6@350	250.0
XT7	C40	2000	1.2	I10	6Φ10	Φ6@200	221.5
XT8	C40	2000	1.5	I10	6Φ10	Φ6@350	234.0

注：λ 为剪跨比，L 为试件长度。

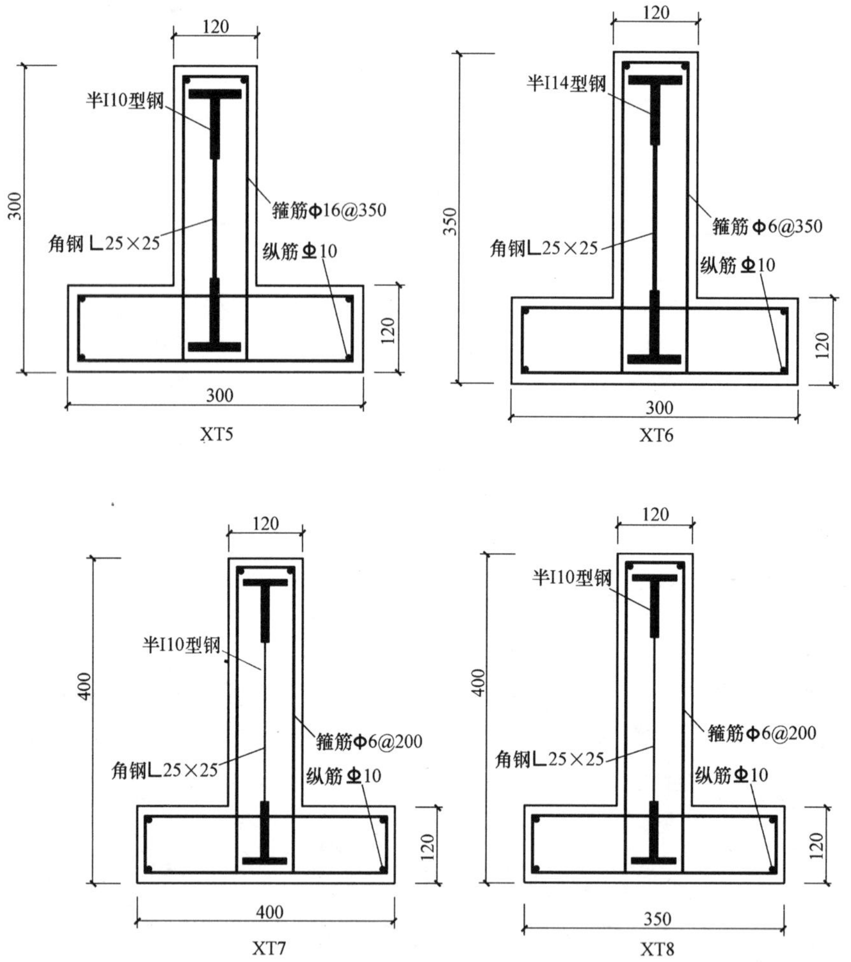

图 4.16　第二批试件截面配钢图

本次试验混凝土采用 P. O42.5 普通硅酸盐水泥，粒径为 5～31.5mm 的碎石粗骨料，中砂，城市自来水，掺合料采用来宾Ⅱ级粉煤灰，外加剂为南宁能博 AF-Ⅱ缓凝高效减水剂。混凝土配合比为水泥：砂：石：水：掺合料：外加剂＝1：2.01：3.01：0.47：0.15：0.025。

浇筑混凝土时，预留 3 块混凝土立方体标准试块，并与试件同条件养护。试块实测强度如表 4.5 所示。型钢、钢筋的实测力学指标如表 4.6 所示。

2. 试件测试及加载方案

在试件集中荷载作用处和支座之间的箍筋、腹杆、受拉纵筋、工字钢翼缘和腹板上粘贴电阻应变片。型钢应变片布置如图 4.18 所示。

试件加载装置如图 4.19 所示。采用单调两点对称的加载方式，5000kN 液压试验机单调连续慢速加载，每级荷载加载稳定 5min，进行变形观测、数据采集，然后再进行下一级加载，试验前首先预加载 1～2 次。

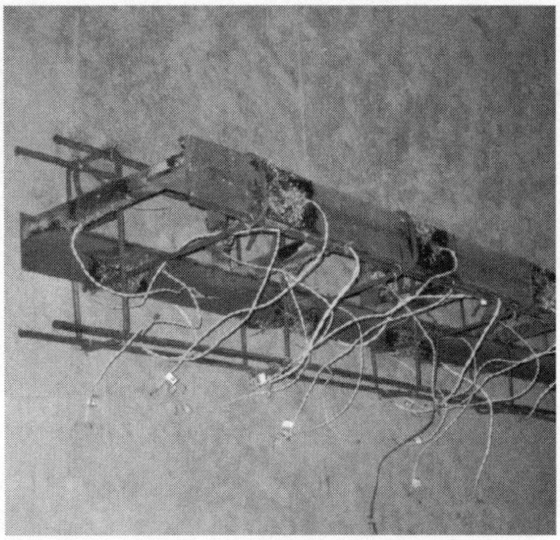

图 4.17　型钢骨架照片

3. 受力过程及破坏形态

根据剪跨比不同，试件发生了两种不同的破坏形态，即剪切斜压破坏和剪压粘结破坏。

混凝土立方体标准试块实测力学强度　　**表 4.5**

立方体抗压强度 f_{cu}(MPa)	轴心抗压强度 f_c(MPa)	弹性模量 E_c(MPa)
52.86	40.18	3.50×10^4

型钢、钢筋材料性能表　　**表 4.6**

钢材类型	屈服强度 f_y(MPa)	极限强度 f_u(MPa)	弹性模量 E_s(MPa)
I10(腹板)	305.94	423.13	1.98×10^5
I10(翼缘)	274.06	400.85	1.98×10^5
I14(腹板)	268.40	369.80	1.69×10^5
I14(翼缘)	299.64	394.59	1.84×10^5
角钢∟25×25	269.00	325.00	2.14×10^5
圆钢Φ6	343.20	467.90	2.43×10^5
圆钢Φ10	387.00	491.00	2.24×10^5

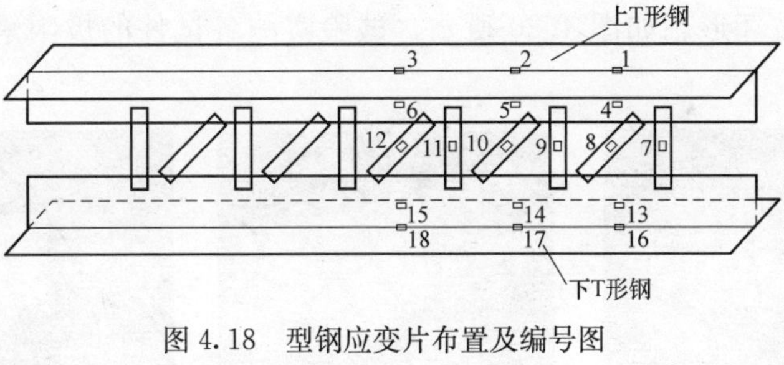

图 4.18　型钢应变片布置及编号图

(1) 剪切斜压破坏

剪跨比 $\lambda=2$ 的试件 XT5 发生了剪切斜压破坏，其破坏过程大致如下：当荷载加到约 $0.4P_u$ 时，首先在纯弯段下端翼缘侧面出现垂直的弯曲裂缝，随着荷载的增大，裂缝向上

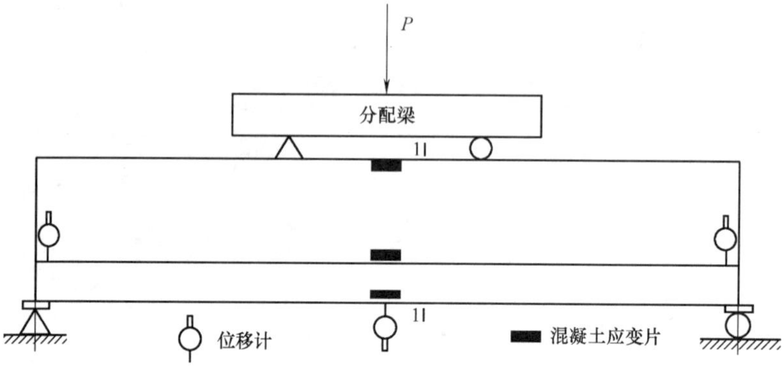

图 4.19　试验加载装置

延伸发展，直到腹板与翼缘交界处。由于翼缘混凝土开裂退出工作，与裂缝相交的型钢应变急剧增加。当荷载增加到约 $0.65P_u$ 时，试件的剪弯段腹板与翼缘交界处出现斜向裂缝，裂缝指向加载点。随着荷载的继续增大，斜裂缝逐渐增多，但宽度发展缓慢。当荷载增大到约 $0.85P_u$ 时，听到混凝土崩裂声，剪弯段中性轴附近出现一条明显的腹剪斜裂缝，它向上延伸至加荷点附近，向下延伸至支座附近，并逐渐形成临界裂缝。当荷载接近 P_u 时，在临界裂缝的附近出现了几条大致与其平行的斜裂缝，将梁端分成若干斜压杆，最后剪压区混凝土被压碎，试件破坏。破坏时，剪弯段的缀件角钢和箍筋达到屈服强度。

(2) 剪压粘结破坏

剪跨比较小（$\lambda=1.2$、$\lambda=1.8$）的试件 XT6、XT7 发生了剪压粘结破坏，其破坏过程大致如下：当荷载增加到约 $(0.3\sim0.4)P_u$ 时，首先在试件纯弯段翼缘的侧立面出现垂直弯曲裂缝，随着荷载的增大，裂缝向上延伸发展，当裂缝发展到腹板与翼缘交界处，缓慢发展为弯剪裂缝，并指向加载点，随后在柱两侧出现类似的几条裂缝，且裂缝宽度几乎不再发展。当荷载加大到约 $0.6P_u$ 时，能听到混凝土开裂的脆响声，支座至加荷点处出现腹剪裂缝，向上延伸至加荷点附近，向下延伸至支座附近，并逐渐形成临界裂缝。同时，T 形试件的翼缘及腹板交界处出现撕裂裂缝，翼缘中箍筋屈服至拉断，翼缘几乎与腹板脱离，最后在弯剪段受压区的混凝土与型钢发生滑移脱离而宣告试件破坏。贯通裂缝与翼缘腹板交界线约成 50°。

试件的最终破坏形态如图 4.20 所示，试验实测各试件的极限承载力 P_u 如表 4.4 所示。

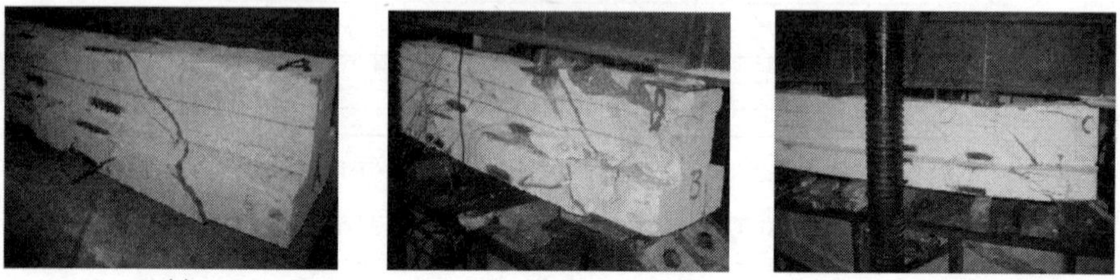

(*a*)　　(*b*)　　(*c*)

图 4.20　试件的最终破坏形态

(*a*) XT1；(*b*) XT2；(*c*) XT3

4.1.3 第三批试件低周反复加载试验

在第2章介绍的型钢混凝土异形柱低周反复加载试验研究中，第一批试件有9个发生的是以剪切型为主的破坏，其中6个（T1、T2、T5、T9、十1、十4）发生剪切斜压破坏，2个（T6、L1）发生剪切粘结破坏，1个（L4）发生弯剪型破坏。试验概况及各试件的破坏过程和破坏形态见第2章。不同的破坏形态具有不同的破坏机理。

1. 剪切斜压破坏的受剪机理

剪切斜压破坏主要发生在剪跨比较小（$\lambda=1$）的试件，破坏过程经历了弹性、弹塑性和破坏3个阶段。试件开裂前的弹性阶段，型钢和混凝土变形基本相同。试件开裂后进入弹塑性阶段，首先在试件中部出现交叉斜裂缝，随着荷载的增加，斜裂缝增多，把表面混凝土划分为若干菱形块。荷载继续增大，试件进入破坏阶段，在众多斜裂缝中形成几条交叉主斜裂缝，把表面混凝土划分成几个斜向小柱，混凝土逐渐被压碎脱落。首先是箍筋外围的混凝土被压碎，然后向里扩展，直到露出腹板或斜腹杆，最后腹部钢材压屈，水平荷载急剧下降，试件破坏。

由实测的荷载-应变滞回曲线（图4.21）可知，在弹性阶段，型钢和箍筋应变都很小，此阶段型钢和混凝土作为一个整体共同抵抗外荷载，变形协同一致。混凝土开裂退出工作，释放弹性能转移给与之相交的腹部钢材，剪应力重分布，型钢、箍筋的剪应变明显变大，呈现非线性，达到峰值荷载时，型钢、箍筋屈服。

2. 剪切粘结破坏的受剪机理

剪跨比适中（$\lambda=2$）的型钢混凝土异形柱容易发生剪切粘结破坏，其破坏过程为：首先在柱的上下段出现水平裂缝，然后在腹部出现交叉斜裂缝，随着荷载的增大，斜裂缝向两端延伸，当延伸至型钢翼缘附近时急剧变陡，形成竖向的粘结裂缝，此后粘结裂缝的发展比斜裂缝快，且粘结裂缝前后贯通形成一条贯穿整个柱高的竖向粘结裂缝，混凝土保护层劈裂，承载力急剧下降，试件破坏。试验实测的荷载-应变滞回曲线如图4.22所示。从荷载-应变滞回曲线可以看出，试件达到峰值荷载时，型钢腹杆和箍筋基本接近屈服，但尚未屈服。

3. 剪弯型破坏的抗剪机理

剪跨比较小（$\lambda=1$）、配置实腹型钢且荷载角为45°的试件L2发生了剪弯型破坏。其破坏过程是：首先在试件腹部产生交叉斜裂缝，随着荷载的增大，斜裂缝不断发展和增多，呈现多而小的特点，同时在试件的端部产生弯曲水平裂缝；随着荷载的继续增大，水平裂缝的发展较斜裂缝迅速，最后端部出现竖向裂缝，混凝土受压破坏。从破坏形态来看，试件的极限承载力取决于正截面的抗弯能力。破坏时腹部钢材和箍筋均未屈服。

4.2 型钢混凝土异形柱的斜截面承载力计算理论

4.2.1 型钢混凝土异形柱剪切开裂荷载的计算

影响型钢混凝土异形柱斜裂缝出现的因素很多，截面配钢形式、加载方向、轴压比等均对型钢混凝土异形柱的开裂荷载有影响，并且这些因素耦合在一起影响裂缝出现。下面具体分析各因素对剪切开裂荷载的影响。

1. 配钢形式的影响

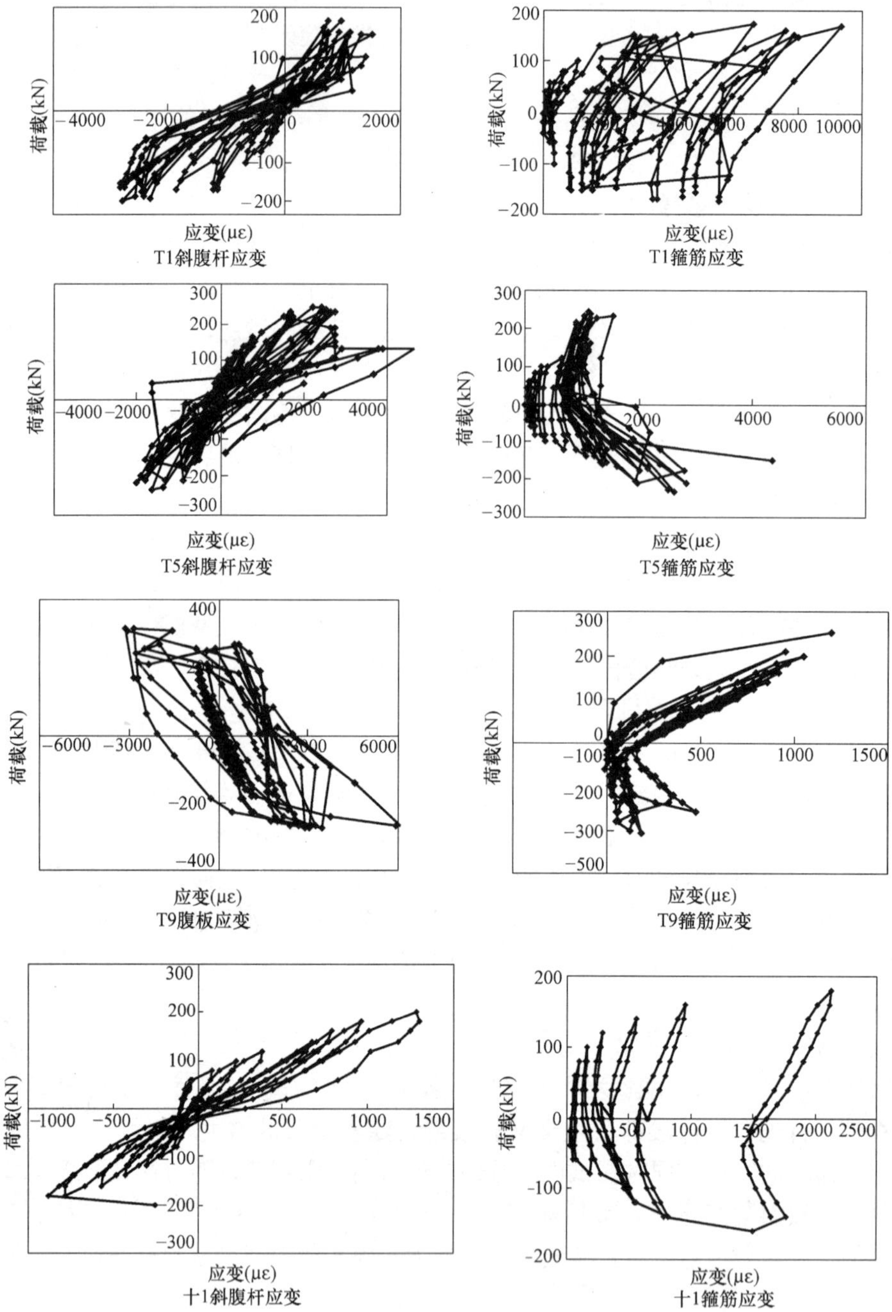

图 4.21　剪切斜压破坏型钢腹板（腹杆）、箍筋的荷载-应变滞回曲线

以往许多试验证实，型钢混凝土结构配置型钢可使柱的开裂荷载有所提高，参照相关研究成果，配置型钢对开裂荷载的提高可利用一个提高系数 α 来考虑。

$$V_{cr,v}=(1+\alpha)V_c \tag{4-1}$$

型钢对混凝土的约束作用，必将提高柱的抗剪承载力。在即将开裂时，由构件的截面变形可知，型钢与混凝土的主拉应力方向并未发生转变，故可认为型钢与混凝土的剪切变

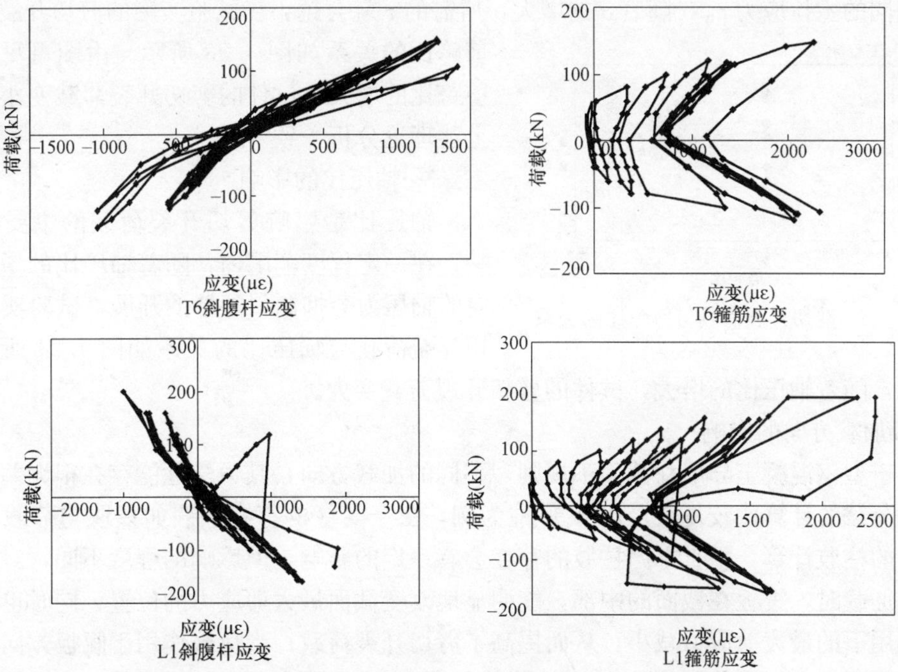

图 4.22 剪切粘结破坏型钢腹杆、箍筋的荷载-应变滞回曲线

形基本相同，即 $\tau_c/G_c=\tau_s/G_s$，因此有：

$$\frac{\tau_s}{\tau_c}=\frac{2E_s(1+\mu_c)}{2E_c(1+\mu_s)} \tag{4-2}$$

对于普通混凝土，在弹性范围内，混凝土的泊松比可取 $\mu_c=0.167$，钢材的泊松比取 $\mu_s=0.3$，代入式（4-2）得，$\tau_s/\tau_c=0.898\alpha_{ss}$，式中 α_{ss} 为型钢与混凝土的弹性模量之比。考虑配钢率的变化，可得：

$$\alpha=0.898\alpha_{ss}\rho_{sw} \tag{4-3}$$

式（4-3）适用于实腹式配钢的型钢混凝土异形柱，ρ_{sw} 为型钢腹板的配钢率，$\rho_{sw}=t_w h_w/bh$，t_w、h_w 分别为与加载方向平行的柱肢截面内实腹钢板的厚度与高度，b、h 分别为SRC异形柱中与加载方向平行的柱肢的宽度和高度。

对于空腹式配钢情况，取

$$\alpha=2.3\alpha_{ss}\cos\theta\cdot\sin^2\theta\rho_{sw} \tag{4-4}$$

式中 θ——斜腹杆与水平轴的倾角；

ρ_{sw}——型钢腹杆的配钢率，$\rho_{sw}=A_{wI}/bh$，A_{wI} 为同一柱肢截面内斜腹杆截面积的总和。

2. 剪跨比的影响

剪跨比实质上反映的是截面上正应力与剪应力的相对比值，在一定程度上也反映了截面上弯矩与剪力的相对比值。剪跨比越大，正应力相对剪应力越大。试件的开裂主要由截面上的主拉应力决定。

$$\sigma_{tp}=\frac{\sigma}{2}+\sqrt{\frac{\sigma^2}{4}+\tau^2} \tag{4-5}$$

当截面的主拉应力达到混凝土的极限抗拉强度 f_t 时，试件开裂。由式（4-5）可见，对于相同的主拉应力 σ_{tp}，随着 σ 的增大，所需的 τ 就会越小。试验实测的剪切开裂荷载与剪跨比的关系如图 4.23 所示。由图可见，随着剪跨比的增大，试件的剪切开裂荷载变小，这与上述理论分析一致。

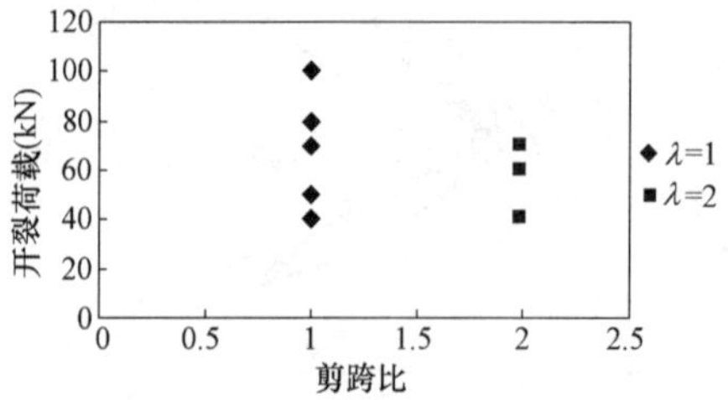

图 4.23　剪切开裂荷载与剪跨比的关系

3. 轴压比的影响

轴压比是影响剪切开裂荷载的主要因素之一，在一定程度范围内，随着轴压比的增大，竖向的轴压力会抑制斜裂缝的开展，试验实测的剪切开裂荷载与轴压比的关系如图 4.24 所示，由图可见，随着轴压比的增大，试件的剪切开裂荷载变大。

4. 加载方向的影响

由于型钢混凝土异形柱截面不规则，不同的加载方向，其力学性能存在很大差异，剪切开裂荷载的计算比较复杂。以 T 形柱为例，由于翼缘的存在，假如只取与荷载作用方向平行的柱肢计算，垂直方向柱肢的存在会有一定的影响，但影响的程度不同，对于沿翼缘方向加载时，腹板在截面的中部，能明显地改变截面最大剪应力的位置，同时也使单位荷载作用下的最大剪应力减小，从而提高了剪切开裂荷载；当荷载作用于腹板方向时，翼缘的存在同样会影响截面的剪应力分布情况，但由于翼缘在腹板的边缘位置，影响的程度比前者小。当沿 45°方向加载时，由于截面上存在两个柱肢截面抵抗横向力，因此，其抗剪能力最大。图 4.25 所示为试验实测不同加载方向与剪切开裂荷载的关系。由图可见，对于 T 形柱，沿 45°加载时，剪切开裂荷载最大，沿翼缘方向加载次之，沿腹板方向加载最小。

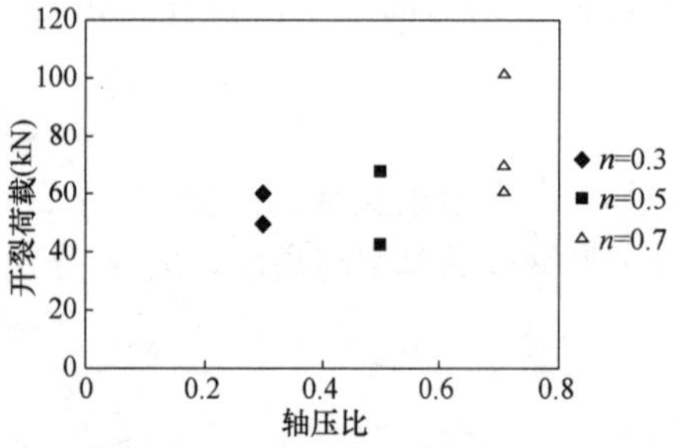

图 4.24　剪切开裂荷载与轴压比的关系

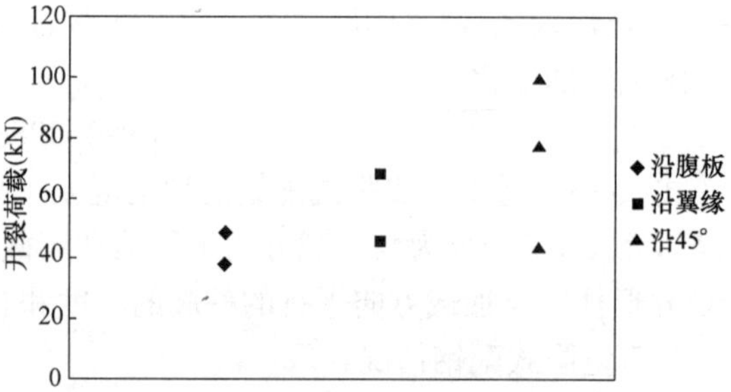

图 4.25　剪切开裂荷载与加载方向的关系

5. 翼缘对剪切开裂荷载的影响

型钢混凝土异形柱中，由于翼缘的存在，对剪切开裂荷载有影响。与矩形截面柱相比，凸出的翼缘可以改变截面的中性轴位置和剪应力的分布情况。从剪应力的分布入手，分析翼缘对剪切开裂荷载的影响。

在钢筋混凝土异形柱规程中，对异形柱的抗剪承载力分析，采用了简化截面的办法，通常是在计算某一加载方向的抗剪强度时，只考虑与荷载方向平行的柱肢截面，另一方向的柱肢忽略不计。采用这种简化截面的计算方法，计算结果偏于保守。有学者在钢筋混凝土异形柱试验研究基础上，提出翼缘对抗剪强度有影响，并通过对试验数据的回归提出了翼缘的影响系数 θ，$\theta=0.7+0.6(b_f-b)h_f/(bh_0)$，$b_f$ 为翼缘的宽度，h_f 为翼缘的高度，b

为腹板的宽度，h_0为与加载方向平行柱肢截面的有效高度；当$\theta<1$时，取$\theta=1$，当$\theta>1.2$时，取$\theta=1.2$，也就是说θ的取值范围在1～1.2之间。但由于受到试验条件的限制，试件的数量有限，回归数据的样本点少，可能会导致得出的结论的适用范围有限。因此，有必要从理论上对不同条件下翼缘的影响进行深入研究。根据剪应力的求解公式，编制程序分别计算沿腹板方向加载和沿翼缘方向加载时的T形柱以及沿工程轴加载的L形、十字形柱，在考虑翼缘与不考虑翼缘时的截面剪应力分布情况，并求出截面的最大剪应力。为便于计算，在程序中作了以下假定：中性轴的位置与形心轴的位置重合并且中性轴垂直于水平荷载的方向；剪应力平行于水平荷载并沿肢宽均匀分布。

通过计算分析，得出以下结论：考虑翼缘时计算得到的最大剪应力均小于不考虑翼缘时的最大剪应力，也就是说翼缘的存在会使截面的抗剪承载力提高；肢高肢厚比的变化对翼缘的影响程度有影响，但在肢高肢厚比一定的前提下，改变柱肢厚度对剪应力的分布没有影响；不同的加载方向，T形柱中翼缘对抗剪承载力的影响不同。

为便于使用，定义翼缘对抗剪承载力影响系数为θ，通过程序计算，不同截面在不同情况下的θ值，如表4.7所示。

不同截面不同加载方向的θ值 **表4.7**

肢高肢厚比	T形柱		L形柱	十字形柱
	沿腹板加载	沿翼缘加载	沿工程轴加载	沿工程轴加载
2.5	1.0007	1.305	1.0007	1.305
3	1.0019	1.208	1.0019	1.208
3.5	1.0073	1.152	1.0073	1.152
4	1.0137	1.117	1.0137	1.117

由表4.7可见，T形柱沿腹板加载和L形柱沿工程轴加载θ值可取为1.0；T形柱沿翼缘加载和十字形柱沿工程轴加载时θ可取1.117～1.305。

根据表4.7的数据回归，对于等肢异形柱，当T形柱沿翼缘加载和十字形柱沿工程轴加载时，θ可按下式计算：$\theta=2.056-1.26(h-h_f)b/(b_f h_f)$，$b_f$为翼缘的宽度，$h_f$为翼缘的高度，$b$为腹板的宽度，$h$为与加载方向平行的柱肢截面高度，当$\theta<1.117$时；取$\theta=1.117$，当$\theta>1.305$时，取$\theta=1.305$，$\theta$的取值范围在1.117～1.305之间。

6. 斜向荷载的分解处理

斜向荷载作用下，由于截面不规则，两个柱肢均与荷载方向斜交，为简化计算，将斜向荷载分解成平行于两个柱肢方向的分荷载，然后分别计算各柱肢的抗剪强度。由于异形柱两个柱肢存在相交部分，只能在一个方向的计算中考虑这部分的作用，如L形柱，假如已经有一个方向取柱肢的全长，则另一个方向应取去掉共同部分后的肢长。对于斜向荷载作用下，由于已经单独计算了两个柱肢的作用，此时不能再考虑翼缘影响的提高系数θ。

7. 计算公式

对钢筋混凝土柱的剪切开裂荷载，国内外进行了大量的试验，得到了大量的数据，钢筋混凝土柱的开裂荷载计算公式如下。

单调加载时：

$$V_c=\frac{0.2}{\lambda+1.5}f_cbh_0+0.07N \tag{4-6}$$

反复加载时：

$$V_c=\frac{0.16}{\lambda+1.5}f_cbh_0+0.056N \tag{4-7}$$

将式（4-6）和式（4-7）分别代入式（4-1）并考虑翼缘影响的提高系数 θ 得：

单调加载时：

$$V_{cr,v}=(1+\alpha)\cdot\left(\frac{0.2}{\lambda+1.5}\theta f_cbh_0+0.07N\right) \tag{4-8}$$

反复加载时：

$$V_{cr,v}=(1+\alpha)\cdot\left(\frac{0.16}{\lambda+1.5}\theta f_cbh_0+0.056N\right) \tag{4-9}$$

利用上述公式计算部分试件的开裂荷载并与试验实测值进行比较，如表 4.8 所示。表中试验值与计算值比值的平均值 $\mu=1.044$，均方差 $\sigma=0.203$，变异系数 $c_v=0.195$。可见利用式（4-8）和式（4-9）计算型钢混凝土异形柱的剪切开裂荷载是可行的。

剪切开裂荷载的试验值与计算值比较　　**表 4.8**

试件编号	试验值(kN)	计算值(kN)	试验值/计算值
XT1	165	143.4	1.15
XT2	150	119.7	1.25
XT3	190	168.5	1.13
XT4	240	163.5	1.47
T1	50	50.5	0.99
T2	40	49.4	0.81
T5	100	88.7	1.13
T6	40	40.6	0.98
T9	50	67.1	0.75
L1	50	50.8	0.98
L4	50	65.8	0.76
十1	70	60.3	1.16
十4	80	79.7	1.01

4.2.2　型钢混凝土异形柱单向受剪极限承载力计算

型钢混凝土异形柱是主要配置型钢并配有适量的纵向钢筋和箍筋的混凝土异形构件，如果将型钢、钢筋和混凝土作为一个整体，同时考虑三者之间的相互影响来确定其抗剪承载能力，将非常困难。

由于型钢混凝土异形柱截面形状不规则，其抗剪承载力的计算有其自身特点。不同的加载方向，构件的抗剪截面不一样，以 L 形柱为例，荷载作用于工程轴方向时，只是与荷载方向平行的柱肢单面受剪，但它又与传统的矩形柱不同，尽管都是单面受剪，但它存在着垂直柱肢的影响；其次，当斜向荷载作用时，构件是两个柱肢受剪。可见，型钢混凝土异形柱的抗剪承载力计算较传统的型钢混凝土矩形或方形柱复杂，同时由于配置了型钢，型钢混凝土异形柱的抗剪承载力计算又比普通的钢筋混凝土异形柱困难。尽管目前国内外对型钢混凝土构件的抗剪能力研究较多，但关于斜向荷载作用下的型钢混凝土构件抗剪承载力计算的文献尚不多见。

本节从试验的破坏机理出发，按实腹式配钢和空腹式配钢两种不同配钢形式分别研究型钢混凝土异形柱的受剪承载力，结合其截面特点，分别给出不同加载方向不同类型异形柱的受剪计算公式，对T形柱而言，包括沿腹板、沿翼缘和斜向加载三种情况，对L形、十字形柱则分为沿工程轴和斜向加载两种情况。

1. 剪切斜压破坏的抗剪承载力计算

由破坏形态和破坏机理分析可知，剪切斜压破坏主要是由于柱中被斜裂缝分割而成的斜向混凝土被压碎破坏，破坏时型钢腹板（腹杆）、箍筋均达到屈服。对于实腹式配钢的型钢混凝土异形柱剪切斜压强度，参照相关研究文献，忽略型钢与混凝土之间的粘结作用，采用叠加方法计算，构件的抗剪承载力由型钢和钢筋混凝土两部分承担，即：

$$V=V_{rc}+V_s \tag{4-10}$$

式中 V_{rc}——钢筋混凝土部分承担的剪力；

V_s——型钢部分承担的剪力。

对于空腹式配钢的型钢混凝土异形柱剪切斜压破坏的强度计算，则把斜腹杆看成弯起钢筋、水平腹杆看作箍筋，按钢筋混凝土结构理论计算其抗剪承载力，计算公式的表达形式与式（4-10）相同，但V_s项包含有两部分，即斜腹杆的抗剪承载力和水平腹杆的抗剪承载力。

1）型钢部分的抗剪承载力V_s

① 实腹式配钢型钢混凝土异形柱中型钢的抗剪承载力V_s

对于同时承受轴力、弯矩和剪力的型钢截面，精确计算其塑性极限承载力是很困难的。参照相关研究，计算型钢的抗剪承载力时，作了以下假定：剪力全部由腹板承受，弯矩和轴力由翼缘和腹板共同承担；腹板中正应力和剪应力均匀分布，且服从Mises屈服条件，即：

$$\left(\frac{\sigma}{f_s}\right)^2+\left(\frac{\tau}{\tau_s}\right)^2=1 \tag{4-11}$$

式中 f_s——型钢的简单拉伸屈服应力；

τ_s——型钢的纯剪屈服应力，$\tau_s=f_s/\sqrt{3}$。

由于型钢混凝土异形柱截面不对称，截面的配钢也很难做到对称。因此，在进行计算时对截面配钢需作以下处理：单向抗剪情况下，对于T形型钢混凝土异形柱，当荷载作用于腹板方向时，由于只考虑腹板的抗剪作用，翼缘中所有的型钢简化成集中于翼缘与腹板交接处的一个大型钢，简化后的腹板两端的型钢一般不对称，此时需偏安全地换算成对称截面（按小面积的型钢对称）；对于沿翼缘加载和沿工程轴加载的L形、十字形柱，则只需按与荷载方向一致的柱肢两端小面积的型钢对称，简化过程如图4.26所示。

根据上述基本假定，在塑性状态下，型钢截面的应力分布有两种可能的情况，即中性轴位于型钢腹板和中性轴位于型钢翼缘。型钢混凝土异形柱与传统的型钢混凝土矩形柱相比，柱肢更细长。同时，异形柱的轴压比限值比矩形柱严格，型钢混凝土异形柱的竖向荷载一般不会很大，因此，对于型钢混凝土异形柱，中性轴一般位于腹板。仅就中性轴位于

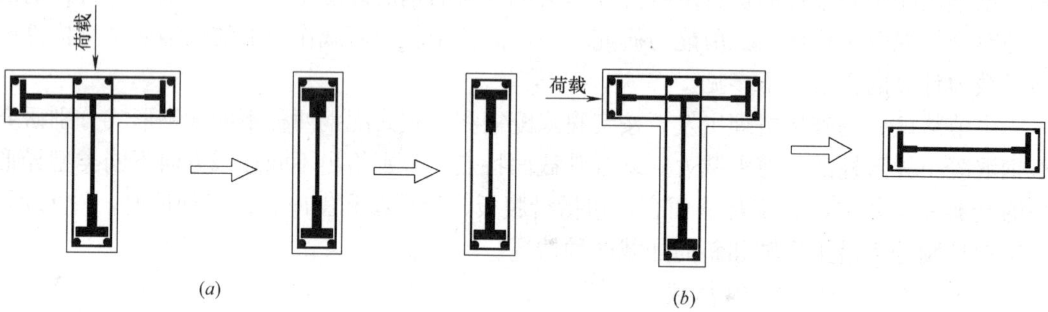

图 4.26　T 形型钢混凝土异形柱截面型钢简化示意
(a) 沿腹板方向加载；(b) 沿翼缘方向加载

腹板的情况进行分析，其应力分布如图 4.27 所示。整个柱肢腹板厚度均取截面中最小厚度。

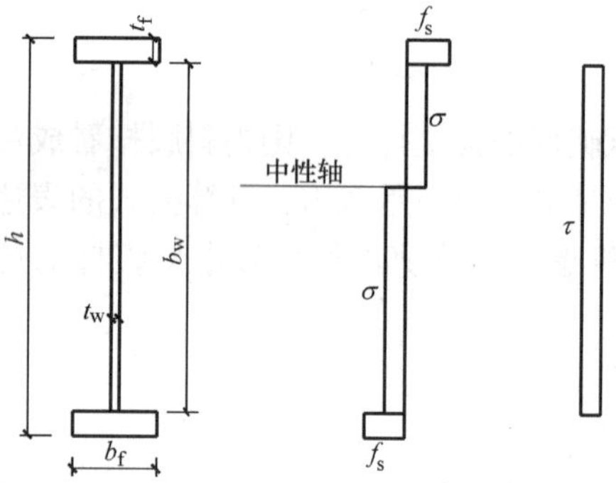

图 4.27　塑性状态下型钢截面的应力分布

根据图 4.27 可得到相应的轴力-剪力-弯矩的相关方程为：

$$\left(\frac{N_s}{N_{wy}}\right)^2+\left(\frac{V_s}{V_{sy}}\right)^2+\left(\frac{M_s}{M_{wy}}-\frac{M_{fy}}{M_{wy}}\right)\sqrt{1-\left(\frac{V_s}{V_{sy}}\right)^2}=1 \tag{4-12}$$

式中，$N_{wy}=t_w h_w f_s$；$V_{sy}=\frac{1}{\sqrt{3}}t_w h_w f_s$；$M_{fy}=b_f t_f f_s\ (h_w+t_f)$；$M_{wy}=\frac{1}{4}t_w h_w^2 f_s$。

对于型钢混凝土异形框架柱中的型钢，根据其受力模型，弯矩与剪力之间存在以下关系：

$$M_s=V_s\cdot\frac{L}{2} \tag{4-13}$$

代入式 (4-12) 得：

$$\left(\frac{V_s L}{2M_{wy}}-\frac{M_{fy}}{M_{wy}}\right)\sqrt{1-\left(\frac{V_s}{V_{sy}}\right)^2}=1-\left(\frac{V_s}{V_{sy}}\right)^2+\left(\frac{N_s}{N_{wy}}\right)^2 \tag{4-14}$$

展开整理得：

$$\left(\frac{1}{V_{sy}^4}+\frac{L^2}{4M_{wy}^2V_{sy}^2}\right)V_s^4-\frac{LM_{fy}}{M_{wy}^2V_{sy}^2}V_s^3-\left(\frac{2}{V_{sy}^2}+\frac{L^2}{4M_{wy}^2}-\frac{M_{fy}^2}{V_{sy}^2M_{wy}^2}-\frac{2N_s^2}{V_{sy}^2N_{wy}^2}\right)V_s^2$$
$$+\frac{LM_{fy}}{M_{wy}^2}V_s+\left[1-\left(\frac{N_s}{N_{wy}}\right)^2\right]^2-\frac{M_{fy}^2}{M_{wy}^2}=0 \tag{4-15}$$

令：

$$a=\frac{1}{V_{sy}^4}+\frac{L^2}{4M_{wy}^2V_{sy}^2}；\ b=\frac{LM_{fy}}{M_{wy}^2V_{sy}^2}；$$
$$c=\frac{2}{V_{sy}^2}+\frac{L^2}{4M_{wy}^2}-\frac{M_{fy}^2}{V_{sy}^2M_{wy}^2}-\frac{2N_s^2}{V_{sy}^2N_{wy}^2}；$$
$$d=\frac{LM_{fy}}{M_{wy}^2}；\ e=\left[1-\left(\frac{N_s}{N_{wy}}\right)^2\right]^2-\frac{M_{fy}^2}{M_{wy}^2}$$
$$aV_s^4-bV_s^3-cV_s^2+dV_s+e=0 \tag{4-16}$$

求解上式的关键是 N_s 的取值，只要能给定该值，就可以通过迭代法求解上式高次方程（一般需要编程），求出 V_s。但要精确确定 N_s 值实际上是很困难的，由于型钢与混凝土之间或多或少都有粘结滑移的存在，以及部分混凝土被压碎逐渐退出工作，导致型钢与混凝土之间产生内力重分布，为了能求解，可以近似认为 N_s 的取值按型钢与混凝土的初始轴力决定，即：

$$N_s=\frac{N}{f_c(A_c+\alpha_s A_s+\alpha_{ss}A_{ss})}\cdot\alpha_{ss}\cdot h_s\cdot t_w \tag{4-17}$$

式中 f_c——混凝土抗压强度；

$$\alpha_s=E_s/E_c$$
$$\alpha_{ss}=E_{ss}/E_c$$

A_c——混凝土面积；

A_s——纵筋面积；

A_{ss}——纵向型钢总面积；

E_c——混凝土弹性模量；

E_s——钢筋弹性模量；

E_{ss}——型钢弹性模量。

由于异形柱的截面不规则，轴压比限值要比矩形柱严格，型钢混凝土异形柱的竖向荷载一般较型钢混凝土矩形柱小，并且已有研究表明，即使是型钢混凝土矩形柱，在轴压比限值范围内，竖向荷载在型钢截面上产生的平均压应力也在 0.05～0.15f_y之间。因此，作为简化计算，可近似认为轴力全部由钢筋混凝土部分承担，忽略轴力对型钢受力性能的影响，即 $N_s=0$，代入式（4-15）并化简求解得：

$$V_s=\frac{2LM_{fy}V_{sy}^2+2M_{wy}V_{sy}\sqrt{L^2\cdot V_{sy}^2-4(M_{fy}^2-M_{wy}^2)}}{L^2V_{sy}^2+4M_{wy}^2} \tag{4-18}$$

本节分别利用式（4-16）和式（4-18）计算试件 T9，利用式（4-16）的计算结果为 V_s=161.4kN，利用式（4-18）的计算结果为 V_s=161.5kN，两者几乎一致。为了简化计算，建议在计算试件的抗剪承载力时，可以采用更为简单的式（4-18）计算。

我国型钢混凝土组合结构技术规程对实腹式配钢的矩形型钢混凝土柱采用了更为简化的计算方法，认为型钢腹板仅受剪力，$V_s=0.58f_yt_wh_w$，利用此式计算试件 T9 得 V_s=186kN，是式（4-18）的计算结果的 1.15 倍。

② 空腹式配钢型钢混凝土异形柱中型钢的抗剪承载力 V_s

与实腹式配钢不同，空腹式配钢的型钢混凝土构件的腹板型钢不连续，导致其受力性能有很大的不同。首先，它不能承担轴力；其次，截面剪应力均匀分布的假定不再适用。因此，不能用式（4-16）或式（4-18）计算。注意到空腹式配钢的型钢混凝土构件通常由交叉斜腹杆和水平腹杆组成，其受力及破坏形态与带弯起钢筋的钢筋混凝土构件相似。因此，可以把斜腹杆看成弯起钢筋，水平腹杆看成箍筋，按普通钢筋混凝土构件的计算方法计算，因此有：

$$V_s=f_{sw}A_w\cos\theta+\frac{A_{wh}}{s}f_{sw}h_0 \tag{4-19}$$

式中 f_{sw}——腹杆钢材的屈服强度；

A_w——同一截面内斜腹杆截面面积；

θ——斜腹杆与剪力方向一致的水平腹杆的倾角；

A_{wh}——水平腹杆的截面积；

s——水平腹杆沿构件高度方向的间距；

h_0——水平腹杆的计算高度，取 $h_0=h-a_s$，a_s为纵向型钢的混凝土保护层厚度。

2）钢筋混凝土部分的抗剪承载力 V_{rc}

钢筋混凝土部分的抗剪承载力主要包括混凝土和钢（箍）筋的抗剪能力，同时由于轴向压力的影响，使构件的抗剪能力有所提高。型钢混凝土异形柱中钢筋混凝土部分的抗剪承载力计算可以参照现有的钢筋混凝土异形柱规程以及混凝土结构设计规范的计算方法。

钢筋混凝土异形柱规程规定对于 T 形、L 形、十字形柱的计算公式与我国现行《混凝土结构设计规范》对 T 形、工形截面的钢筋混凝土受压构件的规定一样，其抗剪承载力可按式（4-20）或式（4-21）计算。

无地震作用组合：

$$V_{rc}\leqslant\frac{1.75}{\lambda+1.0}f_tb_ch_0+f_{yv}\frac{A_{sv}}{s}h_0+0.07N \tag{4-20}$$

有地震作用组合：

$$V_{rc}\leqslant\frac{1}{\gamma_{RE}}\left(\frac{1.05}{\lambda+1.0}f_tb_ch_0+f_{yv}\frac{A_{sv}}{s}h_0+0.056N\right) \tag{4-21}$$

必须指出的是上述两式均未考虑异形柱中翼缘的存在对抗剪承载力起到的提高作用。前述研究已经表明，翼缘的存在能够改变截面的剪应力分布情况，并提高构件的抗剪能力。采用提高系数 θ 来表示这种影响，θ 的取值与截面形状和异形柱的肢高肢厚比以及加载方向有关，具体取值已在表 4.7 中给出。考虑翼缘影响后，型钢混凝土异形柱中钢筋混凝土部分的抗剪承载力计算公式为：

无地震作用组合：

$$V_{rc}\leqslant\frac{1.75}{\lambda+1.0}\theta\cdot f_tb_ch_0+f_{yv}\frac{A_{sv}}{s}h_0+0.07N \tag{4-22}$$

有地震作用组合：

$$V_{rc}\leqslant\frac{1}{\gamma_{RE}}\left(\frac{1.05}{\lambda+1.0}\theta\cdot f_tb_ch_0+f_{yv}\frac{A_{sv}}{s}h_0+0.056N\right) \tag{4-23}$$

上述公式中，λ 为剪跨比，$\lambda=M/(Vh_0)$；对框架结构中的框架柱，当其反弯点在层高范围内时，取 $\lambda=L/(2h_0)$，当 $\lambda<1.0$ 时，取 $\lambda=1.0$；当 $\lambda>3.0$ 时，取 $\lambda=3.0$；此处，M 为计算截面上与剪力设计值 V 对应的弯矩设计值，L 为柱净高；N 为与剪力设计值 V 对应的轴向压力设计值，当 $N\geqslant0.3(f_cA_c+f_sA_{ss})$时，取 $N=0.3(f_cA_c+f_sA_{ss})$，此处，A_c 为混凝土净截面面积，A_{ss}为纵向型钢截面面积；γ_{RE}为受剪承载力抗震调整系数，取 $\gamma_{RE}=0.85$；A_{sv}为配置在与剪力平行的柱肢截面内箍筋各肢总截面面积；$A_{sv}=nA_{sv1}$，此处，n 为同一截面内箍筋的肢数，A_{sv1} 为单肢箍筋的截面面积；s 为与剪力方向平行的柱肢截面内箍筋沿高度方向的间距；b_c 为与剪力方向平行的柱肢截面宽度；h_0 为与剪力方向平行的柱肢截面有效高度，取 $h_0=h-a_r$，a_r为纵筋的混凝土保护层厚度。

3）计算结果和试验结果的比较

利用上述公式计算试验中发生剪切斜压破坏的试件的抗剪承载力，并与试验实测结果进行对比，如表4.9所示。统计表明，构件抗剪承载力的试验值与计算值之比的平均值$\mu=1.194$，方差$\delta=0.233$，变异系数$c_v=0.195$。由表4.9可以看出，实腹式配钢试件的计算结果偏于安全，这与采用了叠加法有关，也再次验证了该方法计算结果偏于安全。

剪切斜压破坏的型钢混凝土异形柱抗剪承载力计算结果与试验结果的比较　　**表4.9**

试件编号	配钢形式	轴压比n	加载角	剪跨比λ	混凝土强度f_t(MPa)	试验值V_t(kN)	计算值V_c(kN)	V_t/V_c
XT1	T形钢	0.12	沿腹板	1.6	2.980	240.0	226.9	1.06
XT2	T形钢	0.23	沿腹板	2.18	2.980	285.0	188.6	1.516
XT3	T形钢	0.23	沿腹板	1.6	2.980	420.0	251.2	1.676
XT4	T形钢	0.23	沿腹板	1.6	2.980	370.0	275.6	1.346
XT5	T形钢	—	沿腹板	2.0	3.660	192.5	160.8	1.20
XT6	T形钢	—	沿腹板	1.8	3.660	250.0	175.4	1.43
XT7	T形钢	—	沿腹板	1.2	3.660	221.5	240.2	0.92
XT8	T形钢	—	沿腹板	1.5	3.660	234.0	208.8	1.12
T1	T形钢	0.30	沿翼缘	1.0	2.251	175.8	176.5	0.996
T2	T形钢	0.50	沿腹板	2.0	2.342	168.4	169.8	0.992
T9	实腹	0.50	沿腹板	1.0	2.354	290.4	239.5	1.21
十1	T形钢	0.50	沿工程轴	1.0	2.251	190.2	182.3	1.04

注：此表只计算单向抗剪情况，对于斜向荷载作用下的抗剪承载力计算值与试验值的比较将在后面研究。

2. 剪切粘结破坏的抗剪承载力计算

由试验的破坏形态和破坏机理分析可知，剪切粘结破坏主要是由于型钢和混凝土之间的粘结作用丧失而导致型钢外侧保护层混凝土劈裂而破坏。破坏主要发生在受压面积较小肢端的型钢外侧，对T形柱沿腹板方向加载时，破坏发生在腹板端部，这是受压面积较小的部位，竖向的压应力相对较大，引起的混凝土横向拉伸变形相应加大，因此，更容易发生剪切粘结破坏。试件破坏时型钢腹板（腹杆）和箍筋屈服。由于剪切粘结破坏时，型钢与混凝土之间的粘结作用已基本丧失，因而构件的抗剪承载力可以采用叠加的方法进行计算，抗剪承载力由型钢和钢筋混凝土两部分承担，其表达式与剪切斜压破坏一样，即：

$$V=V_{rc}+V_s \tag{4-24}$$

式中　V_{rc}——钢筋混凝土部分承担的剪力；

V_s——型钢部分承担的剪力。

1）型钢部分的抗剪承载力V_s

剪切粘结破坏时，型钢腹板（腹杆）达到屈服，从受力机理上看，型钢部分的抗剪承载力V_s与剪切斜压破坏的计算一样，分为实腹式配钢和空腹式配钢两种情况的计算，分别采用式（4-18）和式（4-19）计算。但由于剪切粘结破坏时型钢的应变值不一定能达到屈服应变，并且考虑到斜腹杆（相当于弯起钢筋）与斜裂缝相交时，有可能已接近受压区，型钢的作用不可能全部发挥作用，故将型钢的强度乘以0.8的折减系数。

2）钢筋混凝土部分的抗剪承载力V_{rc}

钢筋混凝土部分的抗剪承载力V_{rc}，与剪切斜压破坏时有所不同，尽管表达方式上一致，由混凝土项和箍筋项组成，但由于混凝土的破坏方式发生很大改变，其抗剪承载力计算不能再采用上述方法。

① 混凝土的抗剪承载力 V_c

由于该类型的破坏主要发生在型钢翼缘外侧与混凝土的交界面，因此，该截面的抗剪能力起决定性作用，是计算的不利截面。图 4.28（*a*）所示为试件的受力模型；图 4.28（*b*）所示为构件微段的破坏示意及内力模型，图 4.28（*c*）所示为构件内型钢外翼缘外围混凝土内力模型。图 4.29 所示为劈裂面上型钢翼缘两侧混凝土单元体的受力状态图，假定图中 σ_x为劈裂面横向压应力，它主要由混凝土的握裹作用和箍筋的约束作用产生，由于混凝土的握裹作用相对于箍筋的约束作用轻微得多，为方便计算，近似认为 σ_x由箍筋的约束作用提供，并且假定箍筋的约束作用均匀分布在劈裂面上，由于箍筋是有一定间距的，这个假定会高估箍筋的约束作用，但由于忽略了混凝土之间的握裹作用，两者一增一减，这个假定应该是可行的，因此有：

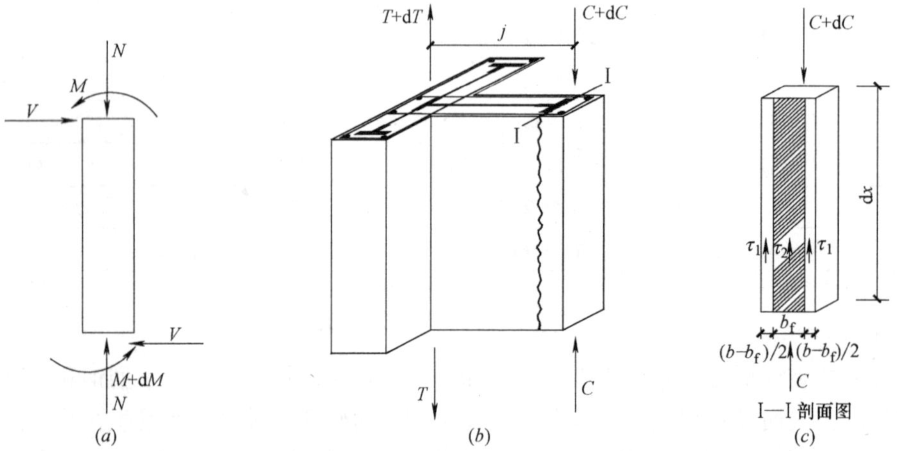

图 4.28　剪切粘结破坏时构件的受力计算模型

（*a*）试件的受力模型；（*b*）微段的破坏示意及内力模型；（*c*）翼缘外侧混凝土内力模型

$$\sigma_x = \frac{A_{sv}}{bs}\sigma_s \tag{4-25}$$

式中　A_{sv}——与剪力方向平行的柱肢截面内箍筋各肢截面面积之和；

s——沿构件高度方向箍筋的间距；

b——与剪力方向平行的柱肢截面宽度；

σ_s——箍筋的应力，根据试验实测结果取 $\sigma_s = f_y$。

σ_y 为劈裂面纵向压应力，它主要由轴向压力和弯矩作用产生，由于弯矩作用是一个变量，它随剪力的变化而变化，为方便计算，近似认为此应力仅由轴压力引起，即：

$$\sigma_y = \frac{N}{A} \tag{4-26}$$

式中　N——构件的轴力；

A——构件的全截面面积。

τ_{xy}为劈裂面型钢翼缘两侧的纵向剪应力，实质上就是图 4.28（*c*）中的 τ_1。图 4.29 单元体的主应力为：

$$\left.\begin{matrix}\sigma_{\max}\\ \sigma_{\min}\end{matrix}\right\}=\frac{\sigma_x+\sigma_y}{2}\pm\sqrt{\left(\frac{\sigma_x-\sigma_y}{2}\right)^2+\tau_{xy}^2} \qquad (4\text{-}27)$$

式中规定压应力为正，拉应力为负。由于我们关心的是最大主拉应力，当劈裂面上的最大主拉应力达到混凝土的极限抗拉强度 f_t 时，构件将发生劈裂，并注意到 $\tau_{xy}=\tau_1$，代入上式得：

$$\tau_1=\sqrt{\left(f_t+\frac{\sigma_x+\sigma_y}{2}\right)^2-\left(\frac{\sigma_x-\sigma_y}{2}\right)^2} \qquad (4\text{-}28)$$

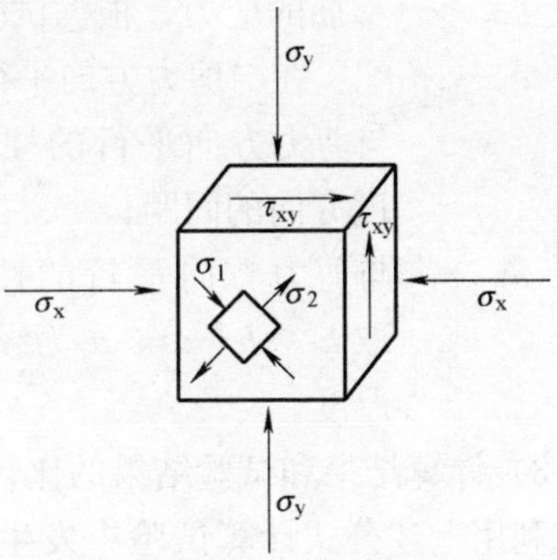

图 4.29 劈裂面上混凝土的受力模型

将式（4-25）和式（4-26）分别代入，并化简得：

$$\tau_1=\frac{1}{2}\sqrt{\left(2f_t+\frac{A_{sv}}{bs}f_y+\frac{N}{A}\right)^2-\left(\frac{A_{sv}}{bs}f_y-\frac{N}{A}\right)^2} \qquad (4\text{-}29)$$

由图 4.28（c）可知，劈裂面上的剪应力由两部分组成，第一部分为型钢翼缘两侧混凝土的剪应力 τ_1；第二部分为型钢翼缘与混凝土之间的粘结应力 τ_2，对 τ_2 的取值，有：

单调荷载作用下：

$$\tau_2=(0.2378+0.4480C_{ss}/d)f_t \qquad (4\text{-}30)$$

反复荷载作用下：

$$\tau_2=\lambda_{cy}(0.2378+0.4480C_{ss}/d)f_t \qquad (4\text{-}31)$$

式中 C_{ss}——型钢翼缘的混凝土保护层厚度；

d——型钢的截面高度；

f_t——混凝土的抗拉强度；

λ_{cy}——反复荷载作用下的粘结滑移退化系数，取 0.83。

由图 4.28 剪切粘结破坏时构件的受力计算模型可得：

$$V_c\mathrm{d}x=\mathrm{d}M \qquad (4\text{-}32)$$

$$\mathrm{d}C\cdot j=\mathrm{d}M \qquad (4\text{-}33)$$

$$\mathrm{d}C=[\tau_1(b-b_f)+\tau_2b_f]\mathrm{d}x \qquad (4\text{-}34)$$

因此有：

$$V_c=[\tau_1(b-b_f)+\tau_2b_f]\cdot j \qquad (4\text{-}35)$$

式中 j——内力臂，取与剪力方向平行的柱肢截面受压型钢翼缘外侧混凝土保护层厚度的中点到受拉型钢形心的距离。

综上分析，要求剪切粘结破坏时混凝土项的抗剪强度，分别利用式（4-29）求出 τ_1，用式（4-30）或（4-31）求出 τ_2，然后代入式（4-35）即得所求。

② 箍筋的抗剪作用 V_{sv}

在型钢混凝土异形柱中，箍筋不但可以直接抵抗剪力，同时起到约束混凝土的作用，从而改善型钢与混凝土之间的粘结性能。因此，在型钢混凝土异形柱中配置一定数量的箍筋是必要的，试验结果表明，发生剪切粘结破坏时，箍筋能达到屈服强度，因此有：

$$V_{sv}=\sigma_s\frac{A_{sv}}{s}h_0 \qquad (4\text{-}36)$$

式中　σ_s——箍筋的应力，根据试验实测结果 $\sigma_s=f_y$；

A_{sv}——配置在与剪力方向平行的柱肢截面内箍筋各肢总截面面积；

s——与剪力方向平行的柱肢截面内箍筋沿高度方向的间距；

h_0——与剪力方向平行的柱肢截面有效高度，取 $h_0=h-ar$，a_r为纵筋的混凝土保护层厚度。

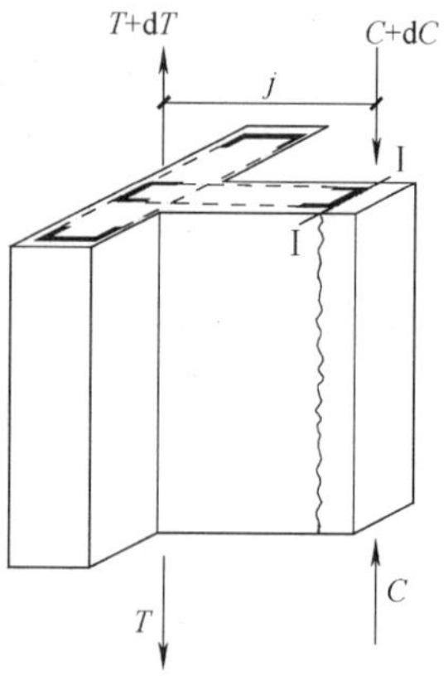

图 4.30　配槽钢柱的力学模型

3）计算结果和试验结果的比较

利用上述公式计算试验中发生剪切粘结破坏试件的抗剪承载能力，只有试件 T6、L1 发生了该类型的破坏，且 T6、L1 均是配置槽钢桁架，由于截面中不配纵向钢筋，箍筋直接与槽钢相连，如图 4.30 所示。因此，在利用式（4-29）计算 τ_1 时，可以认为 $\sigma_x=0$。计算结果如表 4.10 所示，并与试验结果进行比较，试验值与计算值之比的平均值 $\mu=0.965$，方差 $\delta=0.001$，变异系数 $c_v=0.001$，两者吻合较好。

剪切粘结破坏的型钢混凝土异形柱抗剪

承载力的计算结果与试验结果的比较　　表 4.10

试件编号	配钢形式	轴压比 n	加载角	剪跨比 λ	混凝土强度 f_t(MPa)	试验值 V_t(kN)	计算值 V_c(kN)	V_t/V_c
T6	槽钢	0.3	沿腹板	2	2.342	151.0	156.4	0.965
L1	槽钢	0.3	沿工程轴	1	2.352	151.05	156.5	0.968

4.2.3　型钢混凝土异形柱双向受剪极限承载力计算

1. 低周反复加载试验

在工程结构中，由于地震的随机性，任何方向的地震作用均有可能出现，型钢混凝土异形柱往往会受到来自斜向水平荷载的作用，从而在截面中形成双向剪切的受力状态。双向受剪较单向受剪复杂，国外从 20 世纪 60 年代起就对此问题进行了专门的试验研究，取得了一些重要成果，Hidetaka. Maruyama. 等人通过对 38 根矩形及方形短柱的试验研究，讨论了在与工程轴方向一致及不同斜弯角作用下的抗剪强度，研究表明：(1) 随着斜弯角增加，斜截面抗剪强度降低，并认为原因在于随斜弯角增加，剪跨比增加，故抗剪强度降低；(2) 对于两个方向加载的试件，一旦任一方向的变形达到了单方向荷载作用下峰值荷载对应的变形，截面将不能承担单向作用下相应的荷载，即承载力降低，因此，只要两方向中任一方向变形不超过单向荷载峰值对应的变形，两方向受力时的受剪承载力与单方向受力时差别不大；（3）受剪强度与荷载角相关曲线具有以下特点：对于方形柱，$V_x/A\sqrt{f'_c}-V_y/A\sqrt{f'_c}$相关曲线近似圆形；对于矩形柱，$V_x/A\sqrt{f'_c}-V_y/A\sqrt{f'_c}$相关曲线近似椭圆形。同济大学的陈裕周等进行了 24 根斜向水平荷载作用下钢筋混凝土矩形柱的试验研究，得出以下结论：对于剪切破坏的钢筋混凝土柱，斜向与正向加载属于同一延性等级；无论单调还是反复加载，荷载角对受剪强度的影响均服从椭圆规律；斜向水平荷载作用下的框架柱，如果按$V_x=V_{ux}$和$V_y=V_{uy}$在两个工程轴方向上分别进行受剪强度复核，其结果是不安全的。此外，天津大学的王立军等通过对两组8根钢筋混凝土框架柱的试验和分析，研究了斜向水平荷载作用下两个主轴方向上配箍量不等的矩形柱的破坏形态和受剪性能，其中一组为单调加载，另外一组为低周反复加载，试验结果表明：两个主轴方向上配箍量不等的柱的破坏形态与配箍量相等的柱的情况相似，其受剪承载力满足类椭圆方程，同时认为斜向往复荷载下的受剪承载力取斜向单调加载下受剪承载力的0.8倍是安全的。基于以上研究成果，我国现行混凝土结构设计规范采用了超强系数的计算方法进行斜向荷载的抗剪强度计算，但只是给出了矩形截面柱的计算公式，对于异形柱没有提及。超强系数的设计计算公式为：

$$V_x \leqslant \frac{V_{ux}}{\sqrt{1+\left(\frac{V_{ux}\tan\theta}{V_{uy}}\right)^2}} \tag{4-37}$$

$$V_y \leqslant \frac{V_{uy}}{\sqrt{1+\left(\frac{V_{uy}}{V_{ux}\tan\theta}\right)^2}} \tag{4-38}$$

式中 V_{ux}、V_{uy}——分别为沿x轴、y轴单独受剪的抗剪强度；

θ——斜向荷载与x轴的夹角。

对于异形柱的双向受剪问题，研究资料尚不多见，国外没有查到该方面的研究工作，国内只有天津大学康谷贻、华南理工大学冯建平和大连理工大学黄承逵等人进行了一些试验研究，由于研究还不成熟，异形柱规程未给出双向受剪时的抗剪承载力计算公式。天津大学通过对4根钢筋混凝土T形柱、5根L形柱进行不同荷载方向下的低周反复加载试验，得出以下结论：L形柱和T形柱受剪承载力与水平荷载作用方向相关曲线呈梅花瓣形，在斜向水平荷载作用下（相当于在两轴上同时作用水平剪力V_x、V_y），设计时分别按V_x、V_y进行验算，若满足要求，则柱斜向受剪承载力同样满足，而且从试验得出的荷载-位移曲线看，斜向荷载的T形、L形柱的延性与正向加载时基本相同。大连理工大学通过对8根斜向受剪试件的试验研究（其中L形、T形柱各3根，十字形柱2根，均为钢筋混凝土异形柱），得出了以下主要结论：(1) 对于L形、T形和十字形柱，斜向加载试件的延性基本等同或好于框架轴方向加载试件，因此认为只要框架轴方向延性满足要求，则斜向作用时延性也满足要求；(2) 对于等肢L形、T形柱斜向受剪时的抗剪承载力大于框架轴方向，但对于十字形柱则是斜向受剪时的抗剪承载力略小于框架轴方向；(3) L形、T形柱受剪承载力与水平荷载作用方向相关曲线呈梅花瓣形，十字形柱的相关曲线则近似呈菱形。但文献没有对这一现象作深入分析，只是简单地认为是试验结果的离散性所致。因此，给出了以下结论，对等肢L形、T形和十字形柱，承受斜向水平力作用时，如果分别按框架轴方向进行受剪承载力计算满足要求后，则在斜向水平荷载作用下其受剪承载力也能满足。天津大学的赵彤通过对9根高强混凝土L形柱进行研究（其中两根斜向加载），得出以下结论：斜向加载的抗剪承载力高于正向加载，工程设计时只要两个工程轴方向的抗剪承载力满足要求，则斜向荷载时的抗剪强度同样满足。

为了研究斜向荷载对型钢混凝土异形柱受剪承载力的影响，本章对T形柱进行了0°（沿翼缘）、45°和90°（沿腹板），对L形、十字形柱进行了0°（沿工程轴）、45°方向加载的试验研究。在极坐标内，以角度 α 表示荷载作用方向，以极半径表示抗剪强度特征值 $V_{u\alpha}/f_t bh_0$，由于试验为低周反复荷载试验，所以 45°方向就得出了两个方向的抗剪强度(45°、225°)。同理，0°和 90°方向也可分别得出（0°、180°）和（90°、270°）两个方向的抗剪强度，对于 L 形、十字形柱则认为 0°与 90°的抗剪强度相等。根据试验结果，把同属剪切斜压破坏的试件的数据点描述在同一个极坐标系内，然后在把极坐标系转换成平面直角坐标系，即 $x=\rho\cos\alpha$，$y=\rho\sin\alpha$，结果如图 4.31 所示。由图可见，对于 T 形、L 形柱斜向受剪相关曲线接近花瓣形，说明斜向受剪承载力大于工程轴加载方向（但斜向荷载在两个工程轴方向上的分量却是小于单独单向受剪时的承载力）；但对于十字形柱的斜向受剪相关曲线接近菱形，斜向受剪承载力略小于工程轴加载方向。因此，对于十字形柱而言，满足两个工程轴方向的抗剪承载力要求，并不能认为就能满足斜向受剪时的抗剪承载力，对此有必要深入研究。

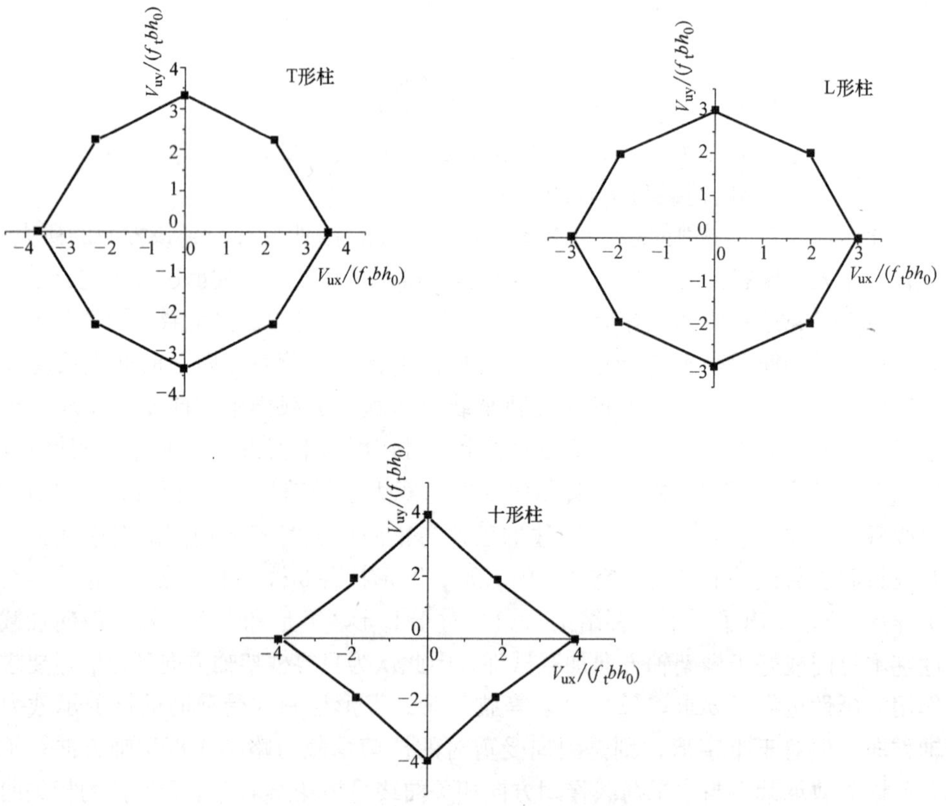

图 4.31　型钢混凝土异形柱斜向受剪承载力与荷载作用方向的相关曲线

2. 斜向加载型钢混凝土异形柱破坏机理

为了能更好地解释斜向荷载作用下，型钢混凝土异形柱的破坏形态和破坏机理，从截面剪应力分布情况入手，图 4.32 给出了各种异形柱的剪应力分布情况。由图可见，对于 T 形、L 形柱，斜向荷载作用时截面的最大剪应力比正向（沿工程轴方向）小，这主要是斜向荷载作用时，截面的抗剪面积的截面宽度增大的缘故；但对于十字形柱，则是斜向荷载作用时，截面的最大剪应力比正向加载时大，这主要是由于正向加载时垂直柱肢位于截面形心位置附近，使该处的剪应力变小，斜向加载时，在两垂直柱肢相交处也正好位于形心附近，而此处的抗剪截面宽度有一个突变（由双面抗剪变成单面抗剪）。因此，截面的最大剪应力突增，尽管两种加载方向的最大剪应力处的截面宽度一样（均为单肢宽），但正向加载时，剪应力最大截面距离截面形心比斜向加载时远，因此，正向加载时的最大剪应力较斜向加载时小。这就很好地解释了上述试验现象。

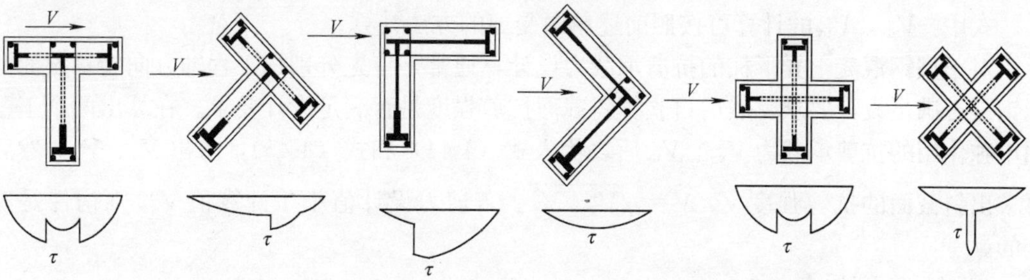

图 4.32 不同加载方向型钢混凝土异形柱的剪应力分布

3. 斜向加载型钢混凝土异形柱抗剪承载力计算

(1) T形、L形柱

由于T形、L形柱在斜向荷载作用下的相关曲线呈花瓣形，与椭圆形较为接近。借鉴矩形柱的经验，认为相关关系服从椭圆，即有：

$$\left(\frac{V_x}{V_{ux}}\right)^2+\left(\frac{V_y}{V_{uy}}\right)^2=1 \tag{4-39}$$

式中 V_x——斜向剪力 V 在 x 轴上的分量，$V_x=V\cdot\cos\theta$（θ 为剪力 V 与 x 轴的夹角）；

V_y——斜向剪力 V 在 y 轴上的分量，$V_y=V\cdot\sin\theta$；

V_{ux}、V_{uy}——分别为在 x 轴、y 轴单独受剪的抗剪承载力。

在进行斜向抗剪强度设计时，假定剪力设计值为 V，如果仅仅在两个主轴方向分别按其分量 V_x、V_y 进行正向抗剪设计，则其斜向的受剪承载力 V_u 比剪力设计值小，这样设计是不安全的。因此，在斜向荷载作用下的抗剪设计，需要在两个正方向上进行超强设计，即，增大两个正方向上的剪力设计值，取 $\xi_x V_x$、$\xi_y V_y$，并按正方向进行设计。

按照超强设计的原则，ξ_x、ξ_y 分别为两个正方向上的超强设计系数，在式（4-39）中，令 $\xi_x V_x=V_{ux}$，$\xi_y V_y=V_{uy}$，有：

$$\left(\frac{V_x}{\xi_x V_x}\right)^2+\left(\frac{V_y}{\xi_y V_y}\right)^2=1 \tag{4-40}$$

则：
$$\frac{1}{\xi_x^2}+\frac{1}{\xi_y^2}=1 \tag{4-41}$$

令 $m=\xi_x/\xi_y$，并注意到 $V_x/V_y=\tan\theta$，利用以上两式可求得：

$$\xi_x=\sqrt{1+\left(\frac{V_{ux}}{V_{uy}}\cdot\tan\theta\right)^2} \tag{4-42}$$

$$\xi_y=\sqrt{1+\left(\frac{V_{uy}}{V_{ux}}\cdot\frac{1}{\tan\theta}\right)^2} \tag{4-43}$$

参照混凝土结构设计规范，双向受剪型钢混凝土异形柱的抗剪承载力应满足如下关系：

$$V_x \leqslant \frac{V_{ux}}{\xi_x} = \frac{V_{ux}}{\sqrt{1+\left(\frac{V_{ux}}{V_{uy}}\tan\theta\right)^2}} \tag{4-44}$$

$$V_y \leqslant \frac{V_{uy}}{\xi_y} = \frac{V_{uy}}{\sqrt{1+\left(\frac{V_{uy}}{V_{ux}}\cdot\frac{1}{\tan\theta}\right)^2}} \tag{4-45}$$

式中　V_{ux}、V_{uy}的计算可按照前述单向受剪的方法计算。

对于型钢混凝土异形柱的抗剪承载力设计，通常是首先分别按工程轴方向验算截面的配钢是否满足设计要求，然后再验算斜截面抗剪强度是否满足设计要求。在算出两个工程轴单独作用的抗剪承载力V_{ux}、V_{uy}后，代入式（4-44）和式（4-45），求出V_x、V_y，然后再求出斜截面的抗剪强度V，$V=\sqrt{V_x^2+V_y^2}$。若剪力设计值小于计算值V，则构件是安全的。

（2）十字形柱

由图 4.32 可见，在两柱肢相交的核心部位，剪应力集中，是试件的薄弱部位，剪切斜压破坏的开裂和最终破坏形态主要发生在此处，这已被试验研究所证实。由图 4.32 可见，斜向荷载作用下的十字形柱的抗剪承载力比正向加载时低，因此，对于十字形柱的斜截面计算不能简单地采用 T 形、L 形柱的方法，必须研究适合该种截面的计算公式。仔细观察图 4.32 可以发现，斜向荷载作用时，构件最大剪应力截面的宽度为柱肢宽度$\sqrt{2}$倍。经过计算发现，此处的最大剪应力与正向加载时不考虑垂直柱肢影响的截面最大剪应力相等，但由于十字形柱的两个柱肢在中部相交，互相影响截面的剪应力分布，正如前面分析所说的翼缘的影响系数θ。因此，斜向加载时的抗剪承载力应为任一工程轴方向加载强度的 $1/\theta$ 倍，因此有：

$$V=V_{ux}/\theta \tag{4-46}$$

式中　θ——翼缘的影响系数，具体取值见表 4-7；

V_{ux}——沿 x 轴单独受剪时的抗剪承载力，由于十字形柱截面对称，与 y 轴单独受剪时的抗剪承载力相等，即 $V_{ux}=V_{uy}$。

（3）斜向加载型钢混凝土异形柱抗剪承载力计算值与试验值的比较

利用上述方法计算 T 形、十字形柱斜向荷载作用下的抗剪强度，并与试验实测值进行比较，如表 4.11 所示，由于斜向加载的试件中只有 T5、十 4 发生以剪切为主的破坏，试件量较少，公式的计算精度还有待继续验证，但从试验结果看，上述计算方法还是可行的，试验值略大于计算值。

斜向加载型钢混凝土异形柱抗剪承载力的计算结果与试验结果的比较　　表 4.11

试件	配钢形式	轴压比 n	加载角	剪跨比 λ	混凝土强度 f_t(MPa)	V_{ux}(kN)	V_{uy}(kN)	计算值 V_c(kN)	试验值 V_t(kN)	V_t/V_c
T5	槽钢	0.7	沿 45°	1	2.251	224.35	202.3	237.0	241.6	1.02
十 4	槽钢	0.5	沿 45°	1	2.354	197.1	197.1	171.1	176.2	1.03

第5章　型钢混凝土异形柱的粘结滑移性能

型钢混凝土构件由钢与混凝土两种不同材料组成，两者之间必须具有良好的粘结性能，无相对滑移，才能使两种材料保持协同工作。同时，两者之间的粘结滑移性能也是保证型钢混凝土结构数值模拟计算精度的关键。因此，本章通过 17 个试件的低周反复加载试验，对型钢混凝土异形柱的粘结滑移性能进行研究。

5.1　试验概况

国内外学者对型钢混凝土粘结滑移性能的试验方法主要有拔出试验、推出试验和短柱试验，这些都属于轴向静力加载方式。虽然也能取得较理想的结果，但无法揭示动荷载作用下（特别是地震作用下）的粘结滑移性能，而型钢混凝土结构的抗震分析又需要建立在合理的粘结滑移本构关系基础上。因此，本章通过低周反复加载试验揭示型钢混凝土异形柱的粘结滑移本质。

在第 2 章介绍的型钢混凝土异形柱抗震性能试验研究中，第一批 17 个试件内均布置滑移传感器和粘结电阻应变片，以获取试件在加载过程中型钢与混凝土之间的相应滑移和粘结应力分布情况。各试件的设计参数、截面配钢以及加载方案见第 2 章。

5.2　型钢混凝土异形柱的粘结性能

5.2.1　粘结应力的量测

为了获取不同荷载作用下型钢的应变分布，在各试件的纵向型钢翼缘外表面沿柱高方向布置电阻应变片，如图 5.1 所示（图中以 T 形柱为例）。

5.2.2　粘结应力的计算

考虑到型钢混凝土异形柱截面不规则，截面中性轴常与荷载作用平面不垂直，以及配置桁架式型钢骨架的部分试件受力行为与配实腹钢板的试件明显不同，对型钢混凝土异形柱的粘结应力的量测和计算采用以下方法：

（1）根据型钢混凝土异形柱的受力情况，截取微段进行分析。以柱肢配置 T 形钢（纵向型钢）的型钢混凝土 T 形柱为例，对于沿腹板方向加载的型钢混凝土 T 形柱，破坏主要在腹板方向的柱肢端部，该部位混凝土及纵向型钢的受力最大，相应的粘结应力需求也最大。因此，主要分析柱肢端部型钢的粘结强度，如图 5.2 所示。

（2）空腹式配钢（如桁架式）的型钢混凝土异形柱中的纵向型钢由于焊接的斜腹杆起到了栓钉的作用，同时在外荷载作用下 T 形钢的翼缘和腹板的正应力分布呈梯形（弹性阶段），如图 5.2（*a*）所示，这给 T 形钢的粘结应力精确求解带来一定的困难。

为方便计算，采用以下假定：

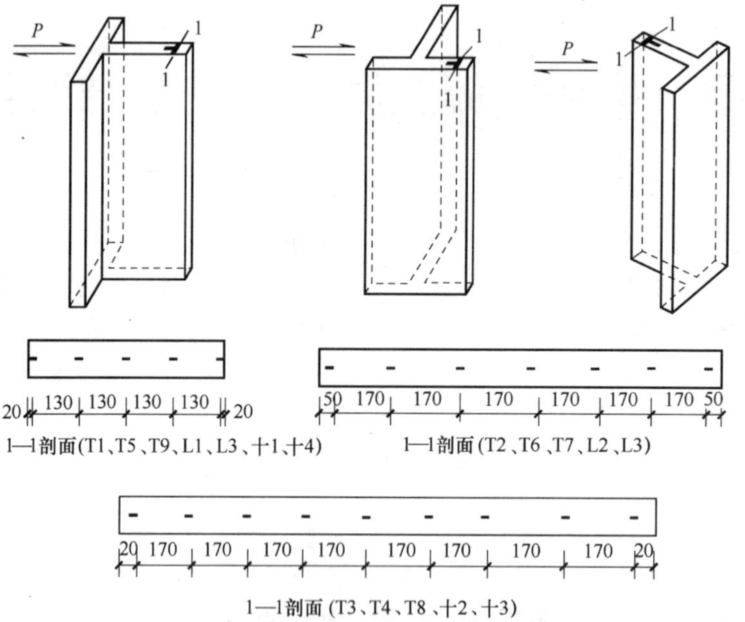

图 5.1　型钢混凝土异形柱型钢翼缘外表面的电阻应变片布置图

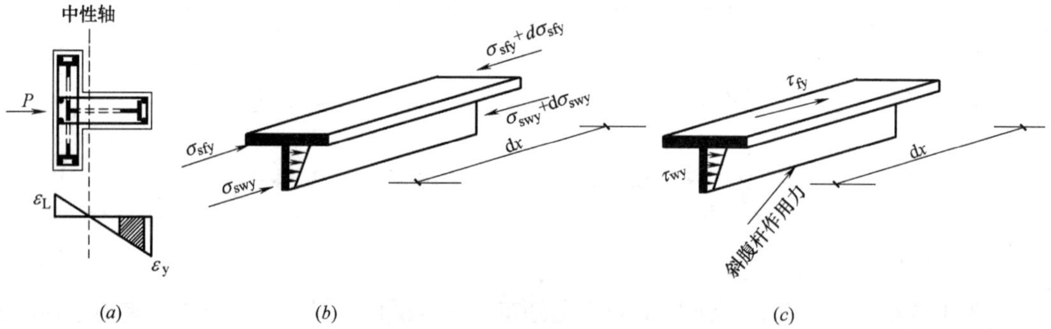

图 5.2　型钢混凝土异形柱中型钢单元受力模型

(*a*) 截面应力分布；(*b*) 型钢微段的应力；(*c*) 型钢微段的粘结应力

(1) 在型钢截面正应力相同的条件下，型钢的翼缘外侧、翼缘内侧以及腹板的粘结强度一致，国内学者进行的试验研究已证明这个假定可行。

(2) 只考虑型钢与混凝土的粘结滑移，忽略钢筋与混凝土的粘结滑移。一方面钢筋与混凝土的粘结强度要比型钢与混凝土的粘结强度大得多；另一方面型钢混凝土异形柱中纵向钢筋仅是按构造配筋，因此，为了简化分析，把钢筋混凝土看成一个整体而忽略两者之间的滑移。

(3) 型钢混凝土异形柱截面符合平截面假定。

(4) 忽略斜腹杆提供的作用力；作为补偿，认为型钢腹板与翼缘外侧的粘结强度相等。斜腹杆提供部分粘结作用力是事实，忽略它会导致计算值偏大，但由图 5.2 (*a*) 和图 5.2 (*b*) 可知，由于 T 形钢腹板、翼缘内侧的正应力小于翼缘外侧的正应力，从而可以推理得出腹板、翼缘内侧的粘结应力小于翼缘外侧的粘结应力，为了能得到型钢各部位的粘结应力，近似认为腹板、翼缘内侧与翼缘外侧的粘结应力相等，这必然高估了腹板与翼缘内侧的粘结应力，一增一减，两者互相抵消。因此，可以认为型钢混凝土异形柱中肢端纵向型钢的腹板、翼缘内侧与翼缘外侧的粘结强度相等。

根据上述假定，列出力的平衡方程：

$$\tau(x)\cdot C\cdot \mathrm{d}x=A_s\cdot \mathrm{d}\sigma_x \tag{5-1}$$

注意到弹性阶段 $\sigma_x=E_s\varepsilon_x$，代入式（5-1）得：

$$\tau(x)=E_s\frac{A_s}{C}\cdot\frac{\mathrm{d}\varepsilon_x}{\mathrm{d}x} \tag{5-2}$$

式中 A_s——柱肢纵向型钢的截面面积；

C——纵向型钢的截面周长；

E_s——型钢的弹性模量；

$\mathrm{d}\varepsilon_x/\mathrm{d}x$——型钢翼缘沿柱高方向的应变梯度，可通过在型钢翼缘外侧粘贴电阻应变片的方法量测得到。

5.2.3 型钢混凝土异形柱的粘结应力

1. 型钢的粘结应力分布曲线

通过对型钢翼缘外侧各测点的应变分析，采用统计分析的方法对不同荷载值下各测点应变分布进行多项式拟合得到其数学描述，然后求导并代入式（5-2），便可获得型钢翼缘的粘结应力分布曲线，如图 5.3 所示。为方便描述，规定粘结力以向下传递为正，向上传递为负。

从图 5.3 可以看出，柱肢纵向型钢翼缘与混凝土之间的粘结应力具有以下特点：

（1）在轴向压力恒定的条件下，粘结应力基本随着水平荷载的增大而增大；

（2）在水平荷载的往复作用下，沿柱高方向的粘结应力基本呈抛物线分布，并且随着荷载的增大，抛物线的曲率变大；

（3）试件的中点是粘结应力分布曲线的拐点（极值点），但这个极值点不一定就是最大值点，也有部分试件的中点是粘结力的最小值点；

（4）水平推和水平拉时的粘结力方向相反。

通过对试件粘结应力的分布规律进行统计分析，型钢的粘结应力分布大致呈抛物线分布，不同位置的粘结应力可用式（5-3）和式（5-4）计算：

水平推时：
$$\tau_t(x)=A_t+B_tx+C_tx^2 \tag{5-3}$$

水平拉时：
$$\tau_l(x)=A_l+B_lx+C_lx^2 \tag{5-4}$$

式中，A_t、B_t、C_t、A_l、B_l、C_l 均为与水平荷载 V 相关的函数。通过统计回归分析可得：

$$A_t(V)=a_1+b_1(V/V_u)；B_t(V)=c_1+d_1(V/V_u)；C_t(V)=e_1+f_1(V/V_u)$$

$$A_l(V)=a_2+b_2(V/V_u)；B_l(V)=c_2+d_2(V/V_u)；C_l(V)=e_2+f_2(V/V_u)$$

式中，V_u 为荷载控制阶段的极大值，变量 V 为荷载控制阶段各级荷载值，取值区间在 $0<V\leqslant V_u$。

由上述可见，型钢与混凝土粘结应力的分布主要由系数 a_1、b_1、c_1、d_1、e_1、f_1、a_2、b_2、c_2、d_2、e_2、f_2 确定，各试件系数的取值，如表 5.1 和表 5.2 所示。

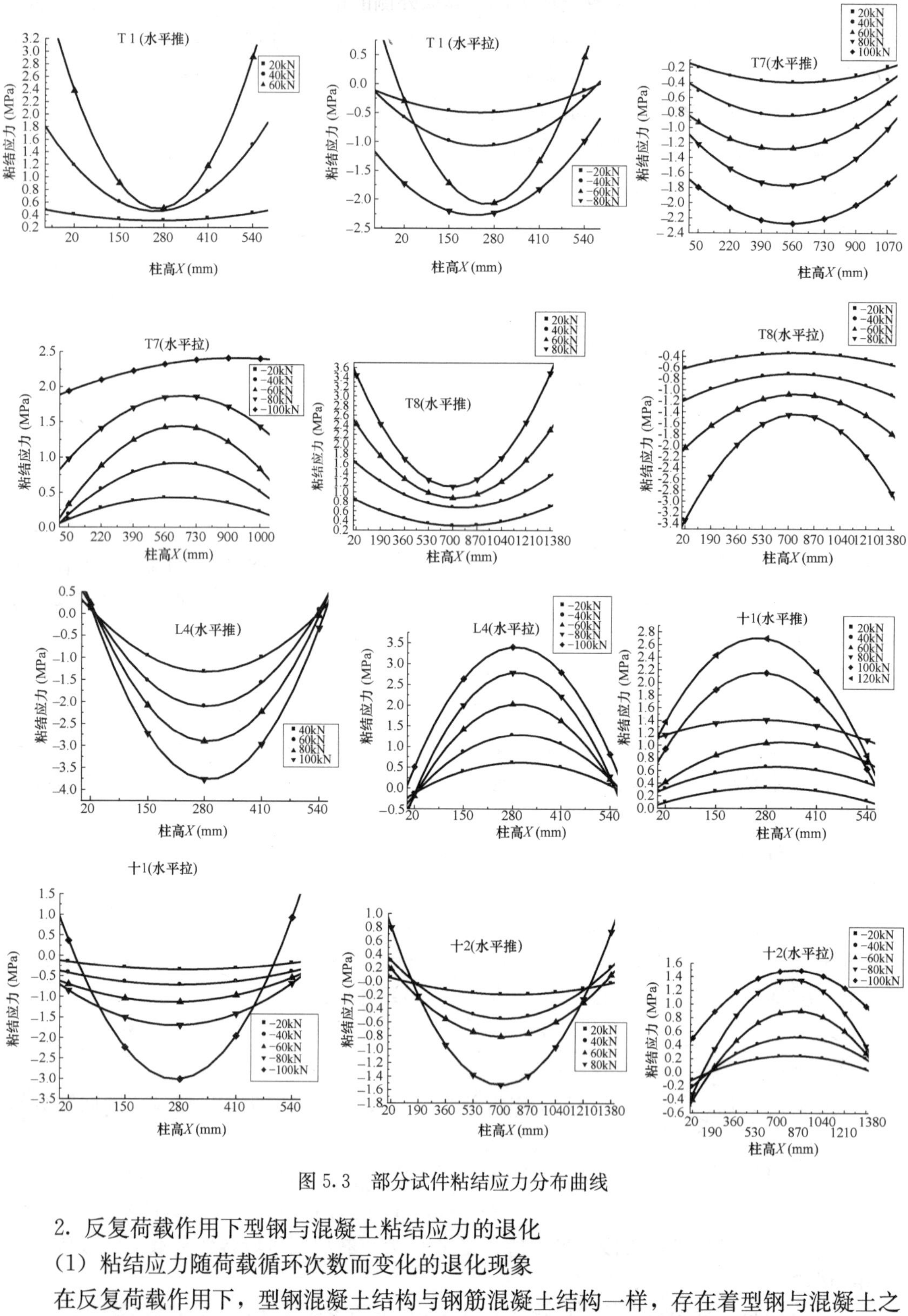

图 5.3　部分试件粘结应力分布曲线

2. 反复荷载作用下型钢与混凝土粘结应力的退化

(1) 粘结应力随荷载循环次数而变化的退化现象

在反复荷载作用下，型钢混凝土结构与钢筋混凝土结构一样，存在着型钢与混凝土之间粘结应力的退化现象。由于型钢应力的重复加、卸，粘结应力的分布不断变化，造成粘

水平推时 a_1、b_1、c_1、d_1、e_1、f_1 的统计回归结果 **表 5.1**

试件编号	a_1	b_1	c_1	d_1	$e_1(\times10^{-6})$	$f_1(\times10^{-6})$
T1	−0.79902	3.41366	−11.3239	12.7245	−18.96	4.50745
T2	1.79868	−8.14957	−0.00811	0.0266	8.57	−2.79
T3	0.60492	−3.88814	−0.00214	0.00732	2.08	−0.618
T4	−4.04988	9.10386	0.01482	−0.0411	−10.4	2.88
T5	1.61992	−3.35555	−0.01007	0.03206	9.86	−2.50
T6	1.64366	−12.7866	−0.00516	0.04068	4.00	−3.43
T7	3.23177	−10.6772	−0.01066	0.02458	8.65	−1.93
T8	2.70971	−0.00236	−0.00476	−0.000790	783	−130
T9	−1.78809	0.000899	−0.00113	−0.000793	−0.831	0.594
L1	−0.41856	−0.28024	0.00817	−0.02378	−15.3	4.06
L2	3.46654	−11.1033	−0.01782	0.04741	19.6	−5.11
L3	−11.4369	35.01653	0.05811	−0.17052	−58.7	17.5
L4	0.10447	0.81602	0.00318	−0.04335	−4.98	7.49
十1	−0.15465	1.30873	−0.00164	0.01253	4.17	−2.50
十2	0.68168	−0.000458	−0.00508	0.000151	−119	20.5
十3	0.64	−1.46	−0.00142	0.000657	0.878	−0.0287
十4	−0.96875	5.76207	−0.00198	−0.00111	7.42	−0.996

水平拉时 a_2、b_2、c_2、d_2、e_2、f_2 的统计回归结果 **表 5.2**

试件编号	a_2	b_2	c_2	d_2	$e_2(\times10^{-6})$	$f_2(\times10^{-6})$
T1	0.30158	−1.42317	−0.00142	−0.00926	2.515	1.94
T2	−1.61754	8.13525	0.00539	−0.01868	−4.25	1.36
T3	−0.25628	2.94586	−0.000120	−0.000442	0.316	−0.0085
T4	−2.24961	8.71365	0.01174	−0.03328	−11.0	3.11
T5	0.01266	−1.61876	−0.000568	0.00195	3.46	−0.933
T6	−1.36454	11.42171	0.00578	−0.04041	−5.82	3.79
T7	3.23177	−10.6772	−0.01066	0.02458	8.65	−1.93
T8	−2.70117	0.00156	0.00495	−0.000798	2.32	−0.881
T9	0.97302	−0.0011	0.00881	−0.0008	−6.75	−1.35
L1	−0.65436	1.98036	0.00543	−0.01058	−9.53	2.05
L2	0.000337	0.31793	0.000113	0.00171	−0.410	−0.0568
L3	9.89271	−37.4393	−0.05036	0.18587	51.9	−19.7
L4	−0.44394	0.18165	0.00189	0.02376	−2.44	−4.20
十1	−1.56004	3.24391	0.01867	−0.06059	−34.7	11.3
十2	−0.16009	0.000152	0.00254	0.000146	−0.481	−0.19
十3	−0.13285	0.21146	0.000308	0.0012	−0.258	−0.0644
十4	0.62514	−4.45765	−0.00318	0.01183	8.98	−2.84

结损伤的累积，相对滑移量逐渐增大，粘结刚度减小，粘结强度降低，这些统称为粘结的退化。图 5.4 给出了本次试验中部分试件沿柱高不同位置处粘结应力随荷载循环次数变化的分布图。由图可见，随荷载循环次数的增加，型钢与混凝土的粘结应力不断降低，出现了粘结应力退化现象。

型钢与混凝土之间粘结力的重要组成部分是摩擦力和机械咬合力。随着荷载的反复作用，型钢表面的混凝土颗粒被不断磨平，型钢与混凝土之间的摩擦系数变小，导致摩擦阻力退化，同时由于型钢凹凸间的混凝土小楔块随着反复荷载作用而逐渐破碎，导致机械咬合力不断减小。摩擦力和机械咬合力的减小是造成型钢与混凝土粘结应力退化的根本原因。

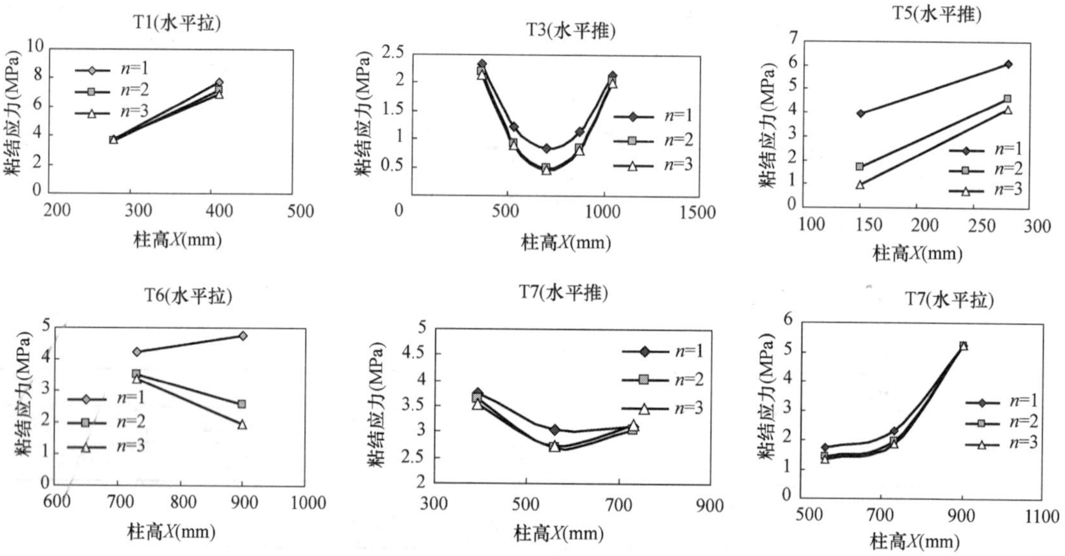

图 5.4　荷载循环次数对粘结应力的影响

（2）粘结应力的退化率

1）粘结应力的退化系数

型钢混凝土结构与钢筋混凝土结构一样，反复荷载作用下的粘结应力会小于单调加载的粘结应力，将两者的比值称作粘结应力退化系数，$k=\tau_{重复}/\tau_{单调}$，国内学者李俊华的研究结果表明 $k=0.83$。

2）粘结应力的退化率

在一定的位移量级下，随着反复荷载次数的增加，型钢与混凝土之间的粘结应力逐渐降低。试件在反复荷载作用下的粘结应力退化，可以用粘结应力退化率表示，其含义为在同一位移量级下第 i 次反复加载时的粘结应力与第一次加载时的粘结应力的比值，即：

$$\lambda_i=\frac{\tau_i}{\tau_1} \tag{5-5}$$

式中　τ_i——第 i 次加载时的粘结应力；

τ_1——第一次加载时的粘结应力。

图 5.5 给出了部分试件的粘结退化率与荷载循环次数的关系曲线，由图可见，λ_i 与 i 之间的关系大致呈指数分布，用负指数曲线进行拟合具有相当高的精度，假定粘结应力退化率 λ_i 与循环次数 i 的关系为：

$$\lambda_i=\alpha \cdot e^{-\beta i} \tag{5-6}$$

通过对本次试验的回归分析，得到水平推时的参数 α_1、β_1 和水平拉时的参数 α_2、β_2 值如表 5.3 所示。

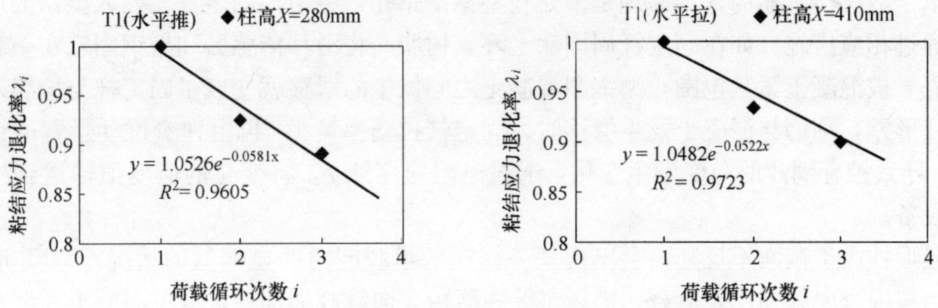

图 5.5　粘结退化率与荷载循环次数之间的关系

参数 α_1、β_1、α_2、β_2 的统计回归结果一览表　**表 5.3**

试件编号（水平推）	柱高位置	α_1	β_1	试件编号（水平拉）	柱高位置	α_2	β_2
T1	X=280mm	1.0526	−0.0581	T1	X=410mm	1.0482	−0.0522
T2	X=730mm	1.011	−0.0117	T2	X=730mm	1.3553	−0.2506
T3	X=700mm	1.25	−0.3036	T3	X=700mm	1.016	−0.0131
T4	X =360mm	1.0889	−0.0815	T4	X=530mm	1.408	−0.3016
T5	X =280mm	1.1764	−0.1904	T5	X=150mm	1.3118	−0.3436
T6	X=700mm	1.0105	−0.0122	T6	X=700mm	1.0943	−0.1131
T7	X=390mm	1.0277	−0.0285	T7	X=560mm	1.1109	−0.1271
T8	X=700mm	2.3027	−0.9088	T8	X=700mm	1.4311	−0.297
L2	X=220mm	1.0235	−0.0289	L2	X=560mm	1.044	−0.0429
L3	X=220mm	1.1184	−0.0976	L3	X=220mm	1.2496	−0.2301
L4	X=410mm	1.0177	−0.0171	L4	X=410mm	1.0128	−0.0143
十2	X=1380mm	1.0202	−0.0225	十2	X=530mm	1.1306	−0.1002
十3	X=20mm	1.0824	−0.109	十3	X=20mm	1.1081	−0.1098
十4	X=410mm	1.1615	−0.1513	十4	X=280mm	1.0299	−0.0267
统计平均值		1.1674	−0.14437	统计平均值		1.1679	−0.14445

由表 5.3 得，α_1、β_1、α_2、β_2 的统计平均值分别为 1.1674、−0.14437、1.1679、−0.14445。由此可见，水平推和水平拉时的粘结应力退化率几乎一致，为方便使用，可将型钢混凝土异形柱水平推和水平拉时的退化率统一为粘结应力退化率，用式（5-7）表示：

$$\lambda_i = 1.1674e^{-0.14437i} \tag{5-7}$$

式中　λ_i——型钢混凝土异形柱的粘结应力退化率；

i——一定位移下荷载循环的次数。

5.3　型钢混凝土异形柱的滑移特性

5.3.1　滑移的量测手段

试验采用内置电子滑移传感器测量滑移，电子滑移传感器示意图及实物图如图 5.6 所示。电子滑移传感器的基本原理是事先在型钢上钻孔，将滑动固定杆 4 插入型钢的预留孔中，通过相应措施（如在固定杆周围涂上环氧树脂）将滑移传感器和型钢固定在一起，金属外壳 3 被混凝土紧紧包围，型钢和混凝土之间发生的滑移就变成了固定杆与金属外壳之间的变形差，型钢与混凝土发生滑移时，固定杆拉动弹簧 1，再由弹簧拉动悬臂的铍青铜片 2，导致铍青铜片的应变发生变化，通过电阻应变计 7，将变化的应变值输送到外部的采集设备。

异形柱由于截面不规则，会出现某一柱端的承载能力明显偏低的情况，以 T 形柱为例，沿腹板方向施加反复荷载，破坏主要在腹板方向柱肢端部，该部位混凝土及型钢的受力最大，相应的粘结应力要求也最大，即该部位最容易发生滑移。因此，在该侧纵向型钢的翼缘外侧布置滑移传感器，如图 5.7 所示。

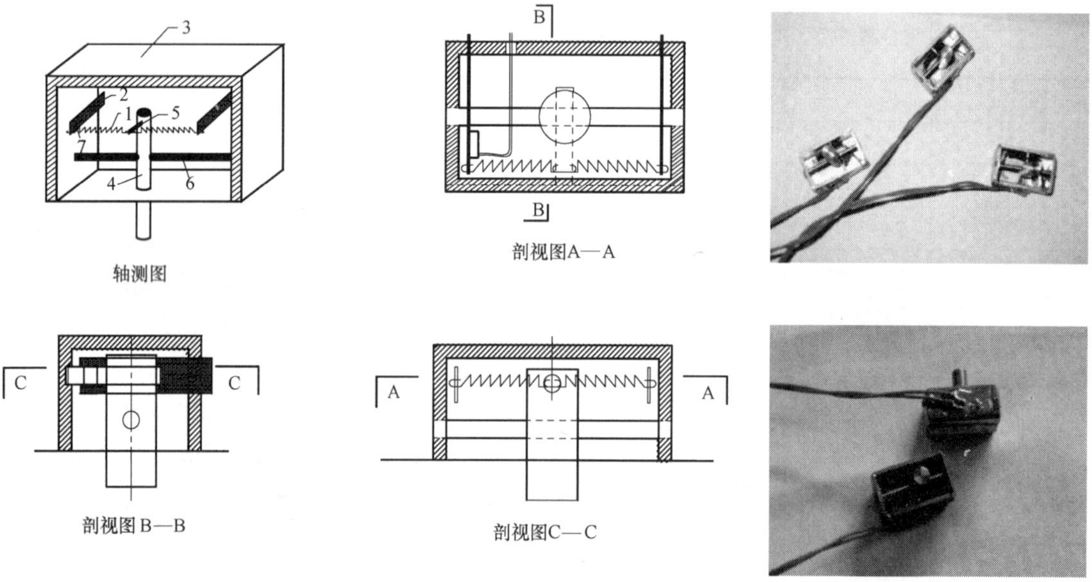

图 5.6　滑移传感器示意图及实物图

1—弹簧；2—悬臂的铍青铜片；3—金属外壳；4—滑动固定杆；5—横向限位杆；6—带不锈钢毛细管的纵向金属轴；7—电阻应变计

图 5.7　型钢混凝土异形柱中的滑移传感器布置图

5.3.2　荷载-滑移滞回曲线

通过各试件布置的滑移传感器可以量测出型钢与混凝土之间的滑移随外荷载的变化情况，试验实测的型钢混凝土异形柱荷载-滑移滞回曲线如图 5.8 所示。

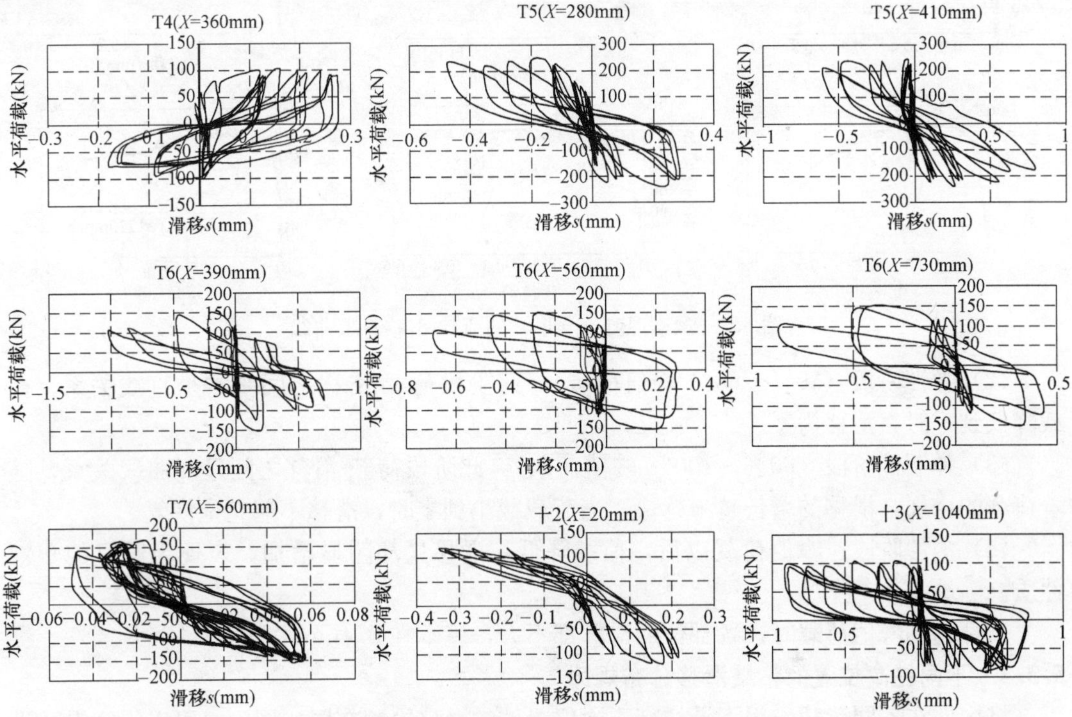

图 5.8　试验实测部分试件的荷载-滑移滞回曲线

由图 5.8 可见，型钢混凝土异形柱荷载-滑移滞回曲线具有以下特点：

(1) 在加载初期（约在峰值荷载的 50%～60%以前），荷载随滑移呈线性变化，且滑移量很小，残余滑移也极小；随着荷载的增大，荷载随滑移的变化呈现出一定的非线性，滞回曲线慢慢向滑移轴倾斜，刚度退化明显；当试件达到峰值荷载后，即使外荷载在减小，但滑移量却明显增大。

(2) 荷载循环次数对滑移性能有显著影响，滑移刚度随荷载循环次数的增加有明显退化，并且呈现非线性的退化规律。

(3) 在试件的上下根部，由于受端头约束等因素的影响，滑移呈现明显的不对称性，水平推和水平拉时的滑移不同，但在中部基本还是对称的。

(4) 在加载的后期，滞回环呈现出明显的“捏拢现象”，形状近似 Z 形。

5.3.3　荷载-滑移骨架曲线

根据荷载-滑移滞回曲线可以得出其骨架曲线，图 5.9 给出了部分试件不同位置的荷载-滑移骨架曲线。

由图 5.9 可见，型钢混凝土异形柱的荷载-滑移骨架曲线可划分为四个阶段：无滑移阶段、弹性阶段、弹塑性阶段和塑性阶段。

(1) 无滑移阶段（0～30%峰值荷载）：此阶段构件各个位置上的滑移量基本为零，从机理上来说，化学胶结力对型钢与混凝土之间的粘结起主要作用，型钢与混凝土完全能够协同工作。

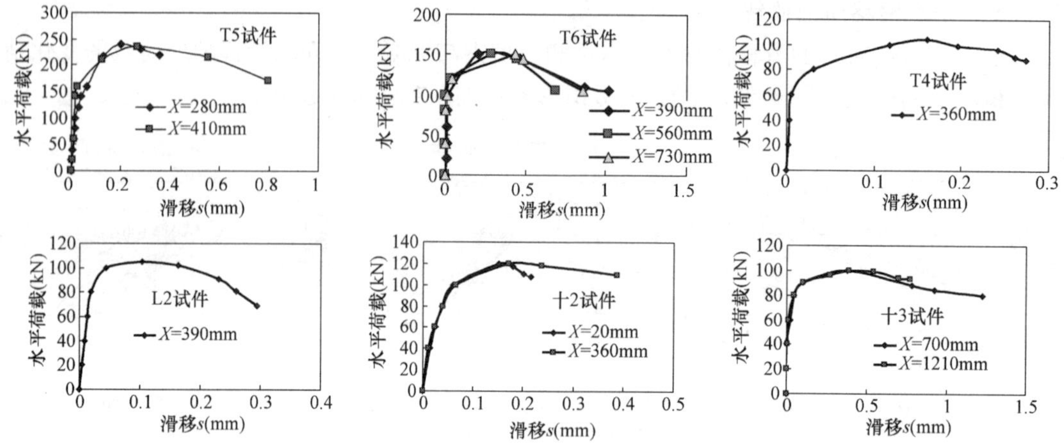

图 5.9　型钢混凝土异形柱的荷载-滑移骨架曲线

（2）弹性阶段（30%～60% 峰值荷载）：此阶段荷载-滑移之间基本呈直线关系，荷载降低到零时，滑移为零。

（3）弹塑性阶段（60%～100% 峰值荷载）：此阶段荷载-滑移之间呈现曲线关系，随着荷载的增加，滑移的增长越来越快，当荷载减小到零时，滑移不能完全恢复。

（4）塑性阶段：峰值荷载以后，荷载降低，滑移量却明显增加，表现为明显的塑性性质。

试件达到峰值荷载时，各部位的滑移都不大，基本在 0.4mm 以内。

5.3.4　不同柱高位置的粘结滑移分布规律

将构件在不同荷载作用下沿柱高不同位置处的滑移绘制在同一图中，可以得到滑移沿柱高的分布规律，如图 5.10 所示。由图可见，同一试件不同位置的粘结滑移曲线并不完全相同，因此，不同位置的粘结滑移本构关系肯定不一样。

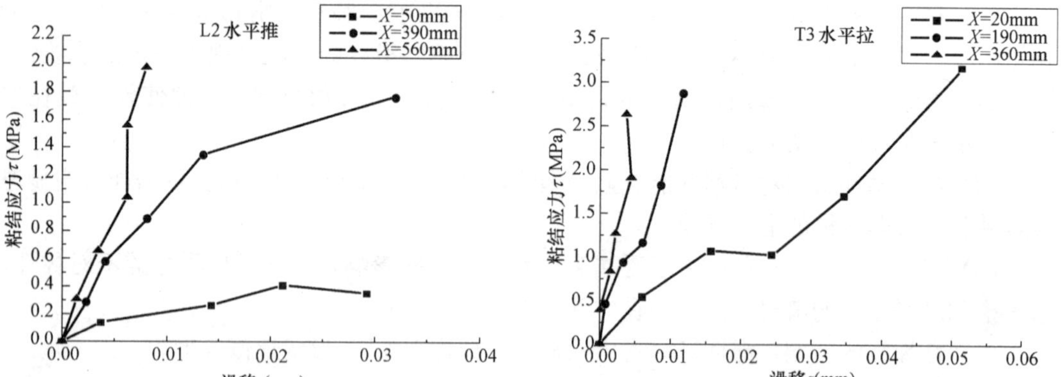

图 5.10　不同柱高位置的粘结滑移分布曲线

5.4　反复荷载作用下型钢混凝土异形柱的粘结滑移本构关系

5.4.1　柱根位置的粘结滑移本构关系

考虑到当构件进入位移控制加载阶段时，柱根型钢已经屈服，此时的粘结应力理论上已经不存在，同时端部混凝土开始被压碎，此时的粘结性能对构件的承载能力已经没有影响，故只研究荷载控制阶段柱根型钢屈服前的粘结滑移本构关系。

根据相关研究，“建研式”加载的型钢混凝土异形柱中型钢与混凝土的粘结力和滑移的分布基本是以中部“反弯点”对称，因此只需取一半柱高作为研究对象即可，为方便，统一取柱下半段。利用数学手段，对型钢混凝土异形柱的粘结滑移关系进行多项式拟合，当项数达到 4 时，已具备较高的精度，如图 5.11 所示。故：

$$\tau = k_1 s^4 + k_2 s^3 + k_3 s^2 + k_4 s + k_5 \qquad (5\text{-}8)$$

式中　$k_1 \sim k_5$——特征参数。

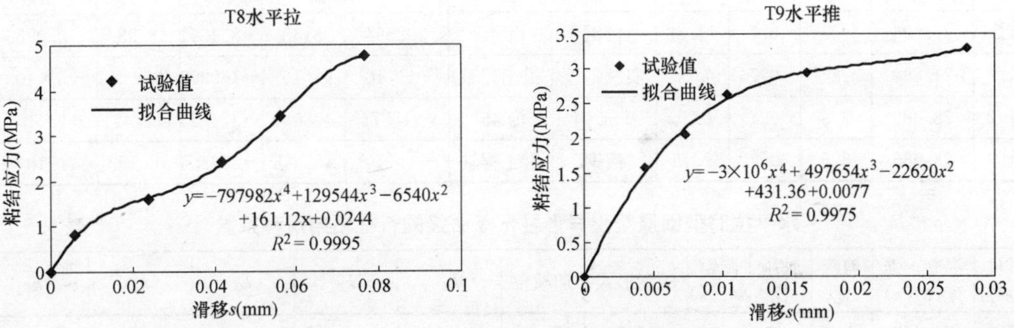

图 5.11　柱根位置拟合的粘结滑移曲线

图 5.11 只是拟合柱根位置的粘结滑移曲线，由于不同位置处的粘结滑移曲线不同，为便于区别，将柱根处的粘结滑移关系定义为“特征粘结滑移本构关系”，用“$\bar{\tau}$-$\bar{s}$”表述，水平推和水平拉时，部分试件的 $\bar{\tau}$-$\bar{s}$ 曲线特征系数分别如表 5.4 和表 5.5 所示。将这些系数代入式（5-8），就能得到型钢混凝土异形柱柱根位置的粘结滑移本构关系。必须指出，通过试验数据数学拟合的本构关系，不能反映出剪跨比、轴压比等诸多因素对试件粘结滑移的影响。试验结果表明，截面的加载方向、配钢率、轴压比等对型钢混凝土异形柱的粘结滑移有影响。为此，需要引入剪跨比影响系数 k^{λ}、轴压比影响系数 k^{n}、配钢率影响系数 k^{ρ}，用折减系数 ϕ_s 考虑加载角变化的影响，实现对 $\bar{\tau}$-$\bar{s}$ 的修正。

在引入修正系数时，需要确定柱根位置处的极限粘结强度 τ_u 和极限滑移 s_u。以往的粘结滑移本构关系分析中，极限粘结强度 τ_u 和极限滑移 s_u 是根据 $\bar{\tau}$-$\bar{s}$ 曲线的数学极值条件求得的，τ_u、s_u 应满足以下条件：

$$\frac{d\tau}{ds}=0 \quad 且 \quad \frac{d^2\tau}{ds^2}<0 \qquad (5\text{-}9)$$

型钢混凝土异形柱极限粘结应力 τ_u 和峰值滑移 s_u 的确定采取以下方法：参考以往相关研究成果，认为极限粘结强度 τ_u 就是在化学胶结力即将丧失、摩擦力和机械咬合力逐步起主要作用时对应的最大粘结应力，与此对应的滑移则称为峰值滑移 s_u。在 80%极限荷载以前，型钢与混凝土协同工作，截面应变符合平截面假定；80%～90%极限荷载之后，型钢与混凝土间将产生较大滑移，平截面假定不再成立。并且已有研究表明当化学胶结力起主要作用时，型钢与混凝土间基本没有滑移，即使有，滑移量也很小。故可以做出判断，当达到最大荷载的 80%～90%以后，化学胶结力基本丧失，摩擦力和机械咬合力起主要作用。对应的粘结应力就是极限粘结应力 τ_u，此时对应的滑移就是极限滑移 s_u。通过对试验结果的分析，达到 80%极限荷载时型钢绝大部分未屈服，测试结果有效。采用上述方法求得的 τ_u和 s_u，如表 5.6 和表 5.7 所示。

水平推时型钢混凝土异形柱 $\bar{\tau}$-$\bar{s}$ 曲线的特征粘结滑移系数　　表 5.4

试件编号	混凝土强度(MPa)	剪跨比	轴压比	配钢率(%)	配钢形式	加载角	k_1	k_2	k_3	k_4	k_5
T3	28.086	2.5	0.7	8.33	T 形钢	沿 45°	210780	28625	−29011.1	106.91	-8×10^{-12}
T7	24.880	2	0.7	11.21	实腹钢板	沿翼缘	118801	−20830	1182	−4.2773	0.0091
T8	22.803	2.5	0.3	11.21	实腹钢板	沿 45°	7×10^{6}	−436892	8020.2	60.52	0.0062
T9	27.239	1	0.5	11.21	实腹钢板	沿腹板	-3×10^{6}	497654	−22620	431.36	0.0077
L2	27.026	2	0.7	11.39	槽钢	沿 45°	298564	−8138.7	−834.61	68.987	0.0253
L3	24.880	2	0.7	7.55	实腹钢板	沿工程轴	-1×10^{8}	9×10^{6}	−160992	960.2	-3×10^{-10}
十 2	28.086	2.5	0.7	6.25	T 形钢	沿 45°	−15874	4380.1	−324.24	111.421	-2×10^{-11}
十 3	28.086	2.5	0.7	7.18	槽钢	沿工程轴	-1×10^{6}	150348	−2533.3	18.152	7×10^{-13}

水平拉时型钢混凝土异形柱 $\bar{\tau}$-$\bar{s}$ 曲线的特征粘结滑移系数　　表 5.5

试件编号	混凝土强度(MPa)	剪跨比	轴压比	配钢率(%)	配钢形式	加载角	k_1	k_2	k_3	k_4	k_5
T3	28.086	2.5	0.7	8.33	T 形钢	沿 45°	6×10^{8}	-1×10^{7}	97405	24.786	-2×10^{-11}
T4	28.086	2.5	0.5	8.49	槽钢	沿翼缘	−1180.2	939.55	−204.92	17.808	-1×10^{-12}
T7	24.880	2	0.7	11.21	实腹钢板	沿翼缘	3807.2	−1174.5	138.68	−2.645	0.0281
T8	22.803	2.5	0.3	11.21	实腹钢板	沿 45°	−797982	129544	−6540	161.12	0.0244
T9	27.239	1	0.5	11.21	实腹钢板	沿腹板	−75071	16314	−1051.4	47.364	0.0669
L2	27.026	2	0.7	11.39	槽钢	沿 45°	-2×10^{6}	210488	−49711.3	53.958	-2×10^{-11}
L3	24.880	2	0.7	7.55	实腹钢板	沿工程轴	−16743	7730.8	−891.99	47.531	0.0632
十 2	28.086	2.5	0.7	6.25	T 形钢	沿 45°	−392494	39723	−1134.1	22.765	-3×10^{-12}
十 3	28.086	2.5	0.7	7.18	槽钢	沿工程轴	-1×10^{6}	119333	908.62	4.0185	7×10^{-11}

水平推时柱根部位置极限粘结应力和极限滑移　　表 5.6

试件编号	混凝土强度(MPa)	剪跨比 λ	轴压比 n	配钢率 ρ_{ss}(%)	正滑移	正应力
T1	21.475	1	0.3	8.33	0.0277	1.7264
T2	27.026	2	0.5	8.33	0.0212	4.0591
T3	28.086	2.5	0.7	8.33	0.0138	1.6928
T4	28.086	2.5	0.5	8.49	0.0758	1.8711
T7	24.880	2	0.7	11.21	0.0902	1.7958
T8	22.803	2.5	0.3	11.21	0.0352	3.3478
T9	27.239	1	0.5	11.21	0.0162	2.9420
L1	27.239	1	0.3	11.39	0.0137	1.7128
L2	27.026	2	0.7	11.39	0.0538	2.5535
十 3	28.086	2.5	0.7	7.18	0.0377	2.1755
十 4	27.239	1	0.5	7.18	0.0435	3.5102
均值	0.03898					2.4897

水平拉时柱根部位置极限粘结应力和极限滑移 **表 5.7**

试件编号	混凝土强度(MPa)	剪跨比 λ	轴压比 n	配钢率 ρ_{ss}(%)	负滑移	负应力
T1	21.475	1	0.3	8.33	0.0206	2.7273
T3	28.086	2.5	0.7	8.33	0.0346	1.7087
T8	22.803	2.5	0.3	11.21	0.0563	3.4405
T9	27.239	1	0.5	11.21	0.0835	2.3698
L1	27.239	1	0.3	11.39	0.0175	1.118
L2	27.026	2	0.7	11.39	0.0292	3.545
十1	21.475	1	0.5	6.25	0.0170	0.9410
十2	28.086	2.5	0.7	6.25	0.0665	1.5034
十3	28.086	2.5	0.7	7.18	0.0818	2.9991
十4	27.239	1	0.5	7.18	0.0255	4.3097
均值	0.04325					2.4661

通过对表 5.6 和表 5.7 进行数学分析，得到“建研式”加载的型钢混凝土异形柱极限粘结强度的计算公式，它基本上反映了剪跨比、轴压比、配钢率、加载角对极限粘结强度的影响。表达式如下：

水平推：
$$\tau_{tu}=\phi_{tu}k_{tu}^{\lambda}k_{tu}^{n}k_{tu}^{\rho}\bar{\tau}_{tu} \tag{5-10}$$

水平拉：
$$\tau_{Lu}=\phi_{Lu}k_{Lu}^{\lambda}k_{Lu}^{n}k_{Lu}^{\rho}\bar{\tau}_{Lu} \tag{5-11}$$

式中 ϕ_{tu}、k_{tu}^{λ}、k_{tu}^{n}、k_{tu}^{ρ}——分别为荷载加载角、剪跨比、轴压比和截面配钢率对水平推时（即型钢位于受压侧）型钢翼缘与混凝土粘结强度的影响系数；

ϕ_{Lu}、k_{Lu}^{λ}、k_{Lu}^{n}、k_{Lu}^{ρ}——分别为荷载加载角、剪跨比、轴压比和截面配钢率对水平拉时（即型钢位于受拉侧）型钢翼缘与混凝土粘结强度的影响系数。具体取值为：

$$\phi_{tu}=\begin{cases}0.934 & \text{当沿工程轴方向加载时}\\ 1.115 & \text{当沿45°方向加载时}\end{cases} \tag{5-12}$$

$$k_{tu}^{\lambda}=1.06-0.027\lambda \tag{5-13}$$

$$k_{tu}^{n}=1.09-0.208n \tag{5-14}$$

$$k_{tu}^{\rho}=0.787-0.029\rho \tag{5-15}$$

$$\phi_{lu}=\begin{cases}0.823 & \text{当沿工程轴方向加载时}\\ 1.176 & \text{当沿45°方向加载时}\end{cases} \tag{5-16}$$

$$k_{Lu}^{\lambda}=0.931+0.1003\lambda \tag{5-17}$$

$$k_{Lu}^{n}=0.996+0.01n \tag{5-18}$$

$$k_{Lu}^{\rho}=0.561+0.057\rho \tag{5-19}$$

式（5-12）～式（5-19）的确定是根据数理统计的思想进行的。由于 ϕ_{tu}、k_{tu}^{λ}、k_{tu}^{n}、k_{tu}^{ρ} 等因素是耦合作用的，要把它们具体确定下来有一定难度，注意到试验采用了正交设计，因此，可采用正交分析的方法来逐个确定。以剪跨比 λ 的影响因素为例，在 $\lambda=1$，2，2.5 的水平下，各试验结果总和 k_1^{λ}、k_2^{λ}、$k_{2.5}^{\lambda}$ 之间的差异仅由剪跨比 λ 引起，而与轴压比等其他因素无关。因此，可由 k_1^{λ}、k_2^{λ}、$k_{2.5}^{\lambda}$ 确定剪跨比 λ 对试验结果的影响，通过回归分析得到具体表达式，即为相应 λ 的影响系数。同理可得到其他系数表达式。

$\bar{\tau}_{tu}$ 和 $\bar{\tau}_{Lu}$ 为型钢混凝土异形柱水平推（型钢位于受压区）和水平拉（型钢位于受拉区）时，型钢与混凝土之间的极限粘结强度平均值，由表 5.6 和表 5.7 统计得：

$$\bar{\tau}_{tu}=2.4897\text{MPa} \tag{5-20}$$

$$\bar{\tau}_{Lu}=2.4661\text{MPa} \tag{5-21}$$

式（5-20）和式（5-21）综合表达了多种因素影响下型钢混凝土异形柱粘结强度的计算，并对计算值和试验实测值进行比较，如表 5.8 和表 5.9 所示，总体上来看，计算结果与试验结果还算符合，由于试件数量有限，同时影响粘结滑移因素过多，部分试件的计算结果与试验结果还存在较大差异，对此不足，有待进一步的试验研究进行完善和改进。

同样道理，通过对表 5.6 和表 5.7 进行数学分析，可以得到水平推和水平拉时极限滑移的计算公式：

水平推：
$$s_{tu}=\phi_{ts}k_{ts}^{\lambda}k_{ts}^{n}k_{ts}^{\rho}\bar{s}_{tu} \tag{5-22}$$

水平拉：
$$s_{Lu}=\phi_{Ls}k_{Ls}^{\lambda}k_{Ls}^{n}k_{Ls}^{\rho}\bar{s}_{Lu} \tag{5-23}$$

式中　ϕ_{ts}、k_{ts}^{λ}、k_{ts}^{n}、k_{ts}^{ρ}——分别为荷载加载角、剪跨比、轴压比和截面配钢率对水平推时（即型钢位于受压侧）型钢翼缘与混凝土滑移的影响系数；

ϕ_{Ls}、k_{Ls}^{λ}、k_{Ls}^{n}、k_{Ls}^{ρ}——分别为荷载加载角、剪跨比、轴压比和截面配钢率对水平拉时（即型钢位于受拉侧）型钢翼缘与混凝土粘结强度的影响系数。具体取值为：

$$\phi_{ts}=\begin{cases}1.0352 & \text{当沿工程轴方向加载时}\\ 0.9382 & \text{当沿45°方向加载时}\end{cases} \tag{5-24}$$

$$k_{ts}^{\lambda}=0.4217+0.3342\lambda \tag{5-25}$$

$$k_{ts}^{n}=0.2228+1.4970n \tag{5-26}$$

$$k_{ts}^{\rho}=0.5325+0.0475\rho \tag{5-27}$$

$$\phi_{Ls}=\begin{cases}1.0192 & \text{当沿工程轴方向加载时}\\ 0.9808 & \text{当沿45°方向加载时}\end{cases} \tag{5-28}$$

$$k_{Ls}^{\lambda}=0.3073+0.3445\lambda \tag{5-29}$$

$$k_{Ls}^{n}=0.3518+0.1003n \tag{5-30}$$

$$k_{Ls}^{\rho}=-0.0981+0.1431\rho \tag{5-31}$$

式（5-24）～式(5-31）的确定同式（5-12）～式(5-19）的确定方法一样（采用正交法逐一确定）。

$\bar{s}_{tu}$ 和 $\bar{s}_{Lu}$ 为型钢混凝土构件受压区和受拉区型钢与混凝土之间的极限滑移平均值，由表 5.6 和表 5.7 统计得：

$$\bar{s}_{tu}=0.03898\text{mm} \tag{5-32}$$

$$\bar{s}_{Lu}=0.04325\text{mm} \tag{5-33}$$

5.4.2　无量纲的粘结滑移曲线

事实上，即使同一种类型的粘结滑移试验，由于试件的剪跨比、轴压比、截面配钢形式等因素的不同，造成试验测得粘结滑移曲线的差别很大，不具备可比性。为了使结果尽

水平推时柱根部位置极限粘结强度、滑移的计算值与试验值对比　　表 5.8

试件编号	粘结强度			滑移		
	计算值(MPa)	试验值(MPa)	计算/试验	计算值(mm)	试验值(mm)	计算/试验
T1	2.5587	1.7264	1.48	0.0190	0.0277	0.69
T2	2.3907	4.0591	0.59	0.0347	0.0212	1.64
T3	2.6962	1.6928	1.59	0.0240	0.0138	1.73
T4	2.3691	1.8711	1.26	0.0541	0.0758	0.71
T7	2.4765	1.7958	1.37	0.0595	0.0902	0.66
T8	3.1718	3.3478	0.95	0.0329	0.0352	0.93
T9	2.6552	2.9420	0.91	0.019	0.0162	1.20
L1	2.3459	1.7128	1.36	0.0161	0.0137	1.17
L2	2.5059	2.5535	0.98	0.0399	0.0538	0.74
十3	2.1857	2.1755	1.00	0.0563	0.0377	1.49
十4	2.8351	3.5102	0.81	0.0254	0.0435	0.64
备注	$\mu=1.12,\sigma=0.315,c_v=0.281$			$\mu=1.03,\sigma=0.37,c_v=0.35$		

水平拉时柱根部位置极限粘结强度、滑移的计算值与试验值对比　　表 5.9

试件编号	粘结强度			滑移		
	计算值(MPa)	试验值(MPa)	计算/试验	计算值(mm)	试验值(mm)	计算/试验
T1	2.1723	2.7273	0.79	0.0228	0.0206	1.10
T3	2.8706	1.7087	1.68	0.0557	0.0346	1.61
T8	4.1186	3.4405	1.19	0.0541	0.0563	0.96
T9	2.5212	2.3698	1.06	0.0421	0.0835	0.55
L1	1.8195	1.1180	1.62	0.0140	0.0175	0.81
L2	2.8644	3.5450	0.81	0.03487	0.0292	1.19
十1	1.6356	0.9400	1.74	0.0223	0.0170	1.31
十2	2.7150	1.5034	1.61	0.0483	0.0665	0.73
十3	2.3401	2.9991	0.78	0.0585	0.0818	0.72
十4	2.9116	4.3097	0.68	0.0250	0.0255	0.98
备注	$\mu=1.19,\sigma=0.42,c_v=0.35$			$\mu=0.99,\sigma=0.32,c_v=0.32$		

量不受具体参数的影响，采用一种无量纲的曲线，即用相对粘结应力（粘结应力除以极限粘结强度）代替绝对粘结应力，用相对滑移（加载过程中的滑移除以极限滑移）代替实际的滑移量，再根据式（5-34）进行拟合。

$$\bar{\tau}=k_1\bar{s}^4+k_2\bar{s}^3+k_3\bar{s}^2+k_4\bar{s}+k_5 \tag{5-34}$$

式中　$\bar{\tau}$、$\bar{s}$——相对粘结应力和相对滑移，$\bar{\tau}=\tau/\tau_u$，$\bar{s}=s/s_u$，τ_u和s_u为极限粘结强度和极限滑移，水平推和水平拉时的极限粘结强度和极限滑移分别通过式（5-10）、式（5-22）和式（5-11）、式（5-23）计算；

k_1、k_2、k_3、k_4、k_5——无量纲粘结滑移曲线的特征系数，由试验数据拟合确定。

水平推和水平拉时无量纲粘结滑移曲线的特征系数分别如表 5.10 和表 5.11 所示。

综合式（5-10）～式(5-34）得到一个完整考虑剪跨比、轴压比、截面配钢率及荷载加载角等因素影响的粘结滑移表达式。反复荷载作用下型钢混凝土异形柱无量纲的粘结滑移表达式为：

$$\tau_t=[k_{11t}(0.03898\phi_{ts}k_{ts}^{\lambda}k_{ts}^{n}k_{ts}^{\rho})^{-4}s^4+k_{22t}(0.03898\phi_{ts}k_{ts}^{\lambda}k_{ts}^{n}k_{ts}^{\rho})^{-3}s^3+k_{33t}(0.03898\phi_{ts}k_{ts}^{\lambda}k_{ts}^{n}k_{ts}^{\rho})^{-2}s^2+k_{44t}(0.03898\phi_{ts}k_{ts}^{\lambda}k_{ts}^{n}k_{ts}^{\rho})^{-1}s+k_{55t}]\cdot 2.4897\phi_{tu}k_{tu}^{\lambda}k_{tu}^{n}k_{tu}^{\rho} \tag{5-35}$$

$$\tau_L=[k_{11L}(0.04325\phi_{Ls}k_{Ls}^{\lambda}k_{Ls}^{n}k_{Ls}^{\rho})^{-4}s^4+k_{22L}(0.04325\phi_{Ls}k_{Ls}^{\lambda}k_{Ls}^{n}k_{Ls}^{\rho})^{-3}s^3+k_{33L}(0.04325\phi_{Ls}k_{Ls}^{\lambda}k_{Ls}^{n}k_{Ls}^{\rho})^{-2}s^2+k_{44L}(0.04325\phi_{Ls}k_{Ls}^{\lambda}k_{Ls}^{n}k_{Ls}^{\rho})^{-1}s+k_{55L}]\cdot 2.4661\phi_{Lu}k_{Lu}^{\lambda}k_{Lu}^{n}k_{Lu}^{\rho} \tag{5-36}$$

式中　τ_t、τ_L——分别为水平推（型钢位于受压侧）和水平拉（型钢位于受拉侧）时型钢翼缘与混凝土之间的粘结应力；

s——相应的滑移；

其余参数物理意义同前。

水平推时型钢混凝土异形柱曲线的无量纲特征粘结滑移系数　　表 5.10

试件编号	混凝土强度(MPa)	剪跨比	轴压比	配钢率(%)	配钢形式	加载角	k_{11t}	k_{22t}	k_{33t}	k_{44t}	k_{55t}
T3	28.086	2.5	0.7	8.33	T 形钢	沿 45°	0.0036	0.0309	−0.1975	0.4577	6×10^{-12}
T7	24.880	2	0.7	11.21	实腹钢板	沿翼	1.9454	−4.3341	3.125	−0.1437	0.0039
T8	22.803	2.5	0.3	11.21	实腹钢板	沿 45°	4.7621	−8.8876	4.6883	1.0166	0.003
T9	27.239	1	0.5	11.21	实腹钢板	沿腹板	−0.0671	0.7241	−2.3017	3.0695	0.0039
L2	27.026	2	0.7	11.39	槽钢	沿 45°	14.404	3.2369	−2.7365	1.8648	0.0056
十 2	28.086	2.5	0.7	6.25	T 形钢	沿 45°	−2.6023	4.4215	−2.0154	0.5902	-3×10^{-12}
十 3	28.086	2.5	0.7	7.18	槽钢	沿工程轴	−70.911	611.447	−9.9345	0.6413	1×10^{-12}

水平拉时型钢混凝土异形柱曲线的无量纲特征粘结滑移系数　　表 5.11

试件编号	混凝土强度(MPa)	剪跨比	轴压比	配钢率(%)	配钢形式	加载角	k_{11L}	k_{22L}	k_{33L}	k_{44L}	k_{55L}
T3	28.086	2.5	0.7	8.33	T 形钢	沿 45°	4172.5	−1959.6	2411.85	1.1585	-3×10^{-12}
T4	28.086	2.5	0.5	8.49	槽钢	沿翼缘	−0.1161	0.7353	−1.2759	0.882	3×10^{-12}
T7	24.880	2	0.7	11.21	实腹钢板	沿翼缘	0.0183	−0.1041	0.2267	−0.0798	0.0156
T8	22.803	2.5	0.3	11.21	实腹钢板	沿 45°	−0.0027	0.0524	−0.3152	0.9244	0.0167
T9	27.239	1	0.5	11.21	实腹钢板	沿腹板	−0.0057	0.0557	−0.1743	0.408	0.0187
L2	27.026	2	0.7	11.39	槽钢	沿 45°	−41.888	51.792	−17.846	2.8213	5×10^{-12}
十 2	28.086	2.5	0.7	6.25	T 形钢	沿 45°	−11.644	111.05	−11.4876	1.4069	-3×10^{-12}
十 3	28.086	2.5	0.7	7.18	槽钢	沿工程轴	−16211.8	666.49	−22.035	0.4232	-1×10^{-10}

5.4.3　考虑位置变化的粘结滑移曲线

1. 位置函数的确定

如前所述，钢筋混凝土和型钢混凝土构件中各截面粘结滑移曲线随截面位置的不同而变化，表现为曲线族 $\tau=\tau(s,x)$，采用单一的 τ-s 曲线无法反映局部粘结滑移规律的复杂性，因此通常的做法是研究实测粘结应力 $\tau(x)$ 和滑移 $s(x)$ 的分布，获取反映沿锚固深度 x 变化的局部粘结应力-滑移 $\tau=\tau(s,x)$ 曲线族。为了表述这种位置变化，先找到一个特征粘结滑移关系，然后对不同位置处的粘结滑移曲线引进一个位置函数，以两者的乘积来表达不同位置处的 τ-s 本构关系。本节首先确定柱下端部的粘结滑移曲线并把它当作试件的特征粘结滑移关系，即 $\bar{\tau}=f_1(\bar{s})$，然后通过分析得到一个反映不同位置影响的位置函数 f_2（x），用 $f_1(\bar{s})$ 和 f_2（x）共同实现对构件本构关系的描述，即 $\bar{\tau}=f_1(\bar{s})\cdot f_2(x)$。

柱下端部的特征粘结滑移关系 $\bar{\tau}=f_1(\bar{s})$ 已在上节求得，即为式（5-35）和式(5-36)。由前面的研究可知，反复荷载作用下型钢混凝土异形柱的粘结应力沿柱高大致成抛物线分布，即：

$$\tau(x)=\bar{\tau}[A(x/H)^2+B(x/H)+C] \tag{5-37}$$

式中 $\tau(x)$——柱高 x 处型钢翼缘与混凝土接触面上的粘结应力；

$\bar{\tau}$——柱下端部与 $\tau(x)$ 对应的粘结应力；

H——柱一半的高度；

A、B、C——待定常数。

由此得：

$$\bar{\tau}=\frac{\tau(x)}{[A(x/H)^2+B(x/H)+C]} \tag{5-38}$$

而型钢与混凝土之间的滑移大致成负指数分布，即：

$$s(x)=\bar{s}De^{Ex/H} \tag{5-39}$$

式中 $s(x)$——柱高 x 处型钢翼缘与混凝土接触面上的滑移；

$\bar{s}$——柱下端部与 $s(x)$ 对应的滑移；

H——柱一半的高度；

D、E——待定常数。

由此得：

$$\bar{s}=\frac{1}{D}e^{-Ex/H}s(x) \tag{5-40}$$

$\bar{\tau}$ 和 $\bar{s}$ 的相对关系如式（5-35）和式（5-36）所示，在此可简写为：

$$\bar{\tau}(\bar{s})=f_1(\bar{s}) \tag{5-41}$$

因此，试件中任一位置的粘结滑移关系为：

$$\tau(x,s)=f_1\left[\frac{1}{D}e^{-Ex/H}s(x)\right][A(x/H)^2+B(x/H)+C] \tag{5-42}$$

将式（5-42）和式（5-41）相比，可得：

$$\frac{\tau(x,s)}{\bar{\tau}(\bar{s})}=\frac{\tau(x,s)}{f_1(\bar{s})}=\frac{f_1\left[\frac{1}{D}e^{-Ex/H}s(x)\right]}{f_1(\bar{s})}[A(x/H)^2+B(x/H)+C] \tag{5-43}$$

为方便求出同一滑移下不同位置粘结应力的分布规律，令 $s(x)=\bar{s}=s$，有：

$$\frac{\tau(x,s)}{f_1(\bar{s})}=\frac{f_1\left[\frac{1}{D}e^{-Ex/H}s\right]}{f_1(s)}[A(x/H)^2+B(x/H)+C] \tag{5-44}$$

将多项式 $f_1\left[\frac{1}{D}e^{-Ex/H}s\right]$按 Taylor 展开，由于滑移量通常很小，起决定作用的是一次项系数，因此式（5-44）又可写为：

$$\tau(x,s)=\frac{1}{D}e^{-Ex/H}[A(x/H)^2+B(x/H)+C]f_1(\bar{s}) \tag{5-45}$$

这样，就得到了位置函数：

$$f_2(x)=\frac{1}{D}e^{-Ex/H}[A(x/H)^2+B(x/H)+C] \tag{5-46}$$

式中，A、B、C、D、E 是待定常数。其中 A、B、C 与粘结应力沿柱高的分布形式有关，D、E 与滑移沿柱高的分布有关。通过对不同荷载作用下粘结应力和滑移沿柱高的分布曲线的分析发现，在达到极限承载力之前，不同荷载对应的粘结应力和滑移沿柱高的分布曲线与柱下端部达到极限粘结强度时沿柱高的 τ-x 和 s-x 分布曲线形状相似，典型的分布曲线如图 5.12 所示，即：

$$\frac{\tau_u(x)}{\bar{\tau}_u}=\frac{\tau(x)}{\bar{\tau}} \tag{5-47}$$

$$\frac{s_u(x)}{\bar{s}_u}=\frac{s(x)}{\bar{s}} \tag{5-48}$$

式中　$\tau_u(x)$、$s_u(x)$——与 $\bar{\tau}_u$、$\bar{s}_u$对应的沿柱高不同位置的应力和滑移值。

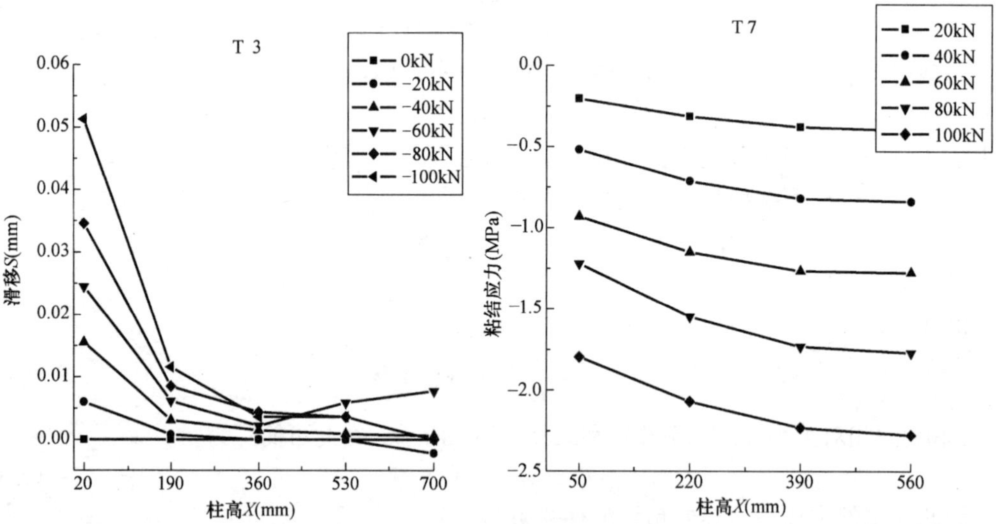

图 5.12　典型分布曲线

待定常数的确定可以通过对 $\tau_u(x)$和 $s_u(x)$拟合回归得到。通过对实测数据的统计回归并取平均值得。

水平推：$A=0.8567$；$B=-1.1297$；$C=1.0419$；$D=1.2422$；$E=-3.3546$

水平拉：$A=0.3347$；$B=-0.4923$；$C=1.0401$；$D=1.2273$；$E=-3.6401$

2. 考虑位置变化的粘结滑移本构关系

综合上述分析，得到了考虑位置变化的型钢混凝土异形柱的粘结滑移本构关系。

水平推（型钢位于受压侧）：

$$\tau_{\mathrm{t}}=[k_{11\mathrm{t}}(0.03898\phi_{\mathrm{ts}}k_{\mathrm{ts}}^{\lambda}k_{\mathrm{ts}}^{\mathrm{n}}k_{\mathrm{ts}}^{\rho})^{-4}s^{4}+k_{22\mathrm{t}}(0.03898\phi_{\mathrm{ts}}k_{\mathrm{ts}}^{\lambda}k_{\mathrm{ts}}^{\mathrm{n}}k_{\mathrm{ts}}^{\rho})^{-3}s^{3}+k_{33\mathrm{t}}(0.03898\phi_{\mathrm{ts}}k_{\mathrm{ts}}^{\lambda}k_{\mathrm{ts}}^{\mathrm{n}}k_{\mathrm{ts}}^{\rho})^{-2}s^{2}+k_{44\mathrm{t}}(0.03898\phi_{\mathrm{ts}}k_{\mathrm{ts}}^{\lambda}k_{\mathrm{ts}}^{\mathrm{n}}k_{\mathrm{ts}}^{\rho})^{-1}s+k_{55\mathrm{t}}]\cdot 2.4897\phi_{\mathrm{tu}}k_{\mathrm{tu}}^{\lambda}k_{\mathrm{tu}}^{\mathrm{n}}k_{\mathrm{tu}}^{\rho}\cdot\frac{1}{D}e^{-Ex/H}[A(x/H)^{2}+B(x/H)+C] \quad (5\text{-}49)$$

水平拉（型钢位于受拉侧）：

$$\tau_{\mathrm{L}}=[k_{11\mathrm{L}}(0.04325\phi_{\mathrm{Ls}}k_{\mathrm{Ls}}^{\lambda}k_{\mathrm{Ls}}^{\mathrm{n}}k_{\mathrm{Ls}}^{\rho})^{-4}s^{4}+k_{22\mathrm{L}}(0.04325\phi_{\mathrm{Ls}}k_{\mathrm{Ls}}^{\lambda}k_{\mathrm{Ls}}^{\mathrm{n}}k_{\mathrm{Ls}}^{\rho})^{-3}s^{3}+k_{33\mathrm{L}}(0.04325\phi_{\mathrm{Ls}}k_{\mathrm{Ls}}^{\lambda}k_{\mathrm{Ls}}^{\mathrm{n}}k_{\mathrm{Ls}}^{\rho})^{-2}s^{2}+k_{44\mathrm{L}}(0.04325\phi_{\mathrm{Ls}}k_{\mathrm{Ls}}^{\lambda}k_{\mathrm{Ls}}^{\mathrm{n}}k_{\mathrm{Ls}}^{\rho})^{-1}s+k_{55\mathrm{L}}]\cdot 2.4661\phi_{\mathrm{Lu}}k_{\mathrm{Lu}}^{\lambda}k_{\mathrm{Lu}}^{\mathrm{n}}k_{\mathrm{Lu}}^{\rho}\cdot\frac{1}{D}e^{-Ex/H}[A(x/H)^{2}+B(x/H)+C] \quad (5\text{-}50)$$

式中各参数取值同上。

第 6 章　型钢高强混凝土短肢剪力墙抗震性能

短肢剪力墙是近年来在我国兴起的一种新型抗侧力构件，墙肢截面高度与厚度之比为5～8，是介于异形柱和剪力墙之间的一种过渡形式。采用高强混凝土并加入型钢形成型钢高强混凝土短肢剪力墙（Steel Reinforced High Strength Concrete Short Pier Shear Wall，简称 SRHC 短肢剪力墙），可使构件同时具有承载能力高且延性好的优点。本章设计了 6 个配 T 形钢桁架的型钢高强混凝土短肢剪力墙试件进行低周反复加载试验，揭示其破坏机理和抗震性能。

6.1 试验简介

6.1.1 试件设计

设计了 6 个对称 T 形截面短肢剪力墙试件，变化参数有肢高肢厚比、剪跨比、轴压比及配箍率；配钢方式为空腹式 T 形钢桁架；沿腹板方向施加反复荷载（图 6.1）；轴压比 $n=N/(f_c \cdot A)$，取 $n=0.2$、0.4；剪跨比 $\lambda=L/h$，取 $\lambda=1.5$、2；试件肢高肢厚比取 5、6.5 和 8。

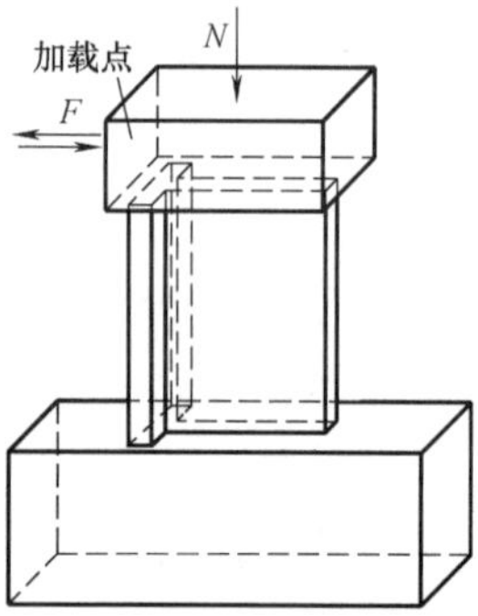

图 6.1　试件加载方向示意

以肢厚为 240mm 的 T 形短肢剪力墙为模型，按 1/3 缩尺比制作。其设计参数如表 6.1 所示，试件截面形式如图 6.2 所示，型钢桁架示意如图 6.3 所示。

6.1.2 加载方式

试验采用荷载和位移混合控制的加载制度。正式加载前，先预加反复荷载 2 次，预加荷载值小于相应试件计算开裂荷载值的 30%。试验开始后，首先施加竖向荷载。竖向荷载由测力传感器控制，一次加到设计控制的数值。在整个试验过程中，保持竖向荷载数值不变。在试件屈服前水平反复荷载采用荷载增量方法控制，20kN 为一级，每级荷载循环一次，如图 6.4 所示；试件屈服后，以屈服位移 Δ_y 作为控制参数，取 Δ_y 的倍数作为级差进行加载，每个荷载步循环三次，直到试件破坏或荷载下降至峰值荷载的 70%，试验结束，如图 6.5 所示。试验过程中，始终保持反复加载的连续性和均匀性，加载或卸载的速度一致。试验采用“悬臂柱式”加载装置，如图 6.6 所示。

试件设计参数表　　**表 6.1**

试件编号	肢高肢厚比	轴压比 n	剪跨比 λ	ρ_{ss}(%)	ρ_s(%)	ρ_{sv}(%)	ρ_{sw}(%)
TW-1	5	0.2	2	6.67	1.048	0.846(@50)	3.915
TW-2	5	0.2	1.5	6.67	1.048	0.846(@50)	3.821

续表

试件编号	肢高肢厚比	轴压比 n	剪跨比 λ	ρ_{ss}(%)	ρ_s(%)	ρ_{sv}(%)	ρ_{sw}(%)
TW-3	6.5	0.2	1.5	6.16	1.048	0.837(@50)	4.022
TW-4	6.5	0.3	1.5	6.16	1.048	0.837(@50)	4.022
TW-5	8	0.2	1.5	5.80	1.048	0.779(@50)	4.103
TW-6	8	0.2	1.5	5.80	1.048	1.286(@30)	4.103

注：轴压比 $n=N/(f_c \cdot A)$，N 为轴向压力，A 为截面面积；剪跨比 $\lambda=L/h$，L 为试件高度，h 为截面高度；ρ_{ss} 为纵向型钢配钢率，ρ_s 为纵筋配筋率，ρ_{sv} 为体积配箍率，ρ_{sw} 为腹杆配钢率包括水平腹杆和斜腹杆的体积配钢率。

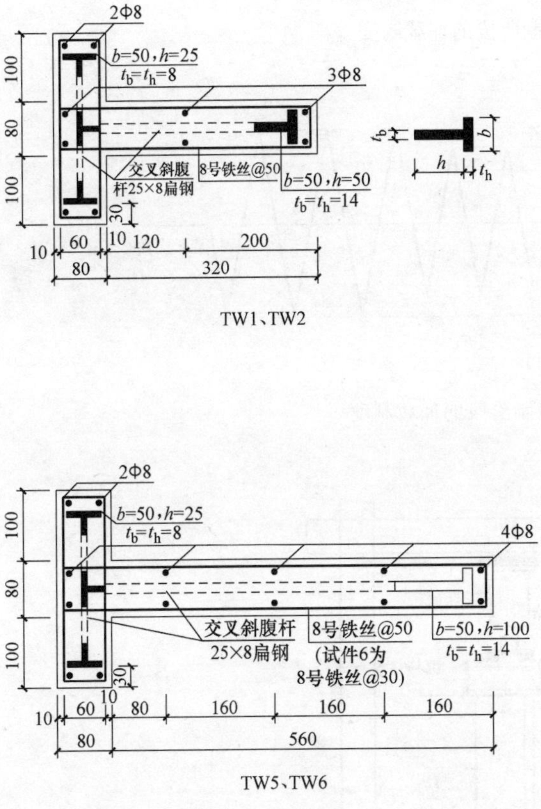

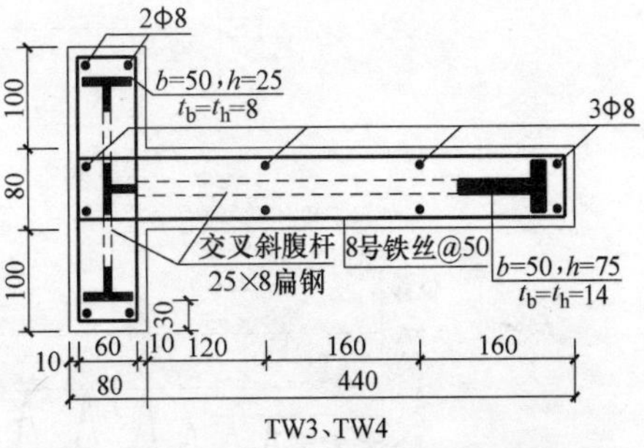

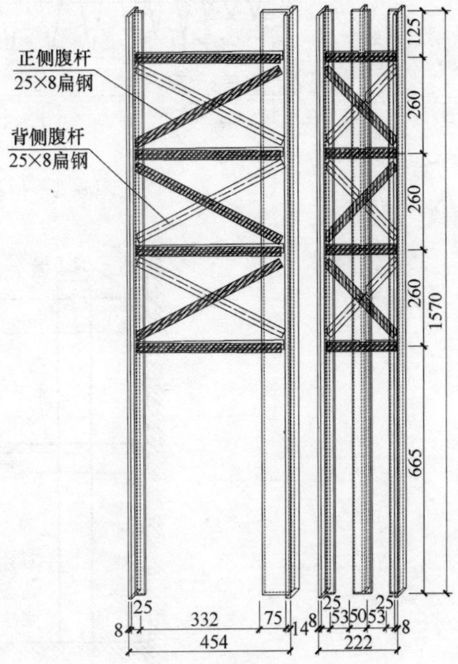

图 6.2 TW1～TW6 的截面配钢图

图 6.3 型钢桁架示意图

6.1.3 试件制作

1. 高强混凝土的配制

混凝土按 C70 配制，计算配合比如表 6.2 所示。所用混凝土原材料为 P.O 42.5 水泥，石灰石碎石，中砂，城市自来水，广州西卡建筑材料有限公司产的“ViscoCrete 3310C-NNZT”缓凝型高效减水剂，广西柳州台泥新型建材有限公司生产的 S95 级矿渣粉

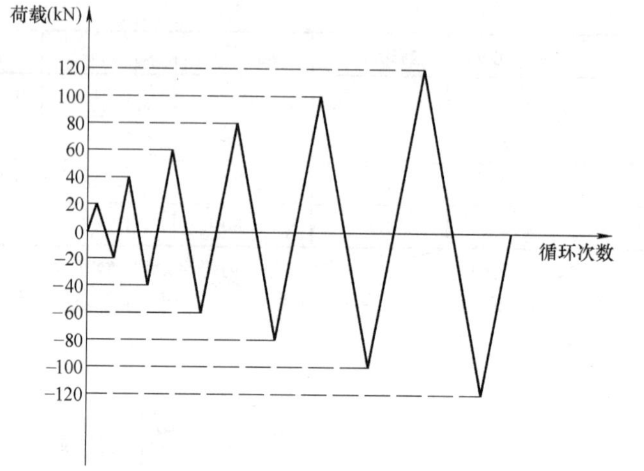

图 6.4　力控制阶段的加载制度

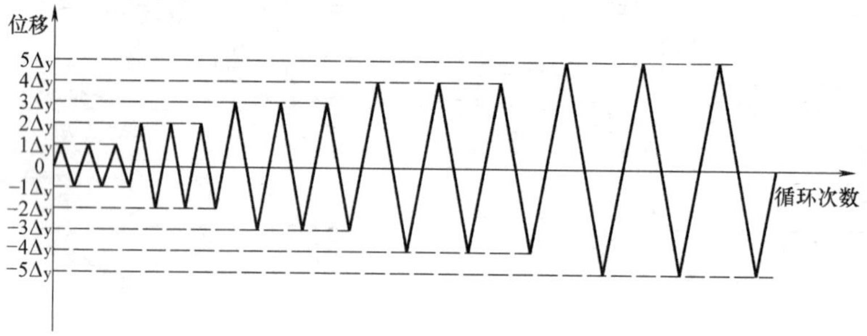

图 6.5　位移控制阶段的加载制度

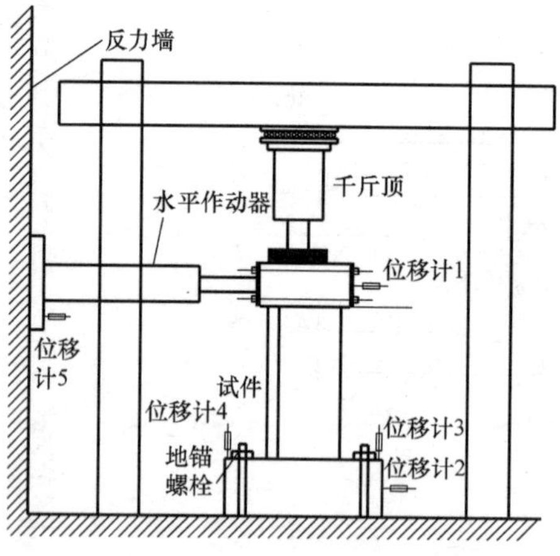

图 6.6　试验加载装置简图

及南宁民瑞建材科技有限责任公司生产的硅灰。

试验段用 C70 混凝土的配合比　　**表 6.2**

1m³ 混凝土材料用量(kg)	水	水泥	细骨料	粗骨料	矿粉	硅粉	高效减水剂
	11.284	145.00	377.00	516.00	1204.00	145.00	58.00

2. 混凝土的浇筑

试件采用分段浇筑（下端头采用 C50 商品混凝土，试验段和上端头采用 C70 混凝土）。首先浇筑下端头，为立式浇筑，待混凝土初凝以后把表面凿毛，保证和试验段能够紧密连接；下端头混凝土达到一定强度后浇注试验段和上端头，为平躺式浇注，如图 6.7 所示。

(a)

(b)

(c)

图 6.7 试件的浇筑

(a) 下端头的浇筑；(b) 支模板；(c) 平躺浇筑

混凝土采用强制式搅拌机搅拌，根据现行国家标准《混凝土结构试验方法标准》，每一盘混凝土均预留有 150mm×150mm×150mm 的立方体试块，预留试块与试件同条件养护，试块的拆模时间与实际构件的拆模时间相同，拆模后试块仍需保持同条件养护。

3. 材料性能试验结果

试验用钢材的材料性能依照标准试验方法，实测结果如表 6.3 所示，混凝土的材料性能试验结果如表 6.4 所示。

钢材力学性能试验结果 **表 6.3**

钢材规格	屈服强度 f_y(MPa)	屈服应变($\mu\varepsilon$)	极限强度 f_u(MPa)	弹性模量(10^5MPa)
8mm 厚扁钢	314.1	1693	457.5	1.855
14mm 厚扁钢	282.4	1362	433.6	2.073
Φ8	361.9	1491	538.5	2.427
8 号冷拔铁丝	—	—	427.7	—

混凝土立方体试块抗压强度实测值 **表 6.4**

试件编号	TW-1	TW-2	TW-3	TW-4	TW-5	TW-6
立方体抗压强度平均值(MPa)	74.3	87.5	80.5	82.1	74.8	82.5

6.2 试验结果及分析

6.2.1 破坏形态分析

低周反复荷载作用下型钢高强混凝土短肢剪力墙的破坏形态大致可分为两种：剪切斜

压破坏和弯曲-剪切破坏。

1. 剪切斜压破坏

剪跨比较小（λ=1.5）的试件（TW2～TW6）发生剪切斜压破坏，其破坏过程为：试件首先在根部附近出现腹部斜裂缝，随着荷载的增加，斜裂缝越来越多，互相交叉形成若干菱形块，并且出现几条主斜裂缝，最后腹部混凝土被压碎破坏，如图 6.8（*b*）～图 6.8（*f*）所示。

2. 弯曲-剪切破坏

剪跨比较大（λ=2）的试件（TW1）发生弯曲-剪切破坏，其破坏过程为：试件首先在根部出现水平裂缝，此后出现腹部斜裂缝，随着荷载的增加，斜裂缝明显比水平裂缝发展迅速，并形成几条主斜裂缝，混凝土菱形块被压碎破坏，如图 6.8（*a*）所示。

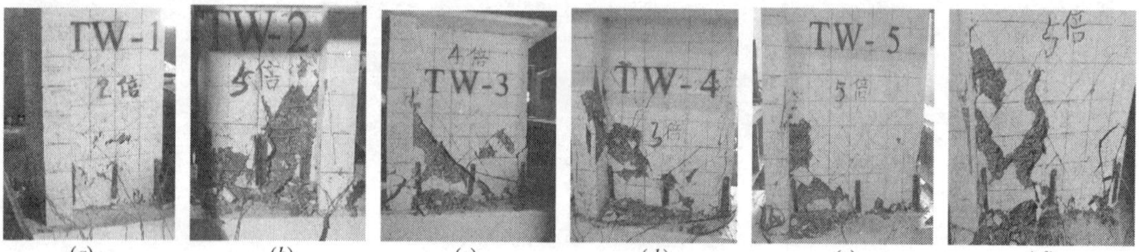

(*a*)　(*b*)　(*c*)　(*d*)　(*e*)　(*f*)

图 6.8　试件的破坏形态

SRHC 短肢剪力墙试件以剪切型破坏为主，腹部箍筋保护层混凝土在墙的腹板中下部压碎脱落。六个试件的破坏区主要在腹板，翼缘几乎没有破坏，或破坏轻微得多。对试件的破坏形态进行分析可得到以下结论：

（1）剪切斜压破坏和弯曲-剪切破坏。剪跨比是影响 SRHC 短肢剪力墙破坏形态的主要因素，剪跨比较小的试件容易发生剪切斜压破坏，剪跨比较大的试件容易发生弯曲-剪切破坏。

（2）破坏主要发生在与加载方向平行的墙肢截面上，而与加载方向垂直的截面几乎未破坏或破坏比较轻微。

（3）型钢高强混凝土短肢剪力墙在达到峰值荷载时，墙根位置的型钢在反复荷载作用下，基本都能达到屈服强度。

6.2.2　水平承载力

1. 水平承载力实测数据

表 6.5 为正向加载及负向加载时，TW1～TW6 的开裂荷载、明显屈服荷载和极限荷载的实测值。

试件的开裂荷载、屈服荷载和极限荷载的实测值　　**表 6.5**

试件编号	TW1	TW2	TW3	TW4	TW5	TW6
肢高肢厚比	5	5	6.5	6.5	8	8
剪跨比 λ	2	1.5	1.5	1.5	1.5	1.5
轴压比 n	0.2	0.2	0.2	0.3	0.2	0.2
配箍率(%)	0.846	0.846	0.837	0.837	0.779	1.286

续表

试件编号		TW1	TW2	TW3	TW4	TW5	TW6
P_{cr}	正向	42.40	60.50	90.70	132.80	32.20	60.10
	负向	172.40	130.90	170.80	271.40	120.10	130.10
P_y	正向	330.2	428.8	424.6	633.9	602.2	542.9
	负向	300.4	353.6	242.3	357.7	462.7	397.8
P_u	正向	463.52	545.18	637.10	658.83	724.81	804.16
	负向	457.72	546.83	632.77	522.97	664.82	668.90
P_m	正向	393.14	463.70	546.59	549.94	610.13	686.12
	负向	388.26	461.56	528.58	444.78	564.29	566.91

注：表中 P_{cr}为开裂荷载，P_y 为屈服荷载，P_u 为极限荷载，P_m 为破坏荷载，取极限荷载的 0.85 倍。

由表 6.5 可以看出，水平极限承载力随着剪跨比的减小而增大，试件 TW-2（λ=1.5）与试件 TW-1（λ=2）相比，极限承载力正向提高了 17.6%，负向提高了 19.5%。

表 6.6 为正向加载及负向加载时，试件 TW1～TW6 在各级位移控制下的荷载实测值。

试件在各级位移控制下的荷载实测值　　表 6.6

试件编号		TW1	TW2	TW3	TW4	TW5	TW6
$1\Delta_y(1)$	正向	361.1	256.4	359.2	398.1	328.3	359.6
	负向	324.9	187.0	303.4	310.3	320.5	273.1
$1\Delta_y(2)$	正向	353.8	246.3	350.8	388.3	322.9	345.6
	负向	327.8	186.2	304.7	311.6	317.3	269.7
$1\Delta_y(3)$	正向	356.0	244.9	349.2	386.6	321.9	348.8
	负向	327.3	186.8	307.2	309.0	311.1	268.4
$2\Delta_y(1)$	正向	360.7	443.4	508.4	559.8	552.8	600.7
	负向	455.4	360.3	503.1	518.8	424.2	506.7
$2\Delta_y(2)$	正向	324.2	430.2	498.7	612.6	570.4	588.2
	负向	356.0	355.6	497.9	522.1	535.7	497.1
$2\Delta_y(3)$	正向	273.2	425.0	493.7	602.6	574.1	581.7
	负向	306.9	353.7	497.4	520.8	522.1	499.8
$3\Delta_y(1)$	正向	259.4	540.7	600.8	367.9	707.1	737.9
	负向	271.0	475.9	533.3	390.2	664.9	643.3
$3\Delta_y(2)$	正向	212.4	519.0	585.6	257.2	707.2	626.4
	负向	232.3	476.3	634.4	294.4	655.5	640.7
$3\Delta_y(3)$	正向	192.3	513.5	581.6	207.6	680.2	722.4
	负向	207.3	478.5	628.4	229.3	655.0	644.4
$4\Delta_y(1)$	正向	181.9	538.8	477.4	—	479.7	807.3
	负向	196.4	546.6	389.5	—	522.8	612.0

续表

试件编号		TW1	TW2	TW3	TW4	TW5	TW6
$4\Delta_y(2)$	正向	164.2	466.0	310.3	—	322.7	403.3
	负向	171.4	516.8	330.2	—	444.4	518.1
$4\Delta_y(3)$	正向	151.2	418.6	255.9	—	297.2	346.6
	负向	160.3	494.3	295.9	—	394.5	437.2
$5\Delta_y(1)$	正向	—	393.4	245.1	—	286.7	332.5
	负向	—	446.0	282.2	—	351.6	453.3

注：$a\Delta_y$ (b) 中，a 为假定屈服位移 Δ_y 的倍数，b 为在该级位移控制下循环的次数。

2. 试件的强度退化

试件的强度退化，可用强度降低系数 λ_i 表示：

$$\lambda_i = \frac{P_{ij}}{P_{i-1j}} \tag{6-1}$$

式中　P_{ji}——j 级控制位移时，第 i 次循环峰点荷载值；

$P_{(i-1)j}$——j 级控制位移时，第 $i-1$ 次循环峰点荷载值。

在各级位移控制作用下，各试件的荷载降低系数如表 6.7 所示，承载力降低系数变化情况如图 6.9 所示。

承载力降低系数表　　**表 6.7**

试件编号			TW1	TW2	TW3	TW4	TW5	TW6
$1\Delta_y$	λ_2	正向	0.980	0.961	0.977	0.975	0.984	0.961
		负向	1.009	0.996	1.004	1.004	0.990	0.988
	λ_3	正向	1.006	0.994	0.995	0.996	0.997	1.009
		负向	0.998	1.003	1.008	0.992	0.980	0.995
$2\Delta_y$	λ_2	正向	0.899	0.970	0.981	1.094	1.032	0.979
		负向	0.782	0.987	0.990	1.006	1.263	0.981
	λ_3	正向	0.843	0.988	0.990	0.984	1.006	0.989
		负向	0.862	0.995	0.999	0.998	0.975	1.005
$3\Delta_y$	λ_2	正向	0.819	0.960	0.975	0.699	1.000	0.984
		负向	0.857	1.001	1.190	0.754	0.986	0.996
	λ_3	正向	0.905	0.989	0.993	0.807	0.962	0.994
		负向	0.892	1.005	0.991	0.779	0.999	1.006
$4\Delta_y$	λ_2	正向	0.903	0.865	0.650	—	0.673	0.500
		负向	0.873	0.945	0.848	—	0.850	0.847
	λ_3	正向	0.921	0.898	0.825	—	0.921	0.859
		负向	0.935	0.956	0.896	—	0.888	0.844

由表 6.7 及图 6.9 可以看出：

(1) 试件 TW-1 的假定屈服位移取值较大，承载力降低系数下降较快，但是后期水平

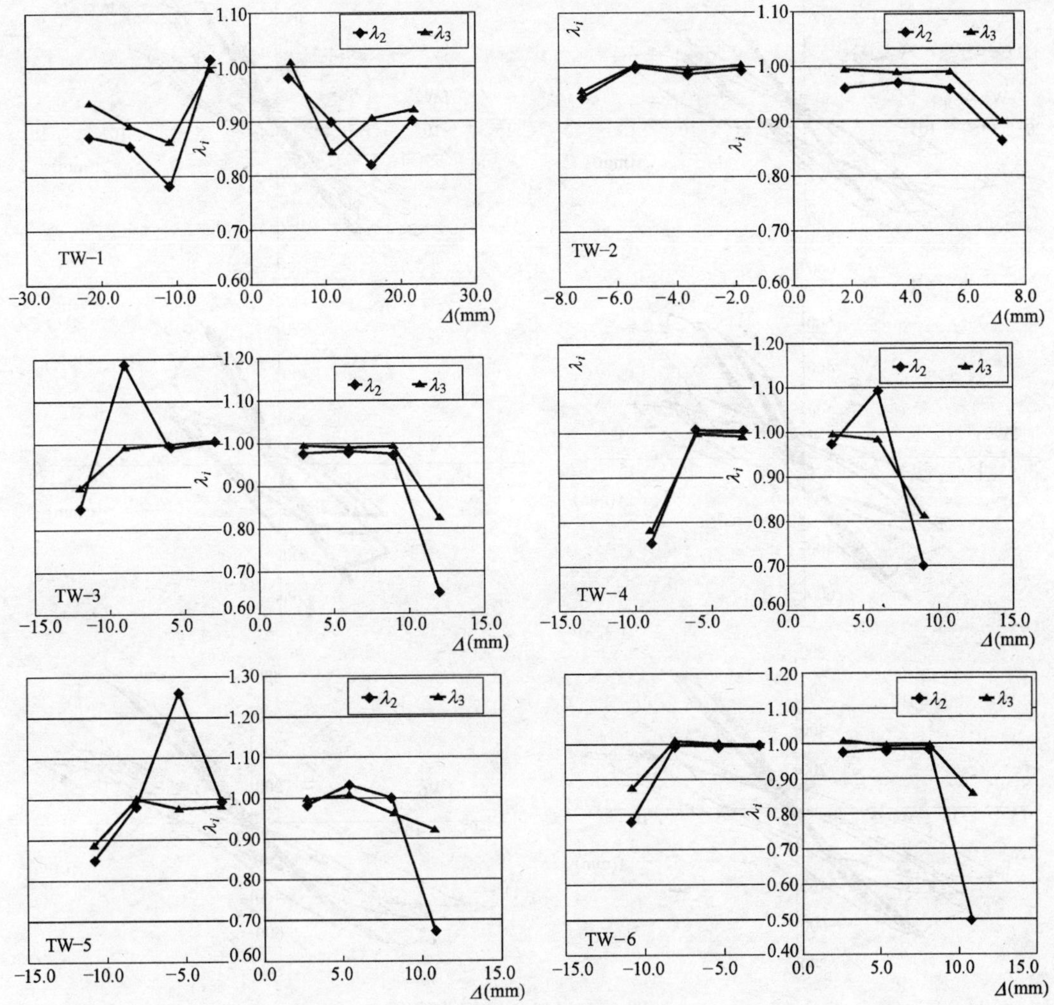

图 6.9 强度退化系数变化图

力主要由型钢桁架承担，承载力降低系数曲线又呈上升趋势。

(2) 在低周反复荷载作用下，试件的承载力降低系数变化曲线有上升段，这是型钢或钢筋屈服后强化作用的缘故。

(3) 当达到极限承载力之后，正向的承载力降低系数急剧下降，而负向的承载力下降速度要慢得多，只有试件 TW-4 负向下降较急剧，这是由于轴压比过大的缘故。

6.2.3 滞回曲线

实测短肢剪力墙顶部水平荷载 P 与位移 Δ 的滞回曲线如图 6.10 所示。

由图 6.10 可见：

(1) 空腹式配钢的型钢高强混凝土短肢剪力墙的滞回曲线基本呈梭形，与以往实腹式配钢的型钢混凝土构件滞回曲线呈弓形相比，滞回环包围的面积小。

(2) 空腹式配钢的型钢高强混凝土短肢剪力墙在最大荷载后，曲线下降比较陡峭，强度降低较快，试件的延性较差。

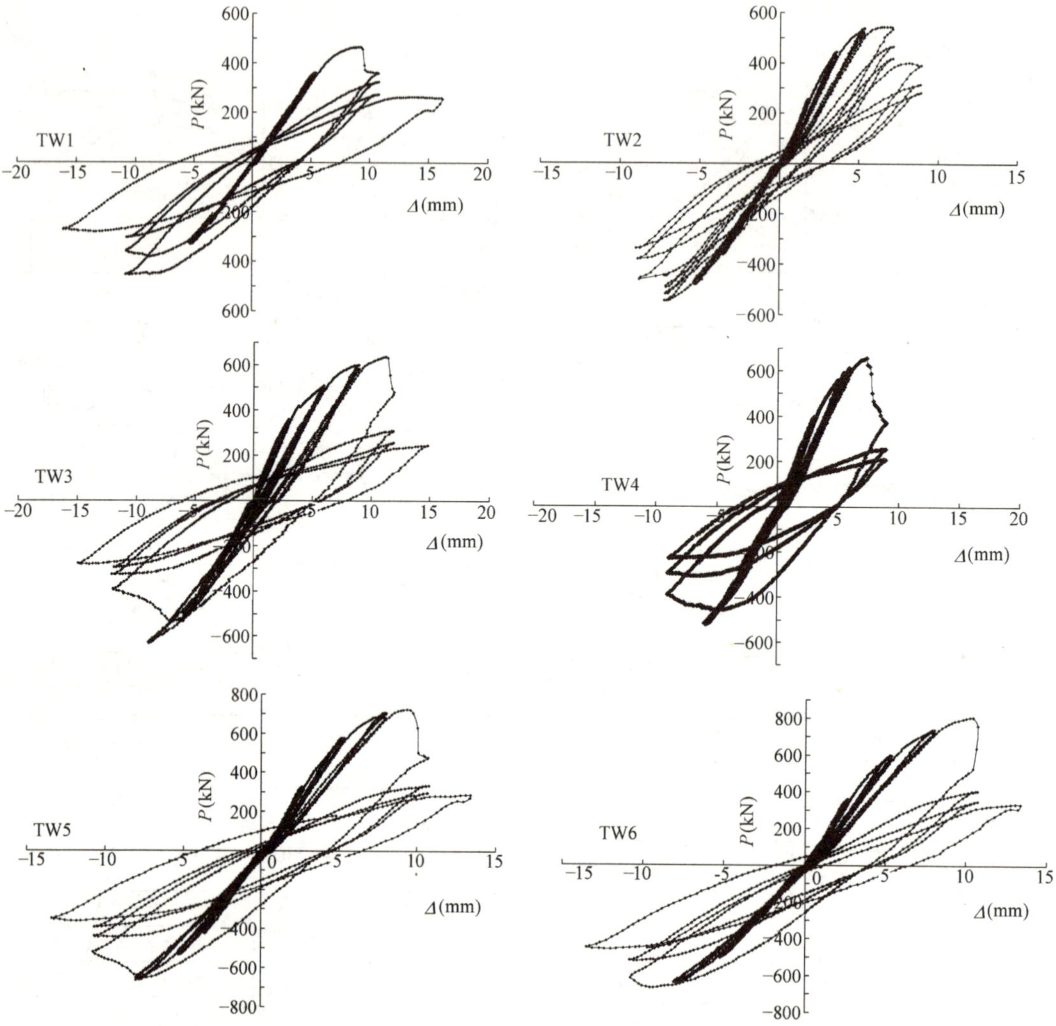

图 6.10　P-Δ 滞回曲线

6.2.4　骨架曲线

各试件的骨架曲线如图 6.11 所示。

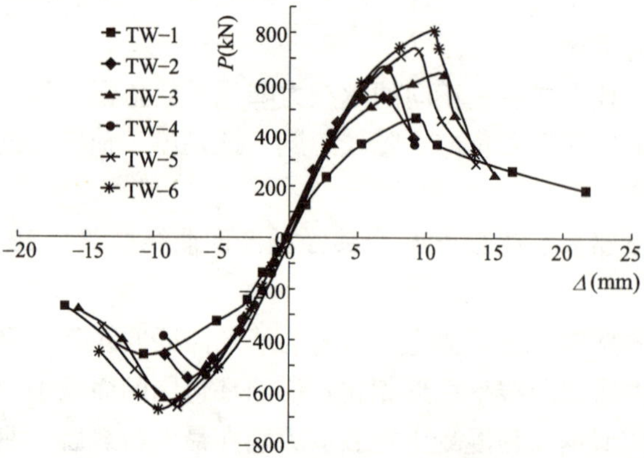

图 6.11　试件的骨架曲线

由图 6.11 可见，随着肢高肢厚比的增加，短肢剪力墙承载力有所增加；剪跨比小的构件承载力较高，但是延性比剪跨比大的试件要差；配箍率大的试件承载力稍大于配箍率小的试件。

6.2.5 位移延性

试验所得各试件的承载力和延性系数如表 6.8 所示，由表可见：

(1) 空腹式配钢的型钢高强混凝土短肢剪力墙的位移延性系数较小，大部分试件 $\mu<3$，明显小于以往普通强度型钢混凝土构件的位移延性。

(2) 空腹式配钢的型钢高强混凝土短肢剪力墙的极限侧移角绝大多数超过了 1/100，基本能够满足现行抗震规范规定的在大震（罕遇烈度地震）作用下，剪力墙结构的非弹性变形要小于 1/100 容许极限侧移角限值以防止结构倒塌的要求，可见型钢高强混凝土短肢剪力墙具有一定的抗倒塌能力。

试件实测各阶段荷载、位移和延性系数 **表 6.8**

编号		开裂点			屈服点			峰值点			极限点			延性系数
		P_{cr}	Δ_{cr}	Δ_{cr}/L	P_y	Δ_y	Δ_y/L	P_u	Δ_u	Δ_u/L	P_m	Δ_m	Δ_m/L	$\mu=\Delta_m/\Delta_y$
TW1	正向	42.4	0.79	1/1333	330.2	4.43	1/183	463.5	9.24	1/86	393.1	9.53	1/84	2.36
	负向	172.4	2.30	1/476	300.4	4.06	1/233	457.7	10.86	1/73	388.2	11.06	1/72	3.88
TW2	正向	60.5	0.63	1/1333	428.8	3.38	1/157	545.1	6.82	1/87	463.7	7.07	1/85	2.18
	负向	130.9	1.76	1/458	353.6	3.46	1/161	546.8	7.40	1/81	461.5	8.80	1/68	2.41
TW3	正向	90.7	1.28	1/1238	424.6	4.15	1/169	637.1	11.35	1/68	546.5	11.47	1/68	2.55
	负向	170.8	1.92	1/459	242.3	2.39	1/316	632.8	9.34	1/83	528.5	9.43	1/82	4.19
TW4	正向	132.8	1.49	1/750	633.9	6.58	1/119	658.8	7.50	1/104	549.9	7.91	1/98	1.23
	负向	271.4	3.02	1/298	357.7	3.33	1/202	522.9	6.00	1/130	444.8	6.28	1/124	2.17
TW5	正向	32.2	0.55	1/1811	602.2	5.82	1/153	724.8	9.47	1/101	610.1	10.33	1/93	1.62
	负向	120.1	1.87	1/1000	462.7	4.29	1/200	664.8	7.99	1/120	564.2	9.56	1/100	2.16
TW6	正向	60.1	0.82	1/2286	542.9	4.55	1/179	804.1	10.34	1/92	686.1	10.59	1/91	2.08
	负向	130.1	1.86	1/686	397.8	3.93	1/205	668.9	9.61	1/99	566.9	10.02	1/96	2.51

注：表中 P_{cr} 为开裂荷载，P_y 为屈服荷载，P_u 为极限荷载，P_m 为破坏荷载（取极限荷载下降到 85%时对应的值），单位均为 kN；Δ_{cr}、Δ_y、Δ_u、Δ_m 分别为与 P_{cr}、P_y、P_u、P_m 对应的位移值，单位均为 mm；μ 为延性系数。

影响试件位移延性的因素很多，主要有剪跨比、轴压比、配箍率、肢高肢厚比等。

1. 剪跨比的影响

试件 TW-1（$\lambda=2$）与试件 TW-2（$\lambda=1.5$）相比，弹塑性最大位移正向提高 24%，负向提高 48%，平均提高 36%；延性系数正向提高 8%，负向提高 61%，平均提高 36%。由此可见，剪跨比大的型钢高强混凝土短肢剪力墙延性较好，但剪跨比对弹塑性位移角的影响不大。

2. 轴压比的影响

轴压比对构件的延性有影响，相同条件下，型钢高强混凝土对称 T 形截面短肢剪力墙试件延性随轴压比提高而降低。由表 6.8 可知，截面情况相同的试件，正向加载时随着轴压比的增大，强度提高，但延性降低。因为轴压比增大，使构件截面受压区高度增大，构件强度随受压区高度增大而提高，延性随受压区高度增大而降低。对称 T 形截面型钢混凝土短肢剪力墙试件延性随轴压比的增大而降低的特点具有普遍性。

3. 配箍率的影响

试件 TW-6(ρ_{sv}=1.286%) 与试件 TW-5(ρ_{sv}=0.779%) 相比，弹塑性最大位移正向提高 9.7%，负向提高 13.6%，平均提高 11.7%；延性系数正向提高 28.3%，负向提高 16.0%，平均提高 21.3%；弹塑性位移角正向提高 13.6%，负向提高 11.6%，平均提高 12.6%。由此可见，随着体积配箍率的提高，试件的延性提高，但是提高的幅度并没有剪跨比、轴压比的影响那么大。

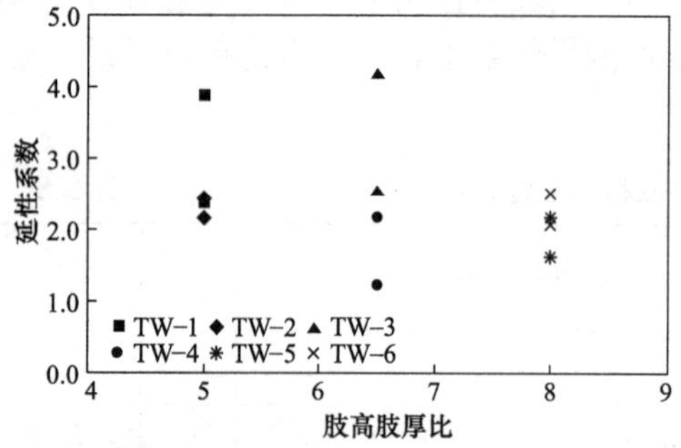

图 6.12　肢高肢厚比对试件延性的影响

4. 肢高肢厚比的影响

试件的延性系数与试件肢高肢厚比的关系如图 6.12 所示，由图可知，随着墙肢高肢厚比的增大，试件的延性降低。肢高肢厚比小的试件虽然承载力小于肢高肢厚比大的试件，但是其延性相对好很多，更有利于结构的抗震。

6.2.6　刚度退化

试件在反复荷载作用下，刚度可以采用割线刚度来表示。根据对称 T 形截面型钢高强混凝土短肢剪力墙开裂、屈服荷载及位移的实测值，计算试件刚度值及各阶段刚度衰减系数如表 6.9 所示。

试验各阶段刚度实测值及其衰减系数　　**表 6.9**

试件编号	TW-1	TW-2	TW-3	TW-4	TW-5	TW-6
K_0(kN/mm)	122.61	162.73	168.44	185.71	140.21	180.85
K_c(kN/mm)	94.10	107.11	112.80	110.13	105.38	106.47
K_y(kN/mm)	76.78	103.67	98.19	98.68	102.20	104.77
β_{c0}	0.77	0.66	0.67	0.59	0.75	0.59
β_{y0}	0.63	0.64	0.58	0.53	0.73	0.58
β_{yc}	0.82	0.97	0.87	0.90	0.97	0.98

注：K_0 为试件初始弹性刚度，K_c 为试件开裂时的割线刚度，K_y 为试件屈服时的割线刚度；$\beta_{c0}=K_c/K_0$ 为开裂刚度与初始弹性刚度的比值，表示从初始弹性到开裂过程中刚度的衰减；$\beta_{y0}=K_y/K_0$ 为屈服刚度与初始弹性刚度的比值，表示从初始弹性到屈服过程中刚度的衰减；$\beta_{yc}=K_y/K_c$ 为屈服刚度与开裂刚度的比值，表示从开裂到屈服过程中刚度的衰减。

从表 6.9 可见：

(1) 相同肢高肢厚比的型钢高强混凝土短肢剪力墙的开裂刚度和屈服刚度非常接近。

(2) 六个试件的 β_{yc} 值都比较大，都在 0.8 以上，甚至达到 0.98，说明型钢高强混凝土短肢剪力墙从开裂到屈服的过程中，刚度退化较小。

(3) 反复水平荷载作用下，对称 T 形截面短肢剪力墙正负向初始弹性刚度相同，但由于翼缘位于腹板一端，正负向刚度退化程度不同，屈服时正负向的抗侧移刚度也不同。随着试件截面肢高肢厚比的增加，两方向抗侧移刚度的差异增加。

（4）轴压比较大的型钢高强混凝土短肢剪力墙的初始刚度比轴压比较小的试件初始刚度有所提高，且开裂刚度和屈服刚度非常接近。

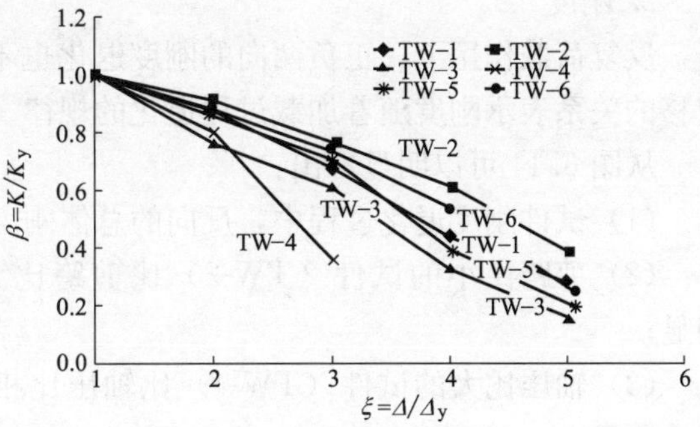

图 6.13 试件的刚度退化曲线

以无量纲 $\beta = K/K_y$、$\xi = \Delta/\Delta_y$（K_y、Δ_y 分别表示试件屈服时的刚度和位移）为变量作各试件的刚度退化曲线如图 6.13 所示，由图可见，在 $\xi=3$ 时，所有试件的刚度大于 30%，绝大部分试件在 $\xi=4$ 时，刚度依然大于 30%。表明型钢高强混凝土短肢剪力墙具有较好的抗侧刚度稳定性。

6.2.7 耗能能力

表 6.10 给出了试件在各级位移下第一循环时的等效粘滞阻尼系数 h_e。

型钢高强混凝土短肢剪力墙的 h_e 值 **表 6.10**

编号	$1\Delta_y$	$2\Delta_y$	$3\Delta_y$	$4\Delta_y$	$5\Delta_y$
TW-1	0.005	0.144	0.189	—	—
TW-2	0.004	0.011	0.021	0.052	0.092
TW-3	0.021	0.047	0.042	0.183	0.201
TW-4	0.014	0.024	0.211	—	—
TW-5	0.008	0.002	0.023	0.182	0.186
TW-6	0.005	0.011	0.017	0.132	0.137

由表 6.10 可见，型钢高强混凝土短肢剪力墙破坏时的 h_e 值大致在 0.1～0.2 之间，与普通钢筋混凝土构件（h_e 大致在 0.1～0.2 之间）的耗能能力相当，明显小于实腹式配钢的型钢普通混凝土构件（h_e 值达到 0.4 以上），也小于型钢普通混凝土异形柱的耗能能力（h_e 值大于 0.2）。可见随着混凝土强度等级的提高，构件的耗能能力变差，特别是空腹式配钢的高强混凝土构件，抗震耗能能力并不比普通钢筋混凝土构件优越。

6.2.8 不对称性分析

试验结果表明，“悬臂柱式”加载的型钢高强混凝土对称 T 形截面短肢剪力墙正负两方向水平受力时表现出不同的强度、刚度、延性等抗震性能，反映在滞回曲线上表现为两方向水平受力时曲线的形状不同。

1. 滞回曲线

从图 6.11 中可以明显看出试件的不对称性：试件达到极限承载力之前，正向加载（翼缘受拉）时的滞回环面积明显大于负向加载（翼缘受压）时，负向加载时的弹性阶段比较长；在试件达到极限承载力之后，负向加载时的滞回环面积增大，明显比正向加载时的滞回环饱满；在试件整个加载过程中，滞回曲线在正负两个方向都很不对称。

这种不对称性在各个试件中体现的程度并不相同，剪跨比较小的试件（TW-2）要比剪跨比较大的试件（TW-1）的不对称性明显，轴压比大的试件（TW-4）要比轴压比相对较小的试件（TW-3）的不对称性明显，但配箍率对不对称性影响不大。

2. 刚度

反复荷载作用下，正负两向的刚度退化也不对称。图 6.14 以正负两向的割线刚度与位移的关系表示刚度随着加载过程退化的规律。

从图 6.14 可以明显看出：

（1）试件刚度退化过程中，反向的总体刚度退化速度要慢于正向的刚度退化；

（2）剪跨比小的试件（TW-2）比剪跨比大的试件（TW-1）刚度退化的不对称性明显；

（3）轴压比大的试件（TW-4）比轴压比相对较小的试件（TW-3）刚度退化的不对称性明显；

（4）配箍率大的试件（TW-6）比配箍率小的试件（TW-5）的不对称性明显；

（5）在剪跨比、轴压比、配箍率相同的情况下，随着截面肢高肢厚比的增加，刚度退化的不对称性越来越不明显，如试件 TW-5 的刚度退化在正负两个方向基本相同，说明随着截面肢高肢厚比的增加，翼缘对构件整体受力性能的影响越来越小，截面的不对称性变小；当截面肢高肢厚比达到一定值后，正负两向趋于对称。

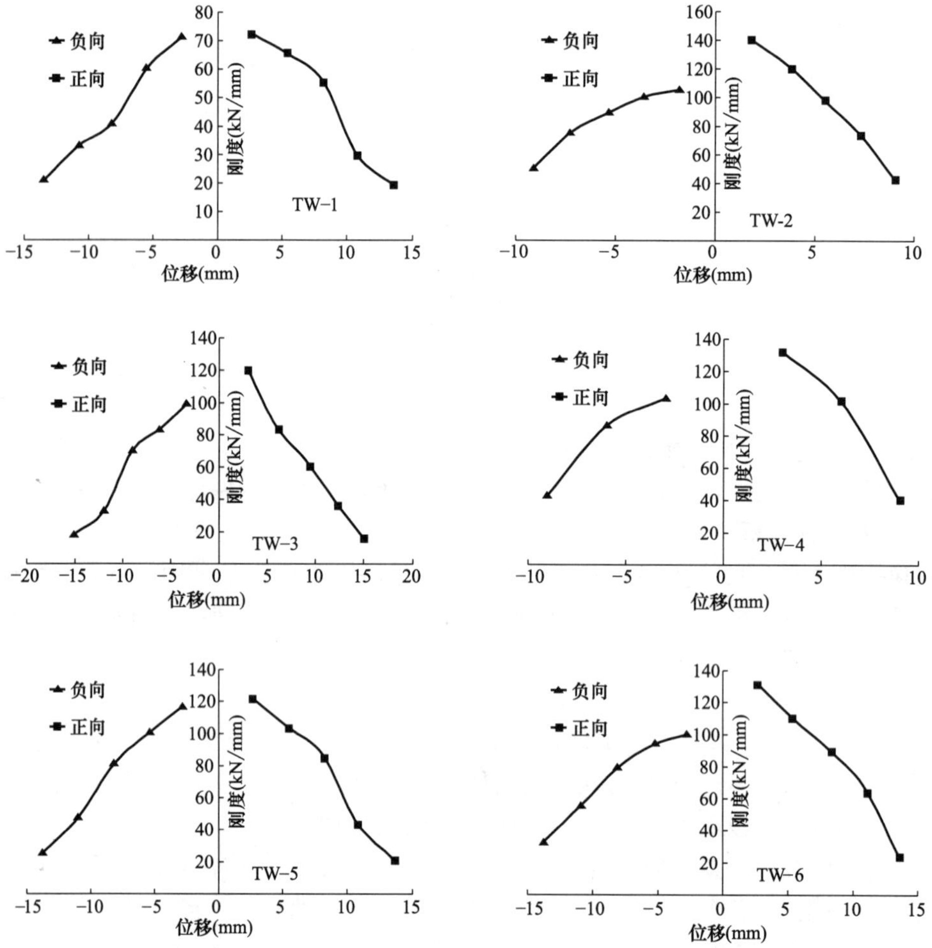

图 6.14　试件刚度退化的不对称性

3. 延性

对称T形截面型钢高强混凝土短肢剪力墙的位移及延性系数实测值如表6.8所示。正负向加载时试件延性系数的不对称性如图6.15所示。由图可知，相同条件下，同一试件负向加载时的延性要大于正向加载的延性。

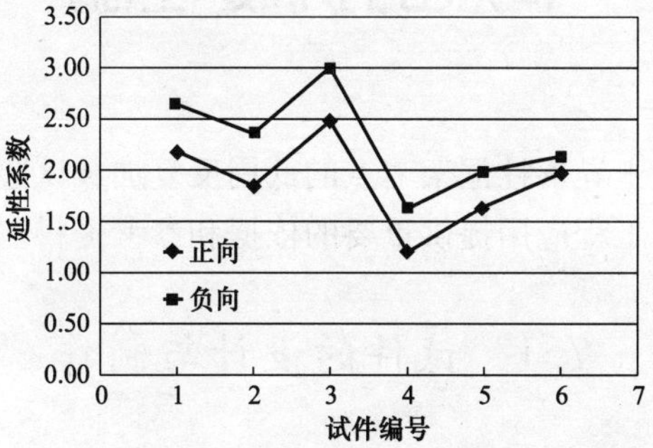

图6.15 试件延性的不对称性

第7章 型钢混凝土异形柱框架节点的抗震性能

本章通过对型钢混凝土异形柱框架节点的低周反复加载试验，揭示这种新型结构的抗震性能，为其科学研究和工程应用提供重要的依据和参考资料。

7.1 试件的设计与制作

7.1.1 试件的设计

本次试验选取了中间层处于不同位置的节点共计17个，其中边节点9个、中节点4个、角节点4个。试验单元选自多层框架在水平荷载作用下梁柱反弯点之间的部分，其中柱反弯点之间的距离为1637.5mm，梁反弯点到梁柱交接处的距离为1100mm。所有试件均以肢厚为240mm的异形柱节点为原型按1/2比例缩尺并采用柱中型钢、钢筋贯通的方式进行设计。节点柱截面中的配钢形式有：T形钢、槽钢以及实腹钢板，其中T形钢（槽钢）是用水平腹杆（圆钢）通过焊接相互连接在一起形成骨架，实腹钢板是用相应规格的钢板焊接而成。边节点的变化参数有柱截面配钢形式、翼缘伸出长度（由柱截面的肢高肢厚比来表征）、节点核心区腹板的配钢率（配筋率）、轴压比。角节点和中节点的设计参数为柱截面配钢形式、轴压比、翼缘伸出长度。各试件截面的具体尺寸和配钢形式如图7.1所示。

为便于描述，规定和梁相连的柱肢称为腹板，另一肢称为翼缘，核心区是指梁和柱交汇的区域（包括腹板和翼缘）。对于柱截面中配T形钢或槽钢的边节点，其核心区腹板中的水平腹杆为Φ6圆钢；上柱段和下柱段中的水平腹杆为Φ8圆钢，其中在腹板中的间距为100mm，靠近核心处200mm范围内加密，间距为50mm；翼缘中水平腹杆的间距为150mm。对于柱截面中配槽钢的角节点和中节点，其核心区腹板中的水平腹杆为Φ12圆

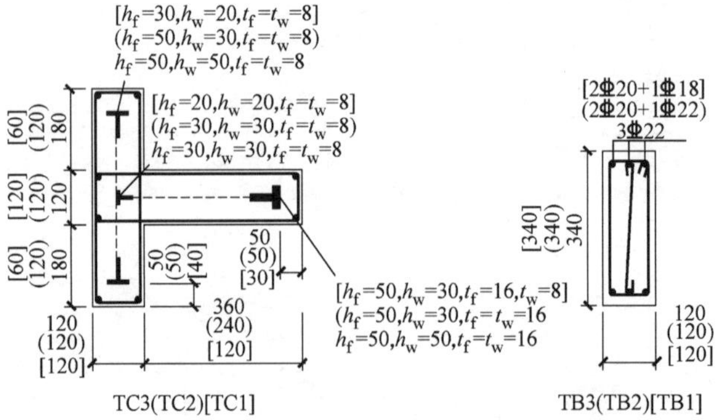

图7.1 试件几何尺寸及配钢形式（一）

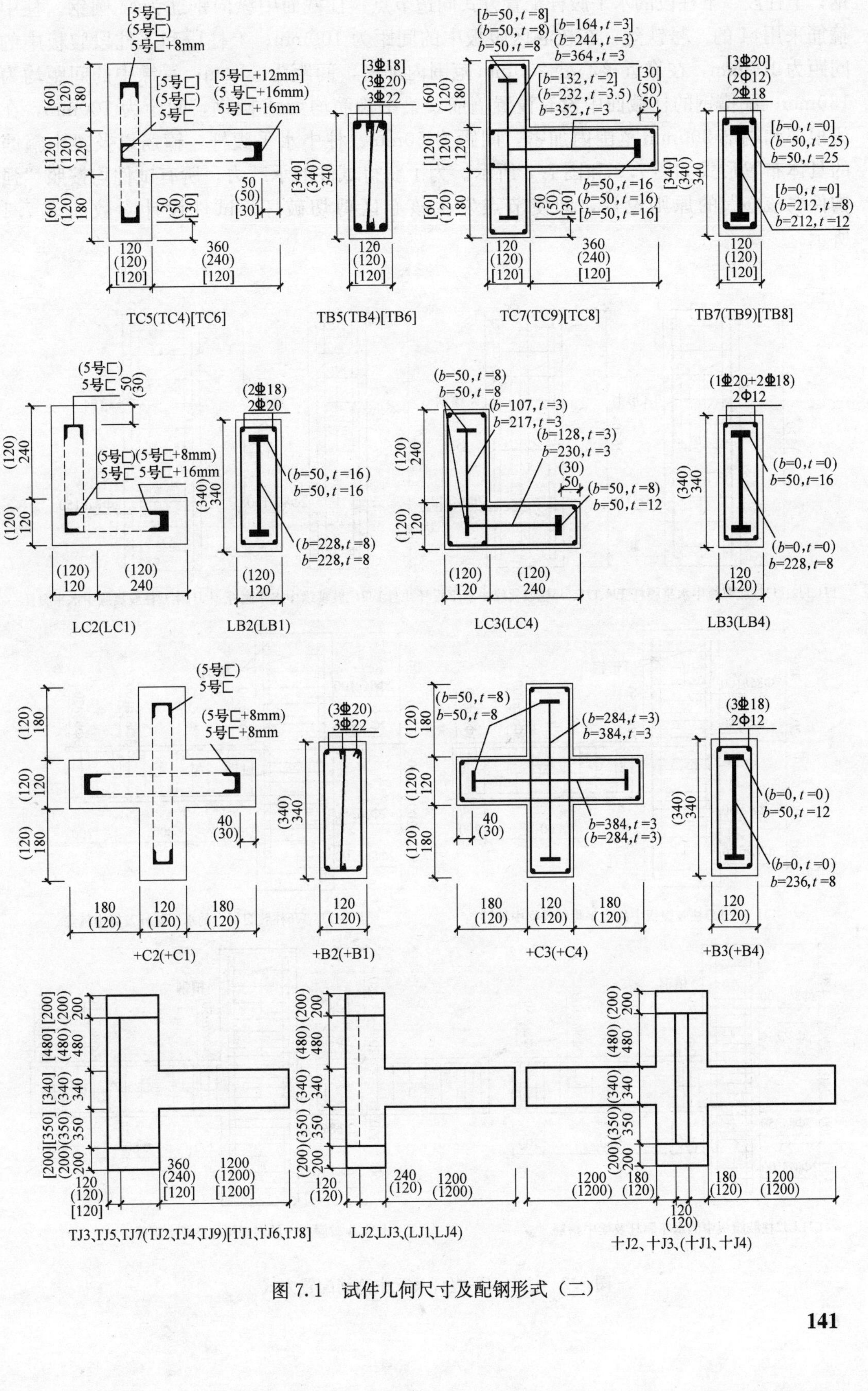

图 7.1 试件几何尺寸及配钢形式（二）

钢；上柱段、下柱段的水平腹杆配置方式同边节点。柱截面中纵向钢筋为Φ6 圆钢。柱中箍筋采用Φ4 的 8 号铁丝，在核心区腹板中的间距为 100mm；上柱段和下柱段腹板中的间距为 100mm，在靠近核心处 200mm 范围内加密，间距为 50mm；翼缘中的间距均为 150mm；配槽钢的柱截面中没有设置箍筋。梁中箍筋均为Φ8 圆钢，间距为 100mm，在梁根部和端部 200mm 范围内加密，间距为 50mm。柱中水平腹杆、箍筋以及梁中箍筋的具体布置形式如图 7.2 和图 7.3 所示。为了获得试件的承载力，所有试件均按照“强构件弱核心”的原则设计，即使节点发生核心区剪切破坏，试件设计参数如表 7.1 所示。

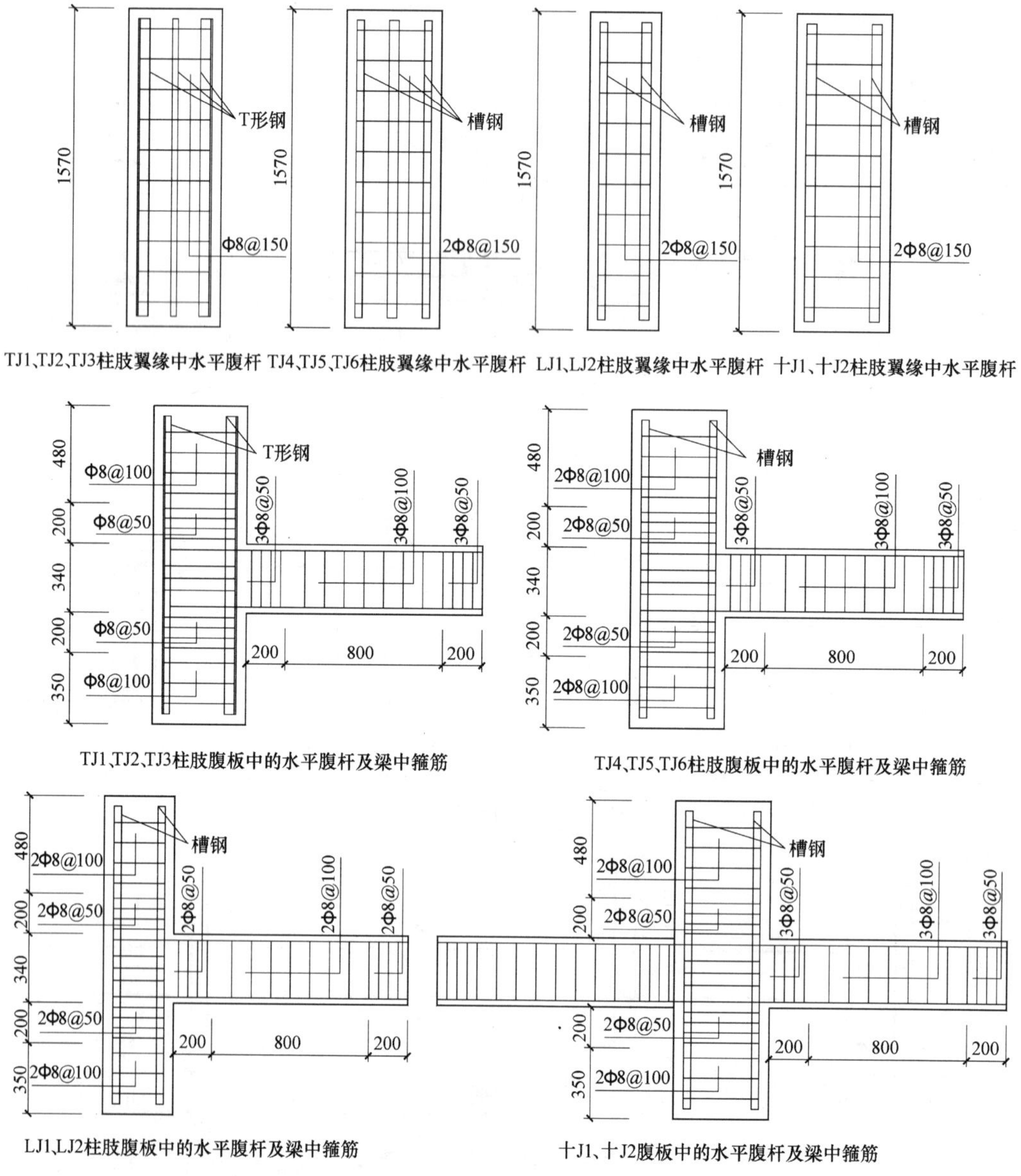

图 7.2　柱中水平腹杆及梁中箍筋配置方式

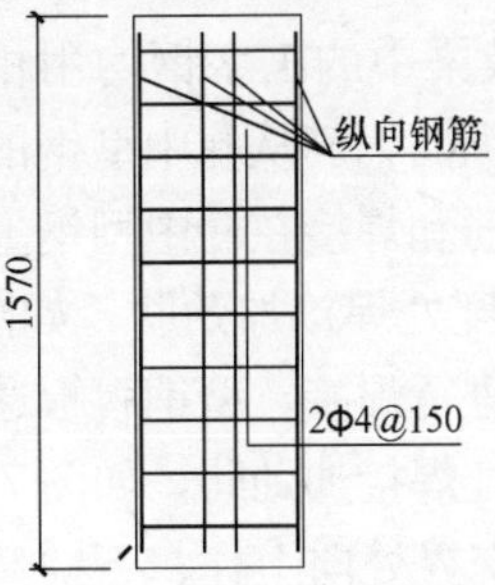

TJ1、TJ2、TJ3、TJ7、TJ8、TJ9柱肢翼缘箍筋

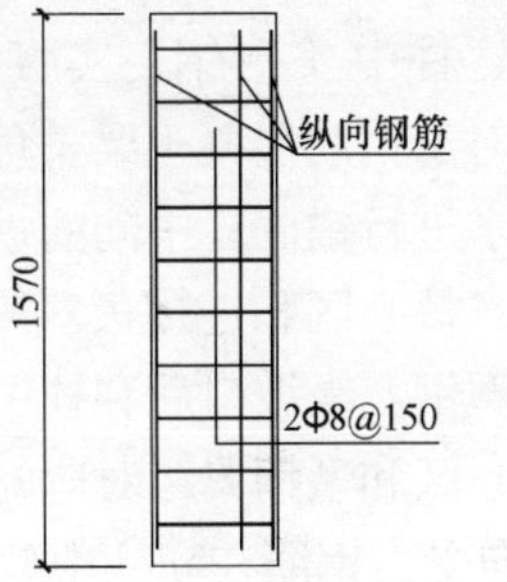

LJ3、LJ4柱肢翼缘中箍筋

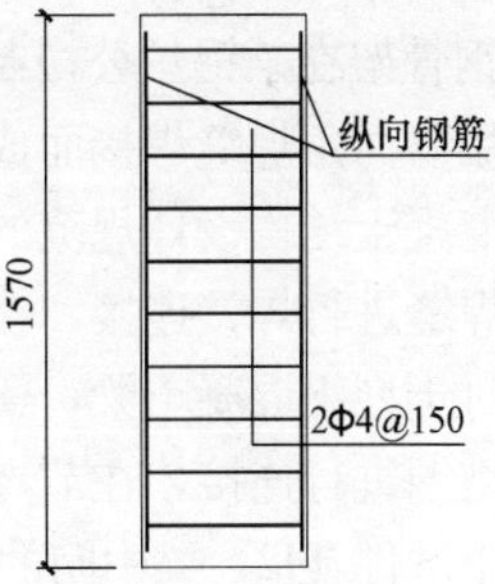

十J3、十J4柱肢翼缘中箍筋

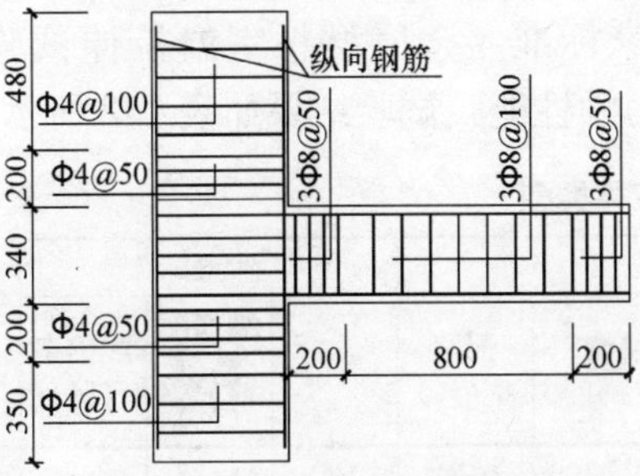

TJ1、TJ2、TJ3、TJ8柱肢腹板及梁中箍筋

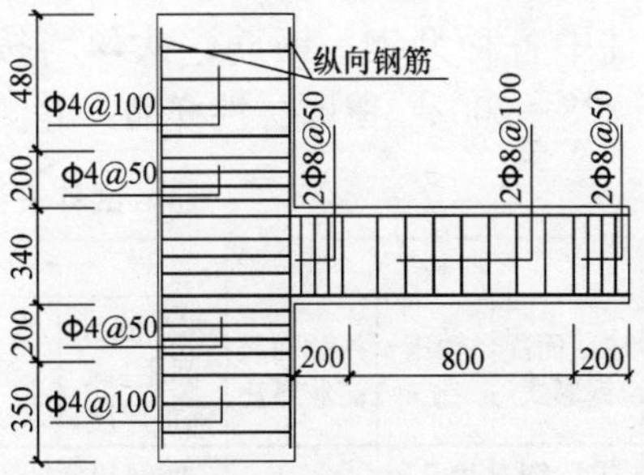

TJ7、TJ9柱肢腹板及梁中箍筋

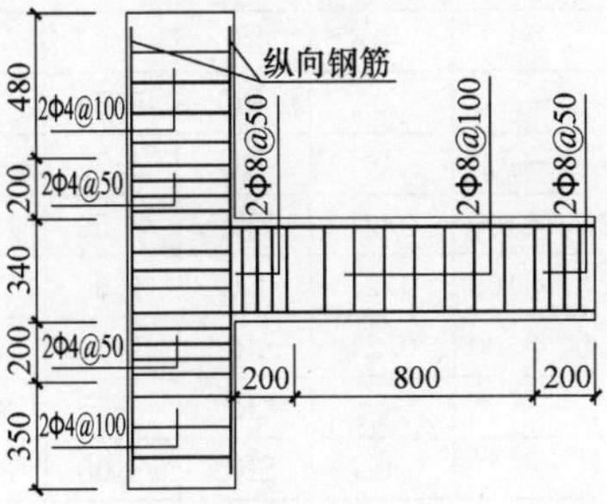

LJ3柱肢腹板及梁中箍筋

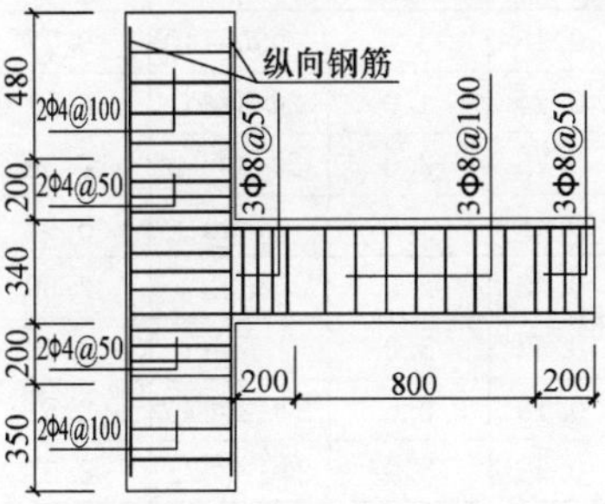

LJ4柱肢腹板及梁中箍筋

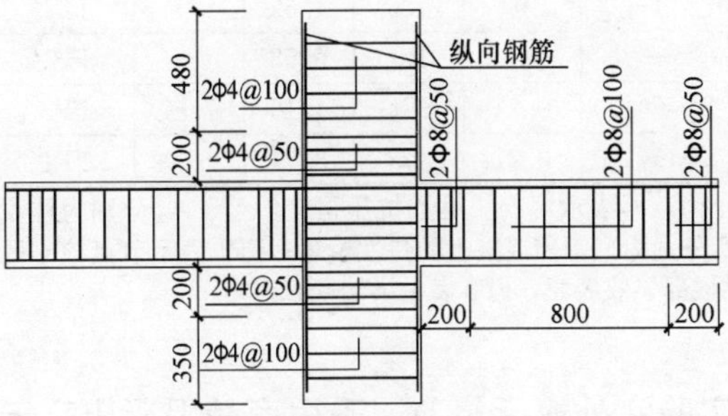

十J3柱肢腹板及梁中箍筋

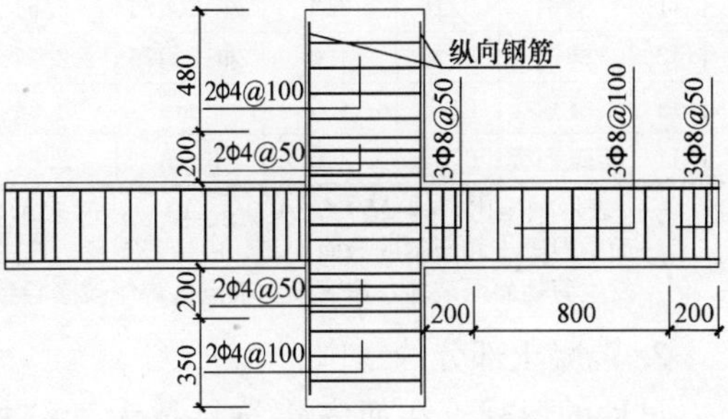

十J4柱肢腹板及梁中箍筋

图 7.3 柱及梁中箍筋配置方式

7.1.2　试件的制作

1. 骨架部分的制作

型钢骨架在某锅炉公司制作，柱中 T 形钢、实腹钢板及梁中的工字钢均用相应规格的钢板采用双面角焊缝焊接而成。对于钢筋混凝土梁，角部的纵向钢筋从柱中型钢的两侧通过并按照混凝土结构设计规范的要求进行锚固；中间的纵向钢筋和焊接在柱中型钢上的连接板通过角焊缝进行焊接连接，在节点核心区和连接板对应的高度处焊接加劲肋，如图 7.4（*a*）所示。对于型钢混凝土梁，梁中型钢翼缘坡口后和柱中型钢进行焊接，型钢腹板通过角焊缝和柱中型钢进行连接，在节点核心区和型钢翼缘对应的高度处焊接加劲肋，如图 7.4（*b*）所示。对于试件 TJ2，梁中间的纵向受力钢筋在和柱中型钢的交界处向上柱、下柱弯折并和柱中的型钢进行焊接，不另设连接板，在节点核心区和纵筋对应的高度处设加劲肋，如图 7.4（*c*）所示。部分节点型钢及钢筋骨架如图 7.5 所示。所有焊接均采用 E43 型焊条手工焊接。试件中各种型钢、钢筋、铁丝均按现行国家标准《金属材料室温拉伸试验方法》（GB/T 228—2002）留取材性样品，并测定材料力学性能，试验结果如表 7.2 所示。

试件设计参数及破坏类型　　表 7.1

试件编号	柱			节点核心区				梁			破坏形态
	柱截面配钢形式	轴压比 *n*	柱截面肢高肢厚比	水平腹杆间距(或钢板厚度)	水平腹杆(钢板)配钢率(%)	箍筋间距	配箍率(%)	类型	纵筋配筋率(%)	配钢率(%)	
TJ1	T 形钢	0.16	2.0	Φ6@40	0.51	2Φ4@100	0.21	RC	4.32	—	FP1
TJ2	T 形钢	0.24	3.0	Φ6@56	0.34	2Φ4@100	0.21	RC	4.94	—	FP3
TJ3	T 形钢	0.33	4.0	Φ6@92	0.17	2Φ4@100	0.21	RC	5.58	—	FP3
TJ4	槽钢	0.16	3.0	2Φ6@140	0.17	—	0	RC	4.62	—	FP1
TJ5	槽钢	0.24	4.0	2Φ6@70	0.51	—	0	RC	5.58	—	FP1
TJ6	槽钢	0.28	2.0	2Φ6@94	0.34	—	0	RC	3.74	—	FP1
TJ7	实腹钢板	0.16	4.0	3mm	2.92	2Φ4@100	0.21	SRC	2.50	12.36	FP2
TJ8	实腹钢板	0.23	2.0	2mm	2.50	2Φ4@100	0.21	RC	4.62	—	FP1
TJ9	实腹钢板	0.32	3.0	3.5mm	3.33	2Φ4@100	0.21	SRC	1.10	10.28	FP2
LJ1	槽钢	0.15	2.0	2Φ12@75	2.51	—	0	SRC	2.50	8.39	FP1
LJ2	槽钢	0.32	3.0	2Φ12@75	2.51	—	0	SRC	3.08	8.39	FP1
LJ3	实腹钢板	0.16	3.0	3mm	2.51	2Φ4@100	0.21	SRC	1.10	8.39	FP2
LJ4	实腹钢板	0.32	2.0	3mm	2.51	2Φ4@100	0.21	RC	4.04	—	FP1
十 J1	槽钢	0.16	3.0	2Φ12@75	2.51	—	0	RC	4.62	—	FP1
十 J2	槽钢	0.25	4.0	2Φ12@75	2.51	—	0	RC	5.58	—	FP1
十 J3	实腹钢板	0.16	4.0	3mm	2.51	2Φ4@100	0.21	SRC	1.10	7.57	FP2
十 J4	实腹钢板	0.24	3.0	3mm	2.51	2Φ4@100	0.21	RC	3.74	—	FP1

注：n 表示轴压比，$n=N/(f_c(A_c+\alpha_{ss}A_{ss}))$，$N$ 表示轴压力，f_c 表示混凝土轴心抗压强度，A_c、A_{ss} 分别为柱截面中混凝土和型钢的截面面积，$\alpha_{ss}=E_{ss}/E_c$，E_{ss}、E_c 分别为型钢和混凝土的弹性模量；FP1 表示节点核心区发生剪切斜压破坏，FP2 表示节点区焊缝拉裂导致梁根部失效破坏，FP3 表示梁端弯剪破坏。

2. 混凝土部分的制作

试件的混凝土在西安建筑科技大学结构实验室外露天浇筑，采用商品混凝土，于 2008 年 3 月 12 日一次浇筑完成，考虑到试件的尺寸较小同时梁柱中的钢筋或型钢较为密集，为保证混凝土浇筑质量，订购的商品混凝土中的粗骨料采用豆石，参考现行国家标准《混凝土结构试验方法标准》，共预留 3 组 150mm×150mm×150mm 立方体标准试块，预留试块与试件在同条件下自然养护。混凝土按 C30 配制，配合比如表 7.3 所示。预留试块参照现行国家标准《普通混凝土力学性能试验方法》进行试验，实测强度如表 7.4 所示。表中的轴心抗压强度、弹性模量和抗拉强度，均由实测的立方体抗压强度换算求出，换算公式采用：$f_c=0.76f_{cu}$；$E_c=10^5/(2.2+34.7/f_{cu})$；$f_t=0.395f_{cu}^{0.55}$。

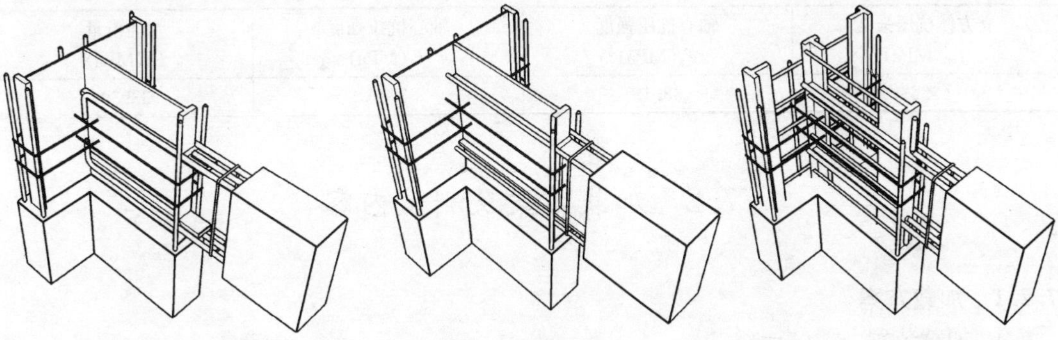

(a)　　(b)　　(c)

图 7.4　节点区连接示意图

(a) 实腹式 SRC 柱-RC 梁；(b) 实腹式 SRC 柱-SRC 梁；(c) TJ2

图 7.5　型钢及钢筋骨架图

钢筋、钢板材料性能　　　　**表 7.2**

钢筋及钢板的规格	f_y(MPa)	f_u(MPa)	E_s($\times10^5$MPa)
Φ4	425	444	1.965
Φ6	551	674	1.944
Φ8	441	543	1.921
Φ12	295	440	1.970
$\underline{\Phi}$18	453	501	2.010
$\underline{\Phi}$20	432	487	2.050
$\underline{\Phi}$22	467	517	2.120
−2mm	236	278	1.734
−3mm	295	385	1.950
−3.5mm	296	407	1.676
5 号槽钢	363	409	2.090
−8mm	363	503	1.946
−12mm	305	367	1.970
−16mm	320	365	1.980
−25mm	351	389	2.080

混凝土配合比（kg）　　**表 7.3**

PO. 32.5 水泥	粉煤灰	砂子	石子	外加剂	水
340	80	635	1130	8.4	170

混凝土材料性能　　**表 7.4**

立方体抗压强度 f_{cu}(MPa)	轴心抗压强度 f_c(MPa)	轴心抗拉强度 f_t(MPa)	弹性模量 E_c(MPa)
43.67	33.19	3.15	33930

7.2　加载方案及测试内容

7.2.1　加载方案

1. 加载装置

通常对梁柱节点进行试验的装置可以分为两类，一类为柱端加载，另一类为梁端加载，其力学模型如图 7.6 所示。由于第一种加载装置能够反映 P-Δ 效应，可以较好地模拟实际节点的受力边界条件。因此，本次试验采用柱端加载的方式，加载装置如图 7.7 所示。水平加载装置采用电液伺服程控系统（MTS793），由 1000 kN 电液伺服作动器施加

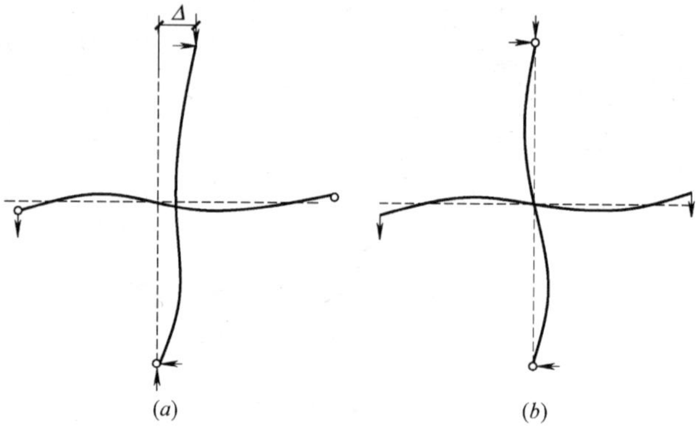

图 7.6　力学模型

（a）柱端加载；（b）梁端加载

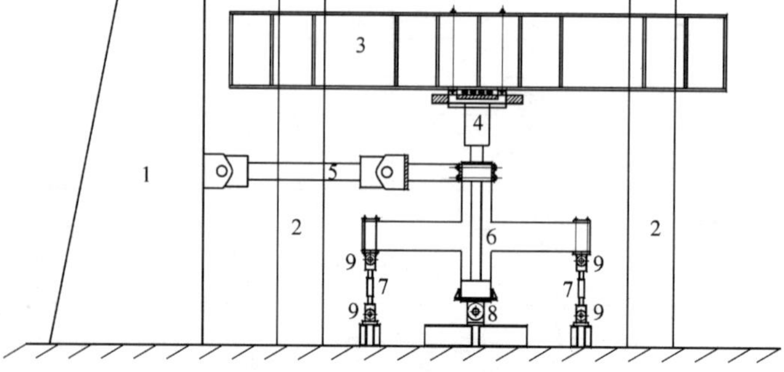

图 7.7　试验加载装置

1—反力墙；2—反力梁；3—反力架；4—1500kN 油压千斤顶；5—MTS 拉压电液伺服作动器；6—SRC 异形柱框架节点试件；7—力传感器；8—柱底单向铰支座；9—梁端单向铰支座

柱顶水平往复荷载，作动器行程为±350mm。竖向轴力由1500kN油压千斤顶进行施加，千斤顶与反力梁之间设置滚轮装置，以使千斤顶随柱顶保持实时水平移动。

2. 加载制度

首先通过油压千斤顶在柱顶施加竖向荷载至设计值并保持不变；接着施加柱顶水平荷载，加载分为荷载控制和位移控制两个阶段。在预估的屈服荷载以前采用荷载控制的方式，对于肢高肢厚比较小的试件，每级荷载增量约为10kN并循环一次，对于肢高肢厚比较大的试件，每级荷载增量约为20kN并循环一次；屈服以后加载按照位移控制的方式进行，位移增量为屈服位移的倍数，每级位移循环三次，直到荷载下降到极限荷载的70%左右结束试验。

7.2.2 测试内容

1. 试验的主要测试内容

(1) 荷载值：包括柱顶竖向荷载值和水平荷载值，如图7.8 (*a*) 所示；

(2) 线位移值：包括柱顶及梁端的水平位移值，如图7.8 (*b*) 所示；

(3) 转角位移值：包括梁根部及柱根部的转角，如图7.8 (*c*) 所示；

(4) 节点区变形值：节点核心区对角线方向的变形值，如图7.8 (*d*) 所示；

(5) 应变值：包括节点核心区水平腹杆（钢筋）、型钢、梁根部的纵向钢筋及柱根部型钢的应变值，如图7.9所示；

(6) 裂缝的出现、发展直至试件破坏的全过程。

2. 测试手段及方法

竖向荷载由液压稳压器控制的油压千斤顶施加，所需稳压的荷载值事先标定；水平荷载由MTS电液伺服系统控制、采集；柱顶及梁端的水平位移采用电子位移计进行量测；梁、柱根部的转角采用转角仪进行采集；节点核心区的变形值采用电子百分表进行量测；梁端的荷载值通过30t力传感器进行量测；型钢、钢筋及箍筋上的应变采用应变片进行量测。所有量测数据均通过TDS-602数据采集仪进行动态采集。

试验过程中，首先对各量测参数进行初始化，然后施加竖向荷载并对各测量值进行第一次采集，接着连接梁端的力传感器并记录初始值，最后按照加载制度通过MTS系统对试件进行加载。

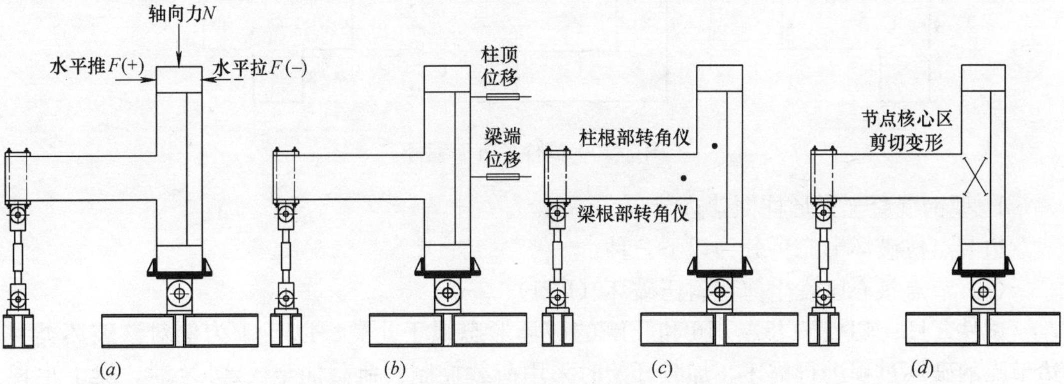

图7.8 力传感器及位移计布置示意图

(*a*) 荷载；(*b*) 水平位移；(*c*) 梁柱转角；(*d*) 剪切变形

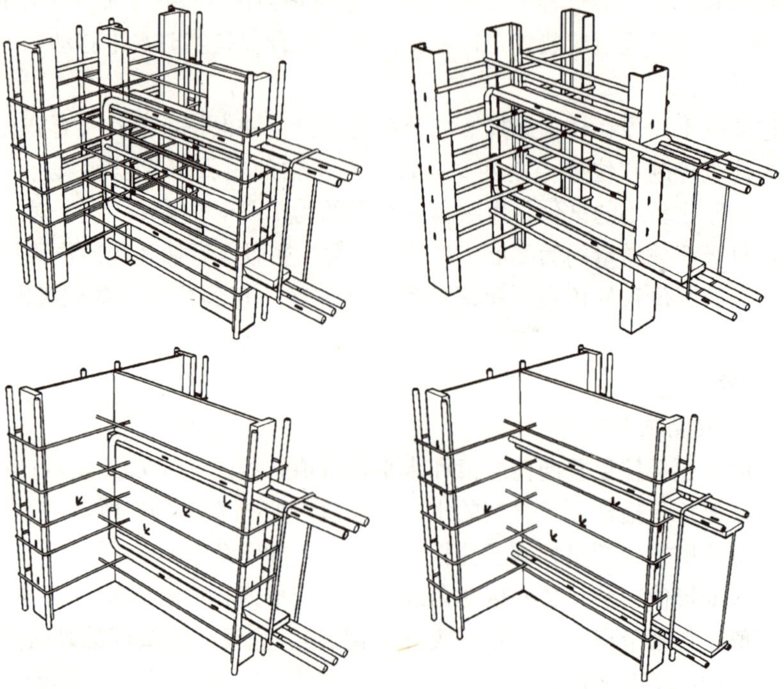

图 7.9　应变片布置示意图

7.3　试验结果及分析

7.3.1　试验过程及破坏形态分析

试验描述过程中，约定如下：正向（+）加载表示推，负向（−）加载表示拉；考虑到节点比较复杂，因此按照图 7.10 所示对试件的各个表面进行编号，图中 B、C 分别表示梁、柱。

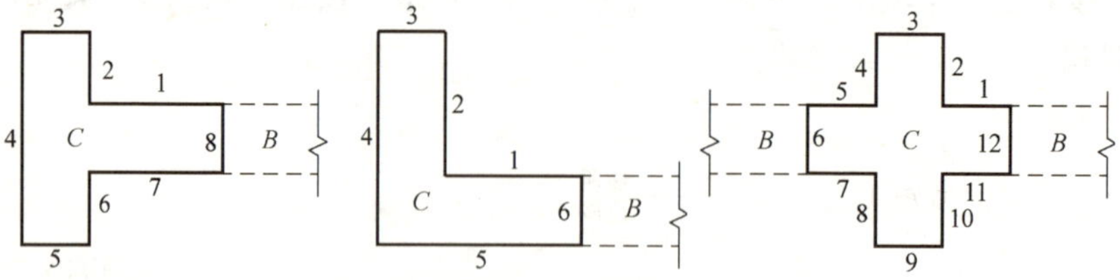

图 7.10　试件各表面编号

1. 型钢混凝土异形柱框架边节点

边节点按破坏形态可分为以下三种：

（1）节点核心区发生剪切斜压破坏（FP1）

试件 TJ1、TJ4、TJ5、TJ6 和 TJ8 的破坏形态属于此类。以 TJ1 为例对该破坏类型边节点的破坏过程进行描述。加载开始时采用荷载控制：荷载加至±20kN 时，梁上出现多条弯曲裂缝，在 7 面核心区上下部出现两条沿 45°和 135°方向的短小斜裂缝；荷载加至±30kN 时，梁上原有的弯曲裂缝继续发展并伴有新的弯曲裂缝产生，在 1、7 面核心区出现沿 45°和 135°方向的斜裂缝；荷载加至±40kN 时，1、7 面核心区原有斜裂缝继续发展，并有与原裂缝相互平行的新裂缝出现，1 面核心区中部分斜裂缝向 2、3 面延伸，7 面核心区中部分斜裂缝向 6、5 面延伸，在 4 面核心区上下部出现多条水平的贯通裂缝；荷载加至±60kN 时，1 面核心区形成交叉裂缝，裂缝宽度不断增加，同时伴随有少量混凝土起皮的现象，梁上局部出现腹剪裂缝。随后加载进入位移控制：位移加至±25mm 时，1 面核心区形成交叉主斜裂缝，并向 2、3 面延伸，总体呈 X 状，宽度明显增加，裂缝交叉处混凝土开始起鼓掉渣，7 面核心区形成 60°方向的主斜裂缝，并向 6、5 面延伸，同时裂缝宽度明显增加，梁上又陆续出现几条腹剪裂缝。此时，梁根部的混凝土大面积起皮；位移加至±50mm 时，1 面核心区裂缝发育充分，裂缝交叉处混凝土被压碎剥落，由 1 面向 2、3 面延伸的斜裂缝宽度明显加宽，2、3 面交界处局部混凝土压碎剥落，露出柱中的纵向钢筋，4 面核心区水平裂缝发育充分，梁根部混凝土压碎剥落。此时，试件承载力已下降到最大承载力的 85%以下，试件破坏。另外几个试件的破坏过程和 TJ1 类似，但节点核心区的破坏形态各有特点。TJ1 核心区与梁交接处边缘部位的混凝土剥落比较严重；TJ4 核心区出现大量剪切斜裂缝，但混凝土剥落量较少；TJ5 核心区与上柱交接的边缘处混凝土剥落比较严重，且上柱柱根的混凝土也被压碎剥落；TJ6 核心区混凝土沿与上柱交接的边缘以及与梁交接的边缘均有混凝土剥落，且核心区一侧混凝土剥落较严重，而另一侧较轻；TJ8 核心区混凝土破坏最为严重，中间区域混凝土大面积剥落。各试件最终的破坏形态如图 7.11 所示。

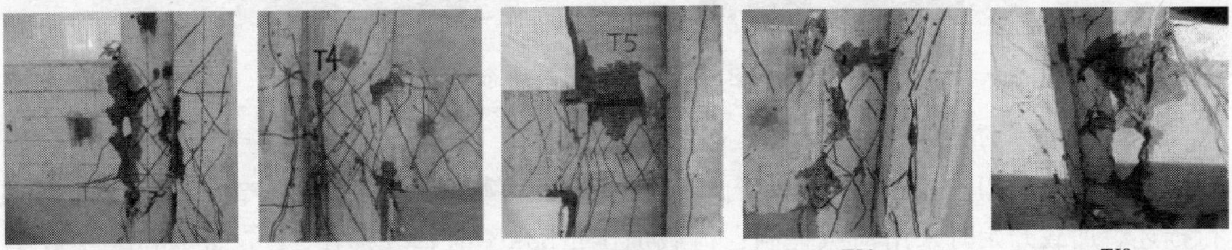

TJ1　　TJ4　　TJ5　　TJ6　　TJ8

图 7.11　试件破坏形态

（2）节点区焊缝拉裂导致梁根部失效破坏（FP2）

试件 TJ7、TJ9 的破坏形态属于此类。以 TJ7 为例对该破坏类型边节点的破坏过程进行描述。加载开始时采用荷载控制。荷载加至－40kN 时，7 面核心区靠近梁根处出现一条长约 8cm 的竖向裂缝，梁根部出现两条弯曲裂缝；荷载加至±55kN 时，1 面、7 面核心区出现沿 45°方向的斜裂缝，梁上原有裂缝继续开展并有新的裂缝出现；荷载加至±70kN 时，1 面核心区出现一条长约 18cm 沿 135°方向的斜裂缝，7 面核心区靠近梁根部的竖向裂缝向下延伸约 8cm，7 面下柱根部附近出现一条长约 10cm 沿 120°方向的斜裂缝；荷载加至±85kN 时，1 面核心区下部靠近 2 面处出现一条长约 5cm 沿 120°方向的斜裂缝，靠近梁根处原有的竖向裂缝向柱肢中延伸，局部还有一些短斜裂缝出现，7 面核心区原有裂缝向两端开展并伴随有新裂缝出现，靠近梁根处的竖向裂缝贯通；荷载加至±100kN 时，1 面核心区原有裂缝向两端开展，形成交叉裂缝，一条沿 70°方向的斜裂缝向下柱柱肢延伸约 16cm，7 面核心区原有裂缝继续向两端开展，部分裂缝向上柱柱肢延伸；荷载加至±115kN 时，1 面核心区原有裂缝继续开展，上柱根部有一条长约 11cm 沿 110°方向的斜裂缝向上柱柱肢延伸，梁中弯剪裂缝进一步开展，局部出现腹剪裂缝；荷载加至±130kN时，1 面上下柱肢中的裂缝继续向上、向下延伸，7 面核心区裂缝向上柱柱肢延伸；荷载加至−145kN 时，核心区裂缝形成主斜裂缝，靠近梁根下角部的混凝土裂缝宽度约为 0.5mm，梁根下角部混凝土起皮。随后加载进入位移控制：位移加至（+21mm，−20mm）时，1、7 面核心区靠近梁根处的竖向裂缝明显加宽，最宽处约为 1mm，梁根混凝土起皮掉渣；位移加至（+31mm，−30mm）时，1、7 面核心区竖向裂缝继续加宽，最宽处约为 1.5mm，8 面上、下柱处混凝土大块外鼓并剥落，露出柱中的纵向钢筋及箍筋，梁根上下角部混凝土起皮剥落；位移加至（+45mm，−40mm）时，1、7 面核心区竖向裂缝进一步加宽，梁根上下角部的混凝土剥落。构件承载力下降到最大承载力的85％以下，试件破坏。TJ9 的破坏过程和 TJ7 类似，但由于 TJ9 柱截面的肢高肢厚比相对 TJ7 较小，因此其破坏发生的比 TJ7 快，且 TJ9 上、下柱柱根的破坏更加严重。TJ7、TJ9 最终破坏形态如图 7.12 所示。

TJ7　　TJ9

图 7.12　试件破坏形态

（3）梁端弯剪破坏（FP3）

试件 TJ2、TJ3 的破坏形态属于此类。以 TJ2 为例对该破坏类型边节点的破坏过程进行描述。加载开始时采用荷载控制：荷载加至±35kN 时，分别在 1、7 面核心区靠近梁根部处出现 2 条竖向裂缝，梁上出现多条弯曲裂缝；荷载加至±45kN 时，核心区原有竖向裂缝向上下两端进一步延伸，梁上原有弯曲裂缝继续开展，部分弯曲裂缝形成弯剪裂缝，并伴随有新裂缝产生；荷载加至±55kN 时，1 面核心区中部形成约 10cm 沿 60°和120°方向的斜裂缝，7 面核心区中下部形成约 10cm 沿 60°方向的斜裂缝，梁上弯曲裂缝继续开展，部分形成弯剪裂缝；荷载加至±75kN 时，1、7 面核心区原有斜裂缝继续开展，并伴随有新的斜裂缝出现，逐渐形成交叉裂缝，核心区 1、2 面交汇处出现竖向裂缝，梁上局部出现腹剪裂缝；荷载加至±90kN 时，核心区原有裂缝进一步开展，但发展不充分，此时核心区翼缘没有裂缝出现。随后加载进入位移控制：位移加至±21mm 时，核心区的裂缝发展缓慢，局部有一些短小斜裂缝出现，梁根部的竖向裂缝不断加宽，8 面梁柱交汇处裂缝也不断加宽并伴有混凝土起皮现象；位移加至±30mm 时，8 面梁柱交汇处混凝土起皮剥落，1、7 面核心区靠近梁根部的竖向裂缝宽度继续增加；位移加至±40mm时，梁根部的竖向裂缝宽度加宽至约 2mm，8 面梁柱交汇处混凝土大块剥落，柱中纵向钢筋外露，核心区斜裂缝也有加宽的趋势，但仍旧发展不充分；位移加至±50mm 时，梁根部竖向裂缝处箍筋外露，上下角部的混凝土压碎剥落，纵向钢筋外露，节点区的竖向裂缝宽度明显加宽。此时试件承载力已下降到极限承载力的 85％以下，加载停止。TJ3 的破坏过程和 TJ2 类似，但 TJ3 破坏发生的比 TJ2 晚，且梁根破坏相对较轻，但 TJ3 梁侧面出现比较多的腹剪斜裂缝。TJ2 和 TJ3 最终的破坏形态如图 7.13 所示。

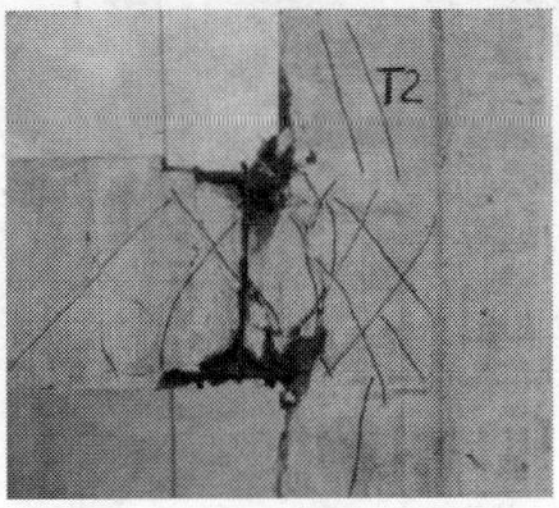

TJ2

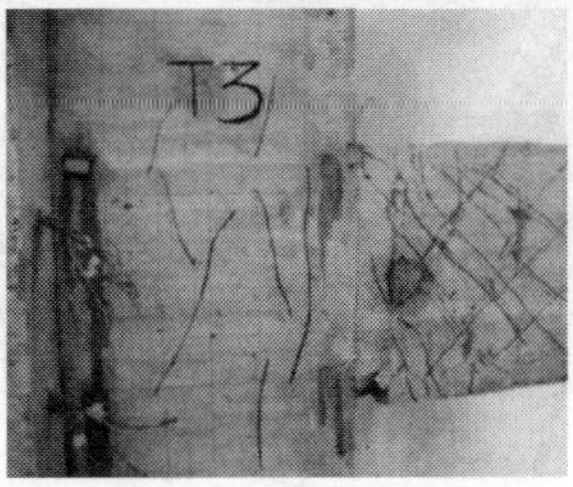

TJ3

图 7.13 试件破坏形态

2. 型钢混凝土异形柱框架角节点

角节点按破坏形态可分为以下两种：

(1) 节点核心区发生剪切斜压破坏（FP1）

试件 LJ1、LJ2、LJ4 的破坏形态属于此类。以 LJ1 为例对该破坏类型角节点的破坏过程进行描述。加载开始时采用荷载控制：荷载加至±20kN 时，梁上陆续出现多条弯曲裂缝；荷载加至＋30kN 时，梁上弯曲裂缝继续发展，5 面核心区上部出现一条沿 120°方向的斜裂缝，1 面核心区出现多条短小裂缝；荷载加至－30kN 时，5 面核心区下部出现一条长约 12cm 沿 60°方向的斜裂缝，3 面出现多条短小水平裂缝；荷载加至＋40kN 时，5 面核心区原有裂缝向两端继续开展，同时出现两条与之平行的斜裂缝，1 面核心区出现一条沿 45°方向长约 8cm 的斜裂缝，梁、柱已有的弯曲裂缝继续开展，梁根部裂缝最宽处约为 0.3mm；荷载加至－40kN 时，5 面核心区原有裂缝向两端逐渐延伸，同时出现两条与之平行的斜裂缝和已有的裂缝交汇。荷载加至±50kN 时，核心区形成交叉裂缝，并向 2、3、4 面延伸，同时 2、3 面交汇处出现竖向裂缝；荷载加至±60kN 时，核心区原有裂缝进一步开展，并伴随有新的短小斜裂缝出现，同时梁上开始出现弯剪裂缝，梁根部裂缝最宽处约为 1.5mm。随后加载进入位移控制；位移加至（＋22mm，－32mm）时，核心区斜裂缝进一步加宽，最宽处约为 0.8mm，核心区混凝土被划分成许多菱形，且裂缝交叉处混凝土掉渣，核心区形成主斜裂缝，同时 4、5 面核心区交汇处混凝土被压成块状并露出粗骨料，翼缘裂缝逐渐增多并加宽，最宽处约为 0.5mm；位移加至（＋32mm，－42mm）时，核心区主裂缝宽约为 1.5mm，裂缝周围混凝土大块外鼓剥落，4、5 面核心区交汇处混凝土进一步剥落，梁纵向钢筋弯钩外露，5 面核心区混凝土大面积外鼓剥落，槽钢及水平腹杆外露。此时承载力已下降到极限承载力的 85%以下，试件破坏。LJ2 和 LJ4 的破坏过程和 LJ1 类似，但 LJ2 和 LJ4 破坏相对较早，且三个试件在 1 面核心区的破坏程度不同，LJ2 破坏最严重，混凝土大面积剥落，LJ4 则基本没有混凝土剥落，破坏最为轻微。其最终破坏形态如图 7.14 所示。

(2) 节点区焊缝拉裂导致梁根部失效破坏（FP2）

试件 LJ3 的破坏形态属于此类。加载开始时采用荷载控制：荷载加至±30kN 时，梁上出现多条弯曲裂缝；荷载加至±45kN 时，1 面核心区下部出现一条沿 115°方向长约 6cm 的斜裂缝，5 面核心区中部出现一条沿 60°方向长约 15cm 的斜裂缝，梁根部分裂缝向

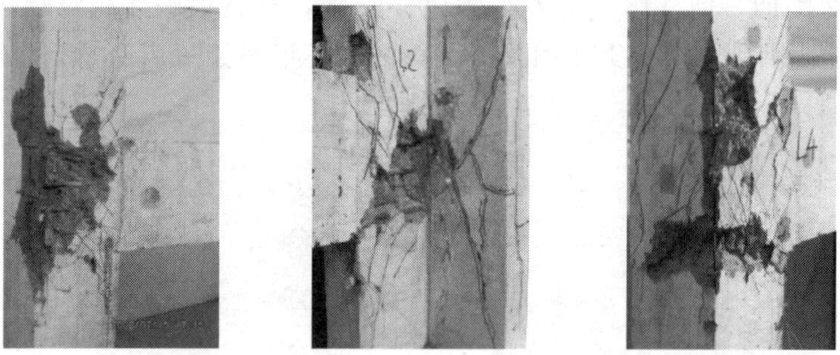

LJ1　　LJ2　　LJ4

图 7.14　试件破坏形态

节点核心区角部延伸；荷载加至±60kN 时，1、5 面核心区斜裂缝继续开展，并形成交叉裂缝，同时核心区靠近梁根部的竖向裂缝开展并上下连通；荷载加至±80kN 时，核心区的斜裂缝继续开展但发育不充分，梁柱中弯曲裂缝发展为弯剪裂缝，并有部分腹剪裂缝出现。随后加载进入位移控制：位移加至 ±20mm 时，梁根上下裂缝加宽，最宽处约为 1mm，核心区靠近梁根部的竖向裂缝加宽至约 0.2mm，同时 1、2 面核心区交汇处出现裂缝并向 2 面延伸，在 2 面形成交叉裂缝，此时，梁根部混凝土开始起皮掉渣；位移加至±30mm 时，1、5 面核心区靠近梁根部的竖向裂缝进一步加宽，最宽约为 2mm，同时裂缝周围混凝土进一步起皮并开始剥落；位移加至±40mm 时，1、5 面核心区竖向裂缝宽约 3mm，梁柱交汇处角部混凝土片状外鼓并大块剥落，露出柱箍筋。此时承载力已下降到最大承载力的 85%以下，节点破坏，其最终破坏形态如图 7.15 所示。

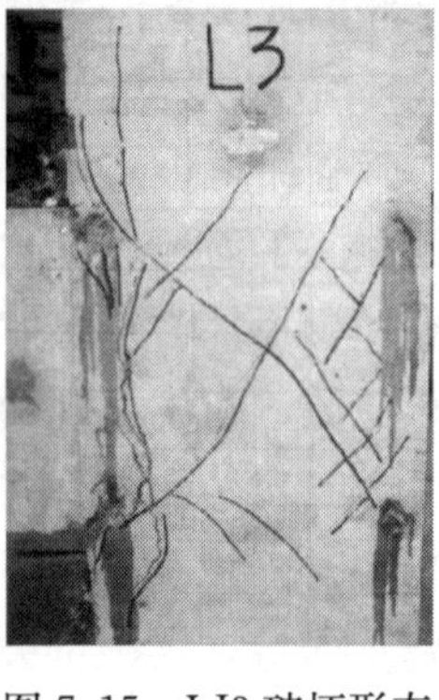

图 7.15　LJ3 破坏形态

3. 型钢混凝土异形柱框架中节点

中节点按破坏形态可分为以下两种：

(1) 节点核心区发生剪切斜压破坏（FP1）

试件十 J1、十 J2、十 J4 的破坏形态属于此类。以十 J1 为例对该破坏类型的中节点的破坏过程进行描述。加载开始时采用荷载控制：荷载加至±25kN 时，梁上出现多条弯曲裂缝。荷载加至±50kN 时，1、7 面核心区上部分别出现一条沿 70°方向长约 7cm 的斜裂缝，梁上原有裂缝继续开展并伴随有新的弯曲裂缝出现；荷载加至±90kN 时，1、5、7、11 面核心区出现多条相互交叉的斜裂缝，1、5 面的交叉裂缝向 2、3、4 面延伸，同时 1、2 面核心区交汇处出现竖向裂缝并向上柱柱肢延伸；荷载加至±120kN 时，核心区原有裂缝继续开展，将核心区分割成许多棱形小块，其中 7、11 面核心区的斜裂缝逐渐向 8、9、10 面延伸，并伴随有新的斜裂缝出现，梁中不断有新的弯曲裂缝出现，同时部分已有弯曲裂缝向弯剪裂缝过渡，梁、柱根部的裂缝不断加宽，最宽处约为 0.5mm。随后荷载进入位移控制阶段：位移加至(＋30mm，－33mm）时，核心区原有裂缝进一步加宽并出现起皮掉渣，核心区靠近梁的上下角部裂缝宽度明显加宽，最宽处约为 1mm，由核心区延伸到上、下柱柱肢的裂缝继续向上或下发展，部分裂缝甚至延伸至柱端，同时有新的裂缝在柱肢中出现；位移加至(＋40mm，－43mm）时，核心区裂缝交叉处的混凝土外鼓剥落，2、3、4 及 8、9、10 面上的斜裂缝明显加宽，裂缝处混凝土起皮掉渣；位移加至（＋50mm，－53mm）时，核心区的混凝土大块剥落，2、3、4 及 8、9、10 面上的斜裂缝继续加宽，部分混凝土剥落，9 面上柱肢的裂缝宽约为 5mm，柱中槽钢外露；位移加至（＋60mm，－63mm）时，核心区混凝土进一步剥落，梁中纵向钢筋、水平腹杆外露。此时承载力已下降到最大承载力的 85％以下，节点破坏。十 J2 和十 J4 的破坏过程与十 J1 类似，但十 J2 和十 J4 柱肢翼缘的破坏相对较轻，9 面出现的裂缝宽度较小，且十 J4 核心区混凝土的剥落量较少，破坏没有其他两个试件严重。各试件最终的破坏形态如图 7.16 所示。

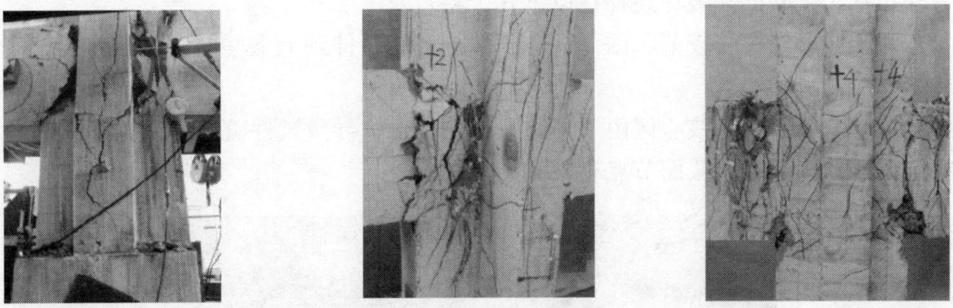

十J1　　十J2　　十J4

图 7.16　试件破坏形态

(2) 节点区焊缝拉裂导致梁根部失效破坏（FP2）

十 J3 试件的破坏形态属于此类。加载开始时采用荷载控制：荷载加至±40kN 时，梁上陆续出现多条弯曲裂缝，1、7、11 面核心区靠近梁根处出现竖向裂缝，并向两端延伸；荷载加至±80kN 时，核心区原有竖向裂缝继续向两端开展，同时 1、5 面核心区中部分别出现一条沿 60°和 120°方向长约 12cm 左右的斜裂缝，梁上已有的弯曲裂缝继续开展，并伴随有新的裂缝出现；荷载加至±120kN 时，1、5 面核心区竖向裂缝及其他斜裂缝进一步发展，并向上柱柱肢延伸，7 面核心区中下部出现两条沿 135°方向的斜裂缝，上、下柱柱根的裂缝显著加宽。随后加载进入位移控制：位移加至±20mm 时，核心区竖向裂缝开始加宽，最宽处约为 1mm，1、5、7、11 面核心区斜裂缝逐渐向上、下柱柱肢中延伸，5 面核心区中部出现一条沿 120°方向长约 12cm 的斜裂缝并延伸至 4 面，核心区梁柱交汇处的裂缝宽度明显增加；位移加至±30mm 时，核心区竖向裂缝进一步加宽，裂缝周围混凝土起皮掉渣，其他斜裂缝发展缓慢，核心区梁柱交汇处的混凝土外鼓起皮；位移加至±40mm时，核心区竖向裂缝宽度急剧增大，梁柱交汇处混凝土压碎剥落，柱中纵向钢筋和箍筋外露，同时纵向钢筋压屈。此时承载力已下降到最大承载力的 85％以下，节点破坏，其最终破坏形态如图 7.17 所示。

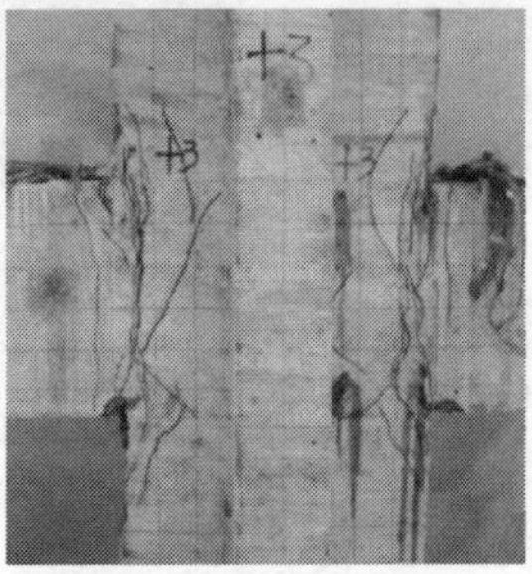

图 7.17　十 J3 破坏形态

4. 试件破坏形态分析

由前述各试件破坏形态可以看出，本次试验试件破坏形态可以分为三类：节点核心区剪切斜压破坏（FP1）、节点区焊缝拉裂导致梁根部失效破坏（FP2）以及梁端弯剪破坏（FP3），各试件具体破坏形态如表 7.1 所示。

破坏形态为 FP1 型的试件均达到了设计目的，即在试件破坏时，节点核心区混凝土剪切压碎，核心区水平腹杆、箍筋以及钢板均达到了屈服强度。而对于破坏形态为 FP2 及 FP3 的试件没有达到设计目的。试验结束后将这些试件节点区的混凝土砸开发现，由于焊接质量的原因，节点区加劲肋处的焊缝拉裂同时部分母材也被撕裂，如图 7.18（*a*）所示；对于试件 TJ2 梁中间的纵向钢筋在弯折处断裂同时焊缝拉裂，如图 7.18（*b*）所示。由于出现上述情况，因此梁中的力无法传到节点核心区导致试件发生了非典型破坏形态。

另外，本次试验试件破坏还存在以下几个特点：

（1）由于异形柱柱肢较薄，因此核心区裂缝容易延伸到上下柱肢中，部分裂缝甚至延伸到柱端。

（2）对于中节点，在核心区由于柱肢腹板的存在，导致试件破坏时呈现“双核心”破坏的特点，这和普通矩形截面节点有很大的区别。

(*a*)　(*b*)

图 7.18　连接失效

（*a*）焊缝失效；（*b*）弯起钢筋折断

（3）对于柱截面中配置槽钢的试件，由于柱中没有设置纵向钢筋和箍筋，因此容易出现粘结裂缝。

（4）本次试验，在梁中不仅出现弯曲裂缝和弯剪裂缝，还容易出现腹剪裂缝，特别是对于试件 TJ3，这可能是由于梁太薄造成的。

（5）本次试验中，部分试件核心区出现竖向裂缝，其原因可能是由于柱肢太薄以及加劲肋焊缝焊接质量差导致的。

7.3.2　试件 *P*-*Δ* 滞回曲线

本次试验测得的各试件滞回曲线如图 7.19 所示。图中 P、Δ 分别为柱顶水平荷载和水平位移。

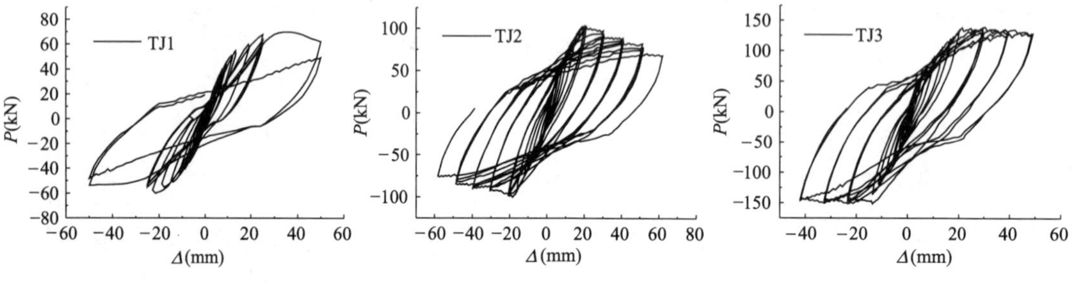

图 7.19　试件荷载-位移滞回曲线（一）

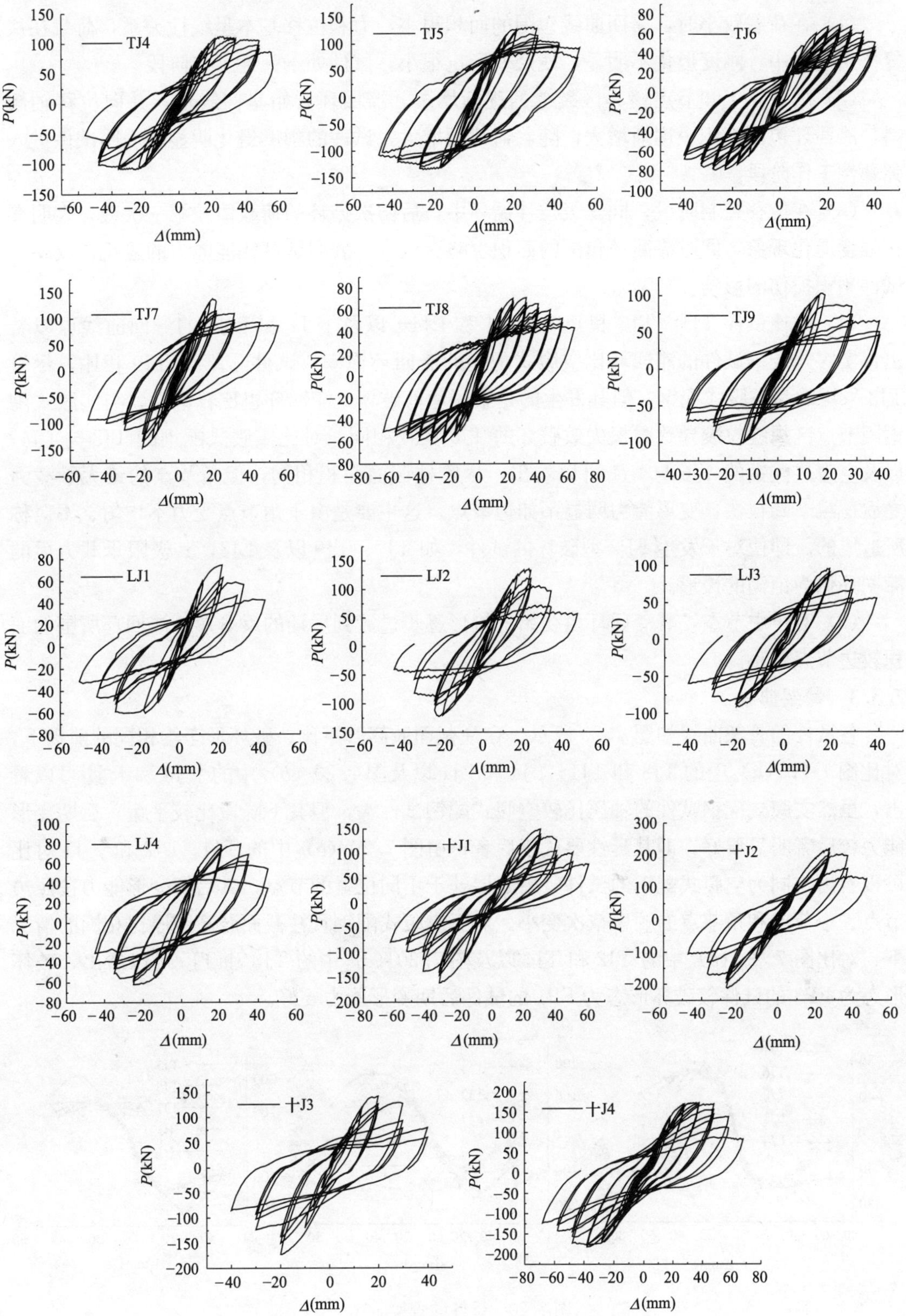

图 7.19 试件荷载-位移滞回曲线（二）

型钢混凝土异形柱框架节点试件的滞回曲线特征分析：

（1）在荷载较小时，滞回曲线包围的面积很小，力和位移基本呈线性关系，荷载在往复作用过程中，刚度退化不明显，残余变形也很小，试件处于弹性工作阶段。

（2）随着梁上和节点核心区裂缝的逐渐增多，滞回环开始呈曲线形，并向位移轴倾斜，滞回环包围面积也逐渐增大，随着荷载的增大，试件的刚度退化明显，表明试件进入弹塑性工作阶段。

（3）在位移控制阶段，同一级位移循环中，后两次循环的荷载值较第一次低，表明存在强度退化现象，同时滞回环包围的面积也略有减少，表明试件耗能能力的退化，反映了试件累积损伤的影响。

（4）对比试件 TJ1、TJ6 和 TJ8，LJ1 和 LJ4，以及十 J1 和十 J4 的滞回曲线可以看出，实腹式配钢试件的滞回环比空腹式配钢的滞回环饱满。试件 TJ2 与 TJ9 相比，尽管 TJ2 采用的是空腹式配钢，但其发生的是梁端弯剪破坏，滞回环也比较饱满，与实腹式配钢因节点区焊缝拉裂导致梁根失效破坏的 TJ9 大致相同。对比实腹式配钢的 TJ8 与 LJ4，以及空腹式配钢的 TJ6 与 LJ1 可以看出，尽管柱截面面积相同，但角节点的最大承载力之后荷载下降很快，变形能力明显不如边节点。这主要是由于角节点受力不均匀、不对称所造成的。即使对于发生 FP2 型破坏的试件，如 TJ7、TJ9 以及 LJ3，其极限承载力后的滞回环仍为饱满的梭形。

（5）对于中节点，其滞回环由初始的梭形逐步过渡到后期的反 S 形，滞回环所围的面积较边节点要小。

7.3.3　骨架曲线

各试件的骨架曲线如图 7.20 所示。在柱截面肢高肢厚比、破坏形态均相同的前提下，对比图 7.20（*a*）中的 TJ8 和 TJ1、LJ4 和 LJ1 以及图 7.20（*b*）中的十 J4 和十 J1 可以看出，虽然实腹式配钢试件的轴压比较空腹式配钢试件大，但其下降段比较平缓，后期变形能力较后者明显要好，即其延性要优于后者；由图 7.20（*b*）中的 TJ4、LJ2 和十 J1 对比可以看出，同为空腹式配钢的试件，中间层处于不同位置的节点，其后期变形能力按照边节点、中节点和角节点的顺序依次变小。对于空腹式配钢且柱截面肢高肢厚比相同的情况下，对比图 7.20（*b*）中的 TJ2 和 TJ4 以及图 7.20（*c*）中的 TJ3 和 TJ5 可以看出，破坏形态为 FP3 的试件较破坏形态为 FP1 的试件后期变形能力要好。

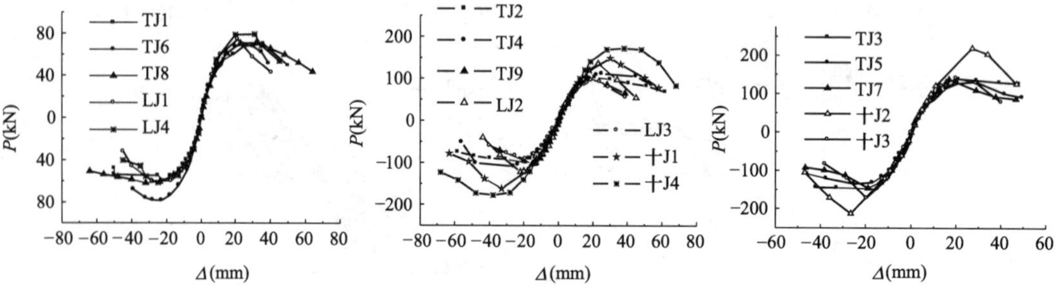

图 7.20　试件的骨架曲线

（*a*）柱截面肢高肢厚比为 2；（*b*）柱截面肢高肢厚比为 3；（*c*）柱截面肢高肢厚比为 4

7.3.4 承载能力及位移

表 7.5 和表 7.6 分别列出了各试件特征点的试验值，其中 P_{cr} 为节点核心区的开裂荷载，P_y 为屈服荷载，P_u 为极限荷载，P_m 为破坏荷载（取荷载下降到 85% 极限荷载时对应的值），Δ_{cr}、Δ_y、Δ_u、Δ_m 分别为与 P_{cr}、P_y、P_u、P_m 对应的位移值。对于型钢混凝土异形柱框架节点，截面配置有较多的型钢，根据型钢的屈服应变来确定构件的屈服比较困难。因此，表 7.5 和表 7.6 中的屈服荷载及屈服位移值根据通用屈服弯矩法确定。破坏位移参照我国行业标准《建筑抗震试验方法规程》(JGJ 101—96) 的取值办法，取对应于荷载下降到 $0.85P_u$ 时的位移值。

通用屈服弯矩法：过原点作 P-Δ 骨架曲线的切线 OA 和过最大荷载点的水平线交于 A 点，过 A 点作垂线和骨架曲线交于 C 点，连接 OC 并延长和过峰值点的水平线交于 B 点，过 B 点作垂线和骨架曲线交于 D 点，D 点即为等效屈服点，如图 7.21 所示。

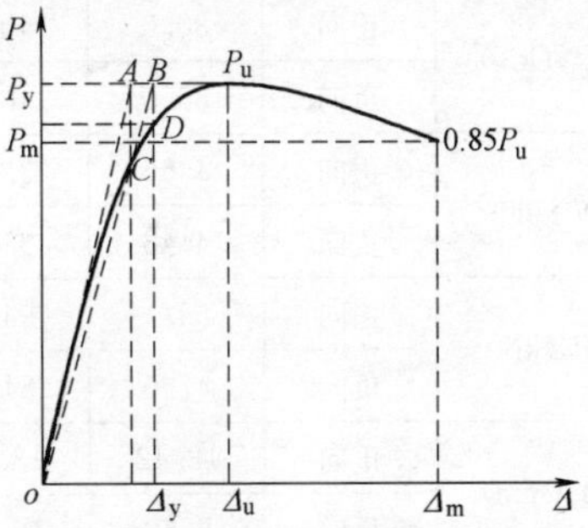

图 7.21 通用屈服弯矩法确定屈服点

型钢混凝土异形柱框架边节点特征点试验值 **表 7.5**

试件编号		TJ1	TJ2	TJ3	TJ4	TJ5	TJ6	TJ7	TJ8	TJ9
P_{cr}(kN)	正向	30.0	60.0	75.0	40.0	55.0	40.0	55.0	35.0	40.0
	负向	30.0	60.0	75.0	40.0	55.0	40.0	55.0	35.0	40.0
Δ_{cr}(mm)	正向	5.12	8.32	7.65	4.92	4.60	6.30	5.59	6.09	4.26
	负向	5.28	8.51	5.29	5.41	5.10	6.00	5.11	6.18	3.53
P_y(kN)	正向	53.9	85.2	94.2	85.9	96.4	46.5	96.6	58.5	80.8
	负向	46.0	73.8	95.6	82.2	104.6	58.5	117.3	50.0	76.4
Δ_y(mm)	正向	13.23	13.53	11.01	13.62	12.30	9.49	9.54	13.81	10.07
	负向	11.43	11.68	7.46	15.01	10.53	11.10	11.13	12.61	8.63
P_u(kN)	正向	79.2	102.7	138.6	111.1	131.4	69.3	137.9	71.0	102.9
	负向	60.1	100.1	147.6	108.8	134.6	78.4	145.7	62.0	102.8
Δ_u(mm)	正向	31.01	21.06	21.31	25.02	28.83	25.00	16.79	31.98	16.27
	负向	21.58	18.47	14.62	25.98	25.17	23.00	18.83	32.00	15.08
P_m(kN)	正向	59.6	87.3	127.2	94.4	111.7	58.9	117.2	60.4	87.8
	负向	51.1	85.1	144.0	92.5	114.4	68.0	123.9	52.7	87.4
Δ_m(mm)	正向	43.1	43.2	48.1	50.0	36.9	36.2	25.5	47.2	26.6
	负向	50.0	48.0	42.0	49.4	41.8	39.0	25.4	59.0	24.3

从表 7.5、表 7.6 及图 7.20 可以看出，对于柱截面面积相同而处于不同位置的节点而言，中节点的承载力明显高于角节点。究其原因，一方面是由于中节点核心区柱肢翼缘发挥的作用较角节点充分，另一方面由于角节点不规则造成一定程度的扭转，因此其承载力相对较低。另外，对于节点区焊缝拉裂导致梁根部失效的节点以及梁端发生弯剪破坏的节点，由于核心区未充分发挥作用，其承载能力均较小，因此在实际施工过程中必须对节

点区的连接构造给予足够的重视。对比试件十 J1 和十 J4 的极限承载力可以看出，后者承载力明显高于前者，一方面是因为后者的轴压比较高，另一方面由于后者为实腹式配钢构件，核心区型钢对混凝土的约束作用更强，因此其承载力相对较高。

型钢混凝土异形柱框架角节点、中节点特征点的试验值　　**表 7.6**

试件编号		LJ1	LJ2	LJ3	LJ4	十 J1	十 J2	十 J3	十 J4
P_{cr}(kN)	正向	30.0	40.0	55.0	40.0	50.0	80.0	80.0	60.0
	负向	30.0	40.0	55.0	40.0	50.0	80.0	80.0	60.0
Δ_{cr}(mm)	正向	4.66	3.79	7.63	6.71	5.69	6.79	8.71	7.61
	负向	4.48	3.22	8.17	7.21	6.52	7.33	6.51	7.49
P_y(kN)	正向	63.1	94.4	84.8	63.0	114.4	190.8	108.0	160.6
	负向	47.0	84.0	81.4	45.1	128.2	127.5	153.4	154.0
Δ_y(mm)	正向	12.42	13.02	14.09	12.51	16.93	18.69	11.78	23.43
	负向	9.69	10.24	14.61	9.07	21.01	12.37	13.60	23.22
P_u(kN)	正向	74.4	135.0	95.7	79.2	148.4	220.2	141.4	172.1
	负向	60.1	122.0	91.0	61.7	161.5	212.3	172.6	177.2
Δ_u(mm)	正向	21.41	23.00	19.02	31.01	30.10	27.21	20.00	37.99
	负向	28.23	22.00	19.00	24.99	32.99	26.49	19.49	38.01
P_m(kN)	正向	63.2	114.8	81.4	67.3	126.1	187.2	120.1	146.3
	负向	51.1	103.7	77.3	52.4	137.3	180.4	146.7	150.6
Δ_m(mm)	正向	27.57	29.97	28.31	35.71	39.37	37.34	31.34	56.04
	负向	37.24	29.36	29.84	32.97	43.15	34.61	24.48	55.16

7.3.5　延性系数

本节从位移延性系数和转角延性系数两方面对构件的延性进行探讨。

1. 层间位移延性系数

从表 7.7 和表 7.8 中可以看出，此次试验大部分试件的位移延性系数均大于 2.0，优于普通钢筋混凝土节点的延性，但略逊于普通型钢混凝土节点的延性，这是由于该类节点的腹板较薄且不规则造成的。对于破坏类型为 FP1 的节点，其延性要优于破坏类型为 FP2 的节点。同时，对于 FP1 破坏类型的节点，实腹式配钢节点的延性要优于空腹式配钢节点。

2. 层间位移角延性系数

如图 7.22 所示，层间位移角定义为：

$$\theta=\frac{\Delta}{L_1+L_2} \tag{7-1}$$

其延性系数定义为：

$$\mu_\theta=\frac{\theta_m}{\theta_y} \tag{7-2}$$

式中　Δ——节点柱顶水平位移，L_1、L_2 如图 7.22 所示；

θ_m——节点达到破坏状态时的层间位移角；

θ_y——节点达到屈服时的层间位移角。

型钢混凝土异形柱框架边节点位移及层间位移角延性系数 **表 7.7**

试件编号		TJ1	TJ2	TJ3	TJ4	TJ5	TJ6	TJ7	TJ8	TJ9
Δ_y(mm)	正向	13.23	13.53	11.01	13.62	12.30	9.49	9.54	13.81	10.07
	负向	11.43	11.68	7.46	15.01	10.53	11.10	11.13	12.61	8.63
Δ_m(mm)	正向	43.08	43.18	48.11	49.96	36.90	36.23	25.54	47.19	26.61
	负向	50.04	47.96	42.00	49.43	41.84	39.00	25.43	59.02	24.34
μ_Δ	正向	3.26	3.19	4.37	3.70	3.00	3.82	2.68	3.42	2.64
	负向	4.38	4.11	5.63	3.27	3.97	3.51	2.29	4.68	2.82
θ_y(rad)	正向	1/125	1/125	1/143	1/125	1/125	1/167	1/167	1/125	1/167
	负向	1/143	1/143	1/200	1/111	1/167	1/143	1/143	1/125	1/200
θ_m(rad)	正向	1/38	1/38	1/34	1/32	1/43	1/45	1/63	1/34	1/63
	负向	1/32	1/34	1/38	1/33	1/38	1/41	1/63	1/28	1/67
μ_θ	正向	3.26	3.19	4.37	3.70	3.00	3.82	2.68	3.42	2.64
	负向	4.38	4.11	5.63	3.27	3.97	3.51	2.29	4.68	2.82

我国建筑抗震设计规范规定，在大震（罕遇地震烈度）作用下，结构的非弹性变形要小于容许极限变形，以防止结构倒塌，要求结构的层间位移角应小于某一规定限值（钢筋混凝土框架为 1/50）。表 7.7 和表 7.8 给出了实测各试件的层间位移角。由表中数据可以看出，大部分试件的极限位移角均超过了 1/50，部分试件的极限位移角接近 1/30，说明型钢混凝土异形柱框架节点具有较好的抗倒塌能力。而对于属于破坏类型为 FP2 的试件，部分没有达到规范要求，再次说明了连接构造的重要性。对于角节点，与普通钢筋混凝土异形柱框架节点一样，其极限位移角普遍较小，但由表中试验数据可以看出，破坏时其弹塑性变形已接近或达到限值，且均无倒塌迹象，由破坏状况判断，这些试件均能够满足规范要求。

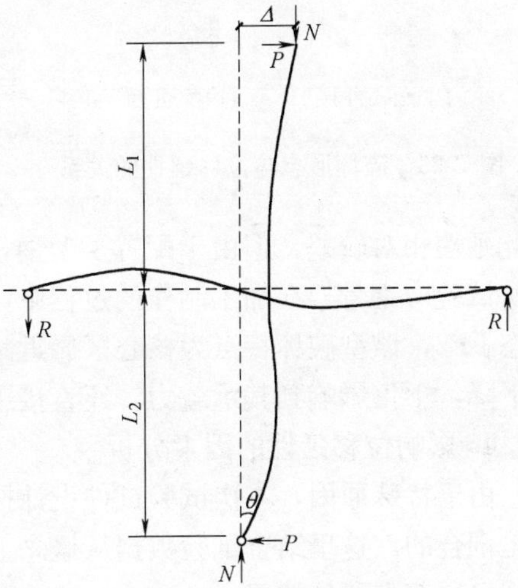

图 7.22 层间位移角

型钢混凝土异形柱框架角节点、中节点位移及层间位移角延性系数 **表 7.8**

试件编号		LJ1	LJ2	LJ3	LJ4	十J1	十J2	十J3	十J4
Δ_y(mm)	正向	12.42	13.02	14.09	12.51	16.93	18.69	11.78	23.43
	负向	9.69	10.24	14.61	9.066	21.01	12.37	13.60	23.22
Δ_m(mm)	正向	27.57	29.97	28.31	35.71	39.37	37.34	31.34	56.04
	负向	37.24	29.36	29.84	32.97	43.15	34.61	24.48	55.16
μ_Δ	正向	2.22	2.30	2.01	2.85	2.33	2.00	2.66	2.39
	负向	3.84	2.87	2.04	3.67	2.05	2.80	1.80	2.38

续表

试件编号		LJ1	LJ2	LJ3	LJ4	十 J1	十 J2	十 J3	十 J4
θ_y(rad)	正向	1/125	1/125	1/111	1/125	1/100	1/91	1/143	1/71
	负向	1/167	1/167	1/111	1/167	1/77	1/125	1/125	1/71
θ_m(rad)	正向	1/58	1/55	1/58	1/45	1/41	1/43	1/52	1/29
	负向	1/43	1/55	1/55	1/50	1/38	1/47	1/66	1/29
μ_θ	正向	2.22	2.30	2.01	2.85	2.33	2.00	2.66	2.39
	负向	3.84	2.87	2.04	3.67	2.05	2.80	1.80	2.38

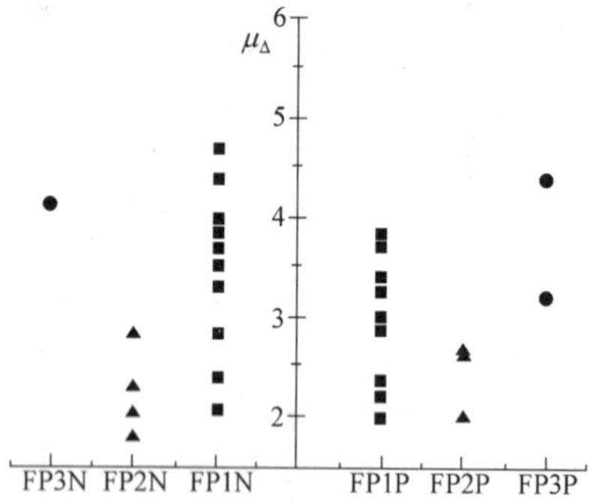

图 7.23　破坏形态与位移延性的关系

3. 位移延性与破坏形态关系分析

试件破坏形态直接影响到试件的变形能力，本次试验中试件的位移延性和破坏形态关系如图 7.23 所示，图中 FP1P、FP1N 分别表示发生 FP1 型破坏形态试件的正负两个方向。框架节点典型的破坏形态为节点核心区剪切斜压破坏或梁端弯剪破坏，本次试验中破坏形态为 FP1 和 FP3 的试件为上述破坏形态。对于 FP3 型破坏形态，试件破坏时，梁端形成塑性角，即为延性破坏，因此其具有很好的变形能力。而对于节点核心区发生剪压破坏的试件，由于该种破坏形态为脆性破坏，因此延性相对较差，但由于配置了型钢，其延性要优于普通钢筋混凝土异形柱框架节点。本次试验中钢骨架在加工制作的过程中，由于焊接质量的原因导致出现了“非典型”破坏形态 FP2，该型破坏特点为核心区靠近梁根处出现一条主竖向裂缝，导致试件的承载力急剧下降，不仅影响到其承载力，还直接影响到其变形能力，位移延性最差。

4. 影响位移延性的因素分析

由于特殊原因，本次试验试件设计按照正交设计方法，因此影响构件的位移延性的因素是耦合的，这里结合试验数据从概念上给予分析。

(1) 节点所处位置

节点所处位置对位移延性有较大的影响，图 7.24 所示为本次试验节点位置和位移延性的关系，图中 T、L、+分别表示边节点、角节点和中节点，P、N 分别表示正向和负向。从图中可以看出，边节点的位移延性最好，角节点次之，中节点最差。其原因可能是中节点两端都有梁，同时出现双核心破坏，因此损伤最为严重，另外由于试件加工、加载等误差的影响，存在一定程度的扭转，因此变形能力较差，即延性最差。而对于角节点，与边节点相比，由于翼缘不对称，因此核心区不仅存在剪力同时还有扭矩作用，因

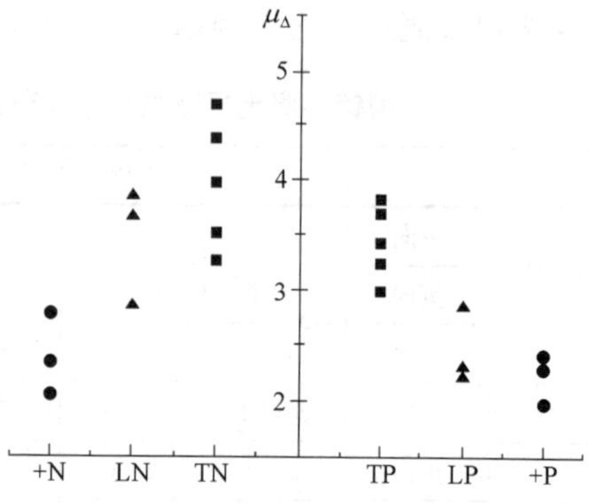

图 7.24　节点位置和位移延性的关系

此延性相对较差。

（2）配钢形式

配钢形式对构件的延性也有较大的影响，图 7.25 所示为本次试验配钢形式和位移延性之间的关系。由图中可以看出，对于不同位置的节点，实腹式配钢的试件其位移延性相对空腹式配钢的两种形式均较好。这一方面由于节点达到极限承载力之后，混凝土承担的荷载有很大一部分由型钢来承担，而型钢本身的变形性能就好，因此后期变形能力相对较好，同时实腹钢板对核心区混凝土也有较好的约束作用，使其能够产生较大的变形。对于配置 T 形钢的试件，其位移延性也很好，但由于此类配钢形式的试件发生核心区剪压破坏的较少，因此其和配槽钢的构件相比，很难判断孰优孰劣，但由于配 T 形钢的试件柱截面中配置有箍筋，这对其位移延性在一定程度上有所改善，而配槽钢的构件，在达到承载力极限后，柱中往往出现较宽的粘结裂缝，因此其位移延性受到一定程度的影响。

（3）轴压比

通常情况下，构件的延性随轴压比的增加而逐渐降低，本次试验中试件的轴压比和位移延性的关系如图 7.26 所示。从图中可以看出，轴压比对构件的延性影响不是很明显，可能是由于本次试验轴压比均较小的原因，同时其他因素起到主导作用，因此试件的位移延性对轴压比并不敏感。后续章节中将利用有限元方法对试件在高轴压比条件下的延性予以分析。

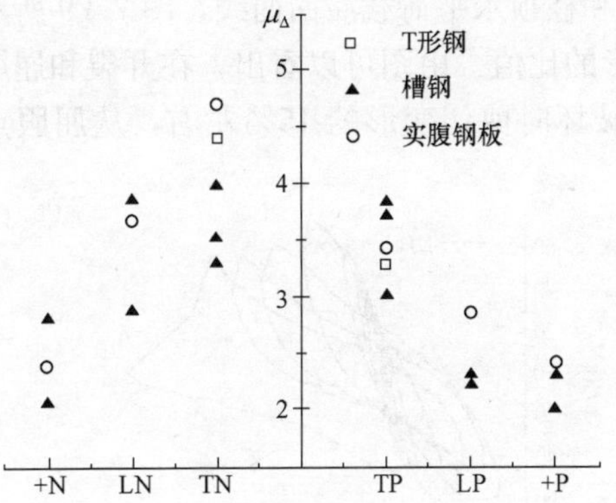

图 7.25 配钢形式和位移延性的关系

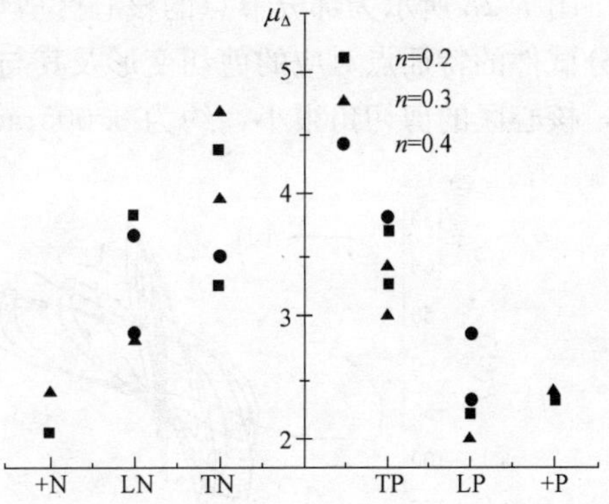

图 7.26 轴压比和位移延性的关系

7.3.6 耗能分析

试验实测各试件的等效黏滞阻尼系数如表 7.9 和表 7.10 所示。由表 7.9 及表 7.10 可以看出，在极限荷载时，等效黏滞阻尼系数在 0.15 左右，破坏荷载时，等效黏滞阻尼系数均大于 0.2，部分接近 0.3，而普通钢筋混凝土节点的等效黏滞阻尼系数在 0.1 左右，钢筋混凝土异形柱框架节点的耗能能力较普通钢筋混凝土节点要小，由此可以说明型钢混凝土异形柱框架节点具有较好的耗能能力。

型钢混凝土异形柱框架边节点实测等效黏滞阻尼系数 表 7.9

试件编号	TJ1	TJ2	TJ3	TJ4	TJ5	TJ6	TJ7	TJ8	TJ9
h_{ey}	0.089	0.091	0.104	0.069	0.090	0.082	0.070	0.093	0.067
h_{eu}	0.218	0.131	0.217	0.184	0.199	0.124	0.130	0.160	0.121
h_{em}	0.202	0.294	0.269	0.198	0.293	0.208	0.231	0.256	0.276

型钢混凝土异形柱框架角节点、中节点实测等效黏滞阻尼系数　　表 7.10

试件编号	LJ1	LJ2	LJ3	LJ4	十J1	十J2	十J3	十J4
h_{ey}	0.103	0.086	0.098	0.115	0.082	0.092	0.080	0.103
h_{eu}	0.178	0.156	0.138	0.169	0.119	0.111	0.133	0.147
h_{em}	0.204	0.252	0.254	0.241	0.150	0.168	0.216	0.203

注：h_{ey}、h_{eu}、h_{em}分别为屈服、极限和破坏时的等效黏滞阻尼系数。

7.3.7　节点变形分析

1. 核心区剪切变形

节点核心区的变形主要为剪切变形，在水平剪力作用下原来为矩形的节点核心区将变成菱形，如图 7.27 所示。试验中节点核心区剪切变形通过测量核心区对角线长度的变化计算得到剪切角 γ。

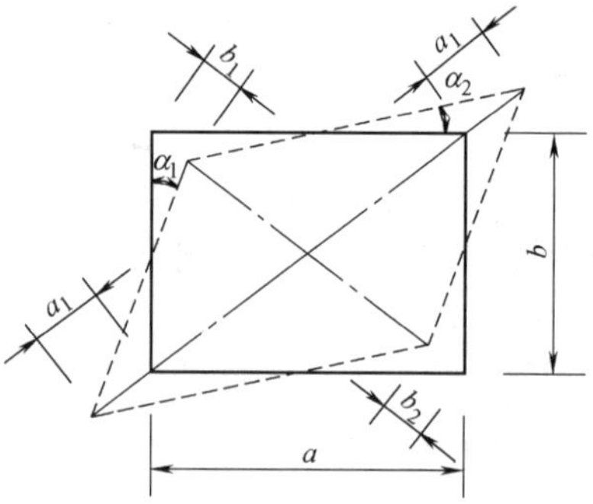

图 7.27　节点核心区剪切变形

$$\gamma=\alpha_1+\alpha_2=\frac{\sqrt{a^2+b^2}}{2ab}(a_1+a_2+b_1+b_2) \quad (7\text{-}3)$$

式中　　γ——节点核心区剪切角；

a_1、a_2、b_1、b_2——节点核心区两对角线的伸长量或缩短量，其中 a_1、a_2取伸长值为正，b_1、b_2取缩短值为正，反之为负。

图 7.28 所示为部分节点的核心区剪切变形和柱顶水平荷载滞回曲线，图 7.29 所示为部分试件的特征点对应的剪切变形及其与总变形的比值，由图可以看出，在开裂和屈服阶段，核心区的剪切角很小，约为 0.005rad，占破坏时剪切变形的 15%左右，从屈服点到

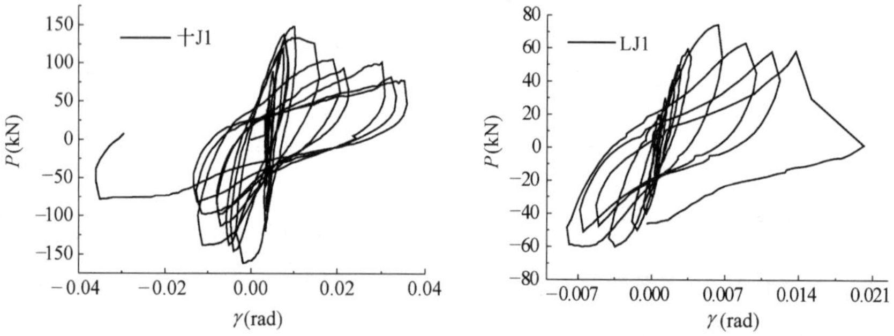

图 7.28　柱顶水平荷载-节点区剪切变形滞回曲线

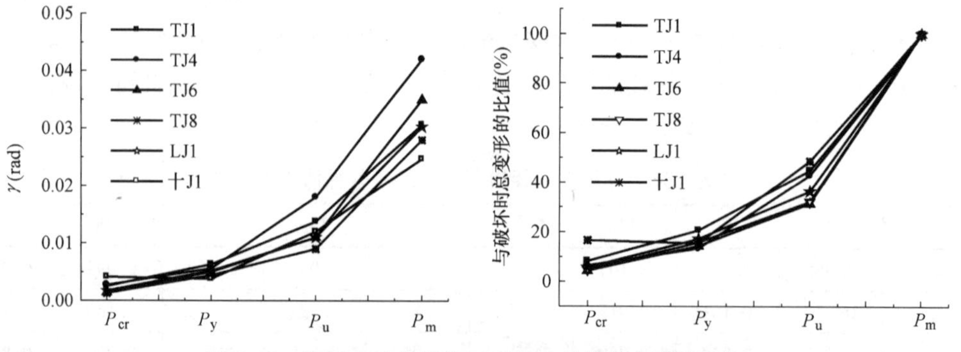

图 7.29　特征点对应的剪切变形及其与总变形的比值

极限点，剪切角发展较快，达到约 0.01～0.02rad，占破坏时剪切变形的 40%左右，从极限点到破坏点，核心区的剪切角明显增大，最终约为 0.03～0.04rad。

2. 梁柱相对转角

本次试验的梁、柱转角通过安装在梁根和柱根的转角仪加以量测，其中梁根转角仪的量程为±15°，柱根转角仪的量程为±45°。由梁根和柱根的转角即可求出梁、柱之间的相对转角，其中部分试件的梁柱相对转角和柱顶水平荷载的滞回曲线如图 7.30 所示。从图中可以看出，梁柱相对转角滞回曲线和柱顶水平位移滞回曲线的形状相似，在水平荷载较小时，试件处于弹性阶段，梁、柱相对转角较小，随着节点核心区以及梁、柱裂缝的开展，梁柱之间的相对转角逐渐增大；在达到极限荷载时，梁、柱裂缝开展逐渐趋于稳定，而节点核心区的主斜裂缝形成并迅速开展，此时，剪切变形迅速增大，梁、柱间的相对转角也相应增大。极限荷载过后，随着核心区混凝土被压碎剥落，剪切变形加速，梁柱之间的相对转角明显加大。

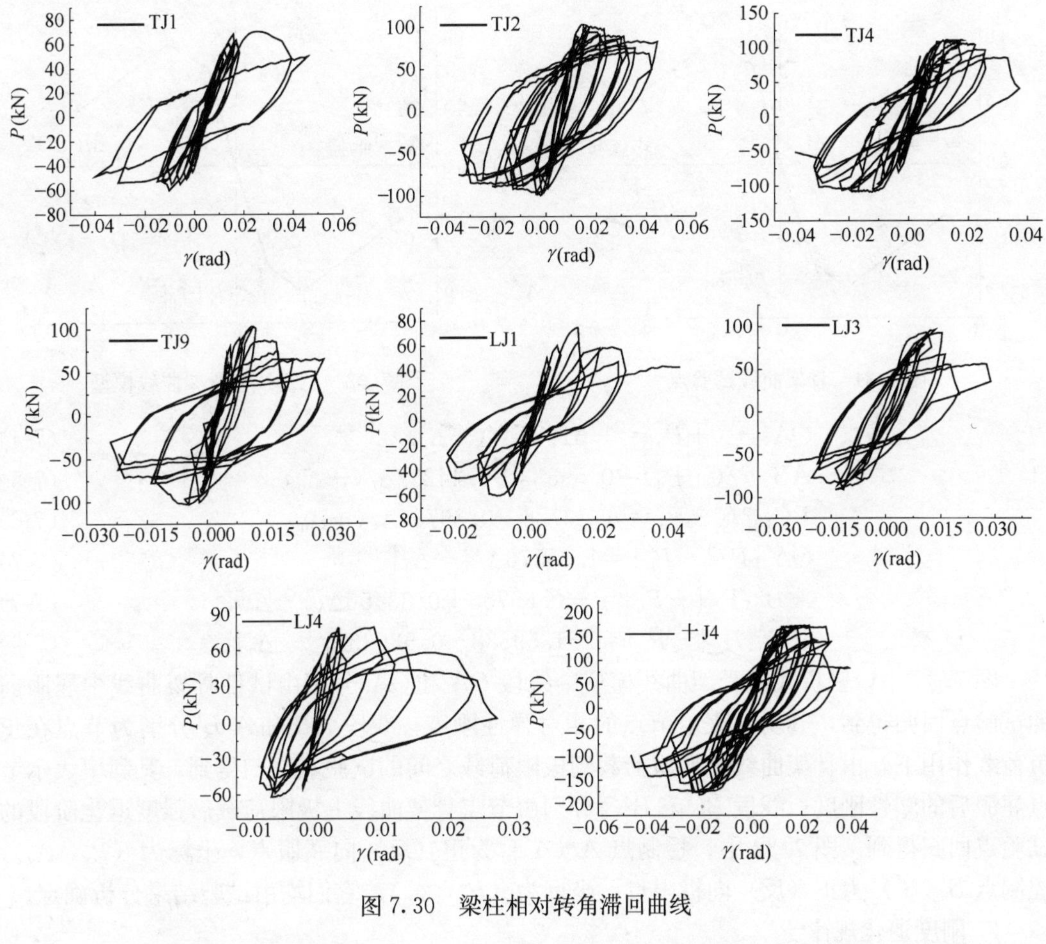

图 7.30 梁柱相对转角滞回曲线

7.3.8 节点的恢复力模型

鉴于型钢混凝土异形柱框架节点是一种新型结构构件，目前国内外学者对其恢复力模型研究还未见报道。因此，本节在拟静力试验研究的基础上，结合型钢混凝土异形柱框架节点滞回曲线和恢复力特性的研究，建立适合于型钢混凝土异形柱框架节点的恢复力模型，以期为结构或构件的弹塑性地震反应分析提供理论参考。

本节采用试验拟合法来建立型钢混凝土异形柱框架节点的恢复力模型。根据试验结果，对模型做出以下简化：(1) 屈服荷载点与最大弹性荷载点重合，骨架曲线采用考虑屈服、极限荷载和之后刚度退化的三折线形式；(2) 屈服点之前，各控制点的加、卸载刚度不变，均为试件的弹性刚度；屈服点之后，加、卸载刚度均随着位移的增加而退化。

1. 骨架曲线模型

采用无量纲坐标，将各节点试件的骨架曲线试验点表示在图 7.31 上，图中，$+P_u$、$+\Delta_u$分别表示正向极限荷载及其对应的位移，$-P_u$、$-\Delta_u$分别表示负向极限荷载及其对应的位移。由图 7.31 可以看出，骨架曲线试验点经无量纲化后，可以得出较好的规律，如图中的实线所示。将本次试验所得到的骨架曲线试验点无量纲后的数据进行线性回归，采用考虑节点达到屈服后的刚度退化的三折线模型，其结果如图 7.32 所示。骨架曲线模型中各线段的线性方程如式 (7-4)～式 (7-9) 所示。

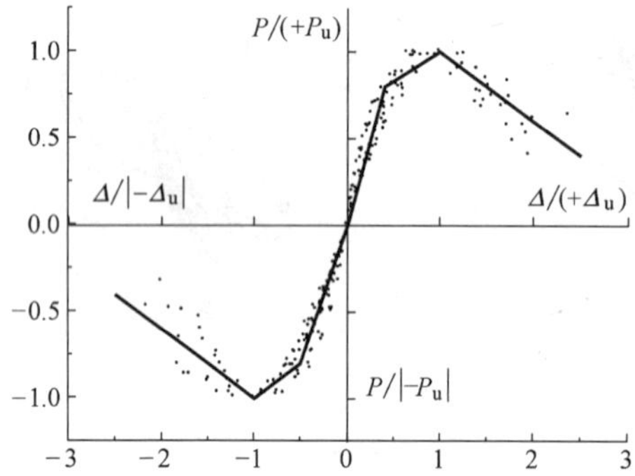

图 7.31　骨架曲线试验点

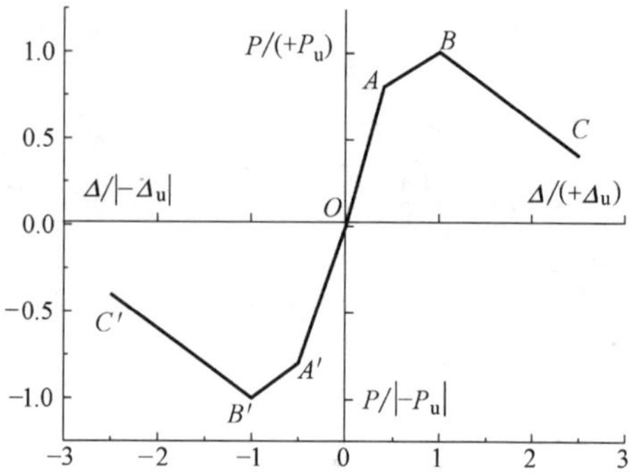

图 7.32　三折线型骨架曲线模型

$$OA: P/(+P_u) = 1.31285\Delta/(+\Delta_u) \quad (7\text{-}4)$$

$$AB: P/(+P_u) = 0.59533 + 0.44292\Delta/(+\Delta_u) \quad (7\text{-}5)$$

$$BC: P/(+P_u) = 1.36726 - 0.39786\Delta/(+\Delta_u) \quad (7\text{-}6)$$

$$OA': P/|-P_u| = 1.25576\Delta/|-\Delta_u| \quad (7\text{-}7)$$

$$A'B': P/|-P_u| = -0.66755 + 0.33456\Delta/|-\Delta_u| \quad (7\text{-}8)$$

$$B'C': P/|-P_u| = -1.59388 - 0.53633\Delta/|-\Delta_u| \quad (7\text{-}9)$$

图 7.32 中，三折线型骨架曲线模型中线段 OA 和 OA' 分别由试件骨架曲线中屈服前的试验点回归得到，其斜率表示节点的相对弹性刚度；线段 AB 和 $A'B'$ 分别为节点在正负荷载作用下，由骨架曲线中屈服荷载到极限荷载之间的试验点回归得到，其斜率表示节点屈服后的塑性刚度；线段 BC 和 $B'C'$ 分别由节点骨架曲线上极限荷载后强度退化阶段的试验点回归得到。图 7.32 中，控制点 A (A') 为正（反）向屈服点，坐标为 (P_y，Δ_y)；控制点 B (B') 为正（反）向极限点，坐标为 (P_u，Δ_u)，它们均由试验结果分析确定。

2. 刚度退化规律

由试验所得到的滞回曲线和骨架曲线可以看出，加载刚度和卸载刚度随位移的增加而逐渐退化，下面给出在反复荷载作用下加载和卸载的刚度退化规律。K_{12} 表示正向卸载刚度，$K_{1'2'}$ 表示反向卸载刚度，如图 7.33 所示。

(1) 正向卸载刚度 K_{12} 退化规律

将正向卸载点 1 与荷载卸载到零时的点 2 之间的所有数据点进行线性回归，得到直线 12 的斜率 K_{12}，通过回归分析得 K_{12}/K_0 与 $\Delta_1/(+\Delta_u)$ 的关系曲线，如图 7.34 所示。其中，Δ_1 为正向卸载点 1 所对应的位移，K_0 为由正负屈服点之间的试验点经线性回归得到的斜率，即试件的初始刚度。

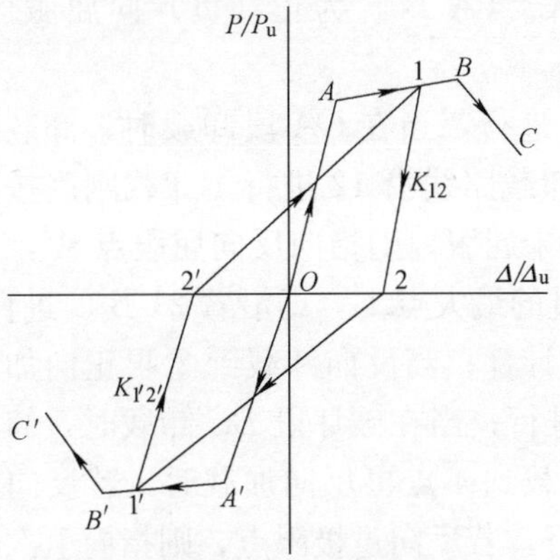

图 7.33 刚度退化规律

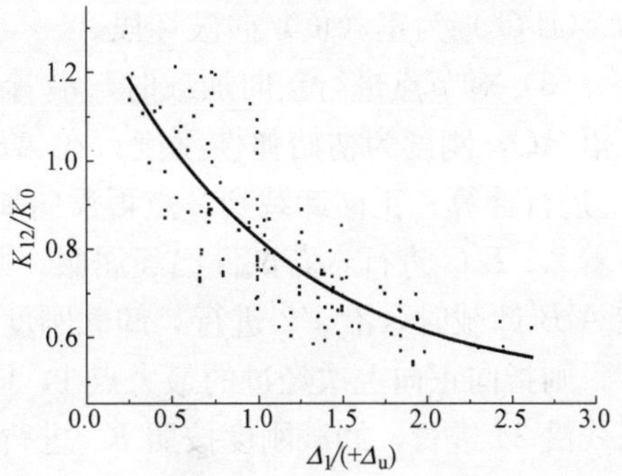

图 7.34 正向卸载刚度 K_{12} 退化规律曲线

正向卸载刚度回归方程可表示为：

$$K_{12}/K_0 = 0.4849 + 0.89109e^{(-0.9718\Delta_1/(+\Delta_u))} \tag{7-10}$$

(2) 反向卸载刚度 $K_{1'2'}$ 退化规律

将试件反向卸载点 1′与反向卸载残余点 2′之间的数据点进行线性回归，其斜率即为反向卸载刚度 $K_{1'2'}$，通过回归分析得 $K_{1'2'}/K_0$ 与 $\Delta_{1'}/(-\Delta_u)$ 的关系曲线，如图 7.35 所示。其中，$\Delta_{1'}$ 为反向卸载点 1′所对应的位移，K_0 的含义同前。

反向卸载刚度回归方程为：

$$K_{1'2'}/K_0 = 0.45598 + 0.77605e^{(-0.8674\Delta_{1'}/(-\Delta_u))} \tag{7-11}$$

3. 恢复力模型的建立

将试验得到的滞回曲线、骨架曲线模型以及考虑节点的刚度退化规律进行组合后，可以得到如图 7.36 所示的恢复力模型，该模型采用刚度退化的三折线形式，能较好地反映出随着位移的增加节点的强度退化和刚度退化规律，适用于型钢混凝土异形柱框架节点及

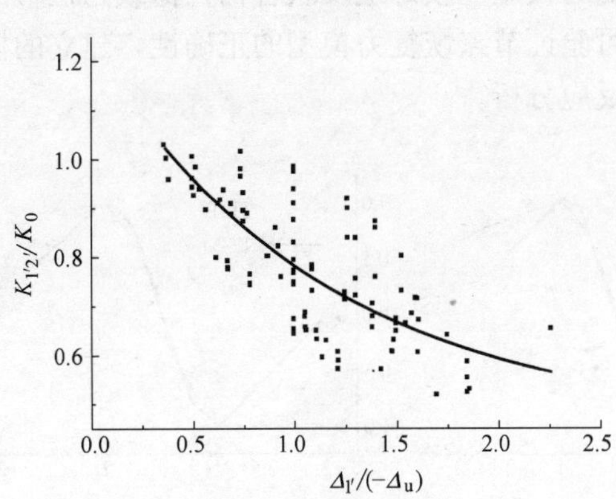

图 7.35 反向卸载刚度 $K_{1'2'}$ 退化规律曲线

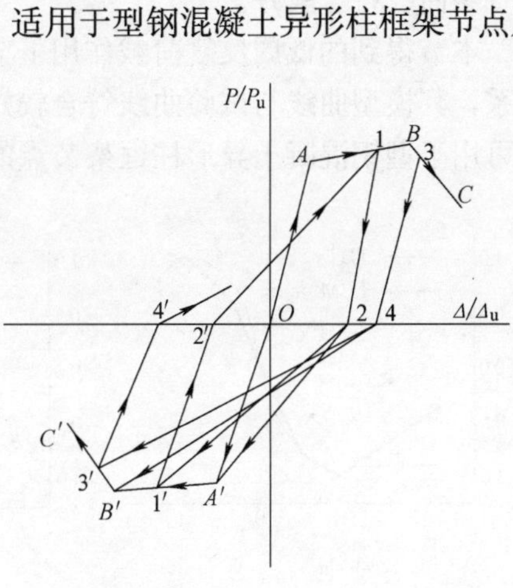

图 7.36 刚度退化三折线恢复力模型

其结构分析。

对该恢复力模型说明如下：

（1）该恢复力模型采用坐标为无量纲坐标，结合试件的特征点（屈服点、最大荷载点）和滞回曲线的形状拟合而成。

（2）图中，OA（OA'）为正（负）向弹性段；AB（$A'B'$）为正（负）向屈服段；BC（$B'C'$）为正（负）向破坏段。

（3）对节点进行正向加载时，沿骨架曲线 $OABC$ 进行，当在 OA 段卸载时，卸载路线沿 AO，刚度为初始弹性刚度；在 AB 段卸载时，卸载路线沿 12 进行，卸载刚度按照 K_{12} 进行计算；正向卸载到 2 点再反向加载时，若试件未屈服，则指向反向屈服点 A'，即沿着 $2A'B'C'$ 进行，若试件已经屈服，则指向上次经过的最大点 $1'$，即沿着 $21'B'C'$ 进行；在 $A'B'$ 卸载时，沿 $1'2'$ 进行，卸载刚度按照 $K_{1'2'}$ 进行计算；当反向卸载到 $2'$ 再正向加载时，则指向正向上次经过的最大点 1，即沿着 $2'1BC$ 进行；当在破坏段 BC 卸载时，卸载路线沿 34 进行，卸载刚度按照 K_{12} 进行计算；正向卸载到 4 点再反向加载时，若反向未达到极限荷载，则指向极限点 B' 点，即沿着 $4B'C'$ 进行，若反向过极限点，则指向上次经过的最高点 $3'$ 点，即沿着 $43'C'$ 进行；当在破坏段 $B'C'$ 卸载时，卸载路线沿 $3'4'$ 进行，卸载刚度按照 $K_{1'2'}$ 进行计算；反向卸载到 $4'$ 点正向加载时，沿着 $4'3C$ 进行；其他情况依次类推。在卸载和再加载过程中，刚度随着位移的增加在逐渐地减小。

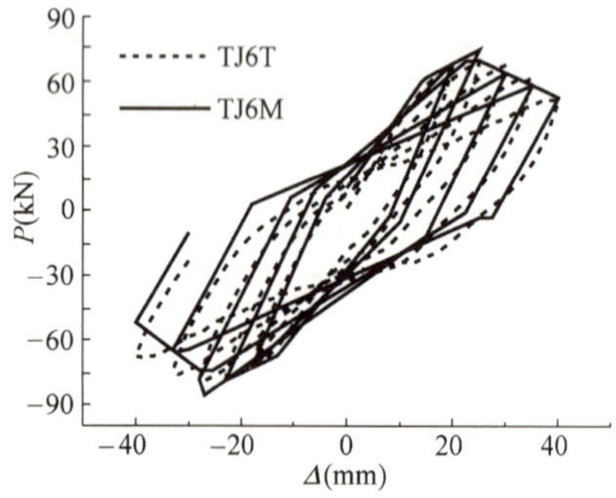

图 7.37　模型和试验结果对比

4. 恢复力模型与试验结果的比较

将本节得到的恢复力模型和试验数据进行对比，如图 7.37 所示，图中图例符号的前三个字母表示试件编号，第四个字母 T 表示试验曲线，M 表示模型曲线。由图中曲线可以看出，二者符合较好。其他试件的骨架曲线与试验得到的骨架曲线进行比较，如图 7.38 所示，各符号含义相同。从图中可以看出，试验得到的骨架曲线和模型骨架曲线符合较好。

本节得到的低周反复荷载作用下节点的恢复力模型能较好地反映各构件荷载与位移的关系，其模型曲线与试验曲线符合较好。由此可验证节点恢复力模型的正确性，建立的模型可用于型钢混凝土异形柱框架节点的弹塑性反应分析。

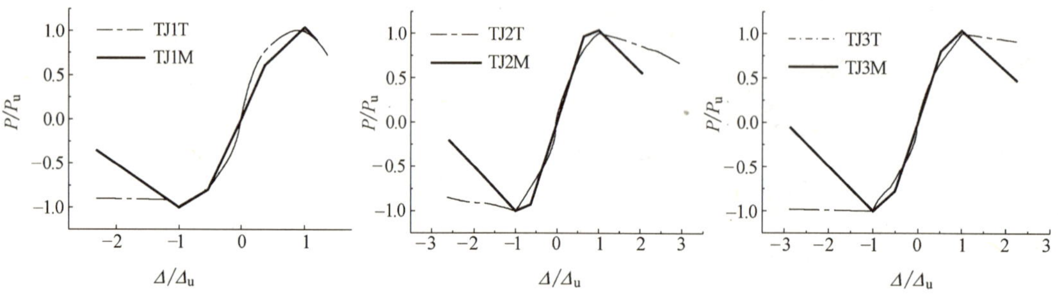

图 7.38　试验骨架曲线和模型曲线的比较（一）

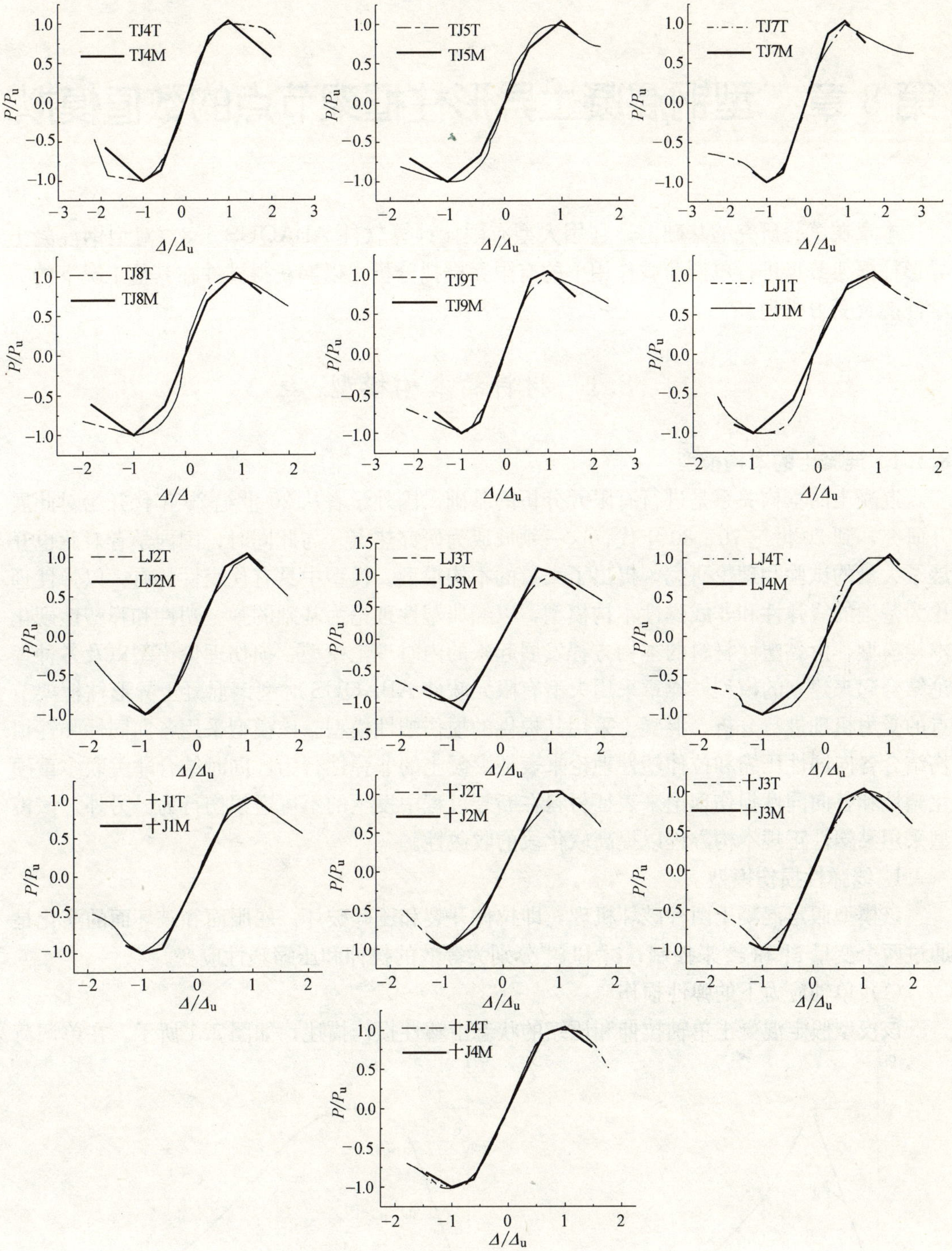

图 7.38 试验骨架曲线和模型曲线的比较（二）

第8章　型钢混凝土异形柱框架节点的数值模拟

本章在试验研究的基础上，利用大型有限元计算软件 ABAQUS 6.8，对型钢混凝土异形柱框架节点进行单调荷载作用下的有限元模拟分析，以期获得试件在其他工况下的力学性能及受力机理。

8.1　材料的本构模型

8.1.1　混凝土的本构模型

混凝土的本构关系是进行有限元分析的基础。国外学者从 20 世纪 20 年代开始对此展开研究，到 20 世纪 70、80 年代，这一领域成为研究热点。与此同时，国内学者对此也开展了大量的试验和理论研究，提出了大量的本构模型。模型中具有代表性的有：以弹性理论为基础的线弹性和非线弹性本构模型，以经典塑性理论为基础的弹全塑性和弹塑性硬化本构模型，由黏塑性材料的本构方程发展起来的内时理论模型、损伤理论模型以及各种理论结合起来建立的模型。本章采用大型有限元软件 ABAQUS 对型钢混凝土异形柱框架节点的受力机理进行分析，混凝土采用其提供的损伤塑性模型。该模型采用各向同性弹性损伤结合各向同性压缩和拉伸塑性理论来表征混凝土的非弹性行为，同时结合非关联多重硬化塑性和各向同性损伤理论来表征材料在断裂过程中发生的不可逆损伤行为，另外，该模型采用黏塑性正规本构方程以提高软化段的收敛性。

1. 线弹性损伤模型

该模型假定混凝土两种破坏机理，即拉伸开裂和压碎破坏。屈服面和破坏面的演化是通过两个变量 $\tilde{\varepsilon}_t^{pl}$ 和 $\tilde{\varepsilon}_c^{pl}$ 来控制，$\tilde{\varepsilon}_t^{pl}$ 和 $\tilde{\varepsilon}_c^{pl}$ 分别为等效的拉伸和压缩塑性应变。

（1）单轴应力下的弹性损伤

该模型假定混凝土单轴拉伸和压缩的状态由塑性损伤描述，如图 8.1 所示。在单调荷

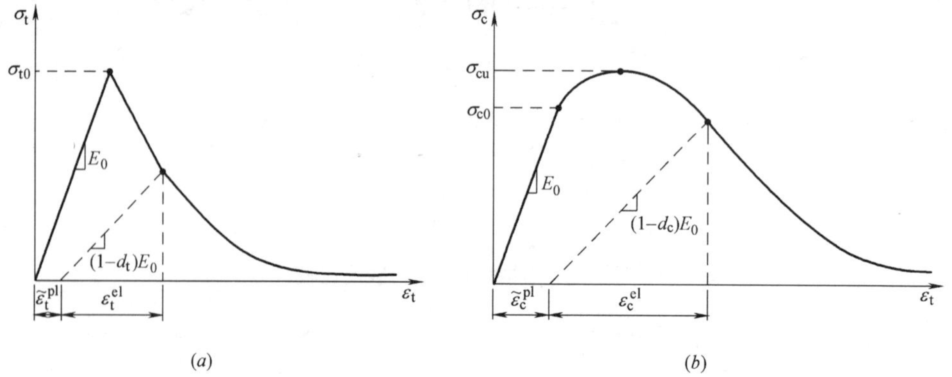

图 8.1　单轴作用下混凝土的应力-应变关系

（a）单轴拉伸；（b）单轴压缩

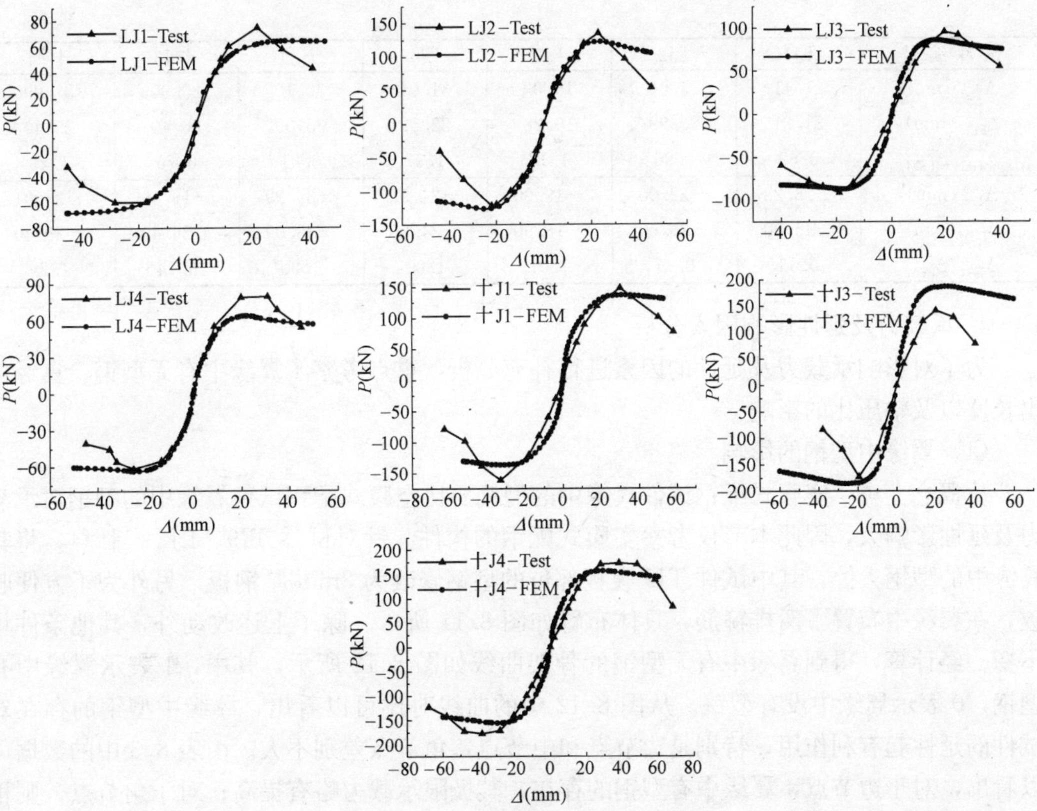

图 8.10 骨架曲线对比（二）

边节点试验值和计算值在极限点处的对比 **表 8.1**

试件编号	TJ1	TJ2	TJ3	TJ4	TJ5	TJ6	TJ7	TJ8	TJ9
P^+_{Test}(kN)	70.1	102.7	138.6	111.1	131.4	69.3	138.0	71.0	102.9
P^+_{FEM}(kN)	62.5	94.8	130.0	100.0	129.8	77.0	150.6	72.0	101.2
P^+_{Test}/P^+_{FEM}	1.12	1.08	1.07	1.11	1.01	0.90	0.92	0.99	1.02
P^-_{Test}(kN)	−60.1	−100.1	−147.6	−108.8	−134.6	−78.4	−145.7	−62.0	−102.8
P^-_{FEM}(kN)	−64.5	−98.3	−136.0	−105.0	−136.0	−82.0	−154.8	−62.2	−104.1
P^-_{Test}/P^-_{FEM}	0.93	1.02	1.09	1.04	0.99	0.96	0.94	1.00	0.99
Δ^+_{Test}(mm)	35.98	21.06	21.31	25.02	28.83	25.00	16.79	31.98	16.27
Δ^+_{FEM}(mm)	25.76	23.19	21.39	20.90	23.96	28.22	22.56	33.52	22.49
$\Delta^+_{Test}/\Delta^+_{FEM}$	1.40	0.91	1.00	1.20	1.20	0.89	0.74	0.95	0.72
Δ^-_{Test}(mm)	−21.58	−18.47	−14.62	−25.98	−25.17	−22.99	−18.83	−32.00	−15.08
Δ^-_{FEM}(mm)	−31.17	−24.93	−21.40	−25.10	−25.70	−28.26	−26.09	−27.01	−26.62
$\Delta^-_{Test}/\Delta^-_{FEM}$	0.69	0.74	0.68	1.04	0.98	0.81	0.72	1.18	0.57

角节点和中节点试验值和计算值在极限点处的对比 **表 8.2**

试件编号	LJ1	LJ2	LJ3	LJ4	十J1	十J3	十J4
P^+_{Test}(kN)	74.4	135.0	95.7	79.2	148.4	141.4	172.1
P^+_{FEM}(kN)	63.8	122.2	85.7	63.3	136.4	186.2	156.0
P^+_{Test}/P^+_{FEM}	1.17	1.10	1.12	1.25	1.09	0.76	1.10
P^-_{Test}(kN)	−60.1	−122.0	−91.0	−61.7	−161.5	−172.6	−177.2
P^-_{FEM}(kN)	−67.96	−126.8	−86.8	−64.0	−136.4	−186.2	−156.0
P^-_{Test}/P^-_{FEM}	0.88	0.96	1.05	0.96	1.18	0.93	1.14

续表

试件编号	LJ1	LJ2	LJ3	LJ4	十J1	十J3	十J4
Δ_{Test}^{+}(mm)	21.41	23.00	19.02	31.01	30.10	20.00	37.99
Δ_{FEM}^{+}(mm)	31.21	23.99	16.28	22.58	33.09	26.40	29.40
$\Delta_{Test}^{+}/\Delta_{FEM}^{+}$	0.69	0.96	1.17	1.37	0.91	0.76	1.29
Δ_{Test}^{-}(mm)	−28.23	−22.00	−19.00	−24.99	−32.99	−19.49	−38.01
Δ_{FEM}^{-}(mm)	−45.00	−25.30	−18.90	−24.90	−33.09	−26.40	−29.40
$\Delta_{Test}^{-}/\Delta_{FEM}^{-}$	0.63	0.87	1.01	1.00	1.00	0.74	1.29

4. 承载力及延性影响因素分析

为了对影响承载力及延性的因素进行补充分析，重点考察了翼缘中有无型钢、翼缘伸出长度以及轴压比的影响。

(1) 翼缘中型钢的影响

从概念上讲，实腹式配钢试件翼缘中的型钢要比空腹式配钢试件翼缘中的型钢对承载力及延性影响大，因此本节仅考察实腹式配钢的构件。针对试件 TJ9、LJ3、十 J4，将其翼缘中的型钢去掉，其中试件 TJ9 腹板部位的型钢修改为 8mm 厚钢板，另外为了方便收敛，在翼缘中布置了两排箍筋，具体布置如图 8.11 所示。除了上述改动外，其他条件均不变。经计算，得到翼缘中有无型钢的骨架曲线如图 8.12 所示，其中，1 表示翼缘中有型钢，0 表示翼缘中没有型钢。从图 8.12 中的曲线对比可以看出，翼缘中型钢的存在对试件的延性起有利作用，特别是边节点和中节点，角节点差别不大。由表 8.3 中的数据可以看出，对于边节点，翼缘中有型钢的存在，其极限承载力略有提高；对于角节点，则稍有下降，总之对于边节点和角节点，翼缘中的型钢对其承载力影响不大；而对于中节点，翼缘中的型钢可以将极限承载力提高约 12%。

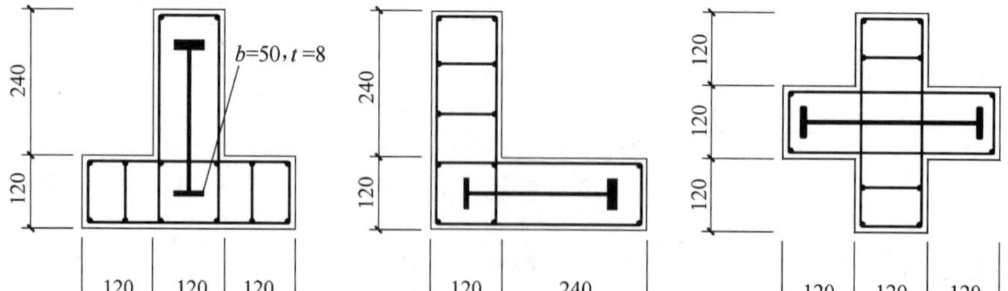

图 8.11　对比试件的柱截面形式

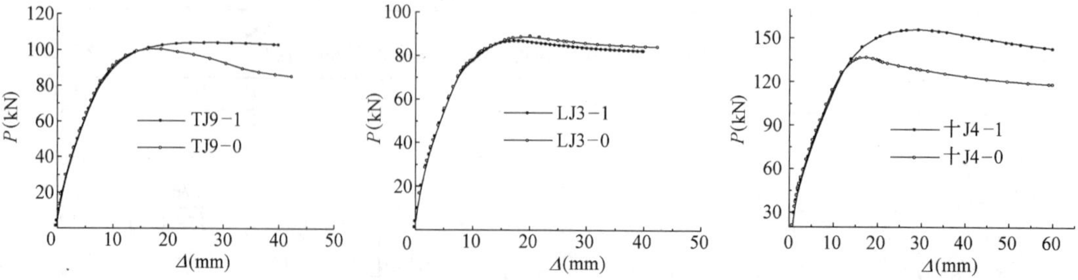

图 8.12　翼缘中有无型钢试件的骨架曲线对比

翼缘中有无型钢试件极限承载力对比 **表 8.3**

试件	TJ9-1	TJ9-0	LJ3-1	LJ3-0	十 J4-1	十 J4-0
计算值(kN)	104.1	100.4	86.9	88.5	156.0	136.8

(2) 翼缘伸出长度的影响

异形柱框架节点区别于普通矩形柱框架节点的特点之一就是有外伸翼缘，尽管其作用不能得到充分发挥，但翼缘的存在对节点承载力及延性都有一定的影响。本节通过有限元计算来考察翼缘对于承载力及延性的影响。

仍然以试件 TJ9、LJ3、十 J4 为原型进行柱截面设计，且不考虑翼缘中的型钢，不同翼缘伸出长度的柱截面形式如图 8.13 所示，其他参数不变。计算得到各工况下的试件骨架曲线如图 8.14 所示。从图 8.14 中可以看出，随着翼缘伸出长度的增长，试件的下降段趋缓，即试件的延性在增加；同时极限承载力也随着翼缘伸出长度的增加而增加，但增加的幅度在逐渐减小。对各试件极限承载力进行归一化，得到如图 8.15 所示的翼缘影响系数曲线，图中，l_f为翼缘伸出的长度，ξ_f为翼缘影响系数。考虑到翼缘中型钢的影响以及节点所处的位置，对翼缘影响系数进行折减，得到如表 8.4 所示的值。

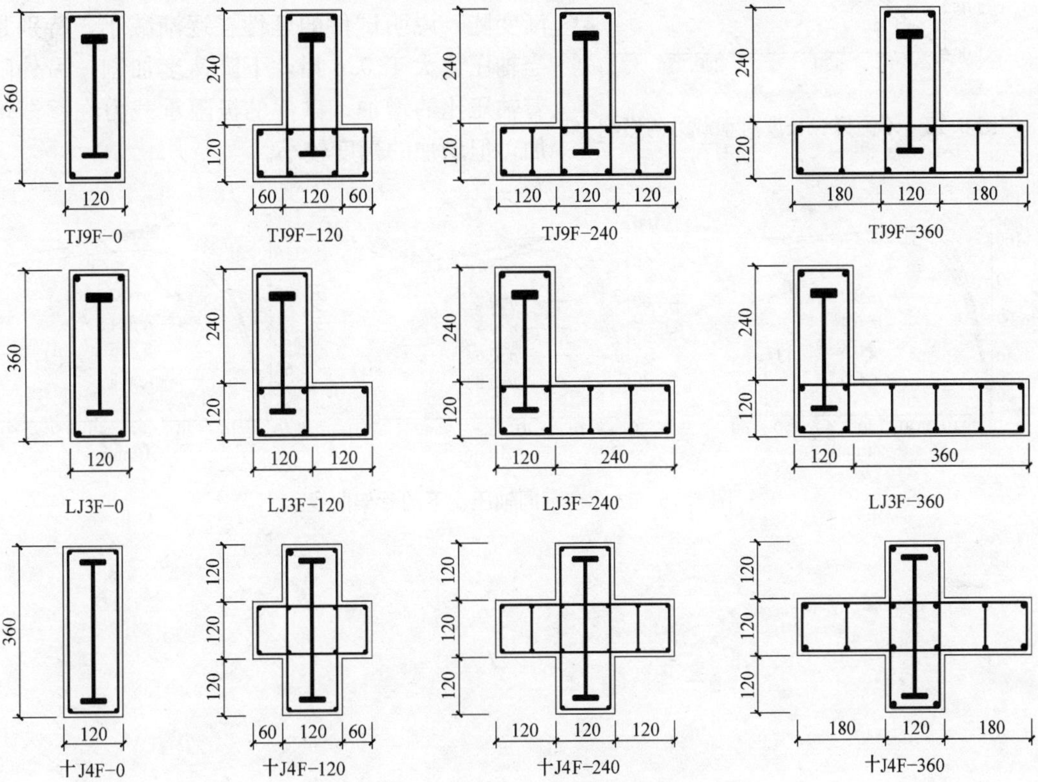

图 8.13 不同翼缘长度的柱截面形式

翼缘影响系数 ξ_f **表 8.4**

l_f	0	120	240	360
角节点	1.00	1.05	1.10	1.15
边节点	1.00	1.10	1.15	1.25
中节点	1.00	1.15	1.20	1.30

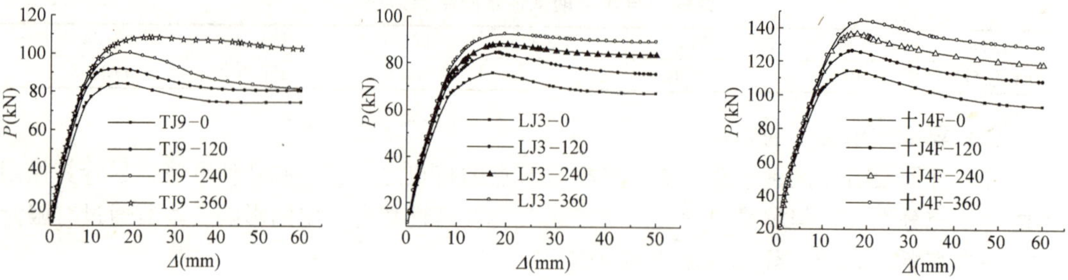

图 8.14　不同翼缘伸出长度试件的骨架曲线

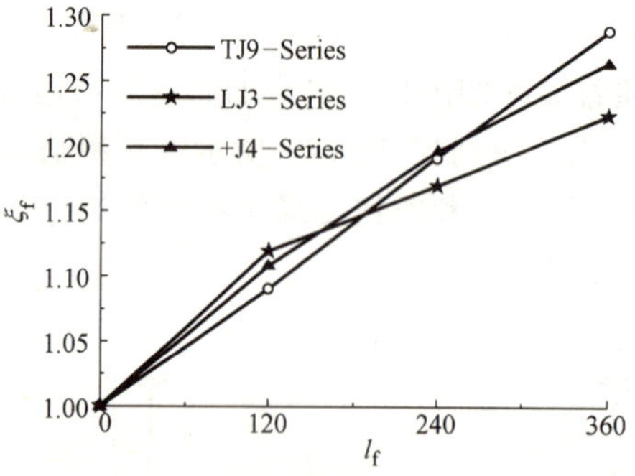

图 8.15　不同翼缘长度对承载力的影响

（3）轴压比的影响

已有研究表明，轴压比对试件的承载力及延性都有一定影响，本节对不同轴压力作用下的试件 TJ9、LJ3 以及十 J4 分别进行计算，得到如图 8.16 所示的骨架曲线。从图中可以看出，随着轴压比的增加，骨架曲线的下降段逐渐变陡，说明试件的延性在逐渐减小，特别是当轴压比大于 0.6 后，下降速度加剧；另外随着轴压比的增加，试件的极限承载力在逐渐增加，但增加的幅度较小。

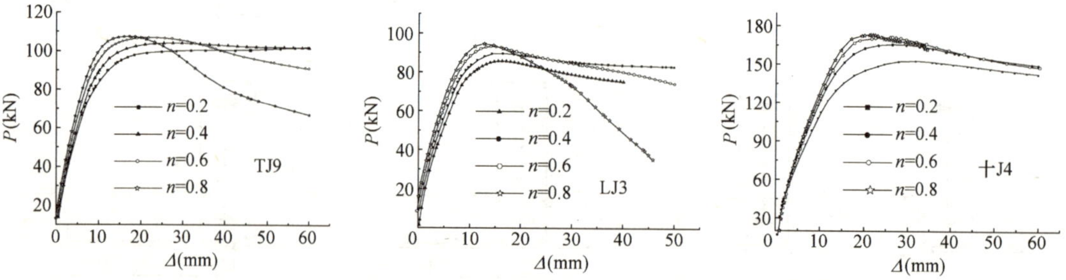

图 8.16　试件在不同轴压比下的骨架曲线

第 9 章　型钢混凝土异形柱框架节点承载力计算

本章在试验研究及有限元分析的基础上进一步讨论型钢混凝土异形柱框架节点的承载能力，主要分析节点的受力机理，并以此为依据，针对不同配钢形式的节点，分别讨论节点核心区混凝土、型钢（或水平腹杆）以及箍筋对节点抗裂承载力、抗剪及抗扭承载力的贡献，建立节点的承载力计算公式。

9.1　节点受力分析及节点核心区水平剪力的计算

9.1.1　节点区受力分析

节点区作为梁、柱连接的主要部分，在平面框架中承受由上、下柱端以及左、右梁端传来的弯矩、剪力和轴力。当竖向荷载较大而水平地震作用较小时，左、右梁端截面中的内力所引起的节点剪力较小，节点受力较为有利；而当水平地震作用较大时，左、右梁端分别承受正、负弯矩，节点剪力比较大，对节点受力不利。因此节点抗震承载力的研究多以后一种不利情况为研究对象。在后一种情况中，平面框架节点四周所受的由梁端、柱端传来的内力及应力分布如图 9.1 所示。

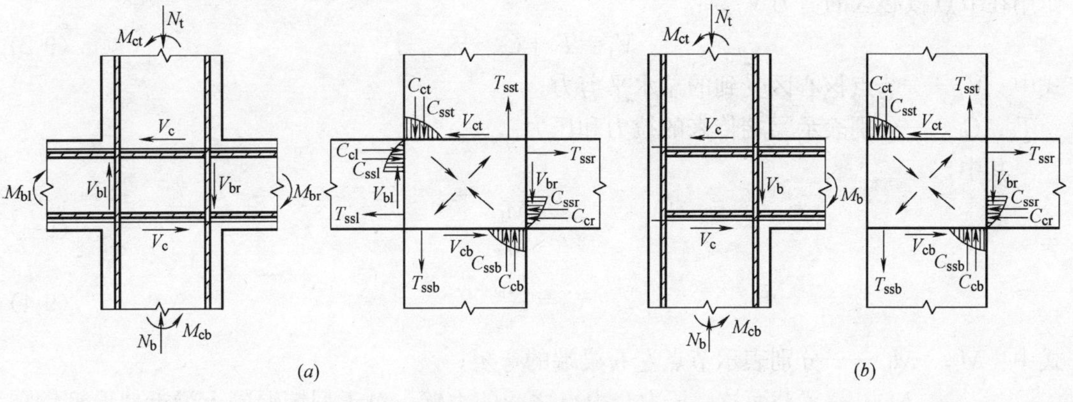

图 9.1　节点区受力图

(*a*) 中节点；(*b*) 边节点、角节点

在往复荷载交替作用下，斜向拉、压力沿节点区对角线方向交替出现，当最大拉应力超过混凝土的抗拉强度时，节点区即产生斜向裂缝。随着外部作用的逐渐加大，梁、柱上的裂缝进一步开展，而节点的强度和刚度在逐渐降低，当梁中的纵向钢筋受弯屈服后，梁根部受压区的混凝土已接近最大压应变，此时由于梁中型钢发挥作用，梁还可以承受更大的荷载。当外部作用增加到使梁中的型钢屈服时，梁端形成塑性铰，此时节点还未达到其极限承载力，即节点核心区不会早于框架梁发生破坏，从而形成抗震性能较好的破坏机构。如果梁端并未形成塑性铰，则传入节点核心区的剪力逐渐增大，超过其极限承载力

时，节点核心区将发生剪切破坏。第 7 章所述试验试件设计即为这种情况，以此来研究节点核心区的抗震承载力。

9.1.2　节点核心区水平剪力的计算

对于在水平荷载作用下的多层多跨框架结构，假定反弯点在梁、柱的中点，如图 9.2 所示，结合图 9.1，由平衡条件可以求得柱端剪力 V_c。

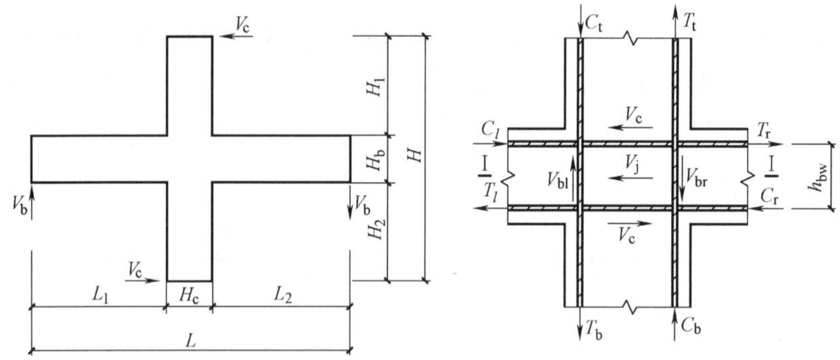

图 9.2　节点作用力计算简图

$$V_c=\frac{M_{ct}+M_{cb}}{H_1+H_2} \tag{9-1}$$

式中　M_{ct}、M_{cb}——分别表示节点上下柱端弯矩；

H_1、H_2——分别表示上柱和下柱高度的一半。

在节点核心区作剖面Ⅰ-Ⅰ，如图 9.2 所示，以其上部作为隔离体，由力的平衡可知，作用在节点核心区的剪力 V_j 为：

$$V_j=T_r+C_l-V_c \tag{9-2}$$

式中　V_j——节点核心区受到的总水平剪力；

T_r、C_l——分别表示梁端传来的拉力和压力。

其中，

$$T_r=\frac{M_{br}}{h_{bw}} \tag{9-3}$$

$$C_l=\frac{M_{bl}}{h_{bw}} \tag{9-4}$$

式中　M_{br}、M_{bl}——分别表示节点左右梁端的弯矩；

h_{bw}——梁截面拉、压力合力点之间的力臂，对于型钢混凝土梁近似取型钢翼缘重心处之间的距离，对于钢筋混凝土梁近似取拉压钢筋之间的距离。

由式（9-1）～式（9-4）可得：

$$V_j=\frac{M_{br}+M_{bl}}{h_{bw}}-V_c \tag{9-5}$$

由图 9.1 节点弯矩平衡可得：

$$M_{br}+M_{bl}=M_{ct}+M_{cb} \tag{9-6}$$

对于中节点，由图 9.2 及式（9-1）、式（9-5）、式（9-6）可得：

$$V_j=\frac{M_{br}+M_{bl}}{h_{bw}}\left(1-\frac{h_{bw}}{H-H_b}\right) \tag{9-7}$$

对于边节点或角节点，则有：

$$V_j=\frac{M_b}{h_{bw}}\left(1-\frac{h_{bw}}{H-H_b}\right) \tag{9-8}$$

式中 H——节点上下柱反弯点之间的距离；

H_b——梁截面的高度。

根据式（9-7）和式（9-8）可以求得本次试验各试件特征点对应的核心区水平力，如表9.1所示。

节点水平剪力实测值（kN） **表9.1**

试件编号	开裂水平剪力	屈服水平剪力	极限水平剪力	破坏水平剪力
TJ1	125.183	227.132	306.533	267.620
TJ2	218.853	319.455	412.562	390.358
TJ3	302.648	360.194	552.921	514.810
TJ4	156.493	326.198	437.288	397.012
TJ5	232.807	378.497	522.500	473.950
TJ6	169.829	225.802	311.594	282.604
TJ7	222.110	431.812	578.176	505.120
TJ8	147.851	232.462	299.008	277.312
TJ9	236.718	375.269	498.594	450.581
LJ1	137.059	289.985	346.322	300.299
LJ2	173.384	371.156	553.509	492.091
LJ3	179.416	371.859	420.742	370.905
LJ4	170.671	232.695	319.831	284.227
十J1	202.908	496.239	640.861	558.573
十J2	314.743	628.995	865.709	761.071
十J3	341.426	558.167	676.814	590.732
十J4	247.320	653.462	742.922	664.943

9.1.3 节点区扭矩的计算

对于边节点和中节点而言，由于柱顶水平荷载通过柱截面的形心，如图9.3（*a*）和图9.3（*b*）所示，而柱截面的形心和弯曲中心均在工程轴上，因此不存在扭转；但对于角节点而言，柱顶水平荷载通过截面形心，不经过截面的弯曲中心，如图9.3（*c*）所示，因此存在扭转。取图9.1（*b*）角节点Ⅰ—Ⅰ截面以上部分为隔离体，如图9.4（*a*）所示，则节点核心区的计算扭矩为：

$$T_j=V_{ct}e \tag{9-9}$$

式中 V_{ct}——柱顶水平力；

e——柱顶水平力到柱截面弯曲中心的距离。

经计算得到试验构件LJ2、LJ3在各特征点的扭矩试验值如表9.2所示。

节点扭矩（kN·mm） **表9.2**

试件编号	开裂扭矩	屈服扭矩	极限扭矩	破坏扭矩
LJ2	2880	6048	8784	7488
LJ3	3240	5983	6721	5710

节点核心区在水平剪力和扭矩作用下其剪应力分布如图9.4（*b*）和图9.4（*c*）所示，在节点核心区5面，剪力V_j产生的剪应力流和扭矩T_j产生的剪应力流方向相同，作用效

应叠加；在节点核心区 1 面，剪力 V_j产生的剪应力流和扭矩 T_j产生的剪应力流方向相反，作用效应部分抵消。因此，节点核心区 5 面破坏严重，1 面破坏相对较轻，其破坏情况，如图 9.5 所示。

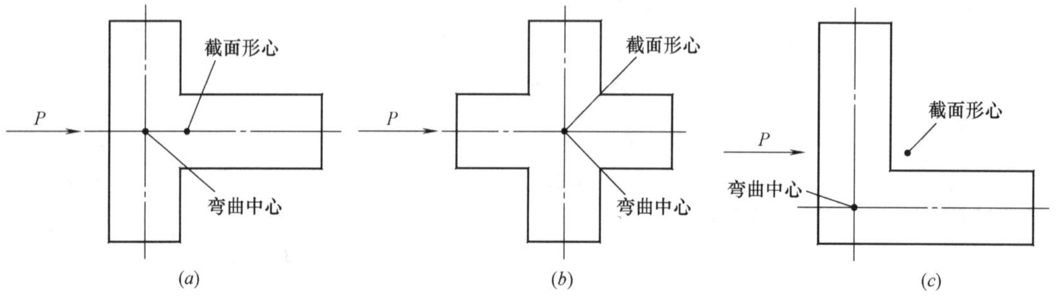

图 9.3　节点受力简图

（a）边节点；（b）中节点；（c）角节点

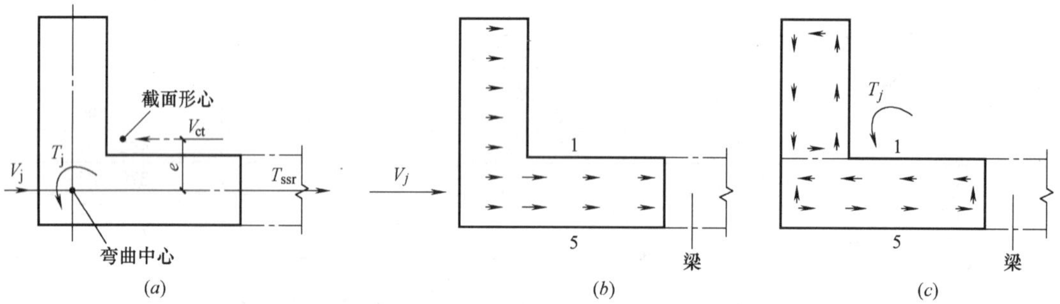

图 9.4　节点扭转受力及剪应力分布图

（a）节点扭转受力图；（b）剪力作用下应力分布图；（c）扭矩作用下应力分布图

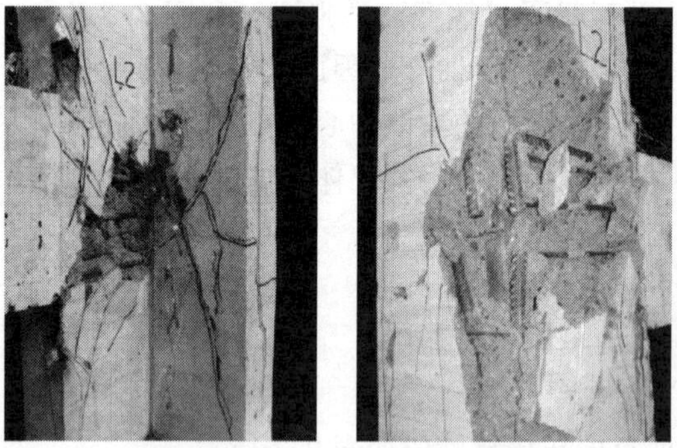

图 9.5　LJ2 节点核心区破坏图

9.1.4　节点区各部分承担的水平剪力

对于实腹式配钢的试件，节点区的水平剪力总体上由两部分组成，即型钢部分和钢筋混凝土部分。其中，型钢部分产生的抗力包括型钢腹板和翼缘框的作用，而钢筋混凝土部分则由混凝土和箍筋两部分组成。对于空腹式配钢的试件，同样也由两部分构成，包括水平腹杆的贡献以及钢筋混凝土的贡献。以下对各部分分别进行计算。

1. 型钢部分

节点核心区型钢腹板在弹性阶段所承受的剪力为：

$$V_{wss}=\frac{I_{wss}t_{wss}}{S_{wss}}\tau_{wss} \tag{9-10}$$

其中：

$$\tau_{wss}=G_{wss}\gamma_{wss} \tag{9-11}$$

$$G_{wss}=\frac{E_{ss}}{2(1+\mu_{ss})} \tag{9-12}$$

式中 V_{wss}——型钢腹板所承受的水平剪力；

I_{wss}——型钢腹板的截面惯性矩；

t_{wss}——型钢腹板的厚度；

S_{wss}——型钢腹板截面中心轴以上的静矩；

τ_{wss}——型钢腹板中心处的剪应力；

G_{wss}——型钢的剪切弹性模量；

γ_{wss}——型钢的剪应变；

E_{ss}——型钢腹板的弹性模量；

μ_{ss}——型钢腹板的泊松比。

对于翼缘框的作用，已有研究表明，其承担的剪力是型钢腹板承担剪力的5%左右，即承受的剪力很小，为计算方便，可以认为型钢承担的剪力主要由腹板承担，翼缘框对型钢抗剪能力的贡献可以忽略。

2. 水平腹杆部分

核心区水平腹杆承受的剪力为：

$$V_{ws}=n_{ws}E_{ws}\bar{\varepsilon}_{ws}A_{ws1} \tag{9-13}$$

式中 V_{ws}——水平腹杆承受的水平剪力；

n_{ws}——同一截面内水平腹杆的肢数；

E_{ws}——水平腹杆的弹性模量；

$\bar{\varepsilon}_{ws}$——水平腹杆的平均应变；

A_{ws1}——与核心区临界斜缝相交的单肢水平腹杆的截面面积。

3. 箍筋部分

核心区箍筋承受的剪力为：

$$V_{sv}=n_{sv}E_{sv}\bar{\varepsilon}_{sv}A_{sv1} \tag{9-14}$$

式中 V_{sv}——箍筋承受的水平剪力；

n_{sv}——同一截面内箍筋的肢数；

E_{sv}——箍筋的弹性模量；

$\bar{\varepsilon}_{sv}$——箍筋的平均应变；

A_{sv1}——与核心区临界斜缝相交的单肢箍筋的截面面积。

4. 混凝土部分

由于混凝土部分在各阶段受力极其复杂，故很难用较为准确的公式进行表达，因此其承载力可以用总水平剪力减去型钢（或水平腹杆）和箍筋的承载力后即可求得。

对于实腹式配钢的试件，混凝土部分承担的剪力可表示为：

$$V_c=V_j-V_{wss}-V_{sv} \tag{9-15}$$

对于空腹式配钢的试件，混凝土部分承担的剪力可表示为：

$$V_c=V_j-V_{ws}-V_{sv} \tag{9-16}$$

由式（9-8）、式（9-10）、式（9-13）～式（9-16）可以求出各试件节点核心区型钢、水平腹杆、箍筋以及混凝土在特征点处所分担的水平剪力，如图9.6所示。从图中可以看

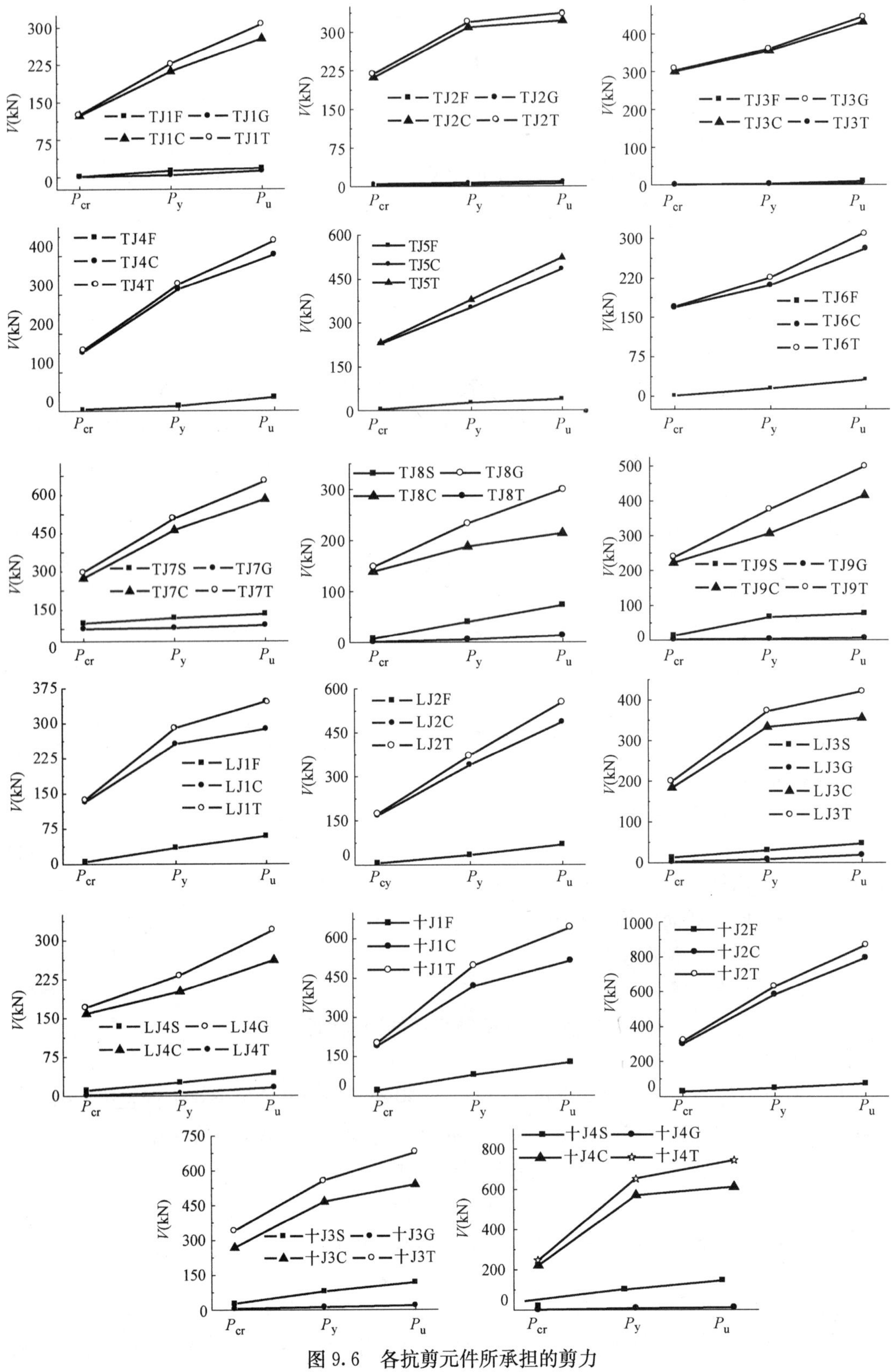

图 9.6　各抗剪元件所承担的剪力

出，在节点开裂时，对于水平腹杆配钢率较小的节点（边节点），其分担的剪力约为总剪力的1%～3%，而对于配钢率较大的节点（角节点和中节点），其分担的剪力约占总剪力的3%～6%；箍筋分担的剪力约为总剪力的1%；型钢分担的剪力约为总剪力的5%～10%；混凝土承担了绝大部分的水平剪力，特别是对于空腹式节点，约为总剪力的95%。随着外荷载的增加，各抗剪元件的变形在逐渐增大，其承担水平剪力的份额也在逐渐加大。当试件达到屈服时，边节点中水平腹杆承担的水平剪力约为总剪力的4%～8%，而中节点和角节点承担的水平剪力约为总剪力的9%～16%；箍筋承担的水平剪力大约为总剪力的2%；型钢承担的剪力约占总剪力的10%～20%。相比之下，混凝土承担的水平剪力虽然也在增大，且仍是抗剪承载力的主力元件，但其所占比例却在下降。随着节点核心区主斜裂缝的形成，混凝土被分割成许多菱形小块，节点的剪切变形进一步加剧，各抗剪元件的变形也不断加大。当荷载达到极限荷载时，边节点水平腹杆承担的水平剪力约占总剪力的10%，而角节点和中节点中的水平腹杆承担的水平剪力占总剪力的15%左右；由屈服点到极限点，节点核心区混凝土不断膨胀，箍筋的约束能力得到充分发挥，此时其承担的水平剪力约为总剪力的4%；而节点核心区型钢腹板逐渐屈服并强化，其承担的水平剪力进一步增大，最大的约为总水平剪力的30%。对于破坏形态为FP2以及FP3的试件，由于核心区裂缝发展始终不充分，各抗力元件不能够充分发挥作用，因此节点区的水平腹杆、箍筋以及型钢腹板的应力均较小。

总体来讲，节点区水平剪力的绝大部分由混凝土来承担，但由于配置的水平腹杆和实腹钢板分担了相当一部分剪力，使得节点的抗剪承载能力得到相应提高，其提高程度和节点区的水平腹杆或型钢的配钢率直接相关。

9.2 节点的受力机理

在外荷载作用下，节点周围的梁端、柱端受到剪力和弯矩的作用，这些内力在节点核心区内部各材料元件间的分配和传递过程使节点发挥着它的功能。根据节点的受力过程和破坏类型，较准确地描述这些效应的分配大小和传递途径，从而给出合理的理论假设和计算模式，这就是节点的受力机理。

9.2.1 钢筋混凝土框架节点受力机理

1. 斜压杆机理

当核心区没有箍筋或箍筋配置很少时，节点的承载力主要由核心区混凝土承担。当通过节点核心区的梁柱纵筋屈服时，核心区混凝土可能产生交叉裂缝但不致使核心区混凝土破坏。这时节点核心区的抗剪强度基本上由混凝土斜压杆控制。这种受力模式适合于梁或柱承载力较低而节点核心区未受到严重损伤的情况。

2. 桁架机理

由于节点核心区混凝土在剪力的作用下被分割成许多菱形小块，只能借助于纵筋的粘结力和箍筋的约束来传递并分散压力，从而由受力前期的混凝土斜压杆作用逐渐转为水平箍筋来平衡斜压杆的水平分量，竖向钢筋来平衡斜压杆的竖直分量，从而形成钢筋混凝土内桁架机制。

3. 剪摩机理

当节点核心区混凝土受剪发生破坏且箍筋已屈服，但通过核心区的纵筋尚未屈服且未发生粘结破坏时，沿核心区对角线的斜裂缝将核心区分割为两大块，两大块发生摩擦而抵抗各自所受的力。因此，节点的抗剪承载力由两部分组成：一部分是节点核心区在梁柱弯曲压应力作用下产生的摩擦阻力；另一部分是裂缝处箍筋受拉屈服所承担的剪力。

4. 组合块体抗剪机理

随着荷载的增大，节点变形逐渐增大，梁筋屈服。在反复荷载作用下，节点区出现多条和对角线相互平行的斜裂缝并相互交叉，将核心区分割成若干混凝土块体，在箍筋、纵向柱筋及轴向力的约束下形成组合抗剪机构。块体之间的作用由混凝土骨料咬合及钢筋销键来传递，在咬合力和销键力未被克服前，组合抗剪机构仍能维持整体作用，抗剪强度仍能保持，随着裂缝间混凝土骨料不断磨损剥落，裂缝宽度增大，咬合作用降低，同时混凝土对钢筋的嵌固作用也在不断减小，钢筋的销键作用亦不断降低。

5. 梁剪机理

节点的受力状况和抗剪承载力由组成节点的梁来控制。节点的抗剪承载力可由两部分组成，分别为节点内的混凝土和箍筋，节点的抗剪承载力可参考梁的抗剪承载力公式进行回归分析。

9.2.2 型钢混凝土框架节点受力机理

1. 刚桁架受力机理

由柱中型钢翼缘和核心区水平加劲肋构成一封闭的刚性矩形框，矩形框中的混凝土可被看作受压腹杆，型钢腹板可被看作受拉腹杆，这样就构成了如图 9.7 所示的五次超静定刚桁架。

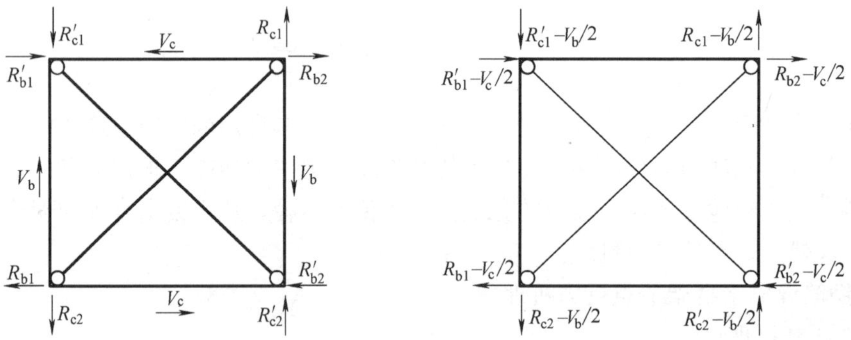

图 9.7　刚桁架受力机理

在加荷初期，刚性矩形框约束着内部的混凝土，其变形同步。随着荷载的增大，混凝土开裂，裂缝将框内的混凝土分成斜压杆，同时框内型钢腹板局部开始屈服。荷载继续增加，型钢腹板由局部屈服逐渐向整体屈服过渡，此时，混凝土虽然局部出现粘结破坏，但是由于刚性矩形框的有效约束，使在型钢整体屈服前混凝土不可能被压碎。在达到极限荷载时，型钢腹板大部分都已屈服。随着节点变形的进一步增大，刚性矩形框四角形成塑性铰，此时型钢部分已成为可变机构，但由于框内混凝土并没有被压碎，因此该体系仍为静定结构。随着节点变形的进一步增大，混凝土开始被压碎并剥落，整个体系变为可变体系，此时节点破坏。

2. 刚“框架-剪力墙”机理

钢筋混凝土部分的抗剪可视为由混凝土斜压杆加桁架的抗剪机理。斜压杆主要承受梁端、柱端的压应力，如图 9.8（*a*）所示。钢筋与混凝土构成的桁架主要承受梁端、柱端的拉应力即剪力，如图 9.8（*b*）所示。

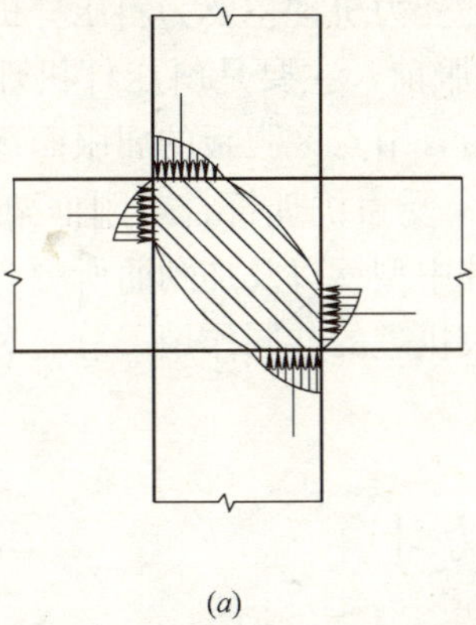

图 9.8　钢筋混凝土部分受力机理

（*a*）混凝土斜压杆；（*b*）桁架；（*c*）斜压杆＋桁架

节点中型钢部分的抗剪，可视作由柱中型钢翼缘与核心区加劲肋作为“板式封闭刚框架”［见图 9.9（*a*）］和型钢腹板作为“剪力墙”［见图 9.9（*b*）］共同形成的“框架-剪力墙”受力体系［见图 9.9（*c*）］。这个“框架-剪力墙”体系在水平剪力作用下，将按照两者的抗侧刚度比例来分配剪力，由于柱型钢翼缘的抗侧刚度往往比腹板的抗侧刚度小得多，因此主要是腹板起抗剪作用。如果忽略翼缘的作用，则型钢分担的剪力全部由腹板（剪力墙）来承受。

当荷载达到极限状态时，首先是型钢腹板（剪力墙）剪切屈服，进而翼缘框（板式框架）的四角形成 4 个塑性铰，成为机动体系。最后钢筋桁架屈服，混凝土斜压杆达到极限压应变而被压碎，此时节点破坏。

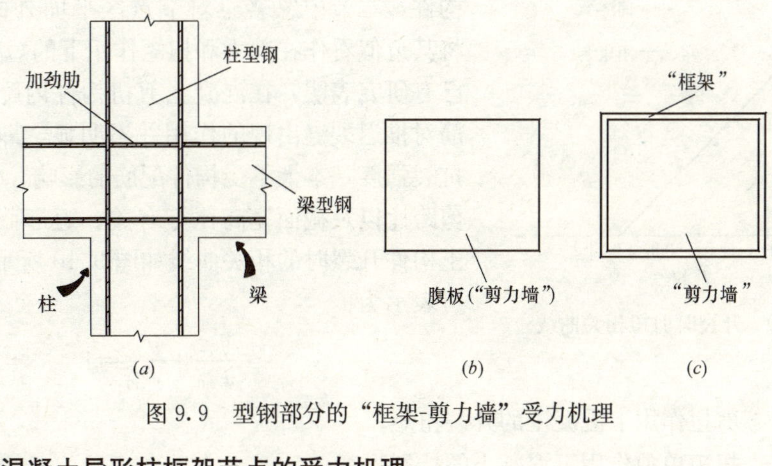

图 9.9　型钢部分的“框架-剪力墙”受力机理

9.2.3　型钢混凝土异形柱框架节点的受力机理

型钢混凝土异形柱框架节点和普通型钢混凝土矩形柱框架节点的一个区别就是前者有翼缘，如将该翼缘去掉，则和普通型钢混凝土矩形柱框架节点一样。由于翼缘的存在，其受力机理有其自身的特点。对于空腹式配钢的试件，其受力在屈服前以斜压杆机理为主，此时节点核心区的剪力主要由混凝土来承担，水平腹杆和箍筋的应变均较小，其分担的剪力也很小，翼缘作用发挥有限；节点屈服后，随着核心区主斜裂缝的形成，由柱型钢、加劲肋以及水平腹杆和箍筋组成的空间骨架对核心区混凝土形成约束，从而提高混凝土的承载力，同时翼缘的承载能力开始发挥但并不充分，即此时的受力机理主要为斜压杆机理和约束机理的共同作用。对于实腹式配钢的构件，在节点屈服前，主要是斜压杆机理起作用，此时钢板虽然承担一部分剪力但相对较小；节点屈服后，节点区腹板的屈服面逐渐扩大，它和翼缘框组成的超静定结构最终变为几何可变体系，受力机理符合“刚框架-钢板剪力墙”机理，随着混凝土裂缝的扩展、延伸，由箍筋、柱中型钢以及加劲肋所围合起来的空间骨架对混凝土同样起到约束作用，形成斜压杆和约束机理的共同作用。总之对于实腹式配钢构件，其受力机理为上述三种作用的共同体现。

9.3　节点核心区抗裂承载力计算

9.3.1　节点抗裂计算的意义

节点核心区是连接梁和柱的关键部位，它传递着梁柱传来的内力，受力复杂，所处部位特别重要。在地震作用下，它成为框架结构中最易受损的部位，节点核心区一旦破坏，与其相连的梁柱将不能正常工作，甚至在此节点以上的各层柱也无法正常工作。而且节点破坏后的加固比一般梁柱加固复杂得多。因此，应尽可能在使用阶段使节点不出现裂缝。由于型钢混凝土异形柱框架节点中型钢腹板本身要承担一部分剪力，同时型钢翼缘对混凝土的约束作用，使得混凝土的抗裂能力与抗剪强度都有很大的提高。因此，有必要进行节点核心区的抗裂承载力计算。

9.3.2　剪扭构件抗裂承载力计算方法

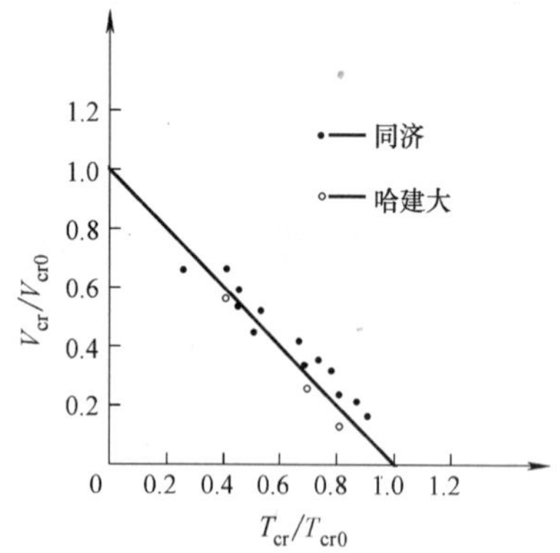

图 9.10　开裂时剪扭相关曲线

本次试验中角节点存在扭转，因此在抗裂计算过程中需考虑剪扭的相关作用。由于节点是小剪跨构件，本节中忽略梁对节点区平面外的约束作用，将其近似看作在剪力和扭矩作用下的短柱进行研究。已有研究表明，在混凝土剪扭构件内配置适量的钢筋对推迟裂缝出现的作用并不明显，即剪扭构件的抗裂强度基本上不受构件配筋的影响，仅与扭剪比、剪跨比以及截面宽高比等有关。矩形截面钢筋混凝土构件开裂时的相关曲线如图 9.10 所示，相关曲线可表示为：

$$\frac{T_{cr}}{T_{cr0}}+\frac{V_{cr}}{V_{cr0}}=1 \tag{9-17}$$

式中　T_{cr}——剪扭作用下混凝土的开裂扭矩；

T_{cr0}——扭矩单独作用下混凝土的抗裂强度；

V_{cr}——剪扭作用下混凝土的开裂剪力；

V_{cr0}——弯剪单独作用下混凝土的抗裂强度。

设剪扭构件开裂剪力降低系数为 $\xi_t = T_{cr}/T_{cr0}$，代入式（9-17），可得：

$$\xi_t = \frac{1}{1+\dfrac{T_{cr0}V_{cr}}{V_{cr0}T_{cr}}} = \frac{1}{1+\dfrac{T_{cr0}V}{V_{cr0}T}} \tag{9-18}$$

在实际计算过程中，V_{cr}、T_{cr} 分别用 V、T 来代替，其中 V、T 分别表示构件开裂时的剪力和扭矩设计值，在这里取剪力和扭矩试验值。因此，一般剪扭构件混凝土能够承担的开裂剪力和开裂扭矩分别为：

$$V_{cr} = (1-\xi_t)V_{cr0} \tag{9-19}$$

$$T_{cr} = \xi_t T_{cr0} \tag{9-20}$$

在已有研究成果的基础上，对于中间层角节点在剪扭作用下的开裂扭矩和开裂剪力可采用如下方法进行计算：在满足腹板矩形截面完整的前提下，将柱截面划分为两个矩形，如图 9.11 所示。对于节点腹板（分块 1）考虑剪扭相关，翼缘（分块 2）只考虑扭转作用。如果完全按照剪扭相关方程来计算抗裂承载力，表达式复杂，不便于应用。为方便实用计算，本节采用部分相关的原则进行计算，其具体方法是对由混凝土贡献的抗力部分考虑剪扭相关性，对由钢筋和型钢贡献的部分采用叠加的方法。

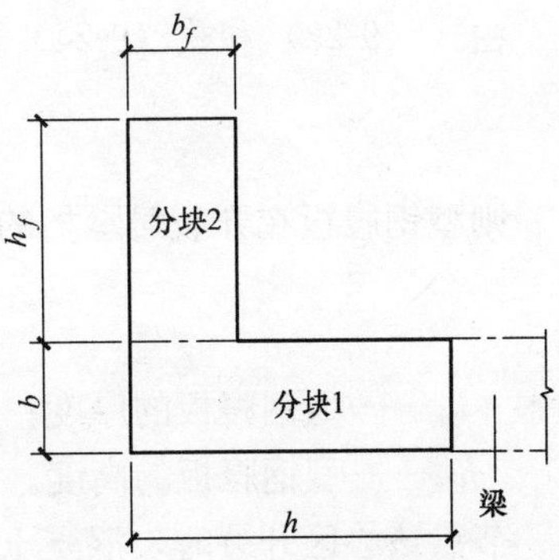

图 9.11 L 形截面划分

9.3.3 抗裂承载力的计算

型钢混凝土异形柱框架节点的抗裂计算作如下基本假定：

（1）节点核心区裂缝出现以前基本处于弹性工作状态；

（2）节点核心区裂缝出现时，型钢与核心区混凝土变形协调；

（3）忽略翼缘框直接承担的剪力。

1. 实腹式配钢的型钢混凝土异形柱框架节点开裂剪力的计算

（1）弯剪单独作用下实腹式配钢的混凝土异形柱框架节点的开裂剪力

当节点核心区开裂时，节点基本处于弹性阶段，此时，核心区中箍筋的应变较小，所承担的剪力也很小，因此节点开裂时其抗剪承载力主要由两部分组成，即：

$$V_{cr} = V_{cr}^{c} + V_{cr}^{ss} \tag{9-21}$$

式中 V_{cr}——节点的抗裂承载力；

V_{cr}^{c}——混凝土承担的剪力；

V_{cr}^{ss}——型钢承担的剪力。

由基本假定（2）可知：

$$\gamma_{ss} = \gamma_c \tag{9-22}$$

$$\gamma_{ss} = \frac{\tau_{ss}}{G_{ss}},\ G_{ss} = \frac{E_{ss}}{2(1+\mu_{ss})} \tag{9-23}$$

$$\gamma_c = \frac{\tau_c}{G_c},\ G_c = \frac{E_c}{2(1+\mu_c)} \tag{9-24}$$

式中 γ_{ss}——型钢腹板的剪应变；

τ_{ss}——型钢腹板的剪应力；

G_{ss}——型钢腹板的剪切模量；

E_{ss}——型钢腹板的弹性模量；

μ_{ss}——型钢腹板的泊松比；

γ_c——混凝土的剪应变；

τ_c——混凝土的剪应力；

G_c——混凝土的剪切模量；

E_c——混凝土的弹性模量；

μ_c——混凝土的泊松比。

由式（9-23）和式（9-24）可知，节点核心区开裂时型钢腹板的剪应力为：

$$\tau_{cr}^{ss}=\tau_{cr}^{c}\frac{G_{ss}}{G_c}=\tau_{cr}^{c}\frac{E_{ss}(1+\nu_c)}{E_c(1+\nu_{ss})} \tag{9-25}$$

则型钢腹板在开裂时承担的剪力为：

$$V_{cr}^{ss}=\tau_{cr}^{ss}t_{ss}h_{ss}=\tau_{cr}^{c}\frac{E_{ss}(1+\nu_c)}{E_c(1+\nu_{ss})}t_{ss}h_{ss} \tag{9-26}$$

式中　t_{ss}——型钢腹板的厚度；

h_{ss}——型钢腹板的高度。

节点核心区开裂时，混凝土的剪应力近似采用式（9-27）计算：

$$\tau_{cr}^{c}=\frac{V_{cr}^{c}}{b_j h_j \xi_f} \tag{9-27}$$

式中　V_{cr}^{c}——含义同上；

b_j、h_j——分别表示节点核心区的有效宽度和有效高度，对于异形柱框架节点，由于梁柱截面的宽度通常相等，因此一般取节点核心区腹板的净宽和净高；

ξ_f——表示节点区翼缘的有效利用系数，按照表 8.4 进行取值。

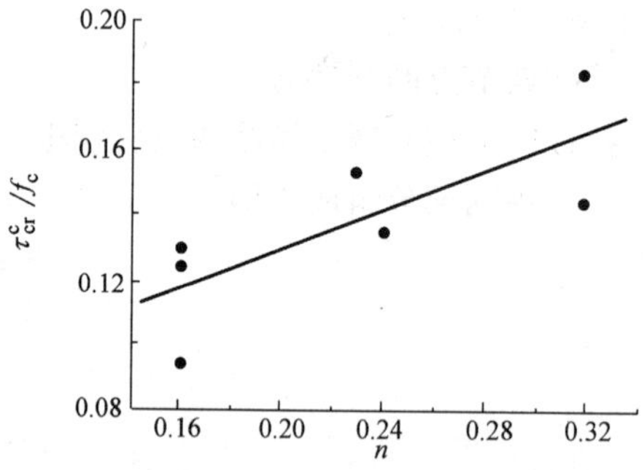

图 9.12　实腹式配钢的型钢混凝土异形柱框架节点的混凝土平均剪应力和轴压比关系

将试验中测得的混凝土在开裂时的剪应力和轴压比 $n=N/(f_c(A_c+\alpha_E A_{ss}))$ 进行回归，如图 9.12 所示，可得：

$$\tau_{cr}^{c}/f_c=0.07082+0.29531n \tag{9-28}$$

考虑到设计时的保证率，将上式进行调整，建议设计时取：

$$\tau_{cr}^{c}/f_c=0.07+0.25n \tag{9-29}$$

由式（9-21）、式（9-26）、式（9-27）和式（9-29）可得到实腹式配钢的型钢混凝土异形柱框架节点的抗裂承载力计算公式为：

$$V_{cr}=(0.07+0.25n)f_c b_j h_j \xi_f\left[1+\frac{E_{ss}(1+\mu_c)t_{ss}h_{ss}}{E_c(1+\mu_{ss})b_j h_j \xi_f}\right] \tag{9-30}$$

式中各符号的含义同前。

对于中节点，由于核心区的腹板直接参与抗剪，而翼缘是间接参与，直交梁对翼缘进行约束，其对核心区混凝土的约束作用甚微；而对于边节点和角节点，不仅存在上述原因，同时由于正交方向梁的截面宽度相对较小且偏置，其约束作用更小，因此式（9-30）未考虑正交梁对节点的约束影响系数。

（2）剪扭作用下实腹式配钢的混凝土异形柱框架节点的开裂剪力

采用前述剪扭构件抗裂承载力计算方法，可得剪扭共同作用下实腹式配钢的型钢混凝土异形柱框架节点的开裂剪力为：

$$V_{cr}=(1-\xi_t)V_{cr}^{c}+V_{cr}^{ss}=(0.07+0.25n)f_c b_j h_j \xi_f\left[(1-\xi_t)+\frac{E_{ss}(1+\mu_c)t_{ss}h_{ss}}{E_c(1+\mu_{ss})b_j h_j \xi_f}\right] \quad (9\text{-}31)$$

式中 ξ_t——开裂剪力降低系数；

其他符号含义同前。

对于边节点和中节点而言，式中 ξ_t 取为 0。对于角节点，按照前述方法进行计算。

利用回归公式（9-31）计算得到各试件的抗裂承载力理论值如表 9.3 所示，试验结果与计算结果之比的均值为 1.106，均方差为 0.183，计算结果与试验结果吻合较好。

实腹式配钢的型钢混凝土异形柱框架节点抗裂承载力计算值和试验值对比　　表 9.3

试件名称	轴压比	计算值(N)	试验值(N)	试验值/计算值
TJ7	0.16	264186	222110	0.84
TJ8	0.23	124229	147851	1.19
TJ9	0.32	250278	236718	0.95
LJ3	0.16	129943	179416	1.38
LJ4	0.32	139603	170671	1.22
十J3	0.16	297843	341426	1.15
十J4	0.24	243322	247320	1.02

2. 空腹式配钢的型钢混凝土异形柱框架节点开裂剪力的计算

（1）弯剪单独作用下空腹式配钢的混凝土异形柱框架节点的开裂剪力

对于空腹式配钢的型钢混凝土异形柱框架节点，节点核心区开裂时，箍筋及水平腹杆的应变很小，所承担的剪力也很小，因此节点的开裂剪力主要由混凝土承担，即：

$$V_{cr}=V_{cr}^{c} \quad (9\text{-}32)$$

式中各参数的含义同前。

用上述同样的方法对空腹式配钢的型钢混凝土异形柱框架节点开裂时混凝土承担的剪应力和轴压比的关系进行回归，如图 9.13 所示，其回归公式为：

$$\tau_{cr}^{c}/f_c=0.11606+0.08517n \quad (9\text{-}33)$$

同样考虑到设计时的保证率，将上式进行调整，建议设计时取

$$\tau_{cr}^{c}/f_c=0.1+0.08n \quad (9\text{-}34)$$

由式（9-32）、式（9-27）和式（9-34）可得到空腹式配钢的型钢混凝土异形柱框架节点的抗裂承载力计算公式为：

$$V_{cr}=(0.1+0.08n)f_c b_j h_j \xi_f \quad (9\text{-}35)$$

式中各符号的含义同前。

同样由于直交梁宽度较小且偏置，因此式

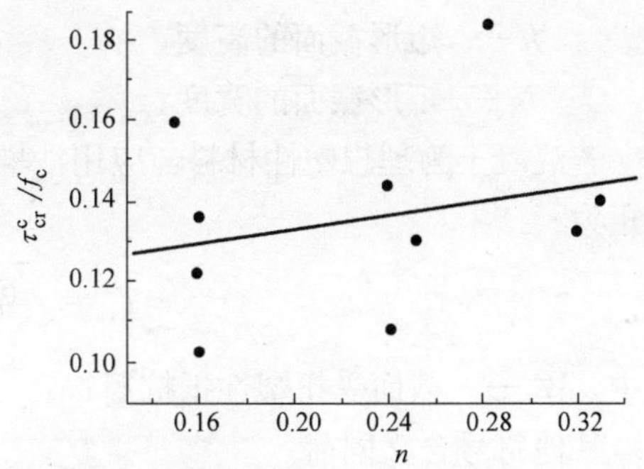

图 9.13 空腹式配钢的型钢混凝土异形柱框架节点的混凝土平均剪应力和轴压比关系

(9-35) 中未考虑正交梁对节点的约束影响系数。

(2) 剪扭作用下空腹式配钢的混凝土异形柱框架节点的开裂剪力

利用同样的方法可以得到剪扭作用下节点的开裂剪力为:

$$V_{cr}=(0.1+0.08n)f_c b_j h_j \xi_f(1-\xi_t) \tag{9-36}$$

式中各符号含义同前。

对于中节点和边节点而言，ξ_t取为 0。

利用回归公式 (9-36) 计算得到各试件的抗裂承载力理论值如表 9.4 所示，试验结果与计算结果之比的均值为 1.172，均方差为 0.271，计算结果与试验结果吻合较好。

空腹式配钢的型钢混凝土异形柱框架节点抗裂承载力理论值和试验值对比　　表 9.4

试件名称	轴压比	计算值(N)	试验值(N)	试验值/计算值
TJ1	0.16	104704	125183	1.196
TJ2	0.24	181054	218853	1.209
TJ3	0.33	273053	302648	1.108
TJ4	0.16	171333	156493	0.913
TJ5	0.24	257499	232807	0.904
TJ6	0.28	113615	169829	1.495
LJ1	0.15	96400	137059	1.422
LJ2	0.32	132271	173384	1.311
+J1	0.16	188467	202908	1.077
+J2	0.25	289606	314743	1.087

3. 型钢混凝土异形柱框架节点开裂扭矩的计算

(1) 纯扭作用下型钢混凝土异形柱框架节点的开裂扭矩计算

已有研究表明，型钢混凝土纯扭构件在开裂前，型钢和钢筋的应变均很小，对构件开裂扭矩的影响可以忽略，影响开裂的主要因素是截面形状以及混凝土强度。

若混凝土为理想弹性材料，则矩形截面型钢混凝土构件的开裂扭矩为:

$$T_{cr}=\beta f_t h b^2 \tag{9-37}$$

式中　T_{cr}——开裂扭矩;

β——截面尺寸系数，和 h/b 有关，当 $h/b=1\sim10$ 时，$\beta=0.208\sim0.312$;

f_t——混凝土抗拉强度;

h——矩形截面的高度;

b——矩形截面的宽度。

若混凝土为理想塑性材料，应用沙堆比拟法，可得到矩形截面型钢混凝土构件的开裂扭矩为:

$$T_{cr}=f_t W_t=\frac{b^2}{6}(3h-b)f_t \tag{9-38}$$

式中　W_t——截面受扭塑性抵抗矩;

其他符号含义同前。

事实上，混凝土既非弹性材料又非塑性材料，是介于二者之间的一种弹塑性材料。因此，对于矩形截面型钢混凝土构件，其开裂扭矩介于式 (9-37) 和式 (9-38) 之间。为方便实用计算，对于矩形截面的型钢混凝土构件的开裂扭矩，近似按照理想塑性材料进行计算，但混凝土抗拉强度要适当降低。对于普通强度等级的混凝土，降低系数取为0.7。则开裂扭矩的计算公式可以表示为：

$$T_{cr}=0.7f_tW_t \tag{9-39}$$

式中各符号的含义同前。

(2) 剪扭共同作用时型钢混凝土异形柱框架节点的开裂扭矩

采用前述的计算方法，可得剪扭作用下型钢混凝土异形柱框架角节点的开裂扭矩为：

$$T_{cr}=0.7f_t(\xi_tW_1+W_2) \tag{9-40}$$

式中 W_1——节点腹板截面（如图9.11中的分块1）的受扭塑性抵抗矩，其取值为$W_1=\dfrac{b^2}{6}(3h-b)$；

W_2——节点翼缘截面（如图9.11中的分块2）的受扭塑性抵抗矩，其取值为$W_2=\dfrac{b_f^2}{2}h_f$。

利用式（9-40）计算得到试件LJ2和LJ3开裂扭矩的理论值如表9.5所示。由表中数值可以看出，计算值均较试验值要大，其原因可能是由于式（9-40）只考虑了节点腹板的剪扭相关作用，没有考虑翼缘的剪扭相关作用，以至于计算值明显偏大。

型钢混凝土异形柱框架角节点开裂扭矩的计算值和试验值对比　　表9.5

试件编号	肢高肢厚比	计算值(kN·mm)	试验值(kN·mm)	试验值/计算值
LJ2	3.0	3836	2880	0.75
LJ3	3.0	3917	3240	0.83

9.4 型钢混凝土异形柱框架节点极限承载力计算

型钢混凝土异形柱框架节点一般受到压、弯、剪、扭共同作用，构件的各种承载力是相互影响的。但是由于各强度之间的相互影响问题过于复杂，采取统一的计算方法比较困难，也不适合实际工程中的应用。由于梁柱节点是一个小剪跨构件，弯矩对其影响可以忽略，为了简化计算，将梁端、柱端的弯矩转化为力偶，在抗剪计算中加以考虑。压力的影响将在受剪承载力和受扭承载力中分别进行考虑。

9.4.1 剪扭构件极限承载力计算方法

试验研究表明，弯剪扭共同作用下矩形截面无腹筋构件剪扭承载力相关曲线基本上符合1/4圆曲线规律，如图9.14（*a*）所示。图中T_c、T_{c0}分别为剪扭、纯扭构件的扭曲截面受扭承载力，V_c、V_{c0}分别为剪扭及扭矩为零的受剪构件的截面受剪承载力。有腹筋构件的试验表明，弯剪扭共同作用下矩形截面构件剪扭承载力相关曲线一般也可近似以1/4圆曲线表示，如图9.14（*b*）所示。图中T_0、V_0分别为纯扭作用下有腹筋构件的受扭承载力以及扭矩为零时的有腹筋构件的受剪承载力。如按照剪扭相关关系来计算受剪承载力和受扭承载力，表达式很复杂。为了实用方便，《混凝土结构设计规范》（GB 50010）将有腹筋构件混凝土的剪扭承载力简化为如图9.14（*c*）所示的三折线，即：

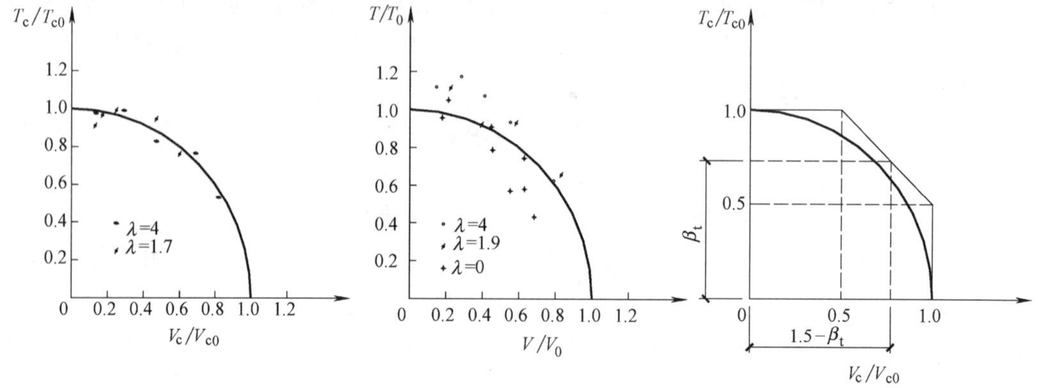

(a)　　　　(b)　　　　(c)

图 9.14　剪扭承载力相关关系

(a) 无腹筋构件；(b) 有腹筋构件；(c) 有腹筋构件混凝土承载力计算曲线

$$\frac{V_c}{V_{c0}}\leqslant 0.5\text{时},\frac{T_c}{T_{c0}}=1.0 \tag{9-41}$$

$$\frac{T_c}{T_{c0}}\leqslant 0.5\text{时},\frac{V_c}{V_{c0}}=1.0 \tag{9-42}$$

$$\frac{V_c}{V_{c0}}、\frac{T_c}{T_{c0}}>0.5\text{时},\frac{T_c}{T_{c0}}+\frac{V_c}{V_{c0}}=1.5 \tag{9-43}$$

令 $T_c/T_{c0}=\beta_t$，则由式（9-43）可得：$V_c/V_{c0}=1.5-\beta_t$，进而可以得到：

$$\beta_t=\frac{1.5}{1+\frac{V_c/V_{c0}}{T_c/T_{c0}}} \tag{9-44}$$

式中　T_c、V_c——有腹筋剪扭构件混凝土的受扭承载力和受剪承载力；

T_{c0}、V_{c0}——有腹筋纯扭及扭矩为零的受剪构件混凝土的受扭承载力和受剪承载力；

β_t——剪扭构件混凝土受扭承载力降低系数，应满足 $0.5\leqslant\beta_t\leqslant1.0$，当 $\beta_t\geqslant1.0$ 时，取 $\beta_t=1.0$；当 $\beta_t\leqslant0.5$ 时，取 $\beta_t=0.5$。

因此，一般剪扭构件混凝土部分承担的扭矩和剪力为：

$$T_c=\beta_t T_{c0} \tag{9-45}$$

$$V_c=(1.5-\beta_t)V_{c0} \tag{9-46}$$

本节对型钢混凝土异形柱框架角节点中混凝土部分的受剪和受扭承载力按照上述方法进行计算。节点中型钢部分的受扭承载力按照下面的方法进行处理：对于实腹式配钢的型钢混凝土异形柱框架角节点，在扭矩作用下，柱肢中配置的型钢既要发生自由扭转又要产生翘曲扭转，经简单测算发现，假使型钢全部发生自由扭转，其承载力仅为混凝土部分受扭承载力的 15%，而型钢的翼缘绝大部分承担弯矩，腹板主要承担剪力，同时又位于截面柱肢的中心位置，对抗扭发挥的作用很小，因此不考虑型钢的自由扭转作用；而翘曲扭转通常较自由扭转更小，因此其承载力也可以忽略。对于柱截面中配槽钢的空腹式异形柱框架角节点，由于水平腹杆沿周边布置，因此近似将其看作箍筋，槽钢看作纵向受力钢筋。最后将钢筋、箍筋以及型钢承担的剪力和扭矩与混凝土部分承担的剪力和扭矩进行叠加，便可以得到型钢混凝土异形柱框架角节点的剪扭承载力计算公式。

对于型钢混凝土异形柱框架角节点在剪扭共同作用下的受剪承载力和受扭承载力，采用与抗裂计算同样的方法。如图 9.11 所示，将 L 形柱肢分成两个矩形截面，其中腹板（分块 1）考虑剪扭相关作用，翼缘（分块 2）按纯扭构件进行承载力计算。

9.4.2　实腹式配钢的型钢混凝土异形柱框架节点抗剪承载力计算

已有的研究表明，由于型钢对混凝土的约束作用，混凝土承担的剪力比钢筋混凝土节点中混凝土的抗剪能力显著提高。实腹式型钢腹板在节点中既受拉，又受压。斜压混凝土的压缩变形将受到型钢腹板的阻止。当压缩变形大到一定程度，将引起型钢与混凝土应力的重分布。在节点达到极限状态前，型钢腹板基本能够达到屈服。对型钢腹板来说，核心区混凝土又对其有效约束，所以能保证节点达到极限状态前，型钢腹板不发生局部屈曲，这些对节点抗剪是有利的。

实腹式配钢的型钢混凝土异形柱框架节点的抗剪承载力主要由三部分组成，即：

$$V_j=V_c+V_{sv}+V_{ssw} \tag{9-47}$$

式中　V_c——混凝土的抗剪承载力；

V_{sv}——节点核心区箍筋的抗剪承载力；

V_{ssw}——型钢腹板的抗剪承载力。

由于柱型钢翼缘的抗侧刚度往往比腹板的抗侧刚度小很多，腹板抗剪承载力远大于翼缘框的抗剪承载力，因此，式（9-47）中并未考虑型钢翼缘框的抗剪作用。下面将分别对各部分的抗剪承载力进行阐述。

1. 型钢腹板承载力

型钢腹板处于剪压复合受力状态，如图 9.15 所示。在型钢腹板屈服以前，处于弹性状态，其主拉和主压应力分别为：

$$\sigma_1=\frac{\sigma_{ss}}{2}+\sqrt{\left(\frac{\sigma_{ss}}{2}\right)^2+\tau_{ss}^2} \tag{9-48}$$

$$\sigma_3=\frac{\sigma_{ss}}{2}-\sqrt{\left(\frac{\sigma_{ss}}{2}\right)^2+\tau_{ss}^2} \tag{9-49}$$

式中　σ_{ss}——型钢腹板所受柱传来的轴压应力；

τ_{ss}——型钢腹板所受的剪应力；

σ_1——型钢腹板的主拉应力；

σ_3——型钢腹板的主压应力。

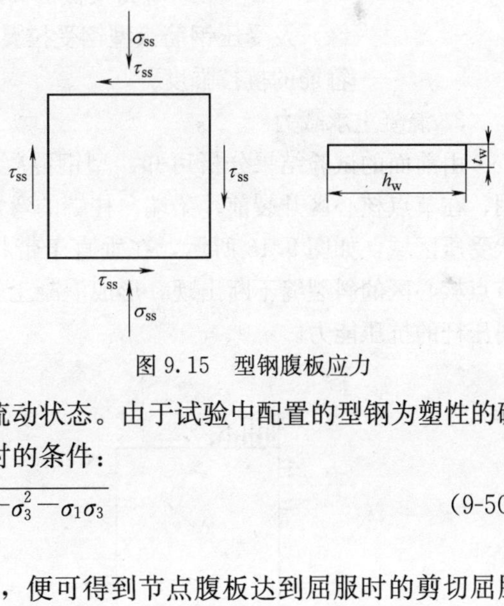

图 9.15　型钢腹板应力

当节点达到极限状态前，型钢处于剪切流动状态。由于试验中配置的型钢为塑性的碳素钢，则可应用第四强度理论建立剪切屈服时的条件：

$$\sigma_y=\sqrt{\sigma_1^2+\sigma_3^2-\sigma_1\sigma_3} \tag{9-50}$$

式中　σ_y——简单拉伸时型钢的屈服强度。

将式（9-48）、式（9-49）代入式（9-50），便可得到节点腹板达到屈服时的剪切屈服应力为：

$$\tau_y=\sqrt{\frac{\sigma_y^2-\sigma_{ss}^2}{3}} \tag{9-51}$$

式中　τ_y——型钢腹板的屈服剪应力。

由式（9-51）可以看出，轴向应力无论是压应力还是拉应力，都会使节点中型钢腹板的抗剪承载力降低而产生不利影响。但已有研究表明，剪切强度降低不大。为了计算方便、概念清晰起见，在节点剪切计算中，型钢的剪切屈服强度可采用纯剪时的剪切屈服强度，即：

$$\tau_y=\frac{\sigma_y}{\sqrt{3}} \tag{9-52}$$

则型钢混凝土异形柱框架节点中型钢腹板的抗剪承载力为：

$$V_{ssw}=\frac{1}{\sqrt{3}}h_w t_w \sigma_y \tag{9-53}$$

式中　V_{ssw}——型钢腹板的抗剪承载力；

t_w、h_w——分别为节点区型钢腹板截面的厚度和高度；

σ_y——简单拉伸时型钢的屈服强度。

2. 核心区箍筋承载力

实腹式配钢的型钢混凝土异形柱框架节点中箍筋的抗剪承载力参照钢筋混凝土节点的研究成果，采用式（9-54）进行计算：

$$V_{sv}=\frac{A_{sv}}{s_{sv}}f_{yv}(h_0-a_s') \tag{9-54}$$

式中　V_{sv}——箍筋的抗剪承载力；

A_{sv}——同一截面内箍筋各肢截面面积的总和；

s_{sv}——箍筋的间距；

h_0——取 $h_0=h_b-a_s$，h_b为梁截面高度，a_s、a'_s分别为纵向受拉钢筋（型钢受拉翼缘）及受压钢筋（型钢受拉翼缘）合力点到截面近边的距离；

f_{yv}——箍筋的抗拉强度。

3. 混凝土承载力

由前面的试验结果分析可知，型钢混凝土异形柱框架节点中混凝土起主要的抗剪作用，在节点核心区开裂前，梁端、柱端的弯矩产生的压应力使节点核心区的混凝土形成带状受压区域，如图 9.16 所示，在垂直于带状的受力方向产生拉应力。随着荷载的增加，节点核心区的斜裂缝不断出现，形成混凝土斜压杆。核心区混凝土的抗剪能力主要取决于斜压杆的抗压能力。

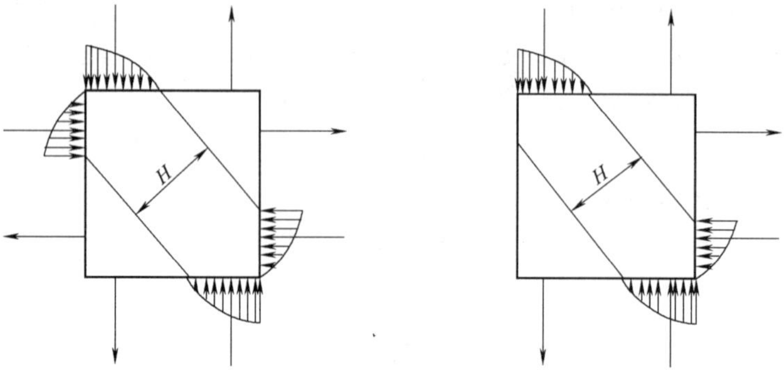

图 9.16　混凝土斜压杆受力模式

根据上述分析，型钢混凝土异形柱框架节点中混凝土的抗剪承载力 V_c 可以表示为：

$$V_c = Hb_j\xi_f f_c \eta \tag{9-55}$$

式中　H——斜压杆的等效宽度；

b_j——节点截面的宽度，对于异形柱框架节点，通常梁的宽度和柱肢厚度相同，因此取柱肢厚度 b_c；

ξ_f——节点区翼缘的有效利用系数；

f_c——混凝土轴心抗压强度；

η——中间层处于不同位置节点的斜压杆宽度影响系数，对于边节点和角节点取 0.8，中节点取 1.0。

根据节点所处的位置不同，H 可以表达为节点核心区对角线长度的某一比值：

$$H = \alpha\sqrt{h_j^2 + h_b^2} \tag{9-56}$$

式中　h_j——节点截面高度，通常取柱截面高度 h_c；

h_b——梁截面高度，可以表示为柱截面高度的某一比值，$h_b = \omega h_c$，则有：

$$H = \alpha\sqrt{1+\omega^2}h_c \tag{9-57}$$

令 $\beta = \alpha\sqrt{1+\omega^2}$，则由式（9-55）和式（9-57）可得混凝土的抗剪承载力为：

$$V_c = \beta h_c b_c \xi_f f_c \eta \tag{9-58}$$

式（9-58）中 β 为待定系数，可以看作是混凝土抗剪承载力影响系数，实质上其反映了轴压力、型钢腹板或水平腹杆以及箍筋等对混凝土的约束作用，是一个综合影响系数，很难将其具体分解到每一部分。该系数可通过试验数据来求得。将节点核心区极限抗剪承载力减去型钢腹板以及箍筋的抗剪承载力（可以借助前面推导的计算公式和材性试验结果进行计算）后可得到，其具体计算公式为：

$$\beta = \frac{V_{ut} - V_{sswt} - V_{svt}}{b_c h_c f_c \xi_f \eta} \tag{9-59}$$

式中　V_{ut}——节点核心区极限剪力试验值；

V_{sswt}——节点核心区型钢腹板的抗剪承载力试验值；

V_{svt}——箍筋的抗剪承载力试验值；

其他符号含义同前。

已有研究表明，系数 β 受轴压比的影响最大，其和轴压比的关系如图 9.17 所示：

对试验数据进行线性回归可以得到：

$$\beta = 0.2683 + 0.14155n \tag{9-60}$$

考虑到轴压力的有利作用，且轴压力波动较大，如在竖向地震作用下可能减小，因此建议在承载力计算中采用下式：

$$\beta = 0.25 + 0.1n \tag{9-61}$$

由式（9-58）、式（9-54）和式（9-61）可以得到混凝土抗剪承载力计算公式如下：

$$V_c = (0.25 + 0.1n)b_c h_c f_c \eta \xi_f \tag{9-62}$$

式中各符号的含义同前。

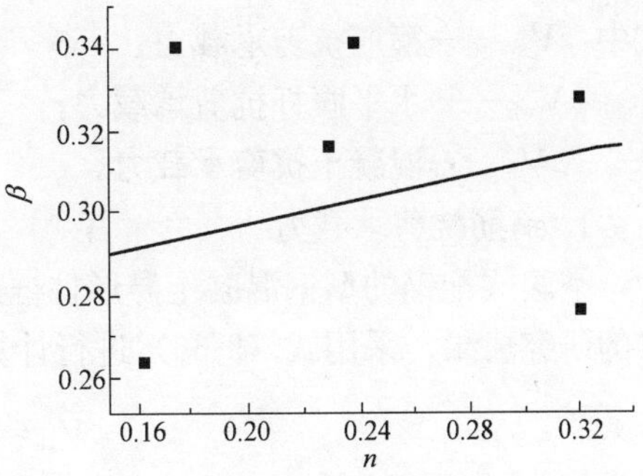

图 9.17　实腹式配钢构件混凝土抗剪影响系数和轴压比关系

同样的情况，异形柱节点中，通常直交梁偏置（对于边节点和角节点），而对于中节点，直交梁宽度通常和肢厚相同，对节点核心区的约束作用甚微，因此公式中并未考虑直交梁的约束作用。

4. 实腹式配钢的型钢混凝土异形柱框架节点抗剪承载力计算公式

实腹式配钢的型钢混凝土异形柱框架节点的抗剪承载力可以认为是钢筋混凝土的抗剪承载力和型钢腹板的抗剪承载力的叠加，其中各元件的贡献由上面推导可得。由式（9-47）、式（9-53）和式（9-62）可得实腹式配钢的型钢混凝土异形柱框架节点的抗剪承载力计算公式为：

$$V_j=(0.25+0.1n)b_c h_c f_c \xi_f \eta+\frac{A_{sv}}{s_{sv}}f_{yv}(h_0-a'_s)+\frac{1}{\sqrt{3}}h_w t_w f_y \tag{9-63}$$

抗震计算时，尚应考虑抗力调整系数 γ_{RE}，则有：

$$V_j=\frac{1}{\gamma_{RE}}\left[(0.25+0.1n)b_c h_c f_c \eta \xi_f+\frac{A_{sv}}{s_{sv}}f_{yv}(h_0-a'_s)+\frac{1}{\sqrt{3}}h_w t_w f_y\right] \tag{9-64}$$

按式（9-63）计算得理论值与试验值的比较结果如表 9.6 所示，试验结果与计算结果之比的均值为 1.027，均方差为 0.144，计算结果与试验结果吻合较好。

实腹式配钢的型钢混凝土异形柱框架节点抗剪承载力计算值与试验值比较　　表 9.6

试件名称	轴压比	计算值(N)	试验值(N)	试验值/计算值
TJ8	0.23	267978	299008	1.116
TJ9	0.32	506445	498594	0.984
LJ4	0.32	288890	319831	1.107
+J3	0.16	864691	676814	0.783
+J4	0.24	631081	742922	1.177

9.4.3 空腹式配钢的型钢混凝土异形柱框架节点抗剪承载力计算

空腹式配钢的型钢混凝土异形柱框架节点，由于水平腹杆将单独的 T 形钢或槽钢连接在一起，形成空间骨架，使得节点核心区的混凝土受到较大的约束，其抗剪承载力要比普通钢筋混凝土异形柱节点中混凝土的抗剪承载力高。同时水平腹杆也承担一部分剪力，因此，其整体抗剪承载力较普通钢筋混凝土异形柱框架节点的抗剪承载力高。空腹式节点的抗剪承载力主要由三部分构成，即：

$$V_j=V_{sv}+V_{wh}+V_c \tag{9-65}$$

式中　V_{sv}——箍筋抗剪承载力；

V_{wh}——水平腹杆抗剪承载力；

V_c——混凝土抗剪承载力。

1. 箍筋抗剪承载力

空腹式配钢的型钢混凝土异形柱框架节点中箍筋的抗剪承载力同样参照钢筋混凝土节点的研究成果，采用式（9-66）进行计算：

$$V_{sv}=\frac{A_{sv}}{s_{sv}}f_{yv}(h_0-a'_s) \tag{9-66}$$

式中　V_{sv}——箍筋的抗剪承载力；

A_{sv}——同一截面内箍筋各肢截面面积的总和；

s_{sv}——箍筋的间距；

h_0——取 $h_0=h_b-a_s$，h_b为梁截面高度，a_s、a_s'分别为纵向受拉钢筋（型钢受拉翼缘）及受压钢筋（型钢受压翼缘）合力点到截面近边的距离；

f_{yv}——箍筋的抗拉强度。

2. 水平腹杆抗剪承载力

水平腹杆的抗剪机理同箍筋的抗剪机理大致相同，其发挥的作用较箍筋要早，在达到极限承载力之前，由前面的分析可知，水平腹杆基本达到屈服。因此其抗剪承载力计算公式参考箍筋计算公式的形式，如式（9-67）所示：

$$V_{wh}=\frac{A_{wh}}{s_{wh}}f_{sw}(h_0-a'_s) \tag{9-67}$$

式中 V_{wh}——水平腹杆的抗剪承载力；

A_{wh}——同一截面内水平腹杆各肢截面面积的总和；

s_{wh}——水平腹杆的间距；

h_0——取 $h_0=h_b-a_s$，h_b为梁截面高度，a_s、a'_s分别为纵向受拉钢筋（型钢受拉翼缘）及受压钢筋（型钢受压翼缘）合力点到截面近边的距离；

f_{sw}——水平腹杆的抗拉强度。

3. 混凝土抗剪承载力

与实腹式配钢的型钢混凝土框架节点一样，空腹式配钢的型钢混凝土异形柱框架节点中混凝土部分的抗剪承载力可以表示为：

$$V_c=\beta h_c b_c \xi_f \eta f_c \tag{9-68}$$

同理，通过试验数据将β求出，其具体计算公式为：

$$\beta=\frac{V_{ut}-V_{wht}-V_{svt}}{b_c h_c f_c \eta \xi_f} \tag{9-69}$$

式中 V_{ut}——节点核心区极限剪力试验值；

V_{wht}——节点核心区水平腹杆的抗剪承载力试验值；

V_{svt}——箍筋的抗剪承载力试验值；

其他符号含义同前。

则β和轴压比之间的关系如图 9.18 所示。

将试验数据进行线性回归，则有：

$$\beta=0.16753+0.40119n \tag{9-70}$$

建议在承载力计算中采用式（9-71）：

$$\beta=0.17+0.2n \tag{9-71}$$

由式（9-68）和式（9-71）可求出混凝土抗剪承载力计算公式。

$$V_c=(0.17+0.2n)f_c b_c h_c \eta \xi_f \tag{9-72}$$

式中各符号含义同前，该式同样没有考虑直交梁的有利影响。

4. 空腹式配钢的型钢混凝土异形柱框架节点抗剪承载力计算公式

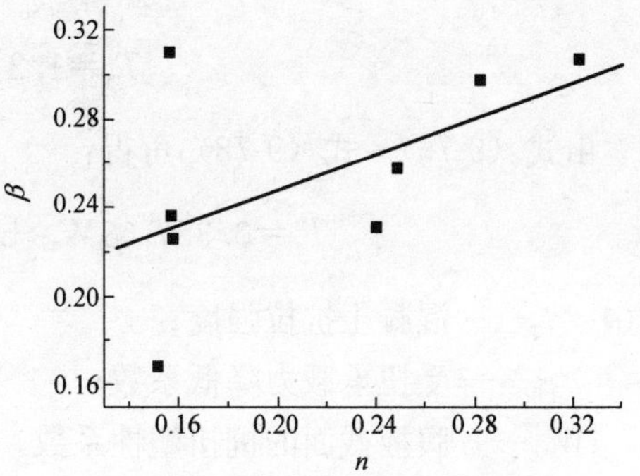

图 9.18 空腹式配钢的节点混凝土抗剪影响系数和轴压比关系

由式（9-65）～式（9-67）和式（9-72）可求得空腹式配钢的型钢混凝土异形柱框架节点的抗剪承载力。

$$V_{\mathrm{j}}=(0.17+0.2n)f_{\mathrm{c}}b_{\mathrm{c}}h_{\mathrm{c}}\eta\xi_{\mathrm{f}}+\frac{A_{\mathrm{wh}}}{s_{\mathrm{wh}}}f_{\mathrm{sw}}(h_0-a'_{\mathrm{s}})+\frac{A_{\mathrm{sv}}}{s_{\mathrm{sv}}}f_{\mathrm{yv}}(h_0-a'_{\mathrm{s}}) \tag{9-73}$$

抗震计算时，尚应考虑抗力调整系数 γ_{RE}，则有：

$$V_{\mathrm{j}}=\frac{1}{\gamma_{\mathrm{RE}}}\left[(0.17+0.2n)f_{\mathrm{c}}b_{\mathrm{c}}h_{\mathrm{c}}\eta\xi_{\mathrm{f}}+\frac{A_{\mathrm{wh}}}{s_{\mathrm{wh}}}f_{\mathrm{sw}}(h_0-a'_{\mathrm{s}})+\frac{A_{\mathrm{sv}}}{s_{\mathrm{sv}}}f_{\mathrm{yv}}(h_0-a'_{\mathrm{s}})\right] \tag{9-74}$$

按式（9-74）计算得到的理论值与试验值的比较结果如表 9.7 所示，试验结果与计算结果之比的均值为 1.130，均方差为 0.135，计算结果与试验结果吻合较好。

空腹式配钢的型钢混凝土异形柱框架节点抗剪承载力计算值与试验值比较　　表 9.7

试件名称	轴压比	计算值(N)	试验值(N)	试验值/计算值
TJ1	0.16	288050	306533	1.064
TJ4	0.16	306048	437287	1.429
TJ5	0.24	500217	522500	1.045
TJ6	0.28	260413	311594	1.197
LJ1	0.15	368881	346323	0.939
+J1	0.16	584575	640861	1.096
+J2	0.25	777459	865709	1.114

9.4.4 型钢混凝土异形柱框架角节点剪扭承载力计算

1. 型钢混凝土异形柱框架角节点在剪扭作用下受扭承载力计算

按照前述计算方法，并参考《混凝土结构设计规范》（GB 50010），剪扭作用下实腹式配钢的型钢混凝土异形柱框架角节点的受扭承载力计算公式为：

$$T_{\mathrm{j}}=T_{\mathrm{c1}}+T_{\mathrm{c2}}+T_{\mathrm{s}} \tag{9-75}$$

式中　T_{j}——剪扭构件受扭承载力；

T_{c1}——腹板混凝土部分承担的扭矩；

T_{c2}——翼缘混凝土部分承担的扭矩；

T_{s}——钢筋和箍筋承担的扭矩，其具体计算式为：

$$T_{\mathrm{c1}}=0.35\beta_{\mathrm{t}}f_{\mathrm{t}}W_{\mathrm{t1}} \tag{9-76}$$

$$T_{\mathrm{c2}}=0.35f_{\mathrm{t}}W_{\mathrm{t2}} \tag{9-77}$$

$$T_{\mathrm{s}}=1.2\sum_{i=1}^{2}f_{\mathrm{yr}i}\sqrt{\zeta_i}\frac{A_{\mathrm{stl}i}A_{\mathrm{cor}i}}{s_i} \tag{9-78}$$

由式（9-75）～式（9-78）可得：

$$T_j=0.35f_{\mathrm{t}}(\beta_{\mathrm{t}}W_{\mathrm{t1}}+W_{\mathrm{t2}})+1.2\sum_{i=1}^{2}f_{\mathrm{yv}i}\sqrt{\zeta_i}\frac{A_{\mathrm{stl}i}A_{\mathrm{cor}i}}{s_i} \tag{9-79}$$

式中　f_{t}——混凝土抗拉强度；

β_{t}——受扭承载力降低系数；

W_{t1}——腹板截面的抗扭塑性系数；

W_{t2}——翼缘截面的抗扭塑性系数；

$f_{\mathrm{yv}i}$——节点区箍筋的屈服强度；

ζ_i——腹板和翼缘截面中纵筋和箍筋的配筋强度比，按 $\zeta_i=\dfrac{f_y A_{stl} s_i}{f_{yvi} A_{st1i} u_{cori}}$ 进行计算，并应满足 $0.6\leqslant\zeta_i\leqslant1.7$，当 $\zeta_i\leqslant0.6$ 时，取 $\zeta_i=0.6$，当 $\zeta_i\geqslant1.7$ 时，取 $\zeta_i=1.7$；

f_y——受扭纵筋的屈服强度；

A_{stl}——对称布置的全部纵筋截面面积；

s_i——节点区箍筋的间距；

f_{yvi}——节点区箍筋的屈服强度；

A_{st1i}——节点区单肢箍筋的截面面积；

u_{cori}——截面核心部分的周长，按图 9.19（a）所示截面的长度和宽度进行计算；

A_{cori}——截面核心部分的面积，同样按图 9.19（a）所示的截面尺寸进行计算。

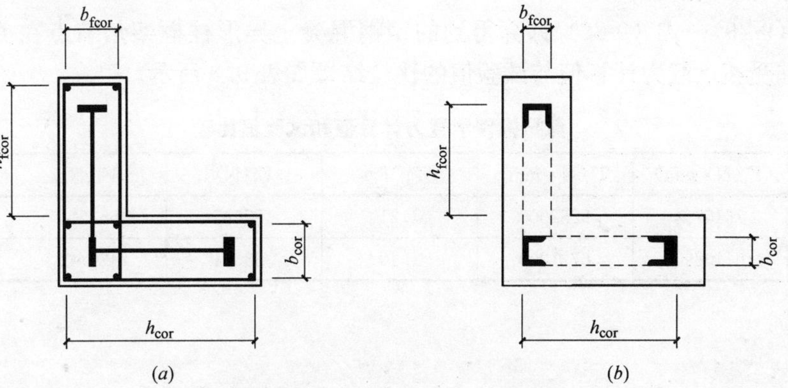

图 9.19　截面核心区的范围

（a）实腹式配钢截面；（b）空腹式配钢截面

按照同样的方法可以得到剪扭作用下空腹式配钢的型钢混凝土异形柱框架角节点的受扭承载力计算公式为：

$$T_j=0.35f_t(\beta_t W_{t1}+W_{t2})+1.2\sum_{i=1}^{2}f_{syvi}\sqrt{\zeta_{si}}\frac{A_{sst1i}A_{scori}}{s_{si}} \tag{9-80}$$

式中　T_j、f_t、β_t、W_{t1} 及 W_{t2} 的含义同前；

f_{syvi}——节点区水平腹杆的屈服强度；

ζ_{si}——受扭的纵向型钢与水平腹杆的配钢强度比值，其计算公式为 $\zeta_{si}=\dfrac{A_{sstli}f_{sy}s_{si}}{A_{sst1i}f_{syvi}u_{scori}}$，其中，$A_{sstli}$ 为受扭型钢的截面面积，f_{sy} 为受扭型钢的屈服强度，s_{si} 为节点区水平腹杆的间距，A_{sst1i} 为节点区水平腹杆单肢截面面积，f_{syvi} 为受扭水平腹杆的屈服强度，u_{scori} 为截面核心部分的周长，按图 9.19（b）所示截面的长度和宽度进行计算；

A_{scori}——截面核心部分的面积，同样按图 9.19（b）中的尺寸进行计算。

2. 型钢混凝土异形柱框架角节点在剪扭作用下受剪承载力计算

根据前述计算方法可以得到型钢混凝土异形柱框架角节点在剪扭共同作用下的受剪承载力计算公式。

实腹式配钢：

$$V_j=(1-\beta_t)(0.25+0.1n)b_c h_c f_c \xi_f \eta+\frac{A_{sv}}{s_{sv}}f_{yv}(h_0-a'_r)+\frac{1}{\sqrt{3}}h_w t_w f_y \tag{9-81}$$

空腹式配钢：

$$V_j=(1-\beta_t)(0.17+0.2n)f_c b_c h_c \eta\xi_f+\frac{A_{wh}}{s_{wh}}f_{sw}(h_0-a'_s)+\frac{A_{sv}}{s_{sv}}f_{yv}(h_0-a'_s) \tag{9-82}$$

在抗震计算时，还需考虑抗力调整系数 γ_{RE}，则有：

$$V_j=\frac{1}{\gamma_{RE}}\left[(1-\beta_t)(0.25+0.1n)b_c h_c f_c \eta\xi_f+\frac{A_{sv}}{s_{sv}}f_{yv}(h_0-a'_r)+\frac{1}{\sqrt{3}}h_w t_w f_y\right] \tag{9-83}$$

$$V_j=\frac{1}{\gamma_{RE}}\left[(1-\beta_t)(0.17+0.2n)f_c b_c h_c \eta\xi_f+\frac{A_{wh}}{s_{wh}}f_{sw}(h_0-a'_s)+\frac{A_{sv}}{s_{sv}}f_{yv}(h_0-a'_s)\right] \tag{9-84}$$

式中各符号含义同前。

按式（9-79）～式（9-82）计算得到的型钢混凝土异形柱框架角节点在剪扭共同作用下的受剪和受扭承载力计算值与试验值的比较结果如表 9.8 所示。

剪扭构件承载力计算值和试验值比较　　**表 9.8**

试件	T_j^c(N·mm)	T_j^t(N·mm)	T_j^t/T_j^c	V_j^c(N)	V_j^t(N)	V_j^t/V_j^c
LJ2	7616794	9252000	1.21	455695	553508	1.21
LJ3	6110890	6721200	1.10	383051	420742	1.10

第10章 型钢混凝土异形柱结构的工程应用

为方便型钢混凝土异形柱结构在实际工程中的应用，本章对其保护层厚度、截面配钢形式、轴压比限值及其框架节点构造措施进行分析。

10.1 型钢混凝土异形柱的混凝土保护层厚度及截面配钢

型钢混凝土异形柱为了能保持房间不露出柱楞的优点，必须与普通钢筋混凝土异形柱一样，柱肢与隔墙等厚，考虑减轻结构自重、环保节能等因素，隔墙厚度一般不会太大，在我国目前常采用200mm及240mm两种，并且柱肢高肢厚比不能大于4。型钢混凝土异形柱为了能达到提高承载能力和抗震性能的目的，截面中配置了型钢，但在柱肢较窄的异形柱中加入型钢会遇到一些新问题。

型钢混凝土异形柱与传统的型钢混凝土结构一样，柱中型钢的配置方式可以分为实腹式和空腹式两种，国内外大量研究表明，实腹式配钢结构的抗震性能比空腹式配钢好。为提高结构的抗震性能，异形柱应优先配置实腹型钢，但实腹式配钢的施工相对复杂。空腹式配钢特别是桁架式配钢，虽然在抗震性能上比实腹式配钢差，但与钢筋混凝土结构相比已有明显的改善，并且空腹式配钢中的腹杆具有相当于栓钉的作用，对确保型钢与混凝土的协同工作有利，施工也较简单。

10.1.1 型钢混凝土异形柱的混凝土保护层厚度

1. 混凝土保护层的作用

型钢混凝土结构中，型钢被混凝土包裹在里面。型钢外边缘到混凝土表面的最小距离称为混凝土保护层厚度。混凝土保护层作为型钢混凝土构件中不可或缺的组成部分，具有以下重要作用：

（1）维持型钢与混凝土之间的握裹力，提供型钢与混凝土之间的粘结力。钢材与混凝土之所以能够组合在一起共同工作，关键在于两者之间的粘结能力。混凝土保护层厚度对型钢与混凝土之间的粘结力有显著的影响，混凝土保护层厚度太小，粘结性能会很差。相关试验表明，混凝土保护层厚度较小时，保护层容易开裂，从而引起型钢与混凝土之间的粘结强度降低，甚至引起脆性粘结破坏。

（2）混凝土保护层的包围，对型钢起到很好的约束作用，能有效防止型钢的屈曲失稳，提高其防火、防腐、防锈能力，同时也能提高构件的刚度。在型钢混凝土结构中，由于混凝土的包裹作用，一般不会发生型钢的局部屈曲和整体失稳现象，因此型钢混凝土结构通常不需要焊接任何防止钢材局部屈曲的加劲肋。

（3）混凝土保护层厚度对截面受力有效高度会产生影响。从受力角度考虑，混凝土保护层厚度越小，型钢越靠近异形柱的柱肢端部，距离中性轴也就越远，越能充分发挥其强度，截面的有效高度越大，构件的承载力越高。然而从粘结锚固和耐久性的角度考虑，情况正好相反，在一定的范围内混凝土保护层厚度越大越好。因此，确定混凝土保护层厚度应综合考虑有效高度、粘结锚固以及耐久性三个因素，在保证粘结锚固和耐久性的条件下，尽可能取较小的保护层厚度。

2. 混凝土保护层厚度的确定原则

要合理确定型钢混凝土异形柱的混凝土保护层厚度，必须同时满足以下几个方面，才能做到安全、适用、经济。

(1) 混凝土保护层不发生失稳的最小厚度

混凝土保护层厚度的取值对确保型钢与混凝土保持协同工作起到重要作用，如果混凝土保护层厚度过小，可能会出现在型钢尚未达到屈服强度前，混凝土保护层屈曲失稳破坏，从而导致构件承载力的降低。为了确保混凝土保护层不发生失稳，把混凝土保护层视为一块薄板，利用板的弹塑性屈曲理论，推导出混凝土在达到受压强度以前不发生失稳的最小保护层厚度计算公式。

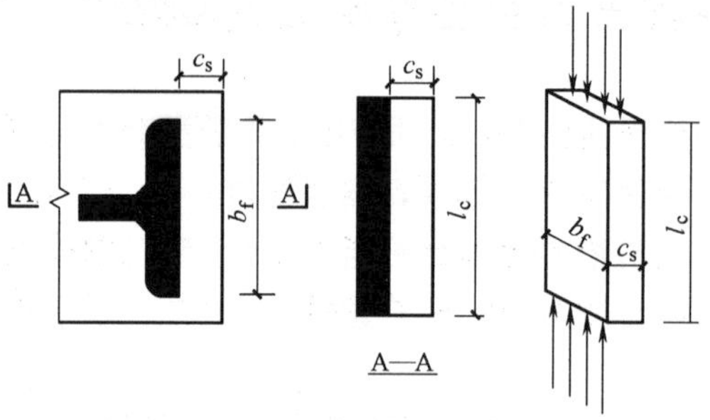

图 10.1　计算简图

把型钢混凝土异形柱中型钢翼缘外侧的混凝土保护层视作一块宽度为 b_f、长度为 l_c、厚度为 c_s 的混凝土薄板，根据柱的受力状态，可将此混凝土板简化为三边简支、一边自由的单向均匀受压板，计算简图如图 10.1 所示。

根据板的弹塑性稳定理论，此混凝土板的弹塑性屈曲应力为：

$$\sigma_{cr}=\sqrt{\eta}\frac{0.45\pi^2 E_c}{12(1-\upsilon^2)\left(\frac{b_f}{c_s}\right)^2} \tag{10-1}$$

式中　E_c——混凝土弹性模量，$E_c=\dfrac{10^5}{2.2+\dfrac{34.7}{f_{cu,k}}}$；

υ——混凝土的泊松比，一般取 0.2；

η——板的弹塑性屈曲系数，$\eta=\dfrac{E_t}{E_c}$；

E_t——混凝土的切线模量，$E_t=\dfrac{d\sigma}{d\varepsilon}$。

式 (10-1) 中，弹塑性系数 η 的取值是核心问题，它与混凝土的切线模量 E_t 有关，只要能求出混凝土屈曲时的切线模量 E_t，也就能求出屈曲应力。美国学者 Richard Furlong 认为 $E_t=7\text{MPa}$ 时，已是一个很小的值，从混凝土的应力应变曲线看，此时混凝土的塑性变形已得到充分的发展，求出的应力可近似认为是混凝土板的弹塑性屈曲应力。要保证混凝土板在达到受压强度之前不发生失稳破坏，只需满足屈曲应力小于或等于抗压强度即可，即 $\sigma_{cr}\leqslant f_c$。带入式 (10-1) 可推导出，混凝土保护层不发生失稳的最小厚度的计算式为：

$$(c_s)_{min}=\frac{b_f}{0.6\sqrt[4]{\eta}\sqrt{\dfrac{E_c}{f_c}}} \tag{10-2}$$

由式（10-2）可求出不同混凝土强度等级时的保护层厚度与型钢翼缘宽度的临界相对值，见表10.1。

Richard Furlong曾根据板的弹性屈曲理论，同时考虑了混凝土在受载后期的弹塑性性能，推导出型钢混凝土柱的临界保护层厚度为：

$$\left(\frac{b_f}{c_s}\right)_{cr}=\frac{18}{\sqrt{f'_c}} \tag{10-3}$$

式中　f'_c——混凝土圆柱体抗压强度，换算成立方体强度为：

$$f'_c=0.79f_{cu,k} \tag{10-4}$$

根据式（10-3）可求出对应各级混凝土强度时的保护层厚度与型钢翼缘宽度的临界相对值，见表10.1。

混凝土保护层厚度与翼缘宽度的临界相对值（b_f/c_s）$_{cr}$　　**表10.1**

混凝土强度等级	C25	C30	C35	C40	C45	C50	C55	C60	C65	C70	C75	C80
Furlong公式	4.05	3.69	3.42	3.20	3.02	2.86	2.73	2.61	2.51	2.42	2.34	2.26
板弹塑性稳定理论	3.73	3.45	3.23	3.05	2.82	2.81	2.71	2.60	2.53	2.45	2.37	2.31

由表10.1可见，确保不发生失稳破坏的最小保护层厚度的取值，与型钢翼缘宽度和混凝土的强度有关。

（2）混凝土保护层开裂的临界保护层厚度

试验研究表明，当混凝土保护层厚度较小时，混凝土保护层容易开裂，从而导致型钢与混凝土的粘结强度降低，混凝土保护层在一定范围内厚度越大，粘结力越大，但是当混凝土保护层达到一定厚度而不开裂时，粘结强度也不会随着保护层厚度的增大而增加。因此，从确保混凝土保护层不开裂的角度，可以确定一个最小保护层厚度的计算公式。为方便推导，参照相关文献作以下假定：

1）开裂面混凝土达到抗拉强度；

2）混凝土对翼缘的挤压力均匀分布；

3）粘结力失效前，型钢向混凝土扩散力的角度是45°；

4）混凝土沿翼缘肢尖45°方向开裂。

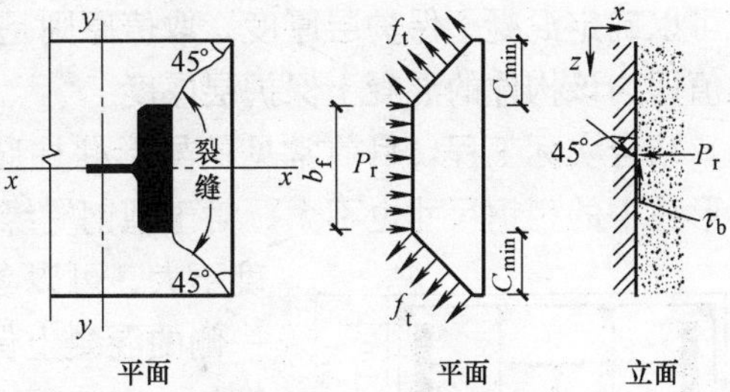

图10.2　计算简图

计算简图如图10.2所示。

根据力的平衡条件得：

$$P_r=\tau_b \tag{10-5}$$

$$(c_{min})_{cr}=\frac{\tau_b}{2f_t}\cdot b_f \tag{10-6}$$

式中　τ_b——翼缘边长上的平均粘结应力，根据C.W.Roeder的试验结果进行回归分析得：

$$\tau_b=0.5644f_t \tag{10-7}$$

代入式（10-6）可求得：

$$(c_{min})_{cr}=0.2822b_f \tag{10-8}$$

由式（10-8）可见，混凝土保护层开裂的临界保护层厚度与型钢翼缘的宽度有关。

（3）从耐久性角度考虑混凝土保护层厚度

构件的耐久性与混凝土保护层厚度、混凝土强度等级以及构件使用环境有关，一般混凝土强度等级越高，环境越好，混凝土保护层厚度可越小。参照我国《混凝土结构设计规范》，对于 50 年设计使用年限的型钢混凝土异形柱中型钢的混凝土最小保护层厚度需满足表 10.2 的要求。

混凝土保护层最小厚度（mm）　　**表 10.2**

环境类别		混凝土强度等级	
		C25～C45	≥C50
一		30	30
二	a	30	30
	b	35	30

（4）从防火性能、结构刚度的角度考虑混凝土保护层厚度

世界上早期的型钢混凝土结构是出于对钢柱的防火性能要求，而将它们置于混凝土内，这也是型钢混凝土结构的起源，防火性能较好是型钢混凝土结构的优点之一，混凝土保护层厚度的大小直接影响到防火性能的好坏，对于有防火要求的异形柱框架结构，参照相关研究成果，当混凝土保护层厚度为 60mm 时，可耐火 3h；当混凝土保护层厚度为 50mm 时，可耐火 2h。早期的型钢混凝土结构只考虑外包混凝土作为防火层而不考虑其对受力性能的影响，后来通过大量的试验研究发现混凝土外壳能使柱的强度、刚度有显著提高，英国的规范从提高结构刚度的角度出发，规定混凝土保护层厚度最小值不小于 40mm。

3. 型钢混凝土异形柱混凝土保护层厚度的取值

综上分析可见，型钢翼缘宽度、混凝土强度等级对保护层厚度的取值有直接影响。只要确定了型钢翼缘宽度、混凝土强度等级、构件的使用环境、耐久性以及防火性能要求，就可以确定混凝土保护层厚度。取值原则是首先从各个方面单独考虑取值，然后取一个最大值即为该构件的混凝土保护层厚度。

结合实际工程，目前常见的异形柱柱肢宽度有 240mm 及 200mm 两种。因此包含在异形柱中的型钢尺寸也不大。对于型钢翼缘侧面的混凝土保护层厚度，由于翼缘本身的厚度不大，可以参照混凝土结构设计规范取值，而对翼缘正面一侧的混凝土保护层厚度，则需要计算确定。本节给出指导算例，在工程设计中，可根据具体情况参照算例的方法计算不同情况的混凝土保护层厚度。

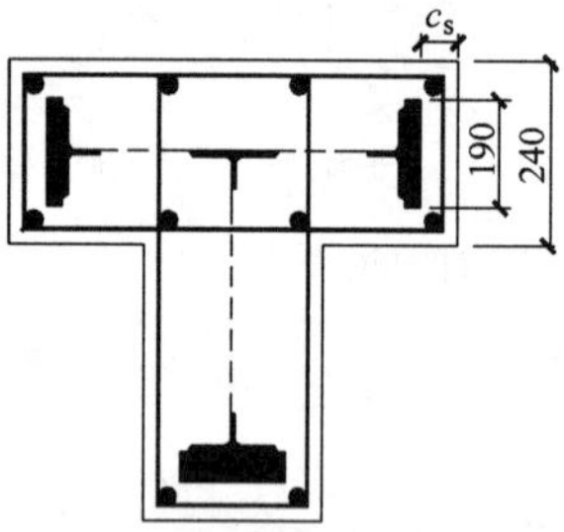

图 10.3　SRC 异形柱截面

【算例 10.1】　肢宽为 240mm 的型钢混凝土异形柱，柱截面形式、配钢情况如图 10.3 所示，构件的设计使用年限为 50 年，一类使用环境，防火要求耐火 2h。试确定该柱采用不同混凝土强度等级时的混凝土保护层厚度。

首先根据混凝土不发生失稳的原则确定保护层厚度值，由于翼缘本身的厚度不大，型钢翼缘侧面的混凝土保护层厚度可参照表 10.2 取 25mm，将翼缘宽度 $b_f=190$mm 带入表 10.1 查找对应值，分别取两种理论算法的最大值，具体见表 10.3。

混凝土不发生失稳的保护层厚度（mm）　　**表 10.3**

混凝土强度等级	C25	C30	C35	C40	C45	C50	C55	C60	C65	C70	C75	C80
保护层厚度	51	55	59	62	66	68	70	73	75	77	80	83

接着根据确保混凝土不开裂的保护层厚度公式，将翼缘宽度 $b_f=190$mm 代入式(10-8)，得混凝土的保护层厚度 $c_s=54$mm。

然后根据设计使用年限为 50 年，一类使用环境的耐久性要求，求得混凝土保护层厚度，$c_s \geqslant 30$mm。

最后根据防火性能要求，需耐火 2h，则要求混凝土保护层厚度 $c_s \geqslant 50$mm。

综合考虑以上几个方面，取各种混凝土强度等级的保护层厚度的最大值作为该异形柱的保护层取值，见表 10.4。

型钢混凝土异形柱混凝土保护层厚度（mm）　　**表 10.4**

混凝土强度等级	C25	C30	C35	C40	C45	C50	C55	C60	C65	C70	C75	C80
保护层厚度	54	55	59	62	66	68	70	73	75	77	80	83

【算例 10.2】 肢宽为 200mm 的型钢混凝土异形柱，柱截面形式、配钢形式如图 10.4 所示，构件的设计使用年限为 50 年，三类使用环境，没有防火要求。确定对应于不同混凝土强度等级时的混凝土保护层厚度。

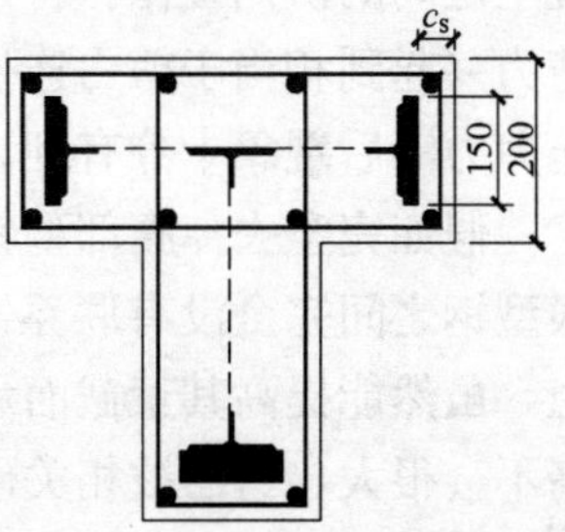

图 10.4　SRC 异形柱截面

首先根据混凝土不发生失稳的原则确定保护层厚度，由于翼缘本身的厚度不大，型钢翼缘侧面的混凝土保护层厚度可参照表 10.2 取 25mm，按翼缘宽度 $b_f=150$mm 查表 10.1，取两种理论算法的最大值，即得保护层厚度值，见表 10.5。

混凝土保护层厚度（mm）　　**表 10.5**

混凝土强度等级	C25	C30	C35	C40	C45	C50	C55	C60	C65	C70	C75	C80
保护层厚度	40	43	46	49	53	54	56	58	60	62	63	65

接着根据确保混凝土不开裂的保护层厚度公式，将翼缘宽度 $b_f=150$mm 代入式(10-8) 得混凝土的保护层厚度 $c_s=43$mm。

然后根据耐久性要求，求得混凝土保护层厚度 $c_s \geqslant 40$mm。

综合考虑以上几个方面，取各种混凝土强度等级时的保护层最大值作为该型钢混凝土异形柱的保护层，见表 10.6。

型钢混凝土异形柱混凝土保护层厚度（mm）　　**表 10.6**

混凝土强度等级	C25	C30	C35	C40	C45	C50	C55	C60	C65	C70	C75	C80
保护层厚度	43	43	46	49	53	54	56	58	60	62	63	65

必须指出，以上分析是在混凝土浇筑质量得到保证的前提下求得的，如果因混凝土保护层太薄，影响施工浇筑质量，或者是在没有先进的施工工艺、施工设备确保混凝土浇筑质量的情况下，建议型钢混凝土异形柱的混凝土保护层厚度不应小于 50mm。

10.1.2　型钢混凝土异形柱的配钢分析

工程结构中型钢混凝土异形柱作为主要的承载构件，既要承受上部荷载，又要抵抗侧向水平荷载，特别是由于其不规则的截面，除了承受常规的拉、压、弯、剪等应力外，还必须具有一定的抗扭能力，受力情况较普通的型钢混凝土柱复杂。而异形柱又具有柱肢细长的特点，通过合理配置型钢来确保结构安全尤为重要。结合工程经验，型钢混凝土异形柱需满足正截面和斜截面承载力要求，相应的在这两方面需采取合理的配钢形式。

1. 正截面配钢

(1) 配钢原则

将型钢混凝土结构引进到异形柱中，需要解决在较窄且细长的柱肢中配置型钢的问题，并且能确保型钢与混凝土保持协同工作。

大量的研究表明，实腹式型钢混凝土结构的承载能力强、抗震性能好。在异形柱中应优先配置实腹式型钢，但异形柱中细长的实腹型钢把混凝土分割，不利于整体受力。若在腹板上开洞，使两侧的混凝土保持连通，能够提高协同工作能力，但钢板开孔费工费时。因此，提高型钢与混凝土之间的协同工作能力，是实腹式配钢的关键。

尽管空腹式配钢的抗震性能不如实腹式，但其施工简单，并且容易做到保证型钢与混凝土之间的协同工作。特别是桁架式配钢，利用腹杆或腹板承担型钢与混凝土之间的横向剪力（起到相当于剪力连接件的作用），并且也能传递各肢纵向型钢之间的剪力，还对防止剪力滞后现象十分有利。

假如完全去掉腹部型钢，仅在普通钢筋混凝土异形柱中增加几根加强纵向型钢，则各根型钢之间完全没有联系。采用这种配钢方式，施工变得简单，但从其受力性能并不理想，虽然能提高其正截面承载能力，但抗剪、抗震性能与普通钢筋混凝土异形柱相比，提高不会很大，这已被相关研究所证实。

此外，本书研究结果表明，在配钢量相等的情况下，型钢距离截面形心越远，构件的承载能力越大。可见，型钢的配置应尽量靠近柱肢的端部，即型钢的混凝土保护层尽可能薄，但这必须满足能保证型钢与混凝土保持协同工作的前提条件。

(2) 配 T 形钢桁架

根据上述配钢分析，结合异形柱的特点，可采用焊接 T 形钢或热轧 T 形钢，若需要提高截面配钢量可以在翼缘外侧加焊钢板，作为异形柱的纵向配钢，如图 10.5 所示。各 T 形钢之间焊接腹杆或腹板，形成空间钢桁架，若采用角钢作为腹杆，可起到剪切连接件的作用，能增强粘结力。为了确保型钢与混凝土之间能协同工作，同时在外围配置一定数量的纵向构造钢筋和箍筋。

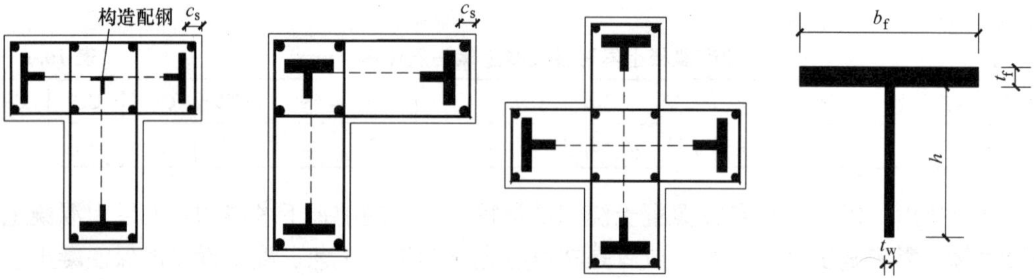

图 10.5　T 形钢配钢示意图

截面配钢率的大小是一个关键问题，型钢配钢率太低，型钢混凝土异形柱就达不到提高钢筋混凝土异形柱承载力和抗震性能的目的，配钢率太大，则会出现混凝土握裹型钢不够，影响两者之间的粘结性能。我国现行的两部型钢混凝土结构技术规程对型钢配钢率的规定也不一致，《钢骨混凝土结构技术规程》（YB 9082—2006）规定型钢的配钢率在

2%～15%之间为宜，而《型钢混凝土组合结构技术规程》（JGJ 138—2001）规定受力型钢配钢率不宜小于4%，也不宜大于10%。一般来说，较为合理的配钢率为5%～8%。根据试验研究结果，对于T形柱，翼缘与腹板交接处的型钢，由于靠近截面形心，构件偏心受压破坏时，此处的型钢尚未达到屈服，对构件的承载力贡献不大，并且此处型钢给构件施工带来一定的困难。但它能起到连接各纵向型钢和传力的作用，若不配置，并不合理，配置多了又会给施工带来麻烦，故此处型钢按构造配置为好。

为方便实际工程中合理配置型钢，本节给出算例，供设计人员参考。

【算例10.3】 肢厚为240mm的异形柱，肢高肢厚比为3.5时，配焊接T形钢，型钢的翼缘宽度 $b_f=180$mm，高度 $h=80$mm，构造配钢的翼缘宽度 $b_f=80$mm，高度 $h=50$mm，T形钢的腹板厚度统一取 $t_w=10$mm，通过变化翼缘厚度来获取截面的不同配钢率，当 t_f 分别取10mm、20mm、30mm、40mm时截面的型钢配钢率如表10.7所示。

肢厚240mm异形柱的截面配钢率　　**表10.7**

板厚(mm)	T形柱	L形柱	十字形柱
10	2.633%	2.256%	3.01%
20	4.196%	3.819%	5.09%
30	5.758%	5.38%	7.17%
40	7.32%	6.94%	9.26%

【算例10.4】 肢厚为200mm的异形柱，肢高肢厚比为3.5时，配焊接T形钢，型钢的翼缘宽度 $b_f=140$mm，高度 $h=70$mm，构造配钢的翼缘宽度 $b_f=80$mm，高度 $h=50$mm，T形钢的腹板厚度统一取 $t_w=10$mm，通过变化翼缘厚度来获取截面的不同配钢率，当 t_f 分别取10mm、20mm、30mm、40mm时截面的型钢配钢率如表10.8所示。

肢厚200mm异形柱的截面配钢率　　**表10.8**

板厚(mm)	T形柱	L形柱	十字形柱
10	3.166%	2.625%	3.50%
20	4.916%	4.375%	5.83%
30	6.667%	6.125%	8.166%
40	8.416%	7.875%	10.50%

（3）配槽钢桁架

配置纵向槽钢，然后在槽钢翼缘外侧焊接腹杆或腹板，形成一个空间桁架，如图10.6所示。采用这种配钢方式，不但空间钢架自身的刚度大，并且纵向槽钢与腹杆之间形成一个型钢箍，对内部混凝土起到很好的约束作用，从而提高内部混凝土的强度和变形能力，更有利于提高构件的承载力和抗震性能。若缀件配置足够多，可以不需配置箍筋，从而简化构造。

应当指出，无论是图10.5中异形柱配置T形钢还是图10.6中异形柱配置槽钢，均属于空腹式型钢混凝土异形柱，虽然空腹式配钢的型钢混凝土异形柱的受力性能与钢筋混凝土异形柱相比有了明显的提高，但其抗震性能性远远不如实腹式配钢的构件。因此，对于抗震高烈度地区的建筑应慎重采用空腹式配钢，但对于非地震区或抗震要求不高的地

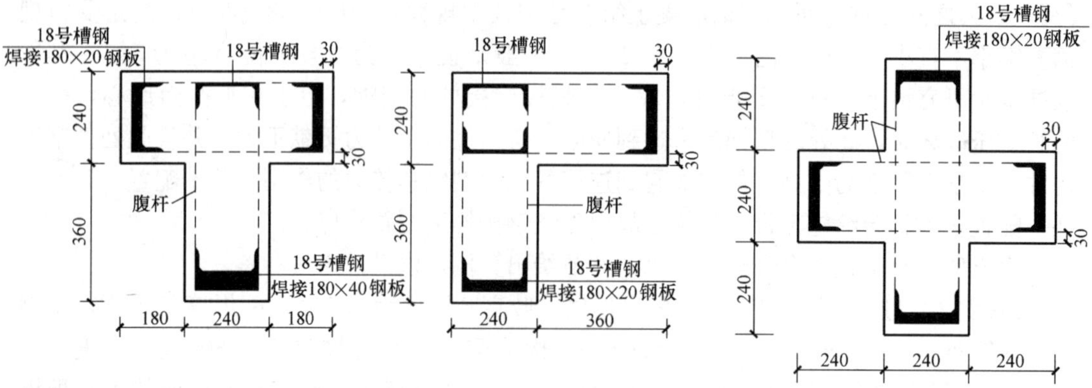

图 10.6　槽钢配钢示意图

区，空腹式配钢的异形柱还是有一定应用前景的，它能有效提高承载力，并且施工相对简单。

有时为了能达到理想的配钢率，可以在槽钢外侧加焊钢板，对于图 10.6 所示的截面配钢率见表 10.9。

配槽钢的异形柱截面配钢率　　**表 10.9**

T 形柱	L 形柱	十字形柱
11.33%	8.21%	9.06%

(4) 实腹式配钢

实腹式配钢与空腹式配钢不同，由于腹部配置有连续的型钢，构件的承载能力和抗震性能均有明显提高。实腹式配钢的型钢混凝土结构具有优越的抗震性能已得到各国学者的认可。在日本，20 世纪 80 年代以后，型钢混凝土结构主要指实腹式配钢的结构；我国两部型钢混凝土结构规程也主要是针对实腹式配钢结构。就提高异形柱结构抗震性能而言，实腹式配钢尤为重要。

实腹式配钢的型钢混凝土异形柱同样也需要配置一定数量的纵向钢筋和箍筋，提高实腹型钢与混凝土之间的粘结性能。由于腹板的存在，配置成封闭箍筋会遇到一定的困难，需要采取焊接或在腹板上穿孔等措施，比较麻烦且耗费大量的人工和时间。对于抗震要求不高的建筑（比如非抗震设防区或抗震设防低烈度地区的建筑），可采用非封闭箍筋，但需满足箍筋的最小锚固长度要求。

(5) 基于混凝土保护层厚度考虑的型钢配置方案选择

无论采用哪种配钢形式的型钢混凝土异形柱均会遇到型钢的混凝土保护层厚度取值问题，10.1.1 节的分析结果已经给出了具体的计算方法，对我国常用的柱肢宽度为 200mm 及 240mm 的异形柱，最小混凝土保护层厚度均大于 40mm，并且大多数情况达 60mm 以上，比普通钢筋混凝土异形柱的大得多。若把型钢混凝土异形柱的混凝土保护层与普通钢筋混凝土构件一样取 30mm，混凝土保护层较薄，很可能发生混凝土保护层开裂或没有达到棱柱体抗压强度 f_c 时构件发生失稳破坏，提前退出工作，在承载力计算时不能考虑保护层混凝土的作用。尽管不考虑保护层混凝土对承载力的贡献，但由于保护层较小，型钢距离截面形心更远，力臂更大，构件的承载力不见得就会减小，甚至有可能还会增大。为了检验这种配钢方式是否合理，以图 10.5 中的十字形型钢混凝土异形柱为例进行分析说明，假定肢厚为 240mm，肢高肢厚比为 3.5，采用焊接 T 形钢，型钢的腹板和翼缘厚度为 $t_f=t_b=20$mm，混凝土强度等级 C50，型钢的翼缘宽度 $b_f=150$mm，高度 $h=70$mm，荷载加载角为 45°，分别考虑以下两种配钢情况的承载能力，并进行比较：第一种配钢情况是指混凝土保护层厚度按普通钢筋混凝土一样取值，保护层厚为 30mm，在承载力计算时不考虑保护层混凝土对承载力的作用，即构件的计算截面长度变成 780mm；第二种配钢情况的混凝土保护层厚度取值由前述方法算得 68mm。利用本书计算机程序 SRCZJM（详见第 3 章）进行计算，计算结果如图 10.7 所示。

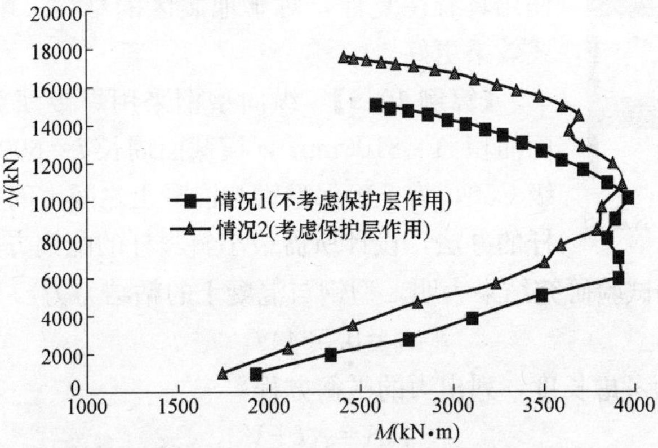

图 10.7　两种不同保护层厚度的承载力比较

第一种配钢情况，由于混凝土的保护层厚度很薄，在受力性能上接近于外包钢异形柱，由于没有混凝土的握裹作用或握裹作用太弱，有可能出现型钢屈曲失稳导致试件破坏的情况。理论上应分别考虑型钢屈曲失稳与不发生屈曲失稳两种情况计算。众所周知，发生屈曲失稳时的承载力比不发生屈曲失稳时小，若不发生屈曲失稳的承载力比第二种配钢情况时还小，则发生屈曲失稳时的承载力肯定小于第二种配钢情况。为方便计算，本书按不发生屈曲失稳的第一种配钢情况计算。

由图 10.7 可见，按保护层混凝土与型钢共同工作和按不考虑保护层混凝土的作用，两种情况的承载力计算结果有以下特点：当构件发生小偏心受压破坏时（N-M 曲线拐点以上部分），情况 2 的承载力略高于情况 1，但当发生大偏心受压破坏时（N-M 曲线拐点以下部分），情况 1 的承载能力略大于情况 2，但两者相差不大，这主要是因为考虑混凝土与型钢协同工作时，保护层厚度大，型钢距离截面形心近，型钢发挥作用就小一些；而取 30mm 厚保护层时，型钢距离形心变远，承载力理论上应提高，但由于不考虑保护层混凝土，构件的截面计算高度减小，导致承载力降低，两者相抵，所以，两种情况的承载力相差不大。

既然采用与钢筋混凝土结构一样的保护层厚度这种方案，对构件的承载力没有明显提高，且从耐久性、防火性能以及构件刚度等多方面综合考虑后，采用能确保型钢与混凝土协同工作的混凝土保护层厚度的方案更好。

2. 斜截面配钢

上述正截面配钢分析中，对于空腹式型钢混凝土异形柱在各肢纵向型钢之间焊接腹杆或腹板，形成一个空间桁架，有利于提高构件的承载能力和两种不同材料的协同工作能力，因此，腹杆或腹板的配置相当重要。腹杆或腹板统称斜截面配钢，相当于纵向型钢与混凝土之间的栓钉，承受两者之间的剪力，确保两者协同工作，同时抵抗部分横向剪力，可提高构件的抗剪能力，有利于抗震。

为提高承载力，斜截面配钢的数量和截面大小应满足由确保型钢与混凝土协同工作以及构件抗剪能力的需求，同时也要顾及施工方便。参照钢结构，斜截面配钢有缀条式和缀板式两种，如图 10.8 所示。就抗剪能力和抗震性能而言，斜向配置缀件的效果更佳。地震作用具有往复性，对于地震区的结构，配置交叉斜腹杆的形式效果更好。

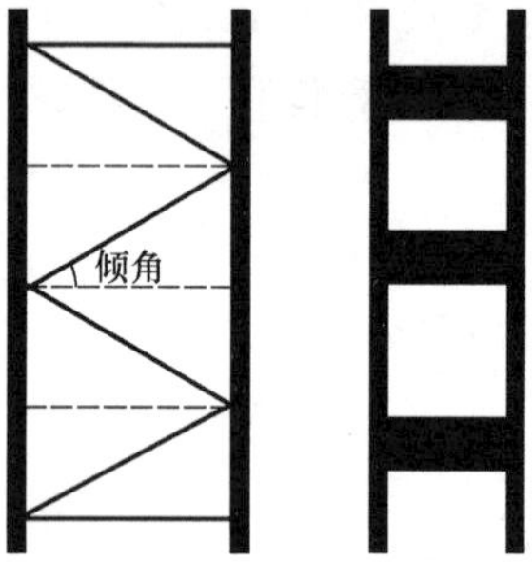

图 10.8　斜截面配钢示意图

【算例 10.5】 纵向型钢采用焊接 T 形钢（Q235），横截面面积 $A=8100\text{mm}^2$，横截面周长 $l=600\text{mm}$，混凝土强度等级 C50，为了确保型钢与混凝土之间力的传递，采用焊接斜腹杆的办法，设计所需最小斜腹杆的配钢方案。

C. W. Roeder 的试验研究结果表明，型钢与混凝土的粘结力为：

$$\tau_b = 0.5644 f_t \tag{10-9}$$

以纵向每延米为考虑长度，列出力的平衡方程：

$$f_y A = \tau_b l + V \tag{10-10}$$

式中，V 为腹杆需承受的纵向剪力，计算得 $V=1099500$（N），假定斜腹杆的倾角 $\alpha=45°$，则沿纵向每延米长度内焊接斜腹杆的截面面积不得小于 5326mm^2，采用焊接双角钢∟140×90×14，即可满足要求。

对于实腹式型钢混凝土异形柱，由于腹板的作用主要是提供抗剪能力，尽管对抗弯承载力也有一定的贡献，但相对于抗剪能力而言，贡献的程度小得多。因此，腹板的厚度只要能满足强剪弱弯的要求即可。

10.2　型钢混凝土异形柱的轴压比限值

由于影响型钢混凝土异形柱延性的因素很多，剪跨比、荷载加载角、轴压比、截面的配钢形式和箍筋配置情况等均对延性有影响，并且这些影响因素是耦合在一起的。在抗震设计中，为了保证框架结构满足一定的延性要求，通过采取一定的构造措施和规定轴压比限值来实现。

对于轴压比限值的确定，钢筋混凝土柱主要是以大、小偏心受压的界限破坏为依据，由截面界限破坏时力的平衡条件得出，这一理论的实质是希望柱发生延性较好的大偏心受压破坏，从而保证构件有足够的变形能力。对型钢混凝土柱轴压比限值确定的方法主要有两种：类似钢筋混凝土的大小偏压界限破坏理论和叠加法理论。

我国抗震规范以及混凝土结构设计规范将钢筋混凝土结构的轴压比定义为：

$$n = \frac{N}{f_c A} \tag{10-11}$$

而我国《型钢混凝土组合结构技术规程》及《钢骨混凝土结构技术规程》则将型钢混

凝土结构的轴压比定义为：

$$n=\frac{N}{f_{c}A_{c}+f_{ss}A_{ss}} \tag{10-12}$$

型钢混凝土结构中，由于受拉区纵向钢筋和型钢受拉翼缘位置不同，对其界限破坏状态的定义有两种不同的观点：一种观点认为在受拉区受拉钢筋达到屈服拉应变的同时，受压区混凝土达到极限压应变被压碎的状态为界限破坏；另一种观点认为受拉区型钢翼缘达到屈服应变的同时，受压区混凝土达到极限压应变被压碎的状态为界限破坏。

型钢混凝土柱中配置的型钢将承担一部分轴力，型钢的配钢率直接影响到型钢混凝土柱承受轴力的大小和抗震性能。因此，在型钢混凝土柱中，轴压力由混凝土和型钢两部分共同承担，这是叠加法的理论依据。

由于异形柱截面不规则，不同的加载方向，构件的延性相差很大。钢筋混凝土异形柱轴压比限值的确定利用界限破坏理论，计算出不同荷载角的轴压比限值，且取最小值作为其轴压比限值。由于异形柱具有薄弱的加载方向，其轴压比限值比普通矩形柱小。

10.2.1　型钢混凝土异形柱轴压比限值的确定方法

1. 大小偏压界限破坏理论计算的轴压比限值

为方便计算，定义型钢混凝土异形柱的界限破坏状态为受拉区最外侧型钢达到受拉屈服应变的同时，受压区混凝土达到极限压应变被压碎的状态为界限破坏。这个定义主要是基于以下考虑：型钢混凝土异形柱中主要配置的是型钢，型钢在截面的承载能力中起到比钢筋更为重要的作用，截面的界限破坏理应由受拉型钢屈服受压混凝土被压碎确定。

(1) 对称配筋矩形柱的轴压比限值

假定达到界限破坏时，受压区钢筋已受压屈服，并忽略中性轴两侧非主要受力钢筋的影响，柱截面力的平衡方程为：

$$N_{bk}=\alpha_1\cdot f_{ck}\cdot b\cdot(\xi_b\cdot h_0)+f_{yk}A_s-f'_{yk}A'_s \tag{10-13}$$

对称配筋时，式（10-13）可写为：

$$N_{bk}=\alpha_1\cdot f_{ck}\cdot b\cdot(\xi_{bk}\cdot h_0) \tag{10-14}$$

轴压比标准值计算公式为：

$$[n_{bk}]=\frac{N_{bk}}{f_{ck}bh}=\alpha_1\cdot\xi_{bk}\cdot\frac{h_0}{h} \tag{10-15}$$

式中，ξ_{bk}为界限破坏时截面的相对受压区高度，$\xi_{bk}=\frac{0.8}{1+\varepsilon_{yk}/\varepsilon_{cuk}}$；近似取$\frac{\varepsilon_{yk}}{\varepsilon_{cuk}}=\frac{\varepsilon_y}{\varepsilon_{cu}}$，$h_0\approx0.9h$，对于强度等级为C50及以下的混凝土取$\alpha_1=1$，则轴压比标准值为：

$$[n_{bk}]\approx0.9\xi_b \tag{10-16}$$

注意到$f_{ck}=1.4f_c$，并近似取$N=1.23N_{bk}$，代入式（10-11）得轴压比限值的设计值：

$$n=1.722n_{bk} \tag{10-17}$$

将（10-17）式代入（10-16）式得：

$$n\approx1.5498\xi_b \tag{10-18}$$

对于C50以下混凝土及实际工程中常采用的HRB400级钢筋，ξ_b为0.518，计算其轴压比限值为0.815，这与抗震设计规范中“二级抗震等级框架柱的轴压比限值为0.75”的规定较为吻合。

(2) 型钢混凝土异形柱的轴压比限值

根据型钢混凝土异形柱大小偏心受压界限破坏的定义，可以列出界限破坏时的力平衡方程：

$$N_{bk}=\sum\sigma_{ci}A_{ci}+(\sum\sigma_{sj}A_{sj}+\sum\sigma_{ssj}A_{ssj}) \tag{10-19}$$

式中　$\sum\sigma_{ci}A_{ci}$——受压区混凝土的合力；

$\sum\sigma_{sj}A_{sj}+\sum\sigma_{ssj}A_{ssj}$——受压与受拉纵向钢筋、型钢的合力。

把式(10-19)代入式(10-12)得：

$$n_{bk}=\frac{\sum\sigma_{ci}A_{ci}+(\sum\sigma_{sj}A_{sj}+\sum\sigma_{ssj}A_{ssj})}{f_{ck}A_{c}+f_{ssk}A_{ss}} \tag{10-20}$$

由式(10-20)可看出，型钢混凝土异形柱的轴压比标准值与受拉和受压纵向钢筋、型钢的受力之和、混凝土强度等级以及截面面积相关，提高型钢混凝土异形柱的轴压比限值，可通过截面的合理配筋、配钢，使得受拉纵向钢筋、型钢与受压钢筋、型钢的合力为压力来实现。

(3) 数值积分法编程计算型钢混凝土异形柱的轴压比限值

由式(10-20)可见，型钢混凝土异形柱的轴压比计算比较麻烦，影响参数较多，特别是异形柱的截面不规则，手工计算相当困难。为了能计算出型钢混凝土异形柱的轴压比限值，采用有限元数值积分的方法，编写了计算机程序(SRCZYAB)。

1) 程序的基本假定

截面应变符合平截面假定；不考虑受拉区混凝土的拉应力；混凝土的应力-应变关系曲线采用德国人 Rüsh 建议的模型；型钢、钢筋采用斜直线加水平线的理想弹塑性模型；由于型钢混凝土结构中型钢占据不小的截面面积，因此计算混凝土合力时仅考虑混凝土的净截面。

2) 坐标系的建立

本节坐标系与第 3 章编制程序采用同一坐标系。

3) 单元划分

采用分离式模型把混凝土、型钢、钢筋分别作为不同的单元。整个截面混凝土划分为若干个小方格单元，每个型钢同样划分为若干个型钢小方格单元，每一根纵向钢筋视为一个钢筋单元。钢筋单元的应力取其形心处的应力值，合力作用在形心处；近似认为混凝土单元、型钢单元内的应力均匀分布，应力取形心处的应力，合力作用在每个单元的形心。在进行型钢单元划分时，首先在每个型钢的局部坐标系内划分，求出每个型钢单元的局部坐标系坐标值，然后转换为整体坐标系的坐标值，从而实现单元坐标的赋值工作。

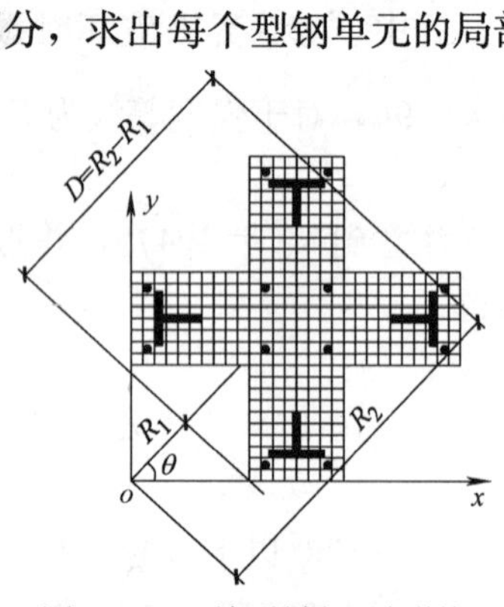

图 10.9　型钢混凝土异形柱截面数值计算简图

4) 单元应变、应力的计算

有了混凝土、型钢、钢筋的单元坐标值，就可以求出各单元的应变值，然后利用材料的本构关系求出应力。对于荷载加载角为 θ 时，可以在每一个单元形心处作出一条以加载角为法线向量的直线，如图 10.9 所示，这些直线均平行于对应该荷载加载角的截面中性轴。可以假定距离坐标原点较近一侧为受压区，根据型钢混凝土异形柱界限破坏的定义，此时距离坐标原点最近的一点混凝土单元应变达到极限压应变值，距离坐标原点最远的型钢单元应变达到屈服应变值。如图 10.9 所示，假定距离坐标原点最近点的距离为 R_1，距离坐标原点最远点的距离为 R_2，则界限截面曲率为：

$$\varphi=\frac{\varepsilon_{cu}+f_{ss}/E_{ss}}{R_2-R_1} \tag{10-21}$$

式中　ε_{cu}——混凝土的极限压应变值，对型钢混凝土异形柱取 $\varepsilon_{cu}=0.0033$；

f_{ss}——型钢的屈服应力；

E_{ss}——型钢的弹性模量。

每一个单元形心处作出以加载角为法线向量的直线，到坐标原点距离的计算公式为：

$$R=x\cos\theta+y\sin\theta \tag{10-22}$$

根据截面混凝土单元坐标值可以求出每个单元到坐标原点的距离，从而可求出最小值 R_1；同理可求出每个型钢单元到坐标原点的距离，求出最大值 R_2。

有了截面曲率，就可以求出每一混凝土单元的应变值：

$$\varepsilon_{ci}=0.0033-\varphi(x_i\cos\theta+y_i\sin\theta-R_1) \tag{10-23}$$

钢筋单元的应变值：

$$\varepsilon_{sj}=0.0033-\varphi(x_j\cos\theta+y_j\sin\theta-R_1) \tag{10-24}$$

型钢单元的应变值：

$$\varepsilon_{ssj}=0.0033-\varphi(x_j\cos\theta+y_j\sin\theta-R_1) \tag{10-25}$$

对于混凝土、型钢、钢筋各计算单元的应力，可由本构关系得出：

$$\sigma_{ci}=f_{ck}\left[2\frac{\varepsilon_{ci}}{0.002}-\left(\frac{\varepsilon_{ci}}{0.002}\right)^2\right](\varepsilon_{ci}\leqslant 0.002)；\sigma_{ci}=f_{ck}(\varepsilon_{ci}>0.002)；$$

$$\sigma_{sj}=E_s\varepsilon_{sj}(\varepsilon_{sj}\leqslant\varepsilon_{sy})；\sigma_{sj}=f_{syk}(\varepsilon_{sj}>\varepsilon_{sy})；$$

$$\sigma_{ss}=E_{ss}\varepsilon_{ss}(\varepsilon_{ss}\leqslant\varepsilon_{ss})；\sigma_{ss}=f_{ss}(\varepsilon_{ss}>\varepsilon_{ss}) \tag{10-26}$$

式中　E_s、ε_{sy}、f_{syk}——分别为钢筋的弹性模量、屈服应变、屈服强度；

E_{ss}、ε_{ss}、f_{ss}——分别为型钢的弹性模量、屈服应变、屈服强度。

将式（10-26）的计算结果代入式（10-19），就可求出界限破坏时截面上的轴压力 N_{bk}，然后通过式（10-20）和式（10-17）就可以求出轴压比限值的标准值、设计值。

（4）程序计算不同荷载角作用下的型钢混凝土异形柱轴压比限值

由于型钢混凝土异形柱的截面不规则，与普通钢筋混凝土异形柱一样会存在不同的荷载加载角的延性不同的问题。利用自编程序 SRCZYAB 计算本书第 2 章第一批试件在不同的荷载角作用下的轴压比限值，从而确定最不利的荷载加载方向。试件的截面尺寸和配钢形式如图 2.6 所示，计算结果如表 10.10 所示。

界限破坏理论计算不同加载方向型钢混凝土异形柱的轴压比限值（设计值）　表 10.10

加载角度	T形柱			L形柱		十字形柱	
	配T形钢	配槽钢	实腹配钢	配槽钢	实腹配钢	配T形钢	配槽钢
0°	0.712	0.785	0.713	1.246	1.101	0.636	0.824
22.5°	0.946	1.196	0.939	1.023	0.902	0.547	0.744
45°	0.739	0.991	0.691	0.811	0.616	0.534	0.742
67.5°	0.365	0.681	0.291	0.591	0.285	0.626	0.776
90°	0.069	0.399	−0.045	0.349	−0.116	0.636	0.824
112.5°	0.365	0.681	0.291	0.728	0.275	0.616	0.776

续表

加载角度	T形柱			L形柱		十字形柱	
	配T形钢	配槽钢	实腹配钢	配槽钢	实腹配钢	配T形钢	配槽钢
135°	0.739	0.991	0.691	1.202	0.759	0.534	0.742
157.5°	0.946	1.196	0.939	0.802	0.408	0.547	0.744
180°	0.712	0.785	0.713	0.463	0.241	0.636	0.824
202.5°	0.539	0.858	0.075	0.734	0.631	0.547	0.744
225°	0.401	0.977	0.454	0.971	0.926	0.534	0.742
247.5°	0.675	1.091	0.746	1.171	1.125	0.626	0.776
270°	0.747	1.146	0.836	1.368	1.249	0.636	0.824
292.5°	0.675	1.091	0.746	0.993	1.039	0.616	0.776
315°	0.401	0.977	0.454	0.458	0.519	0.534	0.742
337.5°	0.539	0.858	0.075	0.935	0.991	0.547	0.744
360°	0.712	0.785	0.713	1.246	1.101	0.636	0.824

由表10.10可见：

1）不同荷载角作用下，同一试件的轴压比限值相差较大，对于T形、L形型钢混凝土异形柱，荷载角为90°时（也就是腹板受压翼缘受拉时）轴压比限值最小，对于十字形柱则不然，荷载角为45°时，轴压比限值最小，这些加载方向是构件抗震的最不利方向。

2）由于型钢混凝土异形柱截面及配钢不对称，界限破坏理论计算的轴压比限值有可能出现负值（也就是说根本不可能发生界限破坏）。对于出现负值的情况，主要原因是该方向荷载作用下截面的受拉型钢的面积明显大于受压型钢的面积，在受压边缘混凝土达到极限压应变值时，受拉型钢没有达到屈服。

（5）试验检验界限破坏理论计算的型钢混凝土异形柱轴压比限值

利用程序SRCZYAB对本书第2章第一批试件对应的荷载角和配钢情况进行计算，得到各试件的轴压比限值，并与试验实际施加的轴压比进行对比检验。如果试验实际施加的轴压比小于理论计算轴压比界限值，具有的延性系数大于3，表明理论计算结果可信；如果试验实际施加的轴压比大于计算轴压比界限值，但试件的延性系数仍然大于3，则表明计算结果不正确。具体检验数据如表10.11所示。

由表10.11可见，沿腹板方向加载的试件T2、T9和沿工程轴加载的试件L3，试验实加的轴压比明显大于按界限破坏理论计算的轴压比限值，但构件的延性依然满足$\mu \geqslant 3$和极限转角$\Delta_m/L \geqslant 0.01$的延性要求。

出现这种现象主要是由于界限破坏计算理论在计算型钢混凝土结构轴压比限值时存在缺陷，无法反映出型钢分担轴力的作用。以对称配钢的空腹式型钢混凝土矩形柱为例说明其不合理性：由于在界限破坏时，受拉和受压型钢都屈服，两者面积相等，内力互相抵消，采用界限破坏理论计算该柱的轴压比限值与同截面不配任何型钢的钢筋混凝土柱一样，显然没有体现出型钢混凝土结构的特点，况且相关研究结果表明，对称配钢的空腹式型钢混凝土矩形柱的延性和抗震性能要比钢筋混凝土柱好，其轴压比限值要比同截面的钢筋混凝土柱大。同时，界限破坏理论计算型钢混凝土异形柱的轴压比限值出现负值或很小的正值（如表10.10中的0.069，−0.045，−0.116），这显然不合理。

试件实加轴压比与基于界限破坏计算轴压比限值的检验对比 **表 10.11**

试件编号	加载方向	试件实加轴压比	计算轴压比限值	位移延性系数μ	备　注
T1	沿翼缘	0.236	0.702	3.71	
T2	沿腹板	0.408	0.069	3.44	实加值大于计算限值，但$\mu>3$
T3	沿45°	0.584	0.739	4.77	
T4	沿翼缘	0.304	0.785	3.01	
T5	沿45°	0.398	0.991	3.27	
T6	沿腹板	0.177	0.399	2.28	
T7	沿翼缘	0.441	0.713	5.78	
T8	沿45°	0.177	0.691	7.04	
T9	沿腹板	0.334	−0.045	4.55	实加值大于计算限值，但$\mu>3$
L1	沿工程轴	0.193	0.349	2.03	
L2	沿45°	0.447	0.811	3.71	
L3	沿工程轴	0.526	−0.116	3.47	实加值大于计算限值，但$\mu>3$
L4	沿45°	0.229	0.616	6.29	
十1	沿工程轴	0.442	0.636	1.76	
十2	沿45°	0.651	0.534	4.78	
十3	沿工程轴	0.462	0.824	6.98	
十4	沿45°	0.323	0.742	3.89	

2. 叠加法理论计算型钢混凝土异形柱的轴压比限值

日本的规范和我国型钢混凝土结构技术规程，都采用了叠加法理论计算轴压比限值，其理论思想认为型钢混凝土柱的轴向压力由混凝土和型钢两部分共同承担。

$$N=n_c f_c A_c+n_{ss} f_{ss} A_{ss} \tag{10-27}$$

式中 n_c——混凝土部分承担的轴力与混凝土部分抗压能力 $f_c A_c$的比值，称为混凝土轴力分配系数；

n_{ss}——型钢部分承担的轴力与型钢部分抗压能力 $f_{ss} A_{ss}$的比值，也称为型钢轴力分配系数。

尽管型钢混凝土构件中也按构造要求配有一定数量的纵向钢筋，但相对于型钢，钢筋的面积很小，叠加法理论将其忽略不计。

日本的规范规定型钢混凝土框架柱的轴压力限值为：

$$N\leqslant\frac{1}{3} f_c A_c+\frac{2}{3} f_{ss} A_{ss} \tag{10-28}$$

式中的混凝土分配系数 1/3，是与日本钢筋混凝土结构规范规定的钢筋混凝土柱的轴压比限值一致，型钢的分配系数 2/3 由大量的试验结果回归得出。

我国学者结合中国的工程特点，对于实腹式配钢的型钢混凝土构件，通过理论和试验研究给出了以下计算公式：

$$N_k=0.45 f_{ck} A_c+0.57 f_{ssk} A_{ss} \tag{10-29}$$

按照我国的荷载和材料分项系数，换算成设计值为：

$$N=0.747f_{c}A_{c}+0.771f_{ss}A_{ss} \tag{10-30}$$

对于空腹式配钢的型钢混凝土构件，在试验研究基础上，通过理论分析给出了轴压力限值（设计值）计算公式为：

$$N=0.64f_{c}A_{c}+0.75f_{ss}A_{ss} \tag{10-31}$$

必须指出，以上公式是针对对称配钢的型钢混凝土矩形柱建立的。从截面特点和配钢形式上，型钢混凝土异形柱均不属于这个范围。

本书前述抗震试验结果表明，尽管异形柱截面不对称，但其滞回曲线是对称的，并且破坏主要是集中在与加载方向平行的柱肢。因此，在抗震性能上，可近似认为异形柱和仅考虑与加载方向平行柱肢的矩形柱一致，从而把异形柱简化成矩形柱来处理。对于型钢的不对称性，参照日本的规范和我国型钢混凝土组合结构规程的办法，把型钢对称化，并且是以含钢量最小的一侧对称处理。简化过程见图 4.26。

T 形、L 形型钢混凝土异形柱，由于截面及配钢不对称，按上述方法简化处理后可采用式（10-32）和式（10-33）计算轴压比限值：

对于实腹式配钢：
$$n=\frac{0.747f_{c}A_{c\cdot 简}+0.771f_{ss}A_{ss\cdot 简}}{f_{c}A_{c}+f_{ss}A_{ss}} \tag{10-32}$$

对于空腹式配钢：
$$n=\frac{0.64f_{c}A_{c\cdot 简}+0.75f_{ss}A_{ss\cdot 简}}{f_{c}A_{c}+f_{ss}A_{ss}} \tag{10-33}$$

式中　$A_{c\cdot 简}$——与加载方向平行柱肢的混凝土面积；

$A_{ss\cdot 简}$——与加载方向平行柱肢的型钢面积；

A_{c}——全截面的混凝土面积；

A_{ss}——全截面的型钢面积。

对于十字形型钢混凝土异形柱，由于截面及配钢都对称，则不需要简化，因此有：

对于实腹式配钢：
$$n=\frac{0.747f_{c}A_{c}+0.771f_{ss}A_{ss}}{f_{c}A_{c}+f_{ss}A_{ss}} \tag{10-34}$$

对于空腹式配钢：
$$n=\frac{0.64f_{c}A_{c}+0.75f_{ss}A_{ss}}{f_{c}A_{c}+f_{ss}A_{ss}} \tag{10-35}$$

式中　A_{c}——整个截面的混凝土面积；

A_{ss}——整个截面的型钢面积。

利用式（10-32）～式（10-35）计算本书第 2 章抗震性能试验的第一批 17 个试件，并利用试验实际施加的轴压比进行检验。具体检验数据如表 10.12 所示。

试件实加轴压比与叠加法理论计算轴压比限值的检验对比　　　表 10.12

试件编号	加载方向	试件实加轴压比	计算轴压比限值	位移延性系数 μ	备　注
T1	沿翼缘	0.236	0.586	3.71	试件实加轴压比在计算轴压比限值之内，位移延性系数均大于 3
T2	沿腹板	0.408	0.499	3.44	
T3	沿 45°	0.584	0.497	4.77	
T4	沿翼缘	0.304	0.472	3.01	
T5	沿 45°	0.398	0.475	3.27	
T7	沿翼缘	0.441	0.655	5.78	

续表

试件编号	加载方向	试件实加轴压比	计算轴压比限值	位移延性系数 μ	备　注
T8	沿 45°	0.177	0.513	7.04	试件实加轴压比在计算轴压比限值之内，位移延性系数均大于 3
T9	沿腹板	0.334	0.509	4.55	
L2	沿 45°	0.447	0.441	3.71	
L3	沿工程轴	0.526	0.445	3.47	
L4	沿 45°	0.229	0.445	6.29	
十 2	沿 45°	0.651	0.693	4.78	
十 3	沿工程轴	0.462	0.705	6.98	
十 4	沿 45°	0.323	0.706	3.89	

由表 10.12 可见，本次试验施加的轴压比小于或基本接近按叠加法理论计算的轴压比限值，且本试验的延性均达到 $\mu>3$ 的要求。同时，轴压比限值变化比较平缓，没有出现界限破坏理论计算轴压比限值时的反常现象。

10.2.2　满足变形控制要求的轴压比限值

采用叠加法理论计算型钢混凝土异形柱的轴压比限值，并通过与试验结果对比，给出了型钢混凝土异形柱的轴压比限值，具体如表 10.13 所示。在给出型钢混凝土异形柱轴压比限值时，参照了混凝土结构设计规范的方法，二级抗震等级时采用理论计算的轴压比，一级、三级分别减少和增加 0.1。根据不同的抗震等级，给出不同的轴压比限值。

型钢混凝土异形柱的轴压比限值（设计值）　　表 10.13

抗震等级	一　级	二　级	三　级
型钢混凝土(L 形柱)	0.4	0.5	0.6
型钢混凝土(T 形柱)	0.4	0.5	0.6
型钢混凝土(十字形柱)	0.6	0.7	0.8

对于型钢混凝土矩形柱的轴压比限值，我国《型钢混凝土组合结构技术规程》（JGJ 138—2001）规定的型钢混凝土框架柱的轴压比限值如表 10.14 所示；《钢骨混凝土设计规程》（YB 9082—2006）规定的型钢混凝土框架柱的轴压比如表 10.15 所示。

型钢混凝土框架柱的轴压比限值（JGJ 138—2001）　　表 10.14

抗震等级	一　级	二　级	三　级
轴压比限值($n=N/(f_cA_c+f_sA_{ss})$)	0.65	0.75	0.85

型钢混凝土框架柱的轴压比限值（YB 9082—2006）　　表 10.15

抗震等级	特一级	一级	二级	三级
轴压比限值($n=N/(f_cA_c+f_sA_{ss})$)	0.60	0.65	0.75	0.85

从表 10.13～表 10.15 的数据看，型钢混凝土异形柱比型钢混凝土矩形柱的轴压比限值低，这与钢筋混凝土异形柱的轴压比限值比钢筋混凝土矩形柱的轴压比限值低的原因是一样的，主要由异形柱的截面不规则所决定。

我国《混凝土异形柱结构技术规程》给出的普通钢筋混凝土异形柱轴压比限值如表10.16所示。

钢筋混凝土异形柱的轴压比限值（JGJ 149—2006）　　表10.16

抗震等级	二　级	三　级	四　级
L形柱	0.5	0.6	0.7
T形柱	0.55	0.65	0.75
十字形柱	0.6	0.7	0.8

尽管表10.13与表10.16的取值相当，但表10.13中的型钢混凝土异形柱的轴压比的表达式是$n=N/(f_cA_c+f_{ss}A_{ss})$，而钢筋混凝土异形柱的轴压比为$n=N/(f_cA)$。因此，虽然轴压比的数值相当，但实际承受的轴力却有很大的差异。

【算例10.6】 某采用异形柱结构的小高层建筑，抗震等级为二级，由施工图确定等肢L形异形柱的截面尺寸为肢厚240mm，肢高肢厚比为3.5，按C40混凝土设计，需验算不超限的极限轴压力，初步设计方案1采用普通的钢筋混凝土异形柱，方案2采用型钢混凝土异形柱，初定截面型钢配钢率为7%，Q235型钢。

方案1的不超限极限值：

$$N=nf_cA=0.5\times19.1\times345600=3300.5\text{kN}$$

方案2的不超限极限值：

$$N=n(f_cA_c+f_{ss}A_{ss})=0.5\times[19.1\times345600\times(1-0.07)+235\times345600\times0.07]$$
$$=5912\text{kN}$$

两种方案承载力比较：

$$\frac{5912-3300.5}{3300.5}\times100\%=79.1\%$$

可见型钢混凝土异形柱与钢筋混凝土异形柱相比，在截面相同的情况下，由于包含有型钢，不超限极限承载力有了明显的提高，从而有效地提高了异形柱的适用范围。

10.3　型钢混凝土异形柱框架节点构造措施及设计建议

框架节点是连接梁、柱的关键部位，其连接构造直接影响到节点的受力性能，同时对梁、柱性能的充分发挥起到至关重要的作用。节点连接通常应尽量做到构造简单、传力明确、受力合理，便于配筋和混凝土浇筑。

由于型钢混凝土异形柱框架结构是一种新型的结构体系，因此为完善该结构类型，本节将结合试验对型钢混凝土异形柱框架节点的构造措施进行简单论述，并给出具体的设计建议。

10.3.1　型钢混凝土异形柱-梁框架节点连接构造措施

工程结构中，型钢混凝土异形柱可以分别与钢筋混凝土梁、型钢混凝土梁、型钢梁组合形成框架整体，不同配钢方式的型钢混凝土异形柱与各类梁的连接节点需要采取必要的构造措施才能做到施工简单、传力明确、受力性能好。

1. 实腹式配钢的型钢混凝土异形柱-梁框架节点连接构造措施

(1) 实腹式配钢的型钢混凝土异形柱-钢筋混凝土梁框架节点连接构造措施

异形柱的突出优点是柱肢与墙体同厚，这样在室内没有柱楞突出，方便室内设计，同时也有利于家具的布置。为了达到这样的目的，同时满足承载力的要求，异形柱柱肢通常具有“长而扁”的特点。因此，对于实腹式配钢的型钢混凝土异形柱框架节点，其柱中很难配置轧制的型钢，通常是将不同规格的钢板焊接在一起形成钢骨架，正如第 7 章所述试验中所采用的方式。柱中型钢骨架贯通节点上下，梁中型钢或钢筋在柱型钢的两侧断开，如图 10.10 (*a*) 所示。对于中间层边节点和角节点，梁中角部的纵向受力钢筋 1 从柱中竖向钢板 5 的外侧和柱中纵向钢筋 4 的内侧通过，锚固长度除满足规范的要求外，尚应伸到节点区的翼缘中，当水平直线段的锚固长度不够时，除了采用弯折的方式锚固外，还可以将其直接和柱中的竖向钢板 7 进行焊接连接，这样一方面可以保证锚固质量，另一方面还可以避免由于弯钩拥挤而使混凝土难以浇筑密实的问题；梁中间的纵向受力钢筋 2 和加劲板 3 通过焊接的方式进行连接，具体连接方式可以采用连接板、T 形钢或工字钢，如图 10.11 所示，第 7 章试验采用的是连接板，经证明其合理可行。已有研究表明，加劲板伸出的长度 L 不应小于所需焊缝计算长度 L_w 的 1.2 倍，即 $L \geqslant 1.2L_w$。连接钢板、T 形钢或工字钢及其焊缝应经过计算不低于梁主筋强度。为了保证焊接质量，加劲肋 8 需坡口后和柱中型钢的翼缘进行焊接连接，为了将梁中的力顺利传到节点核心区，加劲肋 8 需和柱中型钢的腹板通过角焊缝进行焊接连接。节点区的箍筋 10 加工为非封闭矩形，箍筋 9 加工为 U 形，柱中型钢焊接的过程中，预先在箍筋所在位置处的钢板 6、7 上开小孔，施工过程中将箍筋焊接在指定位置。对于中节点，如图 10.10 (*b*) 所示。梁中角部的纵向受力钢筋 1 可以直接穿过钢板 2，在钢板 2 上纵筋穿过的位置开孔，孔径略大于纵向钢筋的直径（要考虑钢筋肋高）。但考虑到施工误差，很难保证孔的位置和纵筋的位置在同一条直线上，因此，建议将角部的纵向钢筋在钢板 2 处截开，然后分别将其和钢板 2 焊接在一起。

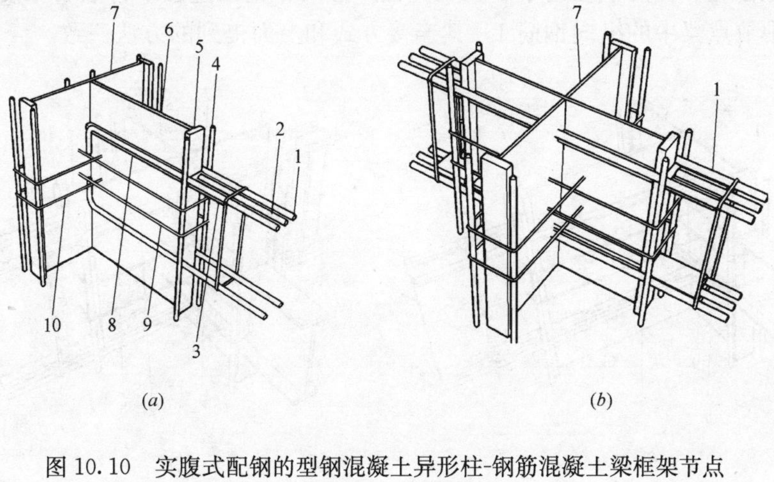

图 10.10 实腹式配钢的型钢混凝土异形柱-钢筋混凝土梁框架节点

(*a*) 边节点；(*b*) 中节点

1、2—梁纵向钢筋；3—加劲板；4—柱纵向钢筋；5—竖向钢板；6、7—钢板；8—加劲肋；9、10—箍筋

(2) 实腹式配钢的型钢混凝土异形柱-型钢混凝土梁框架节点的连接构造措施

对于配实腹钢板的型钢混凝土异形柱-型钢混凝土梁框架节点，柱型钢贯通节点上下，梁型钢在柱型钢两侧断开。由于通常柱肢厚度较小，在满足保护层厚度的条件下，柱中型

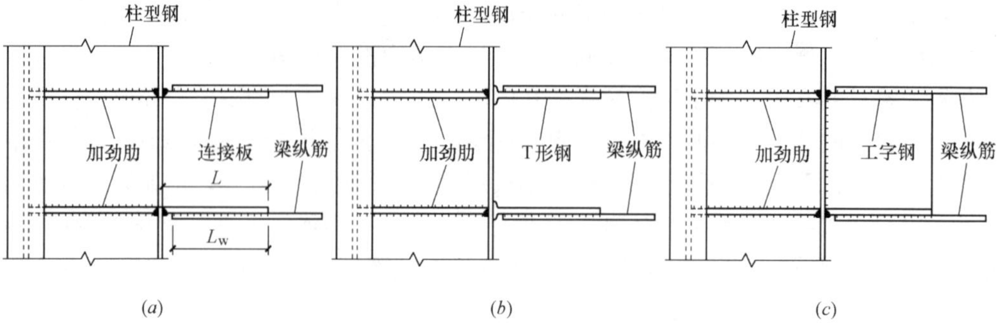

图 10.11　梁筋与柱型钢的连接方式

(*a*) 连接板；(*b*) T 形钢；(*c*) 工字钢

钢的翼缘宽度相对较小（如图 10.12 中的竖向钢板 3)。因此，梁型钢与柱型钢翼缘尽量采用焊接连接。根据梁中翼缘板 2 的厚度，可采用坡口全熔透焊或双面角焊缝焊接，一般翼缘采用坡口焊，腹板采用双面角焊缝。所有焊缝要保证质量，并符合钢结构规范规定。在节点区，与梁型钢上、下翼缘对应的高度处各设一道足够刚强的加劲肋 6、7。加劲肋的截面面积应不小于节点左右较大的梁型钢翼缘的截面面积，且当节点左右梁高度不同时，在每个梁翼缘水平处均应设置水平加劲肋。水平加劲肋与柱型钢翼缘通常采用坡口焊，与腹板通常采用双面角焊缝。

柱中钢筋可设在柱型钢外侧，贯通节点区，如图 10.12 所示。梁中纵向钢筋 1 从柱中竖向钢板 3 的外侧和纵向钢筋 4 的内侧穿过，按照锚固长度的要求伸入到节点区。如果水平段锚固长度不满足要求，可以直接和柱中的竖向钢板 5 进行焊接。对于节点核心区的箍筋 8、9，可以提前加工成“┘”形和“U”形，同时在节点区的钢板以及梁型钢腹板对应的位置处预先留孔，孔的直径略小于箍筋直径，然后在施工过程中将箍筋焊接在指定的位置处。对于中节点梁中的纵向钢筋 1，其连接方式和上面提到的方法一致。

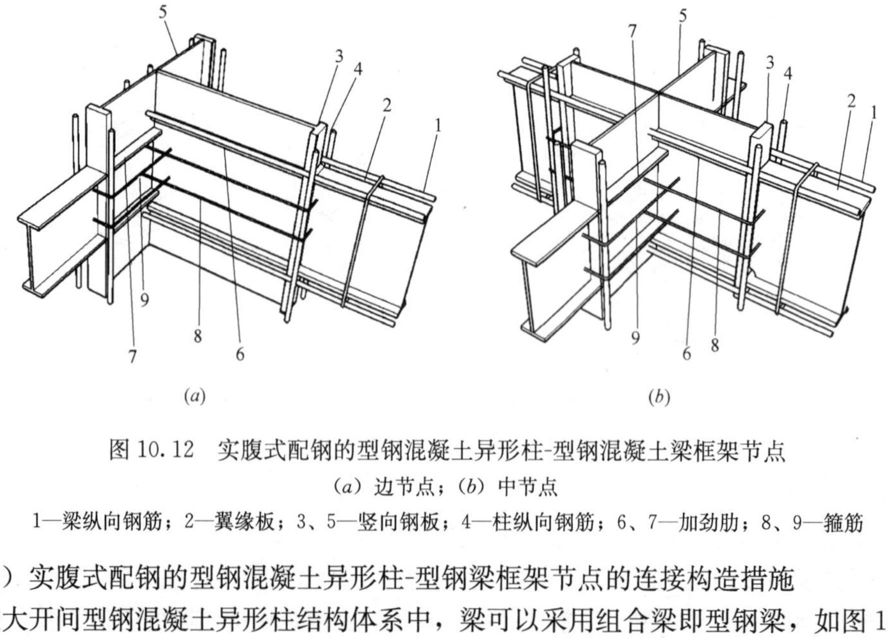

图 10.12　实腹式配钢的型钢混凝土异形柱-型钢混凝土梁框架节点

(*a*) 边节点；(*b*) 中节点

1—梁纵向钢筋；2—翼缘板；3、5—竖向钢板；4—柱纵向钢筋；6、7—加劲肋；8、9—箍筋

(3) 实腹式配钢的型钢混凝土异形柱-型钢梁框架节点的连接构造措施

在大开间型钢混凝土异形柱结构体系中，梁可以采用组合梁即型钢梁，如图 10.13 所

钢的空腹式框架节点，一种抗扭构造措施是，抗扭纵向钢筋均匀地布置在水平腹杆的外侧并和水平腹杆进行点焊，如图 10.18 所示；另一种措施是在柱截面中配置槽钢的型钢混凝土异形柱框架节点的柱中设置交叉斜钢筋，如图 10.19 所示。

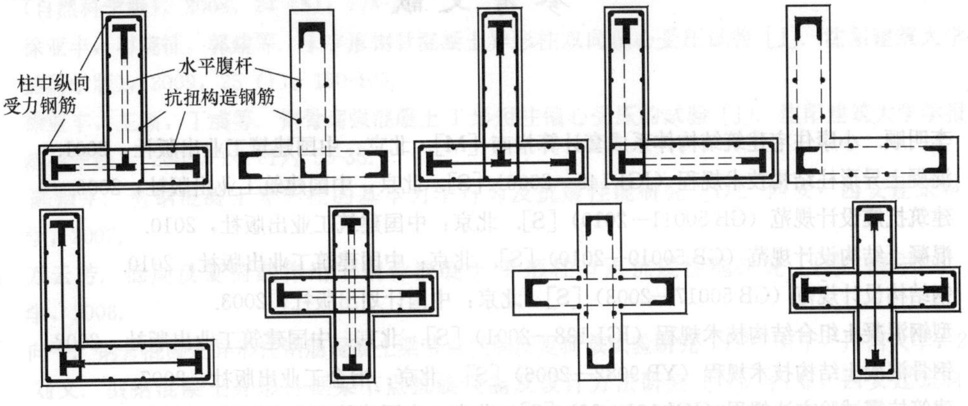

图 10.18 型钢混凝土异形柱中抗扭构造钢筋的设置

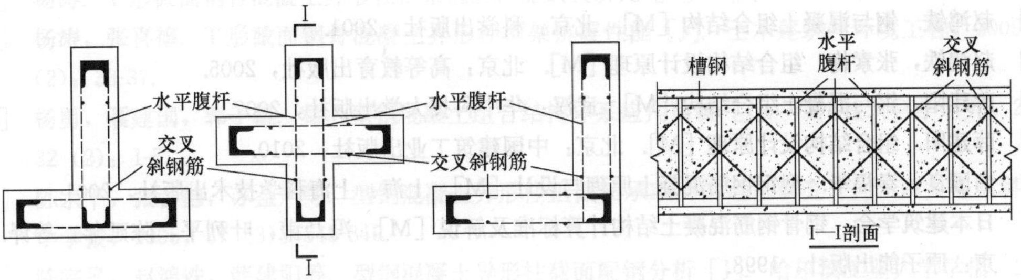

图 10.19 型钢混凝土异形柱节点中抗扭构造斜交叉钢筋的设置

10.3.4 型钢混凝土异形柱框架节点设计方法

型钢混凝土异形柱框架节点一般处于压、弯、剪（扭）复合受力状态，实用计算时通常按照以下步骤进行设计：

首先根据截面尺寸以及混凝土保护层厚度的要求，选择型钢的型号、尺寸、水平腹杆的直径以及纵向钢筋的直径等，并配置在相应的位置处；然后计算节点的抗弯及抗剪承载力，如抗剪承载力小于设计值，则计算出箍筋的用量；如抗剪承载力满足设计值，则按照规范最小配箍率的要求配置核心区箍筋。对于存在扭转的构件（如角节点），则需要按照抗剪承载力和抗扭承载力分别计算出箍筋或水平腹杆以及纵向钢筋或型钢的截面面积，并配置在相应位置。

对于承受弯矩的纵向型钢和钢筋在满足保护层厚度的条件下，尽量布置在截面的两端，以便增大截面的抗弯承载力，对于受扭的纵向钢筋应均匀地布置在截面的周边，将相同位置处的纵向钢筋的面积叠加，并得到纵向钢筋的总用量，进而在满足构造要求的前提下确定钢筋的直径和数量。对于受剪和受扭承载力计算得到的箍筋或水平腹杆的面积，将两者叠加得到箍筋和水平腹杆的总用量，这样即可确定箍筋和水平腹杆的直径以及间距。

[53] 张培信. 钢—混凝土组合结构设计 [M]. 上海：上海科学技术出版社，2004.
[54] 程文瀼、陈忠范、江东等. 钢骨混凝土柱轴压比限值的试验研究 [J]. 建筑结构学报，1999，20 (2)：51-59.
[55] 陈云霞，刘超，赵艳静等. T形、L形截面钢筋混凝土双向压弯构件正截面承载力的研究 [J]. 建筑结构，1999，29 (1)：11-15，26.
[56] 徐向东，康谷贻，姚石良. 单调及低周反复荷载作用下T形截面框架柱受剪性能的试验研究 [J]. 建筑结构，1999，29 (1)：27-30.
[57] 巩长江，康谷贻，姚石良. L形截面钢筋混凝土框架柱受剪性能的试验研究 [J]. 建筑结构，1999，29 (1)：31-34.
[58] 康谷贻，巩长江. 单调及低周反复荷载作用下异形截面框架柱的受剪性能 [J]. 建筑结构学报，1997，18 (5)：22-31.
[59] 冯建平，陈谦，李志忠. 混凝土L形截面柱抗剪承载力的试验研究 [J]. 华南理工大学学报（自然科学版），1995，23 (1)：68-75.
[60] 卫园，冯建平. 周期反复荷载下L形截面柱的试验研究 [J]. 华南理工大学学报（自然科学版），1995，23 (1)：44-51.
[61] 冯建平，陈谦，卫园等. L形和T形截面柱正截面承载力的研究 [J]. 华南理工大学学报（自然科学版），1995，23 (1)：54-61.
[62] 曹万林，王光远，吴建有等. 不同方向周期反复荷载作用下L形柱的性能 [J]. 地震工程与工程振动，1995，15 (1)：67-72.
[63] 曹万林，王光远，魏文湘等. 不同方向周期反复荷载作用下T形柱的性能 [J]. 地震工程与工程振动，1995，15 (4)：76-84.
[64] 曹万林，王光远，欧进萍等. 周期反复荷载作用下钢筋混凝土十字形柱的性能 [J]. 地震工程与工程振动，1994，14 (3)：60-67.
[65] 李杰，吴建营，周德源等. L形和Z形宽肢异形柱低周反复荷载试验研究 [J]. 建筑结构学报，2002，23 (1)：9-15.
[66] 周建中. 钢筋混凝土不等肢L形截面异形柱正截面承载力的试验及理论研究 [D]. 南宁：广西大学，2000.
[67] 陶洪辉. 高强混凝土不对称T形截面双向偏心受压柱正截面强度及变形的研究 [D]. 南宁：广西大学，2000.
[68] 王丹. 钢筋混凝土框架异形柱设计理论研究 [D]. 大连：大连理工大学，2002.
[69] 郭棣. 宽肢异形柱的试验研究 [D]. 西安：西安建筑科技大学，2001.
[70] 肖建庄，黄钰，张建军等. 高性能混凝土异型柱边框架抗震性能试验研究 [J]. 建筑结构学报，2002，23 (6)：19-25.
[71] 马乐为. 异形柱混凝土小型空心砌块组合结构拟动力试验研究及理论分析 [D]. 西安建筑科技大学，2003.
[72] 陈骥. 钢结构稳定理论与设计 [M]. 北京：科学出版社，2001.
[73] 孙国良，王英杰. 劲性混凝土柱端部轴力传递性能的试验研究与计算 [J]. 建筑结构学报，1989，(6)：40-49.
[74] 卫园，冯建平. 周期反复荷载下L型截面柱的试验研究 [J]. 华南理工大学学报（自然科学版），1995，23 (3)：44-50.
[75] 陈鑫，赵成文，赵乃志等. 不同肢长钢筋混凝土异型柱抗震性能的试验研究 [J]. 沈阳建筑大学学报（自然科学版），2005，21 (2)：103-106.
[76] 陈云霞，高正海，张玉秋等. T形截面钢筋混凝土压弯构件正截面承载力及延性 [J]. 天津大学

学报，1998，31（1）：1-10.
[77] S. 铁摩辛柯，G. 盖尔. 材料力学［M］. 韩耀新译. 北京：科学出版社，1990.
[78] 过镇海. 钢筋混凝土原理［M］. 北京：清华大学出版社，1999.
[79] 龙驭球，宝世华，匡文起等. 结构力学教程［M］. 北京：高等教育出版社，2001.
[80] 钱嫁茹，李耕勤. 异形柱用于8度抗震设防建筑研究［J］. 工业建筑，2004，34（2）：28-32.
[81] 叶列平，方鄂华，周正海等. 钢骨混凝土柱的轴压力限值［J］. 建筑结构学报，1997，18（5）：43-50.
[82] 王丹，黄承逵，刘明. L、T形柱轴压比限值研究［J］. 工程力学，2003，20（3）：134-141.
[83] 苏毅，程文瀼. 配置工字、十字形钢骨的钢骨混凝土柱轴压比限值［J］. 工业建筑，2006，36（2）：85-87.
[84] 强静延. 空腹桁架式钢骨混凝土柱抗震性能与轴压力分配试验研究［D］. 成都：西南交通大学，2002.
[85] 王立军，王铁成，王崧. 斜向水平荷载作用下钢筋混凝土框架柱受剪性能的试验研究［J］. 建筑结构学报，2006，27（4）.
[86] 李红. 型钢与混凝土粘结性能的试验研究［D］. 西安：西安建筑科技大学，1995.
[87] 赵彤，周芝兰，谢剑. 高强混凝土L形截面柱抗剪承载力的试验研究［J］. 工业建筑，2002，32（4）：29-32.
[88] 戎贤，王铁成，康谷贻. 钢筋混凝土框架柱双向受剪承载力分析［J］. 地震工程与工程振动，2002，22（5）：46-52.
[89] 傅剑平，张川，钟树生. 钢筋混凝土框架柱双向受剪承载力计算方法探讨［J］. 重庆建筑大学学报，2000，22（5）：17-22.
[90] 肖劲秋. 劲性钢筋混凝土粘结性能的试验研究［J］. 四川建筑科学研究，1992，68（4）：2-6.
[91] 张誉，李向民，李辉等. 钢骨高强混凝土结构的粘结性能研究［J］. 建筑结构，1999，29（7）：3-6.
[92] 徐有邻. 变形钢筋混凝土粘结锚固性能的试验研究［D］. 北京：清华大学，1990.
[93] 赵羽习. 钢筋混凝土粘结性能和耐久性研究［D］. 杭州：浙江大学，2001.
[94] 陈宗平，薛建阳，赵鸿铁等. 低周反复荷载作用下型钢混凝土异形柱的抗剪承载力分析［J］. 土木工程学报，2007，40（7）：30-36.
[95] 陈宗平，薛建阳，赵鸿铁等. 型钢混凝土异形柱抗震性能试验研究［J］. 建筑结构学报，2007，28（3）：53-61.
[96] 薛建阳，陈宗平，赵鸿铁. 型钢混凝土异形柱受剪机理及承载力计算［J］. 建筑结构学报，2008，29（6）：84-90.
[97] 何培玲，赵艳静，王振武. 十字形截面钢筋混凝土双向压弯柱延性的试验及理论研究［J］. 建筑结构，1999，29（1）：38-41.
[98] 陈谦，冯建平. 双向偏心L形截面柱的计算［J］. 华南理工大学学报（自然科学版），1995，23（1）：62-67.
[99] 王丹，黄承逵，刘明等. 异形柱双偏压构件正截面承载力试验及设计方法研究［J］. 建筑结构学报，2001，22（5）：37-42.
[100] 黄承逵，曲福来，徐士豉. 钢筋混凝土不等肢异形柱抗剪承载力研究［J］. 工程力学，2009，26（5）：197-201.
[101] 黄承逵，曲福来，赵顺波. 钢筋混凝土不等肢异形柱抗剪性能试验研究［J］. 西南交通大学学报，2008，43（3）：325-329.
[102] 周成. 钢筋混凝土Z形截面双向偏心受压试件正截面承载力的试验研究［D］. 南京：东南大

Farmington Hills, USA. 2002.

[155] Joaquin Marin. Design Aids for L-shaped Reinforced Concrete Columns [J]. ACI Journal, 1979, 76 (11): 1197-1216.

[156] L N Rammamurthy, T A Hafeez Khan. L-shaped Column Design for Biaxial Eccentricity [J]. Journal of Structural Engineering, 1983, 109 (8): 1903-1917.

[157] Cheng-Tzu, Thomas Hsu. Biaxial Loaded L-shaped Reinforced Concrete Columns [J]. Journal of Structural Engineering, 1985, 111 (12): 2576-2595.

[158] Cheng-Tzu, Thomas Hsu. T-shaped Reinforced Concrete Members under Biaxial Bending and Axial Compression [J]. ACI Structural Journal. 1989, 86 (4): 460-468.

[159] Kawakami. Limit States of Cracking and Ultimate Strength of Arbitrary Concrete Sections under Biaxial Loading [J]. ACI Journal, Proceedings, 1985, 85 (2): 203-212.

[160] Davister. Analysis of RC Columns of Arbitrary Geometry Subjected to Axial Load and Biaxial Bending-A Computer Program for Analysis. Concrete International: Design and Construction, 1986, 8 (7): 56-61.

[161] Mallikarjunal, Mahadevappa P. Computer Aided Analysis of Reinforced Concrete Columns Subjected to Axial Compression and Bending-I L-Shaped Sections. Computers and Structures, 1992, 44 (5): 1121-1138.

[162] Mallikarjunal. Computer Aided Analysis of Reinforced Concrete Columns Subjected to Axial Compression and Bending-I T-Shaped Sections. Computers and Structures, 1994, 53 (6): 1317-1356.

[163] Tsao W H. A Nonlinear Computer Analysis of Biaxial Loaded L-shaped Slender Reinforced Concrete Columns. Computers and Structures, 1993, 49 (4).

[164] Dundar C. Arbitrarily-shaped Reinforced Concrete Members Subjected to Biaxial Bending and Axial load. Computers and Structures, 1993, 49 (4).

[165] Sinaha S N. Design of Cross (+) Section of Columns. The Indian Concrete Journal, 1996, 70 (3): 153-158.

[166] Balaji K. Reliability Analysis of RC T-shaped Column Sections. The Indian Concrete Journal, 2001, 75 (3).

[167] ECCS. Composite Structure [M], London And New York: The Construction Press, 1981.

[168] ACI318-83. Building Code Requirements for Reinforced Concrete [S]. ACI, Detroit, Michigan, 1983.

[169] Hidetaka Umehara. Short Rectangular RC Columns Under Bilateral Loadings [J]. Journal of structural engineering, 1984, 110 (3): 605-618.

[170] Maruyama K., Ramirez H., Jirsa J O. Short RC Columns Under Bilateral Load Histories [J]. Journal of Structural Engineering, 1984, 110 (2): 120-137.

[171] Bryson J O, Mathey R G. Surface Condition Effect on Bond Strength of Steel Beams in Concrete [J]. Journal of ACI, 1962, 59 (3): 397-406.

[172] Hawkins N M. Strength of Concrete Encased Steel Beams [J]. Civil Engineering Transaction of the Institution of Australia Engineer, 1973, CE15 (1): 39-46.

[173] Roeder C W. Shear Connector Requirements for Embedded Steel Sections [J]. Journal of Structural Engineering, 1999, 125 (2): 142-151.

[174] Weng C C, Yen S I, Chen C C. Shear Strength of Concrete-Encased Composite Structural Members [J]. Journal of Structural Engineering, 2001, 27 (10): 1190-1197.

[175] Weng C C, Yen S I, Jiang M H. Experimental Study on Shear Splitting Failure of Full-Scale Composite Concrete Encased Steel Beams [J]. Journal of Structural Engineering, 2002, 128 (9): 1186-

1194.
[176] Nilson A H. Internal Measurement of Bond-Slip [J]. Journal of ACI, 1972, 69 (7): 439-441.
[177] Mirza S M, Houde J. Study of Bond Stress-slip Relationships in Reinforced Concrete [J]. ACI Journal Proceeding, 1979, 76 (1): 19-46.
[178] Cheng-Tzu, Thomas Hsu. Biaxially Loaded L-shaped Reinforced Concrete Columns [J]. Journal of Structure Engineering, 1985, 111 (12): 2576-2595.
[179] Cheng-Tzu, Thomas Hsu. T-shaped Reinforced Concrete Members Under Biaxial Bending and Axial Compression [J]. ACI Structural Journal, 1989, 86 (4): 460-468.
[180] Ramamurthy L N, Hafeez Khan T A. L-shaped Column Design for Biaxial Eccentricity [J]. Journal of Structural Engineering, 1983, 109 (8): 1903-1917.
[181] Sinha S N. Design of Cross (＋) Section of Column [J]. The India Concrete Journal, 1996, 70 (3): 153-158.
[182] Joaquín Marín. Design Aids for L-shaped Reinforced Concrete Columns [J]. Journal of ACI, 1979, 76 (11): 1197-1216.
[183] Yan C Y, Chan S L, Wso A K. Biaxial Bending Design of Arbitrarily Shaped Reinforced Concrete Columns [J]. ACI Structural Journal, 1993, 90 (3): 269-278.
[184] Davister M D. Analysis of Reinforced Concrete Columns of Arbitrary Geometry Subjected to Axial Load and Biaxial Bending [J] . Concrete Internation: Design and Construction, 1986, 8 (7): 42-46.
[185] Mander J B. , Priestley M J N, Park R. Observed stress-strain behavior of confined concrete [J]. Journal of Structural Engineering, 1988, 114 (8): 1827-1849.
[186] Guo Z H, Zhang X Q. Investigation of Complete Stress-Deformation Curves for Concrete in Tension [J]. ACI Materials Journal, 1987, 84 (4): 278-285.
[187] Cheng-Chih Chen, Nan-Jiao Lin. Analytical Model for Predicting Axial Capacity and Behavior of Concrete Encased Steel Composite Stub Columns [J]. Journal of Constructional Steel Research, 2006, 62 (5): 424-433.
[188] 日本建築学会. 鉄骨鉄筋コンクリート構造計算規準. 同解說（第 5 版）[S]. 日本建築学会, 2001.
[189] 坪井善勝, 若林実. 铁骨铁筋コンクリートに関する実驗的研究 [C]. 日本建築学会論文報告集第 57 号, 1956, (7): 549-552.
[190] 若林実, 高田周三. 鉄骨鉄筋コンクリート構造 [M]. 彰国社, 1967.
[191] 若林実. 耐震構造 [M]. 森北出版株式会社, 1981.
[192] 若林実, 南宏一, 谷資信, 等. 合成構造の設計 [M]. 新建築学大系 42 巻, 彰国社, 1982.